T0240066

Datennetztechnologien für Next Generation Networks

Kristof Obermann • Martin Horneffer

Datennetztechnologien für Next Generation Networks

Ethernet, IP, MPLS und andere

2., aktualisierte und verbesserte Auflage

Mit 145 Abbildungen und 23 Tabellen

Prof. Dr.-Ing. Kristof Obermann
Technische Hochschule Mittelhessen
Gießen, Deutschland

Dr. rer. nat. Martin Horneffer
Münster, Deutschland

ISBN 978-3-8348-1384-8
DOI 10.1007/978-3-8348-2098-3

ISBN 978-3-8348-2098-3 (eBook)

Die Deutsche Nationalbibliothek verzeichnet diese Publikation in der Deutschen Nationalbibliografie; detaillierte bibliografische Daten sind im Internet über http://dnb.d-nb.de abrufbar.

Springer Vieweg

Springer Vieweg ist eine Marke von Springer DE. Springer DE ist Teil der Fachverlagsgruppe Springer Science+Business Media.
www.springer-vieweg.de

Für Sabine, Paul, Inge und Horst

Vorwort

Warum ein weiteres Buch über Datennetztechnologien? Telekommunikationsnetze befinden sich zurzeit in einer Umbruchphase. Die Leitungsvermittlung, die kurz nach Erfindung des Telefons seit Ende des 19. Jahrhunderts bis heute das alleinige Vermittlungsprinzip des weltweiten Telefonnetzes ist, ist vom Aussterben bedroht. Die Paketvermittlung, die erst vor etwa fünf Jahrzehnten speziell für die Datenkommunikation entwickelt wurde, ist derzeit dabei, der Leitungsvermittlung den Rang abzulaufen.

Hintergrund für diese Entwicklung ist zum einen der rasante Anstieg des weltweiten Internetverkehrs, der jährlich um etwa 30 bis 100 % wächst. Bereits heute gibt es weltweit etwa 2,1 Milliarden Internet-Nutzer. Das Internet spielt eine wichtige Rolle und ist aus unserem täglichen Leben nicht mehr wegzudenken. Der Internet-basierte Datenverkehr ist in vielen Ländern bereits deutlich größer als der Sprachverkehr. In einigen Jahren wird der Sprachverkehr nur noch ein Bruchteil des Datenverkehrs ausmachen.

Eine Sache hat sich aber seit Erfindung des Telefons nicht geändert. Immer noch ist es schwierig – wenn nicht sogar unmöglich – das Potential einer neuen Technologie oder eines neuen Dienstes richtig einzuschätzen. Bereits als das Telefon erfunden wurde, haben die meisten Telegrafie-Firmen darin kein Potential als Kommunikationsmedium gesehen. Und wer hätte vorausgesehen, dass Dienste wie E-Mail, World Wide Web, SMS, Internet-Tauschbörsen, Online-Gaming oder Web2.0 einmal derart erfolgreich sein werden?

Die Internet-Technologie ist nicht nur extrem erfolgreich, sondern auch extrem vielseitig. So können einerseits vorhandene Dienste wie Telefonie, Radio oder Fernsehen heute auch über das Internet angeboten werden (Voice-over-IP, Webradio, IPTV). Andererseits können aber neue, innovative Dienste schnell und mit geringem Aufwand realisiert werden. Letzteres ist aufgrund der Schwierigkeit, den Erfolg und die weitere Entwicklung von Diensten vorhersagen zu können, ein großer Vorteil.

Aus diesen Gründen haben alle größeren Netzbetreiber bereits Migrationsprojekte gestartet, um die Leitungsvermittlung durch eine IP-basierte Paketvermittlung abzulösen. Daher werden paketvermittelnde Technologien, insbesondere IP, Ethernet und MPLS in künftigen Telekommunikationsnetzen eine große Rolle spielen. Aber wie funktionieren diese Technologien eigentlich?

Auf diese Frage soll das vorliegende Buch eine Antwort geben. Es gibt bereits viele Bücher über Datennetztechnologien. Die Entwicklung dieses Gebietes ist allerdings sehr dynamisch. Viele neue Technologien werden entwickelt, und andere verlieren an Bedeutung oder verschwinden vollständig. Der Fokus dieses Buches liegt zum einen auf einer verständlichen Beschreibung bereits etablierter Datennetztechnologien (z. B. PPP/HDLC, Ethernet, IPv4) und zum anderen auf der Berücksichtigung von ganz aktuellen Entwicklungen wie 40/100 Gigabit Ethernet, Carrier Grade Ethernet, IPv6, GMPLS und ASON, die in anderen Büchern noch nicht adressiert wurden. Dadurch soll ein umfassender Überblick über alle aus heutiger Sicht wichtigen Datennetztechnologien gegeben werden und die Funktionalitäten dieser Technologien verständlich erläutert werden. Die Technologien werden – wenn immer möglich – anhand von Beispielen illustriert. Wichtig ist dabei auch eine Darstellung des Stands der Technik sowie der Standardisierung. Besonderer Wert wurde stets auf den Praxisbezug gelegt. So gibt es

einige Technologien, die zwar sehr intensiv diskutiert werden, die aber zumindest derzeit
vermutlich auch künftig in Produktionsnetzen keine große Rolle spielen werden. Der Be
zur Praxis ist insbesondere dadurch gegeben, dass beide Autoren auf umfangreiche Erfahr
gen aus ihrer Tätigkeit bei verschiedenen größeren Netzbetreibern zurückgreifen können.

Profitieren werden von diesem Buch Leser, die sich inhaltlich mit zukunftsträchtigen Dat
netztechnologien beschäftigen wollen (oder müssen), und für die ein echtes Verständnis die
Technologien erforderlich ist. Dies sind Mitarbeiter insbesondere von technischen Bereich
aber auch Entscheidungsträger bei Netzbetreibern, Systemherstellern, Komponentenherstell
und Consulting-Unternehmen sowie Studenten der Nachrichtentechnik und Informatik.

Für die hervorragende Unterstützung der Arbeiten zu diesem Buch möchten sich die Auto
recht herzlich bedanken bei: Harald Orlamünder, Fritz-Joachim Westphal, Clemens Ep
Gert Grammel und Oliver Böhmer. Des Weiteren gilt Martin Rausche und der Firma Juni
Networks sowie Klaus Martini und der Firma Cisco Systems spezieller Dank für die Archit
turzeichnungen aktueller Hochleistungsrouter und die Erlaubnis des Abdrucks in diesem Bu

Oberursel,

im Januar 2009

Kristof Obermann

Vorwort zur 2. Auflage

Die Autoren freuen sich sehr über die große Resonanz des vorliegenden Buches, so dass nunmehr bereits nach drei Jahren die 2. Auflage erscheint. Wie schon im Vorwort zur 1. Auflage erwähnt, so handelt es sich bei Datennetztechnologien um ein sehr dynamisches Gebiet. Daher wurden in der 2. Auflage folgende Themengebiete aktualisiert:

- Die Einleitung
- Die Abschnitte: Synchrone Digitale Hierarchie (SDH), Wavelength Division Multiplexing (WDM) und Optical Transport Hierarchy (OTH). Während die SDH-Technik mittlerweile von vielen Herstellerfirmen abgekündigt wird, hat es viele wichtige Neuerungen bei der OTH gegeben.
- 40/100 Gigabit Ethernet
- Carrier Grade Ethernet
- IPv6
- Optische Control Plane

Für die sehr gute Unterstützung bei der Überarbeitung des vorliegenden Buches möchten sich die Autoren herzlich bei Gert Grammel, Ralf Peter Braun, Matthias Fricke, Holger Zuleger, Gert Döring und Oliver Böhmer bedanken.

Oberursel,

im November 2012

Kristof Obermann

Inhalt

1 Einleitung

Dieses einleitende Kapitel soll folgende Fragen beantworten:

1. Worum geht es in diesem Buch?

2. Aus welchem Grund sind die in diesem Buch behandelten Themen wichtig?

3. Worin unterscheidet sich das vorliegende Buch von anderen Büchern zu ähnlichen Themengebieten?

4. Wie sehen Datennetze heute aus?

5. Wie ist dieses Buch aufgebaut?

Telekommunikationsnetze haben die Aufgabe, Daten zwischen Endsystemen zu übertragen, die sich an unterschiedlichen Orten befinden. Endsysteme können beispielsweise Festnetztelefone, Mobiltelefone, PCs, Fernseh- oder Rundfunkgeräte sein. Das älteste Telekommunikationsnetz ist das weltweite Telefonnetz. Es entstand unmittelbar nach Erfindung des Telefons Ende des 19. Jahrhunderts. Netzbetreiber betreiben Telekommunikationsnetze und versorgen ihre Kunden mit Telekommunikationsdiensten. Traditionell wurde in der Vergangenheit für jeden Dienst ein eigenes Netz aufgebaut und betrieben. Diese Netze werden als *dedizierte Netze* (engl. *dedicated networks*) bezeichnet, da jedes Netz nur für einen einzigen, dedizierten Dienst ausgelegt wurde. Tabelle 1.1 zeigt einige Beispiele.

Tabelle 1.1 Verschiedene Telekommunikationsnetze und -dienste

Telekommunikationsnetz	Telekommunikationsdienst
Telefonnetz	Festnetztelefonie
Mobilfunknetz	Mobilfunktelefonie
Kabelfernsehnetz	Fernsehen
Rundfunk	Radio

Für einige Dienste (engl. Service) gibt es sogar mehrere Netze. Man denke etwa an Fernsehen, welches über terrestrische Funknetze, Satelliten und über Kabelfernsehnetze empfangen werden kann. Heute gibt es darüber hinaus die Möglichkeit, Fernsehen über das Internet zu empfangen (IPTV).

Seit einigen Jahren sind Telekommunikationsnetze einem massiven Wandel unterzogen, weg von dedizierten, hin zu so genannten *Next Generation Networks* (NGN). Unter Next Generation Networks versteht man Telekommunikationsnetze, die viele unterschiedliche, im Extremfall sämtliche Dienste eines Netzbetreibers auf einem einzigen, paketbasierten Datennetz abbilden. In der ITU-T-Empfehlung Y.2001 werden Next Generation Networks folgendermaßen definiert: „A packet-based network able to provide telecommunication services and able to make use of multiple broadband, Quality-of-Service-enabled transport technologies and in which service-related functions are independent from underlying transport related technologies. It enables unfettered access for users to networks and to competing service providers and/or services of their choice. It supports generalized mobility which will allow consistent and ubiquitous provision of services to users."

Ein solches Netz wird auch als *converged Network* bezeichnet. Die dabei eingesetzten Da
netztechnologien sind heute paketbasiert und verwenden typischerweise IP (Internet Protok
als Layer 3 [26]. Da verschiedene Dienste wie beispielsweise Sprache oder E-Mail un
schiedliche Anforderungen an ein Telekommunikationsnetz stellen, muss das Next Generat
Network in der Lage sein, den Anforderungen aller zu erbringender Dienste zu genügen.
wesentlichen Gründe für die Einführung von Next Generation Networks auf der Basis von
sind:

- Die rasante Verbreitung des Internets und der damit verbundene enorme Anstieg des In
  netverkehrs. Im Januar 2012 nutzten weltweit rund 2,1 Milliarden Menschen das Inter
  [79]. Viele Netzbetreiber beobachten derzeit eine Steigerung des Internetverkehrs um
  bis 100 % pro Jahr [20]. Seit einigen Jahren ist der Internetverkehr bereits größer als
  Telefonverkehr. In den USA überstieg beispielsweise der Internetverkehr den Telefonv
  kehr im Jahr 2000. Der jährliche Internet-Traffic wird gemäß dem Cisco-Report Vis
  Networking Index (VNI) Forecast 2009-2014 in 2014 auf 767 Exabytes wachsen. „Di
  Zahl liegt um den Faktor 4,3 höher als der Jahreswert 2009. Für Deutschland sagt der C
  co-Report monatliche Transfervolumina von 3,574 Exabytes vorher – 4,7-mal so viel v
  2009. Allein zwischen 2013 und 2014 wird ein weltweiter Traffic-Anstieg von 100 Exa
  tes erwartet. Das jährliche Datenvolumen beträgt damit mehr als ein Dreiviertel Zettaby
  eine Eins mit 21 Nullen. Das monatliche Verkehrsaufkommen im Internet entspricht d
  ungefähr dem Fassungsvermögen von 16 Milliarden DVDs" [80]. 2015 soll sich der jäh
  che Internetverkehr sogar dem Schwellwert von einem Zettabyte nähern [87].

- Die Entwicklung von neuen Datennetztechnologien, die es ermöglichen, alle bekann
  Telekommunikationsdienste (z. B. Telefonie, Fernsehen, Radio) auf einer IP-basier
  Plattform zu implementieren.

- Die große Flexibilität von IP-basierten Plattformen die es gestattet, innovative Dien
  schnell und mit geringem Aufwand realisieren zu können. Soll mit einem dedizierten N
  ein neuer Dienst implementiert werden, so ist ein vollständig neues Telekommunikatio
  netz aufzubauen und zu betreiben. Das Ende-zu-Ende Prinzip des Internets erlaubt es,
  derzeit beliebige Nachrichten von einem Endsystem zu einem beliebigen anderen Ends
  tem zu übertragen. Dank des offenen Zugangs zu Protokoll- und Port-Identifiern könr
  dabei beliebige Transport-Protokolle und Anwendungen unterschieden und zum Eins
  gebracht werden. Mit IP-basierten Plattformen genügt daher im einfachsten Fall die Inst
  lation eines Servers (und ggf. einer Software auf den Endsystemen), um einen neuen Die
  anbieten zu können. Beispiele für solche Dienste sind: Voice over IP (VoIP), Intern
  Tauschbörsen, Online-Gaming oder Web 2.0[1] Applikationen (YouTube, Facebo
  MySpace, Second Life etc.).

- Der Betrieb eines einzigen Netzes anstatt vieler paralleler Netze verspricht eine Redukti
  der Betriebskosten (engl. operational expenditure [OPEX]). Durch Ausnutzung von statis
  schen Multiplexeffekten kann die Gesamtkapazität eines Next Generation Networks ger
  ger ausgelegt werden als die vieler paralleler Netze, so dass auch die Anschaffungskost
  (engl. capital expenditure [CAPEX]) reduziert werden können.

---

[1]   Unter Web 2.0 werden Telekommunikationsdienste verstanden, bei denen nicht mehr wie bisla
      Unternehmen Inhalte bereitstellen, sondern die Nutzer selber Inhalte wie Fotos, Videos oder Te
      auf Webseiten hochladen können.

Aus den genannten Gründen ist es für viele Netzbetreiber sinnvoll, anstatt von vielen dedizierten Netzen nur noch ein einziges, IP-basiertes Netz aufzubauen und zu betreiben. Die Migration von dedizierten Netzen zu Next Generation Networks ist derzeit bei fast allen regionalen, nationalen und internationalen Netzbetreibern zu beobachten [24]. Ein prominentes Beispiel hierfür ist das 21st Century Project von British Telecom [25].

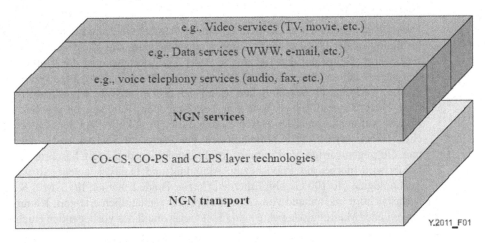

Bild 1-1 Next Generation Networks trennen die eigentlichen Telekommunikationsdienste (NGN services) vom reinen Datentransport (NGN transport). Quelle: [26]

Ein wesentliches Merkmal eines Next Generation Networks ist die Trennung von Diensten (Services) und dem reinen Datentransport (siehe Bild 1-1). Dadurch können die Transportdienste von vielen verschiedenen Services genutzt werden. Die in Bild 1-1 dargestellten Ebenen werden in [26] als „NGN service stratum" und „NGN transport stratum" bezeichnet.

- Das NGN services stratum stellt die eigentlichen Telekommunikationsdienste (z. B. Telefonie, Internetzugang, Fernsehen) bereit.

- Das NGN transport stratum ist verantwortlich für den reinen Datentransport, d. h. die Übertragung von IP-Paketen von einem Ort A zu einem anderen Ort B. Das transport stratum umfasst die OSI-Layer 1 bis 3 [26].

Eine Weiterentwicklung des NGN-Konzepts ergibt sich durch Integration des so genannten IP Multimedia Subsystems (IMS). Hierbei werden die Dienste- und die Transportebene durch einen IMS control layer voneinander separiert. Das Ziel ist, Dienste völlig unabhängig von der Transportebene bereitstellen zu können. Auf diese Weise können Dienste beispielsweise auch unabhängig von der Art des Netzes (z. B. Festnetz oder Mobilfunknetz) abgebildet werden. Weiterhin sollen gemeinsame Funktionalitäten für verschiedene Services wie z. B. Authentifizierung, Routing oder Accouting nicht für jeden Service separat, sondern gemeinsam für alle Services bereitgestellt werden [27]. Die Integration des IMS in Next Generation Networks wird [28] beschrieben.

Es wird deutlich, dass Datennetztechnologien in zukünftigen Telekommunikationsnetzen eine sehr wichtige Rolle spielen werden. Im Gegensatz zu klassischen Telefonnetzen basieren Datennetze nicht auf der Leitungsvermittlung, sondern auf der Paketvermittlung. Für die Beschreibung von Datennetztechnologien ist das ISO-OSI Referenzmodell sehr hilfreich (im

Folgenden kurz als OSI-Referenzmodell bezeichnet). Aus diesem Grund wird auch in die Buch das OSI Referenzmodell im Grundlagenteil behandelt. Datennetztechnologien realisie die Funktionalitäten der OSI Layer 2 – 7. Die Funktionalität des Layer 1 stellt das Über gungsnetz bereit, welches nicht Thema dieses Buches ist. Da Datennetztechnologien aber n völlig unabhängig vom Übertragungsnetz behandelt werden können, werden im Grundlag teil die wesentlichen Charakteristika der derzeit wichtigsten Übertragungsnetztechnolog kurz vorgestellt.

Dieses Buch behandelt ausschließlich die für Netzbetreiber unmittelbar relevanten Datenn technologien der OSI Layer 2 – 3 der Transportebene. Die Diensteebene wird hier nicht rücksichtigt. Selbst auf den Layern 2 – 3 der Transportebene ist die Vielfalt der Protokoll den letzten Jahrzehnten extrem angestiegen. Gleichwohl haben einige Protokolle stark an deutung verloren. Im Wesentlichen haben sich drei Protokolle herauskristallisiert, die in kü tigen Next Generation Networks eine herausragende Rolle spielen werden: Ethernet, IP MPLS. Auf der technischen Beschreibung dieser Protokolle liegt der Schwerpunkt dieses ches. Dabei werden die Funktionalitäten, der Stand der Technik sowie der Standardisiert und die gegenwärtige Verbreitung der Technologien detailliert beschrieben. Ein besonde Fokus wird hierbei auf Praxisbezug, Aktualität und Didaktik gelegt. So werden die neus Technologien (40/100 Gigabit Ethernet, Carrier Grade Ethernet, IPv6, MPLS, GMPLS/ASC berücksichtigt und anhand von vielen Beispielen verständlich erläutert. Kommerzielle Betra tungen oder Marketing-Aspekte sind nicht Gegenstand des vorliegenden Buches.

Die Migration in Richtung Next Generation Networks hat bei vielen Netzbetreibern erst einiger Zeit begonnen. Es wird daher noch lange Zeit dedizierte Netze geben. Aufgrund starken Wachstums des IP Verkehrs werden sich Next Generation Networks i. d. R. basiere auf den heutigen IP-Netzen entwickeln. Bild 1-2 zeigt die derzeitige Struktur von IP-Netz Die folgende Darstellung beschränkt sich dabei auf Festnetze.

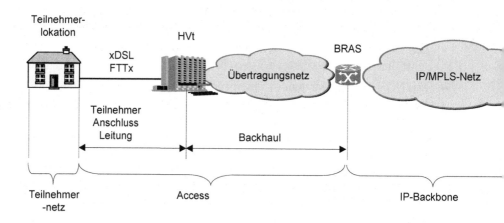

Bild 1-2   Struktur von heutigen IP-Netzen. HVt: Hauptverteiler, BRAS: Broadband Remote Acc
                 Server

Die Teilnehmer werden vorwiegend über xDSL (vor allem ADSL, VDSL, HDSL, SHDSL, ESHDSL), in einigen Fällen noch über schmalbandige Technologien (Analogmodem, ISDN) oder bereits über FTTx (vor allem FTTB, FTTB) an das Backhaul-Netz angebunden. Im Falle von ADSL wird hierbei der Protokollstack IP/PPPoE/ATM/ADSL verwendet. Der DSL Access Multiplexer (DSLAM) im Hauptverteiler terminiert ATM/ADSL und besitzt netzseitig traditionell ATM-Schnittstellen. Heute werden jedoch i. d. R. DSLAMs mit Ethernet-Schnittstellen eingesetzt (vor allem Gigabit Ethernet)[2]. Im Falle von VDSL befindet sich der DSLAM im Kabelverzweiger zwischen Teilnehmerlokation und Hauptverteiler (in Bild 1-2 nicht dargestellt). VDSL verwendet auf der Teilnehmeranschlussleitung den Protkollstack IP/PPPoE/VDSL.

Das Backhaul-Netz hat die Aufgabe, den Ethernet-basierten Verkehr zum BRAS zu transportieren. Es besteht in der Regel aus geschützten SDH-Ringen oder aus Ethernet-Switchen, die direkt über Glasfaser (engl. dark fiber) verbunden sind. Ggf. werden zur Kapazitätserweiterung WDM/OTN Punkt-zu-Punkt Systemen eingesetzt. Z.T. wird im Backhaul auch die PWE3-Technologie eingesetzt.

Der BRAS ist sozusagen das Eingangstor zum IP-Backbone-Netz[3]. Das gesamte Autonome System ist dabei in vielen Fällen in so genannte Areas untergliedert. Die Router sind über Punkt-zu-Punkt-Verbindungen mit Datenraten von 2,5/10/40 Gbit/s miteinander verbunden. Zum Teil werden sogar bereits 100-Gbit/s-Ethernet-Verbindungen verwendet [81]. Im Backbone wird häufig der Protokollstack IP/MPLS/PPP/SDH (Packet over Sonet) verwendet. Es ist jedoch davon auszugehen, dass Packet over Sonet künftig aus Kostengründen durch Ethernet-Verbindungen ersetzt wird. Zur Kapazitätserweiterung werden im Backbone i. d. R. WDM/OTH Punkt-zu-Punkt Systeme verwendet.

Kunden können sowohl am DSLAM abgeschlossen werden (vor allem Privatkunden) oder auch an Ethernet-Switche im Backhaul-Netz sowie an Router im IP/MPLS-Backbone (vor allem Firmenkunden).

In diesem Buch werden eine Vielzahl verschiedener Datennetztechnologien beschrieben, die in künftigen Next Generation Network eine Rolle spielen werden. Es ist Aufgabe der Netzbetreiber, unter Berücksichtigung von kommerziellen Gesichtspunkten die für ihre Situation optimale Technologie auszuwählen und einzusetzen. Dabei wird es sicherlich keine für alle Szenarien optimale Technologie geben. Vielmehr wird die jeweils günstigste Lösung entscheidend abhängig sein von:

- Der vorhandenen Netzinfrastruktur.

- Den Diensten, die ein Netzbetreiber anbietet. Grundsätzlich muss unterschieden werden zwischen:

  o Internet Service Provider (ISP). ISP bieten ausschließlich IP-basierte Dienste an.

  o Klassische Netzbetreiber (engl. Classical/Full Service Provider). Klassische Netzbetreiber bieten alle wichtigen Layer 1 (z. B. Leased Lines), Layer 2 (z. B. Ethernet, ATM, Frame Relay) und Layer 3 (z. B. Internet-Zugang, IP-VPN) basierten Datendienste sowie Sprachdienste an. Klassische Netzbetreiber haben i. d. R. eine eigene Netzinfrastruktur.

---

2   DSLAMs mit ATM-Schnittstellen werden hier nicht betrachtet. In Produktionsnetzen werden jedoch noch einige DSLAMS mit ATM-Schnittstellen eingesetzt.

3   Das IP-Backbone hat die in Bild 4-24 dargestellte Struktur.

- o Carrier supporting Carrier (auch Carrier's Carrier genannt). Carrier's Carrier ste ausschließlich Dienste für andere Netzbetreiber, nicht aber für Endkunden, zur Ve gung.

- Den Anteil dieser Dienste am Gesamtverkehr des Netzbetreibers.

Auch die heutigen Datennetze verschiedener Netzbetreiber sind oft sehr heterogen. Dies w sich künftig vermutlich nicht ändern.

Da Next Generation Networks die Basis für viele Dienste darstellen, ist die Verfügbarkeit Next Generation Networks ein extrem wichtiger Punkt. Schutzmechanismen sind daher allen Netzbereichen (bis auf die Teilnehmeranschlussleitung) zwingend erforderlich. Fast jedem OSI-Layer der Schichten 1–3 können entsprechende Schutzmechanismen implement. werden, die auch miteinander kombiniert werden können. Allerdings müssen die Schutzm chanismen auf den verschiedenen Layern dann z. B. durch die Verwendung von Timern s chronisiert werden.

Dieses Buch ist folgendermaßen aufgebaut. Im Grundlagenteil (Kapitel 2) werden Basiskenn nisse vermittelt, ohne die ein Verständnis der hier behandelten Datennetztechnologien ni möglich ist. Der weitere Aufbau orientiert sich am OSI-Referenzmodell. Kapitel 3 behand Layer 2 Technologien (vor allem Ethernet) und Kapitel 4 das Layer 3 Protokoll IP (IPv4 u IPv6). Obwohl MPLS gemäß dem OSI-Referenzmodell zwischen Layer 2 und Layer 3 einz ordnen ist, wird diese Technologie erst in Kapitel 5 behandelt, da es sich einerseits um e optionale Ergänzung zum Internet Protokoll handelt und andererseits für das Verständnis MPLS die in Kapitel 4 vermittelten Kenntnisse vorrausgesetzt werden. Im Gegensatz dazu für das Verständnis von Kapitel 4 die Lektüre von Kapitel 3 nicht erforderlich.

Die Kapitel wurden von folgenden Autoren verfasst:

1. Kapitel: Kristof Obermann

2. Kapitel: Kristof Obermann

3. Kapitel: Kristof Obermann

4. Kapitel: Kristof Obermann und Martin Horneffer

5. Kapitel: Kristof Obermann und Martin Horneffer

Die Aktualisierungen für die 2. Auflage wurden von Kristof Obermann vorgenommen.

2 Grundlagen

2.1 Telekommunikationsnetze

Telekommunikationsnetze bestehen grundsätzlich aus *Netzknoten* (engl. node/vertex) und -*kanten* (engl. link/edge). Netzkanten dienen der Signalübertragung zwischen den Netzknoten. Hierbei muss unterschieden werden zwischen:

- Point-to-Point Links (Punkt-zu-Punkt-Verbindungen): dedizierte Verbindung zwischen zwei Knoten. Die Kante dient ausschließlich der Kommunikation der beiden mit ihr verbundenen Knoten. Die Knoten terminieren die Verbindung. Punkt-zu-Punkt-Verbindungen werden beispielsweise im Telefonnetz, im Mobilfunknetz oder im Internet verwendet.

- Broadcast Links: die Netzknoten sind an einen einzigen Übertragungskanal angeschlossen, der von allen Knoten gemeinsam für die Kommunikation untereinander genutzt wird. Dieser Kanal wird daher auch als „shared medium" bezeichnet. Broadcast Links gibt es nur bei paketvermittelnden und Rundfunk-Netzen (z. B. Radio und Fernsehen). Bei paketvermittelnden Netzen gibt ein im Paket befindliches Adressfeld den Empfänger an. Broadcast Links werden z. B. bei Ethernet, Token Ring, oder WLAN verwendet.

Die Netzknoten haben je nach Art des Netzes folgende Aufgaben:

- Vermittlung von Nachrichten (vermittelnde Netze, z. B. Telefonnetz, Mobilfunknetz, Internet)

- Verteilung von Nachrichten (Verteilnetze, z. B. Rundfunk, Satellit, Kabelfernsehen)

- Aggregation von Nachrichten (Sammelnetze, z. B. Access-Netze)

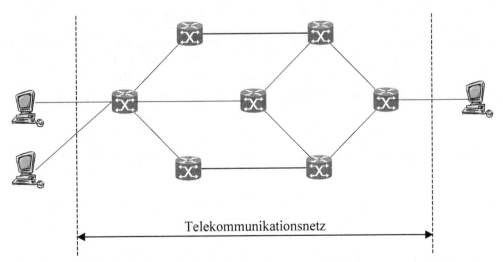

Telekommunikationsnetz

Bild 2-1   Telekommunikationsnetze bestehen aus Netzknoten und -kanten. Endsysteme (z. B. PCs, Telefone) werden an Netzknoten angeschlossen.

2.1.1   Anforderungen an Telekommunikationsnetze

An Telekommunikationsnetze werden folgende Anforderungen gestellt:

- Geringe Kosten. Die Kosten setzten sich aus den Anschaffungs- (engl. capital expendit [CAPEX]) und den Betriebskosten (engl. operational expenditure [OPEX]) zusammen. die Betriebskosten gering zu halten, sollten Telekommunikationsnetze möglichst einf betreibbar sein.

- Hohe *Verfügbarkeit*. Unter der Verfügbarkeit eines Netzes versteht man die Zeit, in der Netz in einem Zeitraum verfügbar war, bezogen auf diesen Zeitraum (in der Regel Jahr). Beispielsweise ist ein Netz mit einer Verfügbarkeit von 99,99% pro Jahr im Mi ca. 53 min nicht verfügbar. Carrierfestverbindungen der Deutschen Telekom haben e Jahresverfügbarkeit von 98,5%. Die Verfügbarkeit kann durch geeignete Schutzmechar men erhöht werden und wird in so genannten Service Level Agreements (SLA) festgel Nur mit Hilfe von Schutzmechanismen lässt sich die für Next Generation Networks Kernnetz oft geforderte Verfügbarkeit von 99,999% [21] erreichen.

- Geringe *Bitfehlerraten*. In heutigen kommerziellen Übertragungssystemen wird im Ke netz (engl. Backbone) meistens eine Bitfehlerrate von maximal 10^{-12} gefordert. Produkt tig werden Bitfehlerraten von 10^{-15} oder weniger angestrebt. Im Anschlussleitungsr werden Bitfehlerraten von 10^{-7} gefordert.

- Geringe Signallaufzeiten. Geringe Signallaufzeiten sind insbesondere für Echtzeitanw dungen wie Sprache oder Video relevant. Beispielsweise ist für eine Sprachkommunikat eine Zeitverzögerung von mehr als 400 ms nicht mehr akzeptabel. Ab ca. 25 ms soll Echo-Canceller eingesetzt werden[4]. Es gibt aber auch Applikationen, für die die Sigr laufzeit irrelevant ist (z. B. E-Mail).

- *Skalierbarkeit*. Skalierbarkeit bezeichnet die Erweiterbarkeit eines Netzes. Die Skalierb keit kann sich auf verschiedene Aspekte beziehen (z. B. auf den Anschluss weiterer T nehmer, Netzknoten, auf die Übertragungskapazität zwischen den Knoten oder auf n Dienste).

- Sicherheit. Die Nachricht darf nicht manipuliert werden können. Nur genau der Adres und kein anderer Teilnehmer darf die Nachricht erhalten und etwas von dem Nachricht austausch erfahren. Der Empfänger der Nachricht muss sicher sein können, dass der in Nachricht benannte Absender auch wirklich der Absender der Nachricht ist. Das V schleiern der eigenen Identität wird auch als *Spoofing* bezeichnet.

- Erfüllung von gesetzlichen Auflagen (z. B. Realisierung von Abhörmöglichkeiten, Notru

- Verhinderung von unerwünschten Dienstleistungen (z. B. Werbeanrufe, SPAM [un wünschte Werbe-E-Mails] oder SPIT [SPAM over Internet Telephony]).

- Geringer Energieverbrauch. IT- und TK-Anwendungen verbrauchen bereits heute et 8 % der global erzeugten Energie mit einer stark steigenden Tendenz [41].

---

[4]   Echo-Canceller werden in GSM-Netzen und teilweise bei internationalen Sprachverbindungen ein setzt, i. d. R. jedoch nicht in nationalen Fernsprechnetzen.

2.1.2 Grundbegriffe und Klassifizierung

Es gibt eine Vielzahl von Telekommunikationsnetzen. Bei der Klassifizierung von Telekommunikationsnetzen spielen die folgenden Charakteristika eine wichtige Rolle:

1. **Nachrichtenfluss**

   1.1. *Vermittelnde Netze*: dienen der Individualkommunikation zwischen zwei (oder mehreren) Teilnehmern, wobei eine Kommunikation in beide Richtungen möglich ist. Derartige Übertragungen werden als *Duplex*-Übertragungen bezeichnet. *Halbduplex* (wechselseitiger Betrieb) bedeutet, dass die Nachrichten nicht gleichzeitig in beide Richtungen übertragen werden können. Beispiele für Halbduplex-Systeme sind Amateurfunk oder das klassische Ethernet. *Vollduplex* (gleichzeitiger Betrieb) lässt die gleichzeitige Nachrichtenübertragung in beide Richtungen zu. Beispiele für Vollduplex-Systeme sind das Telefonnetz oder das Internet.

   1.2. *Verteil-/Sammelnetze*: Verteilnetze dienen der Massenkommunikation von einer Nachrichtenquelle zu einer Vielzahl von Empfängern. Die Kommunikation ist einseitig und läuft von der Nachrichtenquelle zu den Nachrichtensenken. Es gibt keinen Rückkanal vom Empfänger zum Sender. Derartige Übertragungen werden als *Simplex* Übertragungen bezeichnet (gerichteter Betrieb). Beispiele für Simplex-Übertragungssysteme sind: Rundfunk, Fernsehnetze oder Pager. Sammelnetze sind die Umkehrung von Verteilnetzen. Hier werden die Nachrichten vieler Quellen zu einer einzigen Senke übertragen. Access-Netze sind beispielsweise typische Sammelnetze.

2. **Darstellung der Nachricht**

   2.1. *Analoge Netze*: dienen der Übertragung und Vermittlung analoger Nutzsignale. Analoge Signale bieten heute gegenüber digitalen Signalen keine Vorteile mehr, so dass analoge Netze stark an Bedeutung verloren haben. Derzeit gibt es nur noch wenige analoge Netze in der BRD (z. B. Rundfunk, zum Teil Fernsehnetze), die künftig digitalisiert werden sollen. Analoge Netz werden in diesem Buch nicht betrachtet.

   2.2. *Digitale Netze*: dienen der Übertragung und. Vermittlung digitaler Nutzsignale. Datennetze sind immer digitale Netze, da die Nutzdaten stets in digitaler Form vorliegen. Beispiele für digitale Netze sind: ISDN, Mobilfunknetze, DVB, WLAN, WIMAX.

3. **Netztopologie:** bezeichnet die geometrische Struktur der Netzknoten und -kanten.

   3.1. *Baum*: für N Knoten werden N–1 Kanten benötigt. Das Charakteristische an einer Baumtopologie ist, dass es von jedem Knoten zu jedem anderen Knoten immer nur genau einen Pfad gibt. Dies gilt ebenfalls für Stern- und Bustopologien. Baum-, Stern- und Bustopologien sind daher nicht besonders ausfallsicher. Andererseits können keine Schleifen auftreten, was beispielsweise beim Spanning Tree Algorithmus ausgenutzt wird. Transitverkehr tritt nur in den Knoten der oberen Netzebenen auf[5]. Baumstrukturen werden vorwiegend für Verteil- oder Sammelnetze verwendet (z. B. Kabelfernsehnetze, Mietleitungs-basierte Access-Netze).

---

[5] Unter *Transitverkehr* versteht man Verkehr, der nicht für den betreffenden Knoten bestimmt ist bzw. von diesem generiert wird. Im Gegensatz dazu ist *lokaler Verkehr* für den betreffenden Knoten bestimmt oder wird von diesem generiert.

3.2. *Stern*: für N Knoten werden N–1 Kanten benötigt. Eine Vermittlung erfolgt nur
Sternpunkt. Transitverkehr tritt nur im Sternpunkt auf. Bei Ausfall des Sternpunk
fällt das gesamte Netz aus. Das Netz kann einfach erweitert werden, indem n
Knoten an den Sternpunkt angeschlossen werden.

3.3. *Bus*: für N Knoten werden N–1 Kanten benötigt. Hoher Transitverkehr insbesond
für die mittleren Knoten bei einer hohen Knotenanzahl. Nur für die Knoten an bei
Enden gibt es keinen Transitverkehr. Beispiele für Bus-Topologien: klassisc
Ethernet[6], Bussysteme in KFZ oder in PCs.

3.4. *Ring*: für N Knoten werden N Kanten benötigt. Hoher Transitverkehr insbesond
bei vielen Knoten. Das besondere an der Ringstruktur ist, dass es von jedem Kno
immer zwei unterschiedliche (disjunkte) Wege zu jedem anderen Knoten gibt. D
wird beispielsweise bei der SDH-Technik oder bei RPR ausgenutzt, um hochverf
bare Netze zu realisieren. Bei Broadcast Links ist ein Verfahren notwendig, dass
Belegung des Übertragungskanals durch die Knoten regelt. Beispiele für Ring To
logien: Token-Ring, FDDI, SDH-Ringe und RPR.

3.5. *Vollvermaschung*: es ist leicht zu zeigen, dass für N Knoten N (N–1)/2 Kanten be
tigt werden. Mit vollvermaschten Strukturen lassen sich extrem hohe Verfügbark
ten realisieren, da es von jedem Knoten sehr viele disjunkte Wege zu jedem ande
Knoten gibt. Andererseits ist der Anschluss neuer Knoten aufwendig, da diese mit
len vorhandenen Knoten verbunden werden müssen.

3.6. *Teilvermaschung*: Für N Knoten werden – je nach Vermaschungsgrad – mehr als
aber weniger als N (N–1)/2 Kanten benötigt. Die Anzahl der disjunkten Wege
Knoten untereinander ist abhängig vom Vermaschungsgrad. Die Knoten der Kerr
ze sind heute i. d. R. teil- oder vollvermascht (z. B. obere Netzebenen im Telefonn
oder IP-Netz).

Die verschiedenen Topologien sind in Bild 2-2 dargestellt. Die Stern- und die Bus-To
logie sind Spezialfälle der Baumtopologie. Sie weisen den geringst möglichen Verr
schungsgrad auf. Im Gegensatz dazu weisen vollvermaschte Netze den höchstmöglich
Vermaschungsgrad auf. Die Betrachtung der Kantenzahl für eine gegebene Anzahl v
Knoten für die verschiedenen Topologien ist wichtig, da sie einen großen Einfluss auf
Netzkosten haben.

4. Geographische Ausdehnung

4.1. *Lokale Netze*: bezeichnen Netze mit einer geographischen Ausdehnung von einig
Metern bis zu max. einigen Kilometern (i. d. R. innerhalb eines Gebäudes). Un
Local Area Networks (LAN) versteht man lokale Netze, die Computer miteinand
verbinden.

4.2. *Metronetze* (engl. Metropolitan Area Network [MAN]): bezeichnen Stadtnetze i
einer Ausdehnung von einigen Kilometern bis zu max. 100 Kilometern.

4.3. *Weitverkehrsnetze* (engl. Wide Area Network [WAN]): bezeichnen regionale, nat
nale und kontinentale Netze mit einer Ausdehnung von einigen 100 Kilometern l
zu einigen 1000 Kilometern.

4.4. *Globale Netze* (engl. Global Area Network [GAN]): bezeichnen Netze oder ein
Netzverbund zur globalen Verbindung von Standorten über mehrere Kontine
hinweg.

---

[6]   Heute werden vorwiegend Baumtopologien verwendet.

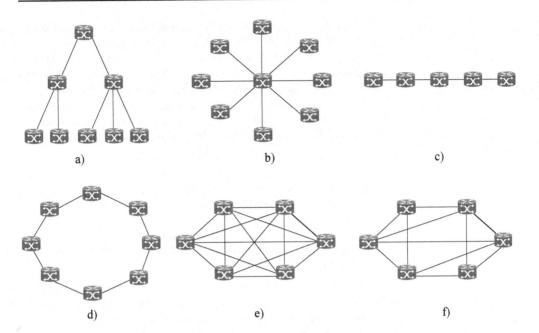

Bild 2-2   Verschiedene Netztopologien: a) Baum, b) Stern, c) Bus, d) Ring, e) Vollvermaschung,
f) Teilvermaschung. Die Stern- und Bustopologie sind Spezialfälle der Baumtopologie.

5. **Netzabschnitt.** Vermittlende Telekommunikationsnetze werden funktional in folgende
   Abschnitte unterteilt (diese Einteilung wird auch als „Partitioning" oder „horizontale
   Gliederung" bezeichnet):

   5.1. *Teilnehmer/Firmen-Netze*: befinden sich im Gebäude bzw. in der Wohnung und un-
        ter der Hoheit der Teilnehmer oder Firmen. Firmen betreiben typischerweise ein
        LAN sowie ein hausinternes Sprachnetz (i. d. R. eine Nebenstellenanlage). Private
        Teilnehmer können verschiedenen Netze basierend auf einer Breitbandkabel-, Telefon-
        bzw. strukturierten-Verkabelung (z. B. CAT5-7), dem Stromnetz (engl. Power-
        line Communication [PLC]) oder einem WLAN Hotspot betreiben.

   5.2. *Access-Netz:* das Access-Netz bezeichnet den Netzabschnitt vom Netzabschluss
        (engl. network termination [NT]) in der Teilnehmerlokation zur ersten vermittelnden
        Einheit im Netz (wird oft als Service-Node bezeichnet und kann beispielsweise eine
        Sprachvermittlungsstelle oder ein IP-Router sein[7]). Das Access-Netz ist weiter un-
        tergliedert in:

        5.2.1. *Anschlussleitungsnetz/Teilnehmeranschlussleitung* (TAL, engl. Last/First Mi-
               le, Subscriber Line): Die Teilnehmeranschlussleitung bezeichnet den Netzab-
               schnitt zwischen dem NT in der Teilnehmerlokation und dem so genannten
               Hauptverteiler (HVt, engl. Main Distribution Frame [MDF]) der Deutschen
               Telekom. Am Hauptverteiler sind die Kupferdoppeladern der angeschlossenen

---

[7]   Ein Service Node ist immer ein Netzknoten. Ein Netzknoten muss aber nicht immer ein Service Node
      sein, da es sich beispielsweise auch nur um eine konzentrierende Einheit handeln kann.

Teilnehmer aufgelegt[8]. Ein HVt versorgt in der BRD einige 10 bis zu ei■ 10.000 Haushalte. Früher befand sich in jedem HVt eine Teilnehmervern■ lungsstelle. Zurzeit gibt es rund 7900 Hauptverteiler in Deutschland. He befinden sich nur noch in etwa 1600 Hauptverteilern Teilnehmervermittlu■ stellen, in den übrigen befinden sich so genannte abgesetzte periphere Ein■ ten (APE). In dem Abschnitt Teilnehmerlokation – HVt befinden sich i. d keine den Teilnehmerverkehr konzentrierenden Netzelemente (Ausnah■ OPAL-Netze und VDSL-Anbindungen).

5.2.2. *Backhaul-Netz*: Das Backhaul-Netz bezeichnet den Abschnitt zwischen ■ Hauptverteilern und den Service-Nodes. Es enthält i. d. R. Netzelemente, den Teilnehmerverkehr konzentrieren. Bezüglich der geographischen A dehnung ist das Backhaul-Netz – je nach Standort des Service-Nodes – Metro- oder Regionalnetz. Als Übertragungsmedium werden im Backh■ Netz fast ausschließlich Lichtwellenleiter verwendet. Alternativ verwen■ einige Mobilfunkbetreiber Richtfunksysteme für die Anbindung der Basis■ tionen an die Service Nodes.

5.3. *Backbone-Netz*: Das Backbone-Netz bezeichnet den Netzabschnitt zwischen ■ Service-Nodes. Die Aufgabe des Backbone-Netzes ist die Vermittlung und Weit■ kehr-Übertragung. Bezüglich der geographischen Ausdehnung ist das Backbo■ Netz ein regionales oder nationales Netz. Als Übertragungsmedium werden für Backbone-Netz ausschließlich Lichtwellenleiter verwendet.

Die verschiedenen Netzabschnitte sind in Bild 2-3 dargestellt.

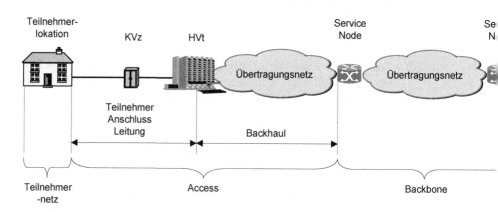

Bild 2-3   Vermittelnde Telekommunikationsnetze können in die Netzabschnitte: Teilnehmernetz, ■ cessnetz und Backbonenetz untergliedert werden. Dargestellt ist nur der Abschnitt Teiln■ mer – Backbone. Für eine Ende-zu-Ende-Übertragung ist die Abbildung am Backbone-N■ zu spiegeln.

---

[8] Dies gilt nicht für OPAL-Gebiete und Teilnehmer, die über VDSL an den Kabelverzweiger (K■ angebunden sind. Die Abkürzung OPAL steht für Optische Anschlussleitung und bedeutet, dass Teilnehmer vom HVt bis zum KVz, in Ausnahmefällen bis zum so genannten Endverzweiger (E■ über eine Glasfaser angebunden sind. Die Kupferdoppelader der Teilnehmer endet daher am K bzw. EVz.

6. **Kommunikationsbeziehungen** (siehe Bild 2-4)

6.1. *Any-to-Any*: jeder Netzknoten kann eine Kommunikationsbeziehung zu jedem anderen Knoten haben. Beispiele: Telefonnetz, Internet.

6.2. *Hub-and-Spoke* (wird auch als Hub Verkehr bezeichnet): Kommunikation der dezentralen Netzknoten (Spokes) nur mit einem zentralen Netzknoten, dem Hub. Die Kommunikation der Spokes untereinander erfolgt daher immer über den Hub. Beispiel: Telekommunikationsnetz eines Unternehmens, bei denen die Filialen sternförmig an die Zentrale angebunden sind.

6.3. *Point-to-Multipoint*: wie Hub-and-Spoke, nur ohne Kommunikationsbeziehungen der Spokes untereinander. Beispiele: Accessnetze (z. B. DSL, GSM/UMTS, WiMAX).

6.4. *Point-to-Point*: Kommunikation zweier Netzknoten, die über eine Kante verbunden sind. Beispiele: Punkt-zu-Punkt Übertragungssysteme (z. B. Mietleitungen, WDM-Übertragungssysteme, Richtfunk).

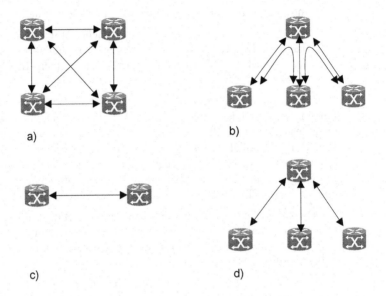

Bild 2-4 Kommunikationsbeziehungen: a) Any-to-Any, b) Hub-and-Spoke, c) Point-to-Point und d) Point-to-Multipoint

7. **Vermittlungsprinzip.** Bei vermittelnden Netzen unterscheidet man zwischen:

7.1. *Leitungsvermittlung:* Zwischen dem rufenden Teilnehmer (A-Teilnehmer) und dem angerufenen Teilnehmer (B-Teilnehmer) wird eine Leitung (ein Nachrichtenkanal) geschaltet. Ein Nachrichtenaustausch ist erst dann möglich, wenn die gesamte Verbindung aufgebaut ist. Nach Beendigung des Nachrichtenaustausches wird die Verbindung wieder abgebaut. Die Leitungsvermittlung eignet sich besonders gut für Sprachanwendungen, da sowohl die Signallaufzeit als auch die Laufzeitschwankungen sehr klein sind. Allerdings ist der Nachrichtenkanal auch dann belegt, wenn kein Nachrichtenaustausch stattfindet. Des Weiteren wird der Kanal bei der Übertragung

kurzer Nachrichten schlecht ausgelastet, da für den Leitungsauf- und -abbau (
gewisse Zeit benötigt wird. Beispiele für leitungsvermittelnde Netze: Tele
Festnetz, GSM-Mobilfunknetz.

7.2. *Paketvermittlung:* die Nachricht wird zunächst in kleinere Einheiten, so gena
Pakete unterteilt. Die Pakete werden in den Knoten zwischengespeichert und d
abschnittsweise übertragen. Der Begriff „Paket" wurde erstmals im Zusammenh
mit dem ARPA-Netz gebraucht. Sind die Pakete klein und haben alle Pakete
gleiche Größe, so nennt man sie Zellen (Anwendung: ATM mit einer Zellgröße
53 Byte). Der Vorteil der Paketvermittlung liegt in der guten Kanalausnutzung
kurzen Nachrichten. Allerdings ist die Paketvermittlung für die Knoten aufwendi
als die Leitungsvermittlung. Da die Pakete unabhängig voneinander übertragen v
den, kann es unter Umständen (z. B. bei Änderungen der Netztopologie) dazu k
men, dass die einzelnen Pakete einer Nachricht über unterschiedliche Wege z
Zielknoten übertragen werden. Hierdurch kann es zu großen Laufzeitschwankun;
kommen. Ferner kann die Reihenfolge der Pakete vertauscht werden. Die Paket
mittlung ist das klassische Vermittlungsprinzip bei Rechnernetzen (z. B. Ether
Internet). Datennetztechnologien basieren stets auf der Paketvermittlung.

7.3. *Nachrichtenvermittlung*: die gesamte Nachricht wird zunächst digital gespeichert
dann von Knoten zu Knoten weitergegeben. Die Nachrichtenvermittlung eignet s
besonders für die Übertragung kurzer Nachrichten. Die Nachrichtenvermittlung
ein Spezialfall der Paketvermittlung und wurde ursprünglich bei X.25 eingesetzt.

Wichtig in diesem Zusammenhang sind ferner die Begriffe vebindungsorientiert und v
bindungslos. Ein Dienst, bei dem zunächst eine Verbindung aufgebaut und nach der N
zung des Dienstes wieder abgebaut werden muss, wird als *verbindungsorientierter Die*
bezeichnet (Beispiel: Telefonnetz, ATM). Die Verbindung kann man sich wie ein R
(engl. pipe) vorstellen. Die Bitsequenz wird senderseitig in das Rohr geschoben und v
Empfänger in der gleichen Reihenfolge wieder entnommen. Ein verbindungsorientie
Dienst kann auf Leitungs-, Nachrichten- oder Paketvermittlung basieren.

Ein Dienst, bei dem jede Nachricht bzw. jedes Paket die vollständige Zieladresse trägt
unabhängig von allen anderen Nachrichten/Paketen transportiert wird, wird als *verb*
dungsloser Dienst bezeichnet. Ein verbindungsloser Dienst basiert auf Nachrichten- o
Paketvermittlung (Beispiel: IP, Ethernet).

Es gibt Netze, die Leitungs- und Paketvermittlung kombinieren.Vorteilhaft kann hier b
spielsweise die schnelle leitungsvermittelte Durchschaltung größerer Verkehre an ein
Netzknoten sein. Dieser Ansatz wird bei GMPLS/ASON-Netzen verfolgt (siehe Absch
5.6).

8. Netzzugang

8.1. *Öffentliches Netz.* Unter einem öffentlichen Netz, versteht man ein Telekommuni
tionsnetz, an das sich jeder Teilnehmer anschließen kann. Beispiele für öffentlic
Netze: Telefonnetz, Mobilfunknetz, Internet.

8.2. *Geschlossenes Netz.* Ein geschlossenes Netz (auch: privates Netz) steht nur bestim
ten Teilnehmergruppen zur Verfügung. Beispiele: firmeninterne Sprach- oder Dat
netze, private WLAN-Netze.

2.1.3 Beschreibung von Telekommunikationsnetzen

Eine systematische Beschreibung von Telekommunikationsnetzen kann mit der Graphentheorie erfolgen. Mathematisch gesehen besteht ein Graph aus einer Menge von Knoten und einer Menge von Kanten. Den Netzkanten werden üblicherweise Gewichte zugeordnet. Im Zusammenhang mit Telekommunikationsnetzen orientieren sich die Gewichte meist an Übertragungskapazitäten, Entfernungen oder Kosten. Folgende Begriffe spielen in der Graphentheorie eine Rolle:

- Zwei Knoten sind *benachbart*, wenn zwischen ihnen eine Kante existiert.

- Ein Graph heißt *vollständig*, wenn alle Knoten miteinander benachbart sind. Die Netztopologie eines vollständigen Graphen entspricht folglich einer Vollvermaschung.

- Der *Grad eines Knotens* bezeichnet die Anzahl der Kanten, die an dem betreffenden Knoten enden. Beispielsweise haben alle Knoten in einem vollständigen Graph mit N Knoten den Grad (N–1). In einer Ringtopologie haben alle Knoten den Grad zwei. Ein *regulärer Graph* weist nur Knoten des gleichen Grades auf.

- Kanten können *gerichtet* oder *ungerichtet* sein. Eine gerichtete Kante entspricht einer Simplex-Verbindung, eine ungerichtete Kante einer Halb- oder Vollduplex-Verbindung. Einen Graphen mit ausschließlich gerichteten Kanten nennt man einen gerichteten Graphen, einen Graphen mit nur ungerichteten Kanten einen ungerichteten Graphen. Obwohl der Nachrichtenfluss in vermittelnden Netzen i. d. R. asymmetrisch ist (dies trifft insbesondere auf den Nachrichtenfluss im Internet zu), ist die Übertragungskapazität der Kanten immer symmetrisch, d. h. in beide Richtungen gleich groß (die einzige Ausnahme stellen ADSL Übertragungssysteme und GMPLS-Netze dar). Daher werden vermittelnde Netze durch ungerichtete Graphen beschrieben.

- Ein *Pfad* ist eine Folge von benachbarten Knoten, bei der kein Knoten mehrfach vorkommt. Die *Länge des Pfades* ist gleich der Anzahl der Knoten, die er durchläuft.

- Eine *Schleife* ist eine Folge von benachbarten Knoten, die zum Ausgangsknoten zurückführt und keinen Knoten mehrfach durchläuft. Eine Schleife, die alle Knoten eines Graphen enthält, nennt man eine *Hamilton'sche Schleife*. Beim bekannten Travelling Salesman-Problem ist die kürzeste Hamilton'sche Schleife in einem vollständig verbundenen Graphen zu suchen (d. h. diejenige Hamilton'sche Schleife, bei der die Summe der Kantengewichte minimal ist).

- Ein Graph heißt *verbunden*, wenn von jedem beliebigen Knoten jeder beliebige andere Knoten erreicht werden kann.

- Ein *Baum* ist ein Graph, der zwischen allen Knotenpaaren jeweils genau einen Pfad enthält. Im Sinne der Graphentheorie ist daher eine Stern-, Bus- oder Baumtopologie ein Baum, wohingegen eine Ring- oder vermaschte Topologie keine Bäume sind. Ein vollständiger Baum (engl. spanning tree) ist ein Teilgraph eines Graphen, der alle Knoten enthält und der zwischen zwei Knoten jeweils genau einen Pfad aufweist. Sind die Kanten eines Graphen gewichtet, so nennt man denjenigen vollständigen Baum, dessen Summe aller Gewichte minimal ist, den *Minimalbaum*.

- Ein *Schnitt* ist eine Menge von Kanten, nach deren Wegnahme der Graph nicht mehr verbunden ist. Ein *Minimalschnitt* ist ein Schnitt, dessen echte Teilmengen keine Schnitte mehr sind. Ein *A-B Schnitt* trennt alle Pfade zwischen den Knoten A und B.

Die Anwendbarkeit von Verfahren zur Analyse von Telekommunikationsnetzen hängt ·
scheidend davon ab, nach welchem Gesetz der Rechenaufwand mit der Größe des Netze
i. d. R. der Anzahl der Knoten N – anwächst. Man unterscheidet zwei Klassen von Verfahre

- Verfahren, bei denen der Rechenaufwand gemäß einem Polynom mit N zunimmt (d. h.
  Rechenzeit ist proportional zu N^k mit $k \geq 1$) und

- Verfahren, bei denen der Rechenaufwand exponentiell mit N wächst (d. h. die Rechen.
  ist proportional zu a^N mit $a > 1$).

Tabelle 2.1   Rechenzeiten für verschiedenen Abhängigkeiten des Rechenaufwandes von der Anzahl
Knoten N als Funktion von N. Annahme: Ein Verfahren mit linearer Abhängigkeit löst
Problem für N = 10 in 10 ms.

Rechenaufwand proportional zu	N = 10	N = 20	N = 30	N = 50
N	10 ms	20 ms	30 ms	50 ms
N^2	100 ms	400 ms	900 ms	3 s
N^3	1 s	8 s	27 s	125 s
2^N	1 s	18 min	12 Tage	36.198 Jahre
3^N	59 s	40 Tage	6619 Jahre	$2 \cdot 10^{13}$ Jahre

Wie Tabelle 2.1 sehr eindrucksvoll zeigt, ist die zweite Klasse von Verfahren höchstens
kleine Netze anwendbar. Die Komplexitätstheorie[9] teilt Probleme in folgende Klassen ein:

- Die *Klasse P* (engl. polynomial time problems). Für die Behandlung von Problemen ·
  Klasse P sind Verfahren bekannt, bei deren Anwendung die Rechenzeit in Abhängigk
  von der Größe N des Problems auch im ungünstigsten Fall durch ein Polynom in N n;
  oben begrenzt werden kann. Beispiele für Probleme der Klasse P sind: Verfahren zur Ⅰ
  stimmung des kürzesten Weges zwischen zwei Knoten (Shortest Path Routing) eines N
  zes oder Verfahren zur Bestimmung des Minimalbaumes eines Netzes (Spanning Tree ʌ
  gorithmus).

- Die *Klasse NP* (engl. non-deterministic polynomial time problems). Die Klasse NP best
  aus allen Problemen, bei denen für ein geratenes mathematisches Objekt in polynomia
  Zeit entschieden werden kann, ob es den gestellten Anforderungen genügt (z. B. ob e
  bestimmte Reiseroute beim Travelling Salesman Problem kürzer als eine vorgegebene R·
  te ist). Die Klasse P ist eine Teilmenge der Klasse NP. Man kann ein NP-Problem dadu;
  lösen, dass man alle möglichen Objekte überprüft, was beim Travelling Saleman Probl
  bedeuten würde, die Längen aller möglichen Hamilton'schen Schleifen (Reiserouten)
  bestimmen. Es existiert eine Reihe von Problemen in NP, für die bisher nur Verfahren Ⅰ
  kannt sind, deren Aufwand exponentiell mit N anwächst. Das heißt, man konnte bisher d
  Aufwand nicht wesentlich unter den des einfachen Durchprobierens senken. Die Frage,
  man nicht doch durch bessere, bisher unbekannte Algorithmen die polynomiale Schrar
  erreichen kann, ist gleichbedeutend mit der Frage, ob die Klasse NP gleich der Klasse P

---

[9]   Die Komplexitätstheorie ist ein Teilgebiet der theoretischen Informatik, das sich mit der Komplex:
von Algorithmen befasst.

Sie ist ein bisher ungelöstes Problem der Komplexitätstheorie. Die Teilmenge der Klasse NP, die die schwierigsten Probleme der Klasse NP enthält, wird als *Klasse NP vollständig* (engl. NP-complete problems) bezeichnet. Schwieriges Problem bedeutet dabei, dass das Problem am unwahrscheinlichsten zur Klasse P gehört. Sollte man jemals ein Problem in NP vollständig in polynomialer Zeit lösen können, so kann man alle Probleme in NP in polynomialer Zeit lösen. Für zahlreiche Probleme der Analyse und Synthese von Telekommunikationsnetzen wurde gezeigt, dass sie zur Klasse NP vollständig gehören (z. B. Travelling Salesman Problem, Optimales Routing in IP-Netzen unter Berücksichtigung der aktuellen Linkauslastung). Für alle praktischen Zwecke können derartige Probleme daher derzeit nur mit heuristischen Verfahren bearbeitet werden.

2.2 ISO-OSI Referenzmodell

Telekommunikationsnetze sind komplexe Systeme. Das Ziel des ISO-OSI Referenzmodells (im folgenden kurz OSI-Referenzmodell) ist es, die Komplexität von Telekommunikationsnetzen dadurch zu verringern, dass die gesamten Funktionalitäten eines Netzes in verschiedene Teilfunktionalitäten untergliedern werden, die weitestgehend unabhängig voneinander sind[10]. Das OSI-Referenzmodell definiert hierfür sieben Schichten (engl. Layer), die diese Teilfunktionalitäten realisieren sollen. Jede Schicht bietet der nächst höheren Schicht bestimmte Dienste, verschont sie aber mit deren Implementierung. Die Regeln, nach denen die Schicht n eines Knotens/Endsystems mit der Schicht n eines anderen Knotens/Endsystems ein Gespräch führt, heißen *Protokoll* der Schicht. Ein Protokoll bezieht sich auf die Implementierung eines Dienstes und ist für den Dienstnutzer, d. h. die darüber liegende Schicht, transparent. Eine Gruppe von Schichten mit den entsprechenden Protokollen nennt man *Netzarchitektur*. Das OSI-Referenzmodell wird detailliert in [1] beschrieben. In diesem Abschnitt sollen nur die für dieses Buch relevanten Grundlagen vermittelt werden.

Das ISO-OSI Referenzmodell wurde seit 1979 von internationalen (International Organization for Standardization [ISO]) und nationalen Organisationen (in Deutschland dem Deutschen Institut für Normung [DIN]) basierend auf X.25 entwickelt und von der ISO standardisiert. Das OSI-Referenzmodell ist ein Basis-Referenzmodell für die Kommunikation offener Systeme (engl. Open Systems Interconnection [OSI]). Unter offenen Systemen sind öffentliche Telekommunikationsnetze zu verstehen.

Bild 2-5 zeigt die sieben Schichten des OSI-Referenzmodells. Die wesentlichen Aufgaben dieser Schichten sind:

1. *Bitübertragungsschicht.* Die Aufgabe der Bitübertragungsschicht besteht in dem Transport der einzelnen Bits einer Nachricht, d. h. der transparenten Übertragung einer Bitsequenz von einem Ort A zu einem anderen Ort B. Hierbei können Bitfehler und Zeitverzögerungen auftreten, die Reihenfolge der Bits bleibt aber erhalten. An der Schnittstelle zwischen Schicht 2 und 1 werden digitale Signale übergeben. Schicht 1 wandelt die digitalen Signale gemäß dem verwendeten Leitungscode/Modulationsverfahren in analoge Signale zur Signalübertragung um. Schicht 1 ist die einzige Schicht, die analoge Signale verarbeiten muss. Schicht 1 legt beispielsweise den zu verwendenden Steckertyp, die Belegung der Pins, den

---

10 Dieser Ansatz wird auch in der Informatik beim objektorientierten Programmieren oder bei der Modularisierung von komplexen Programmieraufgaben verfolgt.

Sende- und Empfangspegel sowie den Verbindungsauf- und -abbau fest. Beispiele für I
tokolle der Schicht 1 sind: X.21, SDH, xDSL. Als Hardware verwendet Schicht 1 H
Repeater oder Modems.

OSI Layer

a)   b)

Application Layer	7	Verarbeitungsschicht
Presentation Layer	6	Darstellungsschicht
Session Layer	5	Sitzungsschicht
Transport Layer	4	Transportschicht
Network Layer	3	Vermittlungsschicht
Data Link Layer	2	Sicherungsschicht
Physical Layer	1	Bitübertragungsschicht

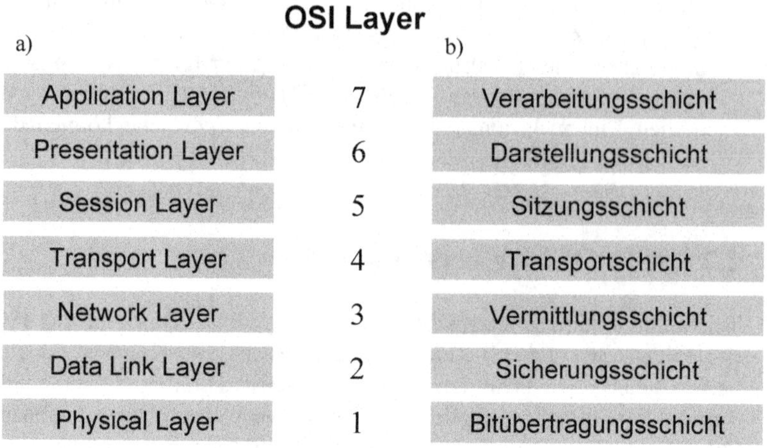

Bild 2-5   Die sieben Schichten des ISO-OSI Referenzmodells: a) englische und b) deutsche Bezei
nung

2. *Sicherungsschicht.* Da Schicht 1 nur für den reinen Transport von Bitsequenzen zustän
ist ist es Aufgabe von Schicht 2, Rahmengrenzen einzufügen und zu erkennen. Hierfür g
es prinzipiell zwei Möglichkeiten: die Verwendung von speziellen Bitmustern zur Ke
zeichnung von Rahmenanfang und -ende (Beispiel: HDLC) oder die Kodierung der R
menlänge (Beispiel: GFP, Ethernet). Des Weiteren muss Schicht 2 feststellen, ob Rahm
(engl. Frames) fehlerhaft sin. Dazu werden die Eingangsdaten von Schicht 3 (Pakete, er
Packets) von Schicht 2 in Rahmen, die typisch einige 100 bis ein paar 1000 Bytes la
sind, aufgeteilt und diesen Prüfstellen hinzufügt, so dass Übertragungsfehler mit ho
Wahrscheinlichkeit erkannt werden können. Eine weitere Funktionalität von Schicht 2
die Flusskontrolle. Die Flusskontrolle sorgt dafür, dass nur dann Nachrichten übertrag
werden, wenn der Empfänger auch empfangsbereit ist. Auf diese Weise wird sichergeste
dass ein schneller Sender nicht einen langsameren Empfänger mit Daten überschwemm
kann[11]. Beispiele für Protokolle der Schicht 2 sind: Ethernet oder PPP/HDLC. Als Ha
ware verwendet Schicht 2 Switche oder Bridges.

---

[11] In Netzen, in denen sich alle Knoten einen gemeinsamen Übertragungskanal teilen, muss die Sic
rungsschicht den Zugriff auf den Kanal festlegen. Diese Funktionalität wurde vom O
Referenzmodell ursprünglich nicht vorgesehen und wird von einer spezielle Zwischenschicht der
cherungsschicht, der MAC-Teilschicht übernommen (Beispiel: Ethernet, WLAN). Die MA
Teilschicht wurde nachträglich von der IEEE eingeführt, wobei die Sicherungsschicht in zv
Sublayer, den LLC (Logical Link Control) und den MAC (Media Access Control) Layer untert
wurde.

3. *Vermittlungsschicht.* Schicht 3 teilt die Nachrichten der Transportschicht in Pakete auf und legt fest, in welcher Form und auf welchem Weg diese zum gewünschten Ziel übertragen werden. Die Wegewahl (engl. Routing) ist die wichtigste Funktion der Vermittlungsschicht. Des Weiteren werden die Betriebsmittel eines Netzes verwaltet und bei Bedarf zugeordnet. Dies schließt das so genannte Traffic Engineering ein. Einfach ausgedrückt versteht man darunter Mechanismen zur Verkehrslenkung, so dass ein Netz möglichst gleichmäßig ausgelastet wird bzw. anders gesagt, eine Überlastung (engl. Congestion) oder eine ineffiziente Auslastung (engl. Underutilization) bestimmter Netzressourcen vermieden werden kann. Die genaue Definition von Traffic Engineering findet sich in Abschnitt 4.4.4. Schicht 3 ist die oberste Schicht, die in allen Knoten vorhanden ist. IP ist beispielsweise ein Protokoll der Schicht 3. Als Hardware verwendet Schicht 3 z. B. Router.

4. *Transportschicht.* Schicht 4 erfüllt alle Funktionen, die für den Aufbau, die Kontrolle und den Abbruch einer Verbindung zwischen zwei Endsystemen – also nicht nur zwischen zwei Knoten – notwendig sind. Hierzu zählen beispielsweise die Segmentierung von Datenpaketen und die Stauvermeidung (engl. congestion control). Schicht 4 sorgt dafür, dass alle Teile einer Nachricht korrekt und in der richtigen Reihenfolge am anderen Ende ankommen. Die Transportschicht ist nur in den Endsystemen, nicht jedoch in den Netzknoten implementiert. Die Transportschicht ist eine echte Ende-zu-Ende Schicht. Anders ausgedrückt, führt ein Programm auf der Quellmaschine ein Gespräch mit einem ähnlichen Programm auf der Zielmaschine, die durch viele Netzknoten voneinander getrennt sein können [1]. Im Gegensatz dazu unterhalten sich die Protokolle der Schichten 1-3 nur mit ihren unmittelbaren Nachbarn. Beispiele für Protokolle der Transportschicht: TCP, UDP.

5. *Sitzungsschicht.* Eine Verbindung zwischen zwei Teilnehmern/Anwendungen in einem Netz nennt man Sitzung (engl. session). Die Sitzungsschicht leistet alle Dienste, die für den Beginn, die Durchführung und den Abschluss einer Sitzung benötigt werden. Hierzu gehört zunächst die Überprüfung der Berechtigung beider für die gewünschte Kommunikation. Dienste der Sitzungsschicht sind: Synchronisation und Dialogsteuerung. Bei der Synchronisation werden Fixpunkte in den Datenstrom eingefügt, so dass nach einer Störung nur die Daten ab dem letzten Fixpunkt erneut übertragen werden müssen. Kann der Verkehr während einer Sitzung nur in eine Richtung fließen (Halbduplex) legt die Dialogsteuerung fest, wer jeweils an die Reihe kommt. Die Aufgaben der Transport- und der Sitzungsschicht sind nicht völlig unabhängig voneinander. In einigen Netzarchitekturen sind daher beide Schichten zusammengefasst.

6. *Darstellungsschicht.* Die Darstellungsschicht fungiert als „Dolmetscher" zwischen den Endsystemen und dem Netz. Hier wird die Syntax einer lokalen Sprache, die vom Hersteller des Endsystems abhängig sein kann, in die Syntax des Netzes umgewandelt. Verschiedene Computer haben beispielsweise i. d. R. unterschiedliche Darstellungscodes für Zeichenketten (z. B. ASCII oder Unicode) bzw. ganze Zahlen. Schicht 6 wandelt verschiedene Darstellungsformen in eine abstrakte Datenstruktur und konvertiert diese schließlich wieder in die Darstellungsform des jeweiligen Endsystems.

7. *Verarbeitunsschicht.* Die Verarbeitungsschicht stellt verschiedene, oft benötigte Anwendungsprogramme zur Verfügung. Beispiele hierfür sind: http (Surfen im Internet), ftp (Dateitransfer), SMTP (E-Mail) und telnet (virtuelles Terminal).

Es wurden von der ISO sieben Schichten definiert, da die Anzahl der Schichten nicht zu groß, die Aufgaben der Schichten andererseits aber nicht zu komplex sein sollten. Des Weiteren sollte jede Schicht gut definierbare Funktionen enthalten und der Informationsfluss zwischen den Schichten minimal sein [1].

Der Grundgedanke des OSI-Referenzmodells ist es, dass eine Übertragung zwischen z
Knoten immer über die unterste Schicht, die Bitübertragungsschicht, verläuft. Die Instan
die die für eine Verbindung zwischen zwei Knoten oder einem Endsystem und einem Kn
nötigen Dienste erbringen und die in den einzelnen Schichten implementiert sind, tausc
Informationen nur mit Partner-Instanzen aus, die auf der gleichen Schicht des Nachbarkno
angeordnet sind. Logische Verbindungen bestehen daher ausschließlich zwischen gleic
Schichten. Der tatsächliche (physikalische) Informationsfluss geht dagegen durch alle daru
liegenden Schichten und erfolgt daher vertikal. Jede Schicht ist dabei so programmiert, als
der Informationsfluss horizontal [1]. Die Instanzen einer Schicht sind austauschbar, sofern
sowohl beim Sender als auch beim Empfänger ausgetauscht werden. Diese Eigenschaft wir
Datennetzen häufig ausgenutzt.

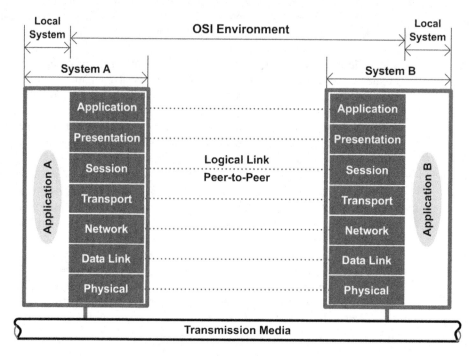

Bild 2-6   Beim OSI-Referenzmodell bestehen logische Verbindung nur zwischen gleichen Schich
(engl. Peers). Der tatsächliche Informationsfluss erfolgt jedoch durch alle darunter liegen
Schichten. Quelle: [2]

Um die Funktionalitäten einer Schicht realisieren zu können, wird den Nutzdaten, d. h.
Daten der darüber liegenden Schicht (wird auch als Client-Layer), auf jeder Schicht Overh
in Form eines Headers hinzugefügt (siehe Bild 2-7). Beispielsweise wird den Nutzdaten
Transportschicht der Header des Transportprotokolls (Bezeichnung H4 in Bild 2-7) hinzu
fügt. Auf Schicht 2 wird zusätzlich eine Prüfsumme eingefügt (Bezeichnung Frame Ch
Sequence [FCS] in Bild 2-7), um Übertragungsfehler feststellen zu können. Die Rahmen v
Schicht 2 werden anschließend an Schicht 1 übergeben und transparent übertragen.

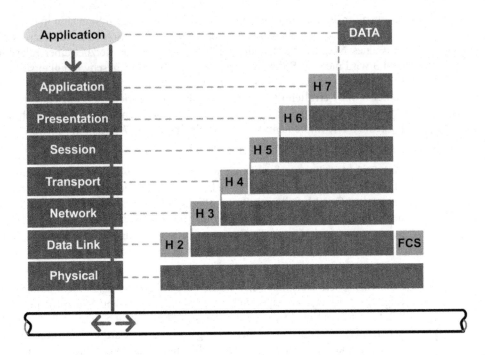

Bild 2-7   Den Nutzdaten wird auf jeder Schicht Overhead in Form eines Headers hinzugefügt, um die Aufgaben der entsprechenden Schicht realisieren zu können (Bezeichnung H7–H2). Die Header entsprechen dem Protokoll der Schicht. Quelle: [2]

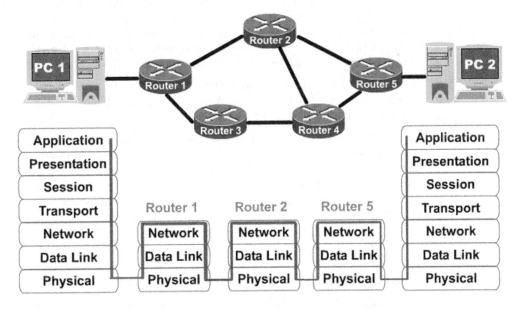

Bild 2-8   In Endsystemen sind alle Schichten, in Netzknoten jedoch nur die Schichten 1–3 implementiert. Quelle: [2]

Funktionen für die Übermittlung einer Nachricht im engeren Sinn sind in den Schichten 1 b
angeordnet. Diese Schichten finden sich daher an den Schnittstellen zum Netz und in a
Knoten eines Netzes. Die Schichten 1 bis 3 sind die für Netzbetreiber relevanten Schich
Schicht 3 wird meist in Software implementiert, bei Hochgeschwindigkeitsübertragungen a
in Hardware. Schicht 2 wird meistens und Schicht 1 immer in Hardware ausgeführt.
Schichten 4 bis 7 erfüllen Funktionen, die für den Nachrichtenaustausch zwischen jeweils z
bestimmten Endsystemen notwendig sind. Die Schichten 4 bis 7 finden sich daher nur in
Endsystemen. Die Implementierung der Schichten 4 bis 7 erfolgt in Software.

Bemerkungen zum OSI-Referenzmodell:

- Das OSI-Modell ist selber keine Netzarchitektur, weil es die Protokolle der jeweili
  Schichten nicht definiert. Es legt lediglich die Funktionalitäten der Schichten fest. ISO
  neben dem OSI-Modell auch Protokolle für alle Schichten ausgearbeitet, die aber nicht ˮ
  des Referenzmodells sind. Diese Protokolle wurden als getrennter Standard veröffentli
  spielen aber in heutigen Telekommunikationsnetzen nur eine untergeordnete Rolle.
  werden beispielsweise in der Management Plane verwendet.

- Die heute tatsächlich verwendeten Protokolle sind i. d. R. nicht kompatibel zum C
  Referenzmodell. Beispielsweise werden die Pakete von UDP nicht in der richtigen Reih
  folge angeordnet, was eigentlich eine Funktionalität von Schicht 4 des OSI-Modells
  SDH stellt Funktionalitäten bereit, die weit über die der Schicht 1 des OSI-Modells hina
  gehen (z. B. Erkennen von Übertragungsfehlern, Forward Error Correction [FEC]). And
  Referenzmodelle haben eine andere Schichtenanzahl und definieren zum Teil abweiche
  Funktionalitäten auf den verschiedenen Schichten. Von daher sollte die Definition
  Aufgaben der einzelnen Schichten gemäß dem OSI-Referenzmodell nicht zu genau
  nommen werden. Wichtig am OSI-Modell ist jedoch der Grundgedanke, die Komplex
  von Telekommunikationsnetzen durch vertikale Gliederung in verschiedenen Schichten
  verringern. Daher ist das OSI-Modell zur Diskussion von Telekommunikationsnetzen
  ßergewöhnlich ergiebig [1]. Die Frage, wie viele Schichten tatsächlich notwendig sind
  welche Funktionalitäten von welchen Schichten bereitgestellt werden sollten ist Gege
  tand der aktuellen Diskussion bezüglich der Optimierung von Telekommunikationsnetze

- Das TCP/IP-Referenzmodell besitzt keine Sitzungs- und Darstellungsschicht. Für di
  Schichten besteht für die meisten Anwendungen kein Bedarf. Daher verwendet
  TCP/IP-Referenzmodell lediglich fünf Schichten.

- Das OSI-Modell entstammt der Datentechnik, wo die Nutzdaten immer in Form von Pa
  ten transportiert werden. Um das OSI-Modell auf beliebige Telekommunikationsne
  (z. B. auch Sprachnetze) anwenden zu können, waren Zusätze erforderlich. Diese Zusä
  berücksichtigen, dass es Telekommunikationsnetze gibt, die eine von den Datenströn
  getrennte Signalisierung für den Verbindungsauf- und -abbau erfordern und das Teleko
  munikationsnetze mit Hilfe von Netzmanagementsystemen konfiguriert, überwacht ι
  entstört werden. Die ITU-T hat in der Empfehlung I.322 das OSI-Referenzmodell um z
  weitere Protokoll-Stacks erweitert und ein generisches Referenzmodell standardisiert. I
  drei Protokoll-Stacks werden bezeichnet als:

  o Nutzdaten (engl. Data Plane)

  o Zeichengabe/Signalisierung (engl. Control Plane)

  o Management (engl. Management Plane)

Jede dieser Planes ist wiederum gemäß dem OSI-Referenzmodell in sieben Schichten untergliedert. Die Aufgaben der Data, Control und Management Plane werden in Abschnitt 5.6 beschrieben.

Mit Hilfe des OSI-Referenzmodells (vertikale Gliederung) und der Einteilung von Telekommunikationsnetzen in verschiedene Netzabschnitte gemäß Abschnitt 2.1.2 (horizontale Gliederung) können Protokolle in Form einer Matrix angeordnet werden. Das Übertragungsmedium ist nicht Bestandteil des OSI-Modells, wird aber gelegentlich als OSI-Layer 0 bezeichnet. Tabelle 2.2 gibt eine Übersicht:

Tabelle 2.2 Übersicht über verschiedene Protokolle gegliedert nach Netzabschnitten und OSI-Referenzmodell

Netzabschnitt OSI Layer	Teilnehmernetz/ Endgerät	Teilnehmer-Anschluss-Leitung	Backhaul	Backbone
Layer 7	http, ftp, telnet, SMTP,etc.	N/A	N/A	N/A
Layer 6		N/A	N/A	N/A
Layer 5		N/A	N/A	N/A
Layer 4	TCP, UDP	N/A	N/A	N/A
Layer 3	IP, ISDN	N/A	N/A	IP, ISDN, POTS, (ATM)
Layer 2	Ethernet, FDDI, Token Ring	ATM, Ethernet, PPPoE	ATM, Ethernet, PPPoE, RPR, GFP	PPP/HDLC, Ethernet, ATM, FR, GFP
Layer 1	POTS, ISDN, Ethernet, FDDI, Token Ring, DECT, WLAN, PLC, Bluetooth, ZigBee	POTS, ISDN, xDSL, FTTx, Ethernet (EFM) WiMAX, PMP, GSM, UMTS	PDH, SDH, WDM (CWDM), Ethernet	PDH, SDH, WDM (DWDM), OTH
„Layer 0"	Kupferdoppelader, LWL, Funk, Koaxialkabel, Stromleitung	Kupferdoppelader, LWL, Funk, Koaxialkabel, Stromleitung	Lichtwellenleiter, Richtfunk	Lichtwellenleiter (LWL)

2.3 Hierarchische Netze

Ein Backbone-Netz bestehend aus Service Nodes, die über das Übertragungsnetz im WAN direkt miteinander verbunden sind, besitzt keine hierarchische Struktur und wird daher auch als flaches Netz bezeichnet.

Weitverkehrsnetze (z. B. Telefonnetze, Mobilfunknetze, IP-/ATM-/Frame Relay-Netze) sind in der Regel hierarchisch aufgebaut, d. h. sie besitzen mehr als eine Hierarchieebene. Ein Netz mit hierarchisch strukturierten Service Nodes wird als *hierarchisches Netz* bezeichnet. Beispielsweise hat das derzeitige Telefonnetz der Deutschen Telekom drei Hierarchieebenen (Weitverkehrsvermittlungsstellen, Knotenvermittlungsstellen und Teilnehmervermittlungsstellen). WAN Datennetze (IP-/ATM-/Frame Relay-Netze) sind i. d. R. aus mindestens drei

Hierarchieebenen aufgebaut: dem Access Layer (AL), dem Distribution Layer (DL) und ¢
Core Layer (CL). Die Service Nodes der unteren Hierarchieebenen sind i. d. R. sternförmig
die Service Nodes der darüber liegenden Ebene angebunden. Aus Redundanz Gründen wer
sie teilweise auch mit jeweils zwei Service Nodes der darüber liegenden Ebene verbunden.
Service Nodes der obersten Ebene sind teil- oder vollvermascht. Bild 2-9 zeigt ein flaches N
(a) und ein hierarchisches Netz (b) mit zwei Hierarchieebenen. Bild 2-10 zeigt ein hierar¢
sches Netz mit zwei Hierachieebenen am Beispiel des IP-Netzes der Deutschen Telekom.

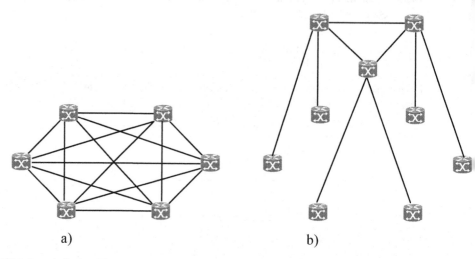

a)   b)

Bild 2-9   a) flaches Netz mit Vollvermaschung, b) hierarchisches Netz mit zwei Hierachieebenen ¡
              einer Vollvermaschung auf der oberen Ebene

Die Service Nodes der oberen Netzebenen hierarchischer Netze vermitteln reine Tran₌
verkehre, d. h. Verkehre die nicht für sie selber, sondern für andere Service Nodes (Serv
Nodes der untersten Ebene) bestimmt sind. Die Service Nodes der untersten Ebene vermitt
keinen Transitverkehr. Daher erfordern hierarchische Netze zusätzliche Service Nodes ℩
zusätzlichen Schnittstellen.

Im Folgenden soll diskutiert werden, warum WAN Datennetze dennoch hierarchisch struk
riert werden. Die Anzahl der Service Nodes der untersten Hierarchieebene von WAN-Netℤ
ist sehr groß und liegt beispielsweise sowohl bei Telefon- als auch bei IP-Netzen in der G
ßenordnung von 1000 bis hin zu einigen 1000[12]. Vergleicht man das flache und das hierarc
sche Netz in Bild 2-9, so fällt Folgendes auf:

• Das flache Netz benötigt die minimale Anzahl von Service Nodes, bei einer Vollvern
  schung jedoch sehr viele Verbindungen und daher auch sehr viele Schnittstellen für ¢
  Service Nodes.

• Demgegenüber werden für das hierarchische Netz mehr Service Nodes benötigt (die S
  vice Nodes der höheren Hierarchieebenen), dafür aber weniger Verbindungen und Schnℹ
  stellen mit einer höheren Bandbreite.

---

[12]   Das analoge Telefonnetz in der BRD hatte ca. 7900 Teilnehmervermittlungsstellen.

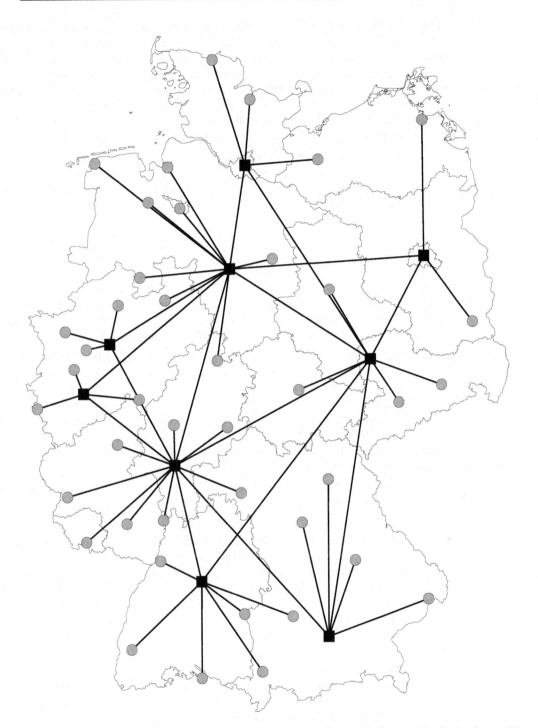

Bild 2-10 IP-Netz der Deutschen Telekom bestehend aus den Hierarchieebenen: Distribution Layer (41 Routerstandorte, Punkte), und Core Layer (9 Routerstandorte, Quadrate). Die DL-Router sind sternförmig an die CL-Router angebunden. Die CL-Router sind teilvermascht. Quelle: [39]

Für Service Nodes von Datennetzen gibt es Schnittstellen mit Datenraten von 64 kbit/s (o
weniger) bis hin zu derzeit 40 Gbit/s, wobei hochbitratige Schnittstellen deutlich kostengür
ger als mehrere niederbitratige Schnittstellen derselben Datenrate sind. Da in hierarchisc
Netzen zwar Schnittstellen mit höheren Datenraten, dafür aber deutlich weniger Schnittste
als in flachen Netzen erforderlich sind, ergibt sich durch Einführung von Hierarchieebe
auch unter Berücksichtigung der Mehrkosten für die zusätzlich benötigten Service Nodes
Kostenvorteil. Dies ist einer der wesentlichen Gründe, warum WAN Datennetze hierarchi
strukturiert sind. Weitere Gründe für eine hierarchische Struktur von WAN Datennetzen sin

- Ein vollvermaschtes flaches Netz erfordert N/2 (N–1) Transportnetzverbindungen mit ei
  im Vergleich zu hierarchischen Netzen geringen Bandbreite. Viele niederbitratige Tra
  portnetzverbindungen sind im Vergleich zu wenigen hochbitratigen Verbindungen ni
  kostengünstig, aufwendiger zu realisieren und zu verwalten. Des Weiteren können Tra
  portnetze die Bandbreite nur in bestimmten Einheiten zur Verfügung stellen, so dass s
  bei vielen niederbitratigen Verbindungen i. d. R. schlechte Auslastungsgrade ergeben.

- Der statistische Multiplexgewinn ist bei wenigen hochbitratigen Verbindungen größer
  bei vielen niederbitratigen Verbindungen. Dies hat beispielsweise zur Folge, dass
  Bandbreite, die bei einer sternförmigen Anbindung der Service Nodes der untersten H
  rarchieebene an die nächst höhere Ebene in einem hierarchischen Netz erforderlich
  kleiner ist als die Summe der Bandbreiten desselben Service Nodes zu allen anderen S
  vice Nodes in einem vollvermaschten Netz ohne hierarchische Struktur.

- Die Vermittlung in einem vollvermaschten Netz ohne hierarchische Struktur ist deutl
  aufwendiger, da es im Vergleich zu einem hierarchischen Netz viel mehr mögliche Zi
  gibt (N–1 Ziele bei N Service Nodes). In einem hierarchischen Netz mit einer Sternstruk
  in den unteren Ebenen gibt es in diesen Ebenen als Ziele nur die darüber oder die darun
  liegende Ebene. In IP-Netzen wird die nächst höhere Ebene oft durch eine Default-Ro
  adressiert. Die oberste Ebene von hierarchischen Netzen ist teil- oder vollvermascht,
  steht aber nur aus wenigen Service Nodes, so dass es auch in der obersten Ebene v
  gleichsweise wenig Ziele gibt.

- Insbesondere IP-Router können Probleme mit der Verwaltung von sehr vielen Nachb
  routern haben, wie es in einem vollvermaschten Netz ohne hierarchische Struktur der F
  wäre.

- Durch Einführung von Hierarchieebenen können die Service Nodes der entsprechen
  Ebene für die jeweiligen Anforderungen optimiert werden. Die Teilnehmerverwaltu
  (Prüfen der Zugangsberechtigung, Accounting etc.) wird in den Service Nodes der unt
  sten Ebene realisiert. Dafür sind die zu vermittelnden Verkehre in der untersten Ebene v
  gleichsweise klein. Die Service Nodes der höheren Ebenen müssen größere Verkehre v
  mitteln können, benötigen dafür aber keine Funktionalitäten zur Teilnehmerverwaltung.

Prinzipiell könnte man natürlich auch flache Netze mit einem geringen Vermaschungsgr
(z. B. Ring- oder Bustopologie) realisieren, was viele der oben aufgeführten Probleme lös
würde. In der Praxis sind jedoch Topologien mit einem geringen Vermaschungsgrad für flac
Netze ungeeignet, da diese aufgrund der großen Anzahl von Service Nodes zu einem extr
hohen Anteil des Transitverkehrs führen würden. Um dies zu verstehen, wird exemplaris
eine Bustopologie mit N Service Nodes betrachtet:

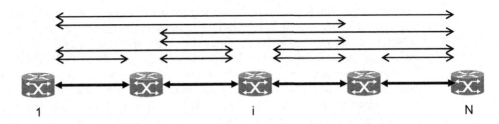

Bild 2-11 N Service Nodes in einer Bustopologie

Dabei wird angenommen, dass jeder Service Node eine Verkehrsbeziehung zu jedem anderen Service Node mit einem Kapazitätsbedarf C hat (dargestellt durch die Pfeile in Bild 2-11). Jeder Service Node hat daher einen Gesamtkapazitätsbedarf von $(N-1) \cdot C$ und es gibt insgesamt $N/2 \cdot (N-1)$ Verkehrsbeziehungen. Bis auf den ersten und den letzten Service Node im Bus setzt sich der Gesamtverkehr der Service Nodes aus dem Transitverkehr und dem lokalen Verkehr der Größe $(N-1) \cdot C$ zusammen. Der Knoten mit dem größten Anteil an Transitverkehr ist der mittlere Knoten $(i = N/2)$. Der Gesamt- und der Transitverkehr dieses Knotens ist gegeben durch[13]:

$$\text{Gesamtverkehr} = (N^2/2 - 1) \cdot C$$

$$\text{Transitverkehr} = (N^2/2 - N) \cdot C$$

Es wird deutlich, dass der Anteil des Transitverkehrs am Gesamtverkehr für sehr große N fast 100 % beträgt. Für N = 10 beträgt der Anteil des Transitverkehrs des mittleren Service Nodes bereits fast 82%, und für N = 1000 beträgt der Anteil des Transitverkehrs bereits 99,8 %.

2.4 Dimensionierung von Telekommunikationsnetzen

In diesem Abschnitt sollen grundlegende Betrachtungen zur Dimensionierung der Kapazität von Telekommunikationsnetzen angestellt werden. Betrachtet man beispielsweise 1000 ADSL Teilnehmer mit einer downstream Datenrate von jeweils 1 Mbit/s, so müsste der entsprechende Hauptverteiler im worst case (d. h. wenn für jeden Teilnehmer die Anschlussdatenrate zu jedem Zeitpunkt im gesamten Netz vorgehalten werden soll) mit einer Datenrate von 1 Gbit/s angebunden werden. Bei 10.000 Teilnehmern wären es schon 10 Gbit/s. Im Backbone Netz, das die Verkehre von vielen Hauptverteilern transportieren muss, würden die Datenraten entsprechend der Teilnehmeranzahl zunehmen. Nimmt man an, dass der gesamte Verkehr der ADSL Teilnehmer vom Internet in das IP-Netz des entsprechenden Netzbetreibers fließt, so ergibt sich bereits bei 1 Million Teilnehmern mit einer Datenrate von 1 Mbit/s eine Gesamtdatenrate von 1 Tbit/s.

Aus dieser Betrachtung wird deutlich, dass sich im worst case enorm hohe Datenraten ergeben. Eine derartige Netzdimensionierung wäre nicht wirtschaftlich, ist aber auch gar nicht erforderlich, da nicht alle Teilnehmer immer gleichzeitig aktiv sind. Aus diesem Grunde wird in Telekommunikationsnetzen immer mit einer Überbuchung gearbeitet. Die Überbuchung gibt an, welche Kapazität im Netz im Verhältnis zur Anschlussdatenrate (bzw. Datenrate des betrachte-

---

[13] Für ungradzahlige N gelten die Ausdrücke nur näherungsweise.

ten Dienstes) der Teilnehmer vorgehalten werden muss. Beispielsweise bedeutet eine Übe⬤ chung von 1:10, dass für einen ADSL-Teilnehmer mit einer Anschlussdatenrate von 1 M⬤ eine Netzkapazität von 100 kbit/s bereitgestellt werden muss. Je höher die Überbuchung, d⬤ geringer sind die erforderlichen Kapazitäten des Netzes und damit auch die Netzkosten, d⬤ schlechter ist aber auch die Qualität des Dienstes. Im Telefonnetz führt eine höhere Übe⬤ chung zu einer höheren Blockierungswahrscheinlichkeit. Bei DSL führt eine hohe Übe⬤ chung zu einer entsprechenden Reduzierung der Datenrate. Aus diesem Grund muss bei Dimensionierung von TK-Netzen ein Kompromiss zwischen bereitgestellter Netzkapazität Qualität des Dienstes gefunden werden.

Die Kapazität von Telekommunikationsnetzen wird dabei immer auf die Hauptverkehrsstu⬤ (engl. busy hour) ausgelegt. Die Hauptverkehrsstunde bezeichnet einen Tageszeitabschnitt 4 aufeinander folgenden Viertelstunden, in dem die betrachtete Verkehrsgröße (z. B. die ⬤ samtdatenrate aller Internetnutzer in IP-Netzen) maximal ist. Die Messung erfolgt über m⬤ rere Tage, wobei die Messwerte zusammengefasst werden und ein Mittelwert gebildet w⬤ Die Hauptverkehrsstunde in IP-Netzen liegt normalerweise in den Abendstunden (zwischer⬤ und 21 Uhr).

Die Nutzung eines Dienstes durch die Teilnehmer ist nicht vorhersehbar, lässt sich aber den Methoden der Statistik beschreiben. Aufgrund der Tatsache, dass nicht alle Teilnehⵯ einen Dienst gleichzeitig nutzen, kann die vom Netz bereitgestellte Kapazität kleiner ausge⬤ werden als die für den betrachteten Dienst erforderliche Datenrate. Dies wird als statistisc⬤ Multiplexgewinn bezeichnet. Der statistische Multiplexgewinn ist dabei umso höher, je grⵯ die Anzahl der betrachteten Teilnehmer ist. Dies liegt daran, dass bei einer großen Anzahl ⬤ Teilnehmern die Wahrscheinlichkeit viel höher ist, Teilnehmer mit einem komplementä⬤ Nutzungsverhalten zu erhalten als bei einer geringen Anzahl von Teilnehmern. Jeweils z⬤ Teilnehmer mit einem komplementären Nutzungsverhalten benötigen im Netz nur die Hä⬤ der für den Dienst erforderlichen Datenrate.

Der statistische Multiplexgewinn soll an einem einfachen Modell verdeutlicht werden. D⬤ werden N ADSL Teilnehmer mit einer downstream Datenrate von 1 Mbit/s betrachtet, die betrachteten Zeitraum (200 s) im Internet surfen. Das Laden einer Seite wird mit 5 s ver⬤ schlagt. Die Zeit zwischen dem Anklicken von zwei Seiten ist zufällig und liegt im Bere⬤ 0...60 s (Annahme: Gleichverteilung). Bild 2-12 zeigt die Gesamtdatenrate B aller Teilneh⬤ für verschiedene Teilnehmerzahlen.

Es wird deutlich, dass die Gesamtdatenrate als Funktion der Zeit mit zunehmender Teiln⬤ merzahl immer glatter wird, und dass der statistische Mulitplexgewinn umso größer ist, ⬤ mehr Teilnehmer betrachtet werden. Für einen Teilnehmer benötigt man eine Netzkapaz⬤ von 1 Mbit/s, für 10 Teilnehmer gemäß dem Modell nur noch 4 Mbit/s (entspreche⬤ 400 kbit/s pro Teilnehmer), für 100 Teilnehmer ca. 25 Mbit/s (250 kbit/s pro Teilnehmer) ⬤ für 1000 Teilnehmer nur 200 Mbit/s (200 kbit/s pro Teilnehmer). Auch in IP Netzen kann ⬤ statistische Multiplexgewinn ab einer bestimmten Teilnehmerzahl nicht mehr weiter gesteig⬤ werden, da die Verkehre dann schon entsprechend glatt sind. Ein statistischer Multiplexgew⬤ ergibt sich jedoch nur bei der Aggregation von unregelmäßigem Verkehr (engl. bursty traffi⬤ Da auch in der Hauptverkehrsstunde nicht alle ADSL Teilnehmer aktiv sind, können die o⬤ aufgeführten Werte weiter reduziert werden. Der statistische Multiplexgewinn ist in der Re⬤ tät stark von dem Verhalten der Teilnehmer abhängig (z. B. Surfen im Internet, längere Dow⬤ loads, VoIP Telefonate, Webradio, Tauschbörsen etc.). Die prinzipiellen Zusammenhänge ⬤ hier betrachteten Modells sind aber auch in realen IP-Netzen gültig.

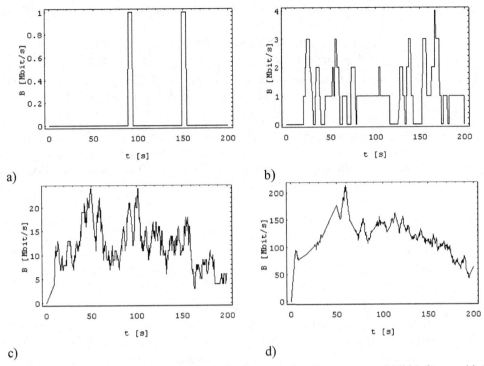

Bild 2-12   Gesamtdatenrate B aller ADSL Teilnehmer mit einer Datenrate von 1 Mbit/s für verschiedene Teilnehmerzahlen: a) 1 Teilnehmer, b) 10 Teilnehmer, c) 100 Teilnehmer und d) 1000 Teilnehmer

2.5   Physical Layer

Der Physical Layer übernimmt den Transport der Bitströme von einem Ort A an einen anderen Ort B und stellt somit die Basis für alle Telekommunikationsnetze dar. Netze, die die Funktionalität der OSI Schicht 1 realisieren, werden als Übertragungsnetze oder auch Transportnetze bezeichnet. Sie bestehen aus einer aktiven Übertragungstechnik und einem passivem Übertragungsmedium. Moderne Übertragungsnetztechnologien stellen Funktionalitäten bereit, die weit über die der Bitübertragungsschicht des OSI-Referenzmodells hinausgehen. Die Funktionalitäten von Übertragungsnetzen können folgendermaßen untergliedert werden:

- Übertragen und Multiplexen der Zubringersignale (entspricht der Funktionalität der Bitübertragungsschicht des OSI-Referenzmodells).

- Änderung der Netzkonfiguration durch flexibles Verschalten der Zubringersignale.

- Überwachung der Signalübertragung. Die Überwachungsfunktionen können in folgende Gruppen eingeteilt werden:

  o Erkennen von Übertragungsfehlern (engl. Performance Monitoring)

  o Erkennen von Unterbrechungen (engl. Continuity Check)

  o Erkennen von Verschaltungen (engl. Connectivity Check)

- Mechanismen zum Schutz der Signalübertragung. Dabei muss unterschieden werden z
  schen:

  o Mechanismen zum Schutz vor Ausfällen einzelner Baugruppen von Netzelemen
    (engl. Equipment Protection)

  o Mechanismen zum Schutz vor Defekten des Übertragungsmediums und/oder vor A
    fällen ganzer Netzelementen (engl. Protection und Restoration)

  o Fehlerkorrektur.

In diesem Abschnitt sollen die wichtigsten Eigenschaften der Übertragungsnetztechnolog
für Backhaul- und Backbone-Netze kurz beschrieben werden. Übertragungstechnologien
das Anschlussleitungsnetz werden ausführlich in [3,4,5] behandelt. Allerdings ist zu beacht
dass das Übertragungsmedium des Anschlussleitungsnetzes in vielen Fällen die Kup
doppelader ist, so dass die Bereitstellung von hohen Datenraten nicht trivial ist.

Bemerkung: Übertragungssysteme bestehen immer aus beiden Übertragungsrichtungen. I
Richtungstrennung erfolgt im Backhaul/Backbone durch die Verwendung von getrenn
Systemen und Übertragungsmedien für beide Richtungen (Raummultiplex). Die Multiple
für beide Übertragungsrichtungen an einem Ort werden als *Terminal-Multiplexer* bezeichne

2.5.1   Plesiochrone Digitale Hierarchie

Die Plesiochrone Digitale Hierarchie (PDH) löste in den 80er Jahren im Zuge der Digitalis
rung des Telefonnetzes, die ihren Ursprung in der Übertragungstechnik und nicht etwa in
Vermittlungstechnik hatte, die Trägerfrequenztechnik und die analogen Richtfunksysteme
Im Gegensatz zu den Vorgängertechnologien ist die PDH eine Technik zur Übertragung v
digitalen Signalen und basiert nicht auf dem Frequenz-, sondern auf dem Zeitmultiplexverf.
ren (engl. time division multiplexing [TDM]). Dabei werden mehrere niederbitratige Zubr
gersignale (engl. Tributary Signals) zu einem höherbitratigen Ausgangssignal (engl. Aggreg
Signal) zusammengefasst. Das Aggregate Signal ist dabei das Signal der nächst höheren H
rarchiestufe. Die Bezeichnung Hierarchie rührt daher, dass es mehrere Hierarchiestufen gi
Ein grundsätzliches Problem bei TDM Verfahren ist die zeitliche Synchronität der Signa
PDH Multiplexer generieren ihren eigenen Takt, der innerhalb gewisser Grenzen schwank
darf. Daher sind PDH Multiplexer nicht exakt synchron, sondern nur plesiochron (d. h. f
synchron).

Zunächst wurden 32 Signale à 64 kbit/s (8 Bit mit einer Widerhohldauer von 125 µs)[14] by
weise zu dem so genannten PCM30 Signal gemultiplext. Das PCM30-Signal spielt vor all
in Sprachnetzen auch heute noch eine wichtige Rolle (Schnittstelle der Sprac
vermittlungsstellen, Kopplungen von Sprachnetzen verschiedener Netzbetreiber, S_{2M}-Schn
stelle im ISDN). Die Bezeichnung PCM30 rührt daher, dass nur 30 Nutzkanäle zur Verfügu
stehen. Der Kanal 0 dient der Rahmensynchronisation und der Kanal 16 der Signalisieru
Die Rahmenstruktur des PCM30 Signals ist in der ITU-T-Empfehlung G.704 standardisi
Das PCM30 Signal bietet zwei Alarmierungsbits sowie die Möglichkeit, Übertragungsfeh
anhand einer Prüfsumme feststellen und dem sendenden Multiplexer rückmelden zu könn
Aus dem PCM30 Signal hat sich schrittweise die PDH entwickelt. Das PCM30 Signal w
auch als E1-Signal bezeichnet, da es die erste Hierarchieebene der PDH darstellt. Bild 2-
zeigt die Hierarchieebenen der PDH.

---

[14]   Das 64 kbit/s Signal wird auch als E0-Signal bezeichnet.

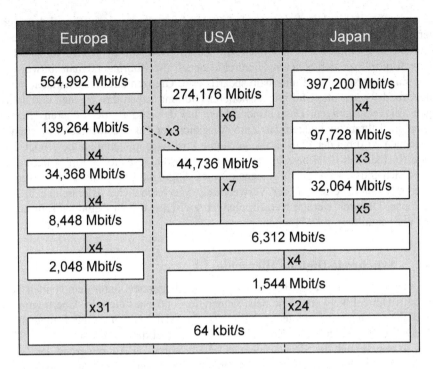

Bild 2-13 Hierarchiestufen der PDH. Quelle: [6]

Neben der europäischen Hierarchie gibt es eine nordamerikanische und japanische Hierarchie, die sich voneinander unterscheiden. Die Multiplexhierarchie der PDH ist in der ITU-T-Empfehlung G.702 standardisiert. Die europäischen Hierarchieebenen werden mit dem Buchstaben E, und die nordamerikanische Hierarchieebenen mit den Buchstaben T oder DS (DS steht für Digital Signal) unter Durchnummerierung der Hierarchieebenen gekennzeichnet:

Tabelle 2.3 Datenraten und 64 kbit/s Nutzkanäle der PDH

		Europa, Südamerika etc.		Nordamerika		
Ebene	Bez.	Bitrate [kbit/s]	64 kbit/s Nutzkanäle	Bez.	Bitrate [kbit/s]	Nutz-kanäle
0	E0	64	1	DS0/T0	64	1
1	E1	2048	30	DS1/T1	1544	24
2	E2	8448	120	DS2/T2	6312	96
3	E3	34.368	480	DS3/T3	44.736	672
4	E4	139.264	1920	DS4/T4	274.176	4032
5	E5	564.992	7680			

Bei der europäischen Hierarchie werden immer 4 Signale zu einem Signal der nächst höhe Hierarchieebene zusammengefasst. Das E2-Signal hat heute jedoch keine Bedeutung m Während im PCM30/E1 Grundsystem die Zubringersignale byteweise verschachtelt wer fassen Multiplexer der höheren Hierarchieebenen die Zubringersignale bitweise zusamm Jedes Zubringersignal darf innerhalb spezifizierter Grenzen um die Nenndatenrate schwanl Alle Grundsysteme und Multiplexer höherer Ordnung haben ihre eigenen und daher unabl gigen Taktversorgungen. Das Grundproblem bei der Bildung der höheren Hierarchieebe stellen die Taktabweichungen dar. Zum Ausgleich der Taktunterschiede zwischen den Hie chieebenen wird bei der PDH die so genannte Positiv-Stopftechnik angewendet. Der entscl dende Nachteil der PDH besteht darin, dass immer die gesamte Multiplexhierarchie durch fen werden muss, wenn auf Teilsignale eines Aggregatsignals zugegriffen werden soll. weiterer Nachteil besteht in der Verwendung unterschiedlicher Hierarchien in Europa, U und Japan. Dadurch werden Netzkopplungen zwischen diesen Regionen sehr aufwendig. PDH wird detailliert in [6,7] beschrieben.

2.5.2 Synchrone Digitale Hierachie

1985 wurde in den USA von Bellcore und AT&T begonnen, unter dem Namen SONET (S chronous Optical Network) eine neue Generation optischer digitaler Übertragungssysteme spezifizieren. Die Synchronous Digital Hierarchy (SDH) ist von SONET abgeleitet und wu von der ITU-T standardisiert. Ein zentraler Standard ist dabei die Empfehlung G.707. Wie PDH, so basiert auch die SDH auf dem TDM-Verfahren zur Aggregierung der Zubringersig le. Jedoch konnten, bedingt durch die enormen Fortschritte auf dem Gebiet der optiscl Übertragungstechnik, der integrierten Schaltungen sowie der Softwareentwicklung mit obje orientierten Ansatz, die Übertragungsraten der PDH deutlich gesteigert werden. Mit der S können – je nach Hierarchiestufe – zwischen 1890 (STM-1-Signal) und 120.960 (STM Signal), zum Teil sogar bereits 483.840 (STM-256) 64 kbit/s Sprachkanäle gleichzeitig üt tragen werden. Bei der Entwicklung der SDH Technik wurde neben der Übertragung Sprachsignalen erstmalig auch die Übertragung von Datensignalen berücksichtigt. Als Üt tragungsmedium nutzt die SDH im Wesentlichen Glasfasern, für niederbitratige Übertrag gen (STM-1) auch Koaxialkabel. Zusätzlich bietet die SDH weitere Funktionalitäten zum xiblen Verschalten der Zubringersignale, zur Überwachung der Signalübertragung sowie z Schutz des Verkehrs. Die SDH Technik ist derzeit zusammen mit WDM die am weites verbreitete Übertragungstechnologie für Backhaul- und Backbone-Netze.

Im Unterschied zur PDH sind die Taktquellen aller SDH Netzelemente mit dem zentra Netztakt synchronisiert[15]. Daher auch die Bezeichnung Synchronous Digital Hierarchy. entscheidende Vorteil der SDH gegenüber der PDH Technik liegt darin, dass auf Teilsign aus dem aggregierten Signal auf einfache Weise zugegriffen werden kann. Diese Eigensch ist einer der wichtigsten Gründe, warum die SDH die PDH als Übertragungstechnik abgel hat. Weitere Vorteile der SDH gegenüber der PDH sind:

- Höhere Datenraten des Aggregatsignals und damit eine effizientere Ausnutzung des Üb tragungsmediums.

---

[15] Genau genommen sind auch die Netzelemente eines SDH-Netzes nicht exakt synchron zum Netzt da es auch hier gewisse Taktabweichungen gibt. Die Taktabweichungen in SDH-Netzen sind jed wesentlich geringer als in PDH-Netzen.

- Für die SDH wurde erstmalig ein weltweit einheitlicher Standard entwickelt, was die Kopplung von Netzen verschiedener Netzbetreiber stark vereinfacht.

- Mit Add/Drop Multiplexern (ADM) und digitalen Crossconnects (DXC) können die Zubringersignale flexibel über das Netzwerkmanagementsystem verschaltet werden (engl. Switching on Command). Dadurch können z. B. neue Übertragungswege schnell und kostengünstig bereitgestellt werden.

- Die SDH bietet umfangreiche Mechanismen zur Überwachung der Signalübertragung. Dadurch wird die Fehlersuche (engl. Trouble Shooting) erheblich vereinfacht.

- Mit der SDH können umfangreiche Schutzmechanismen für die Signalübertragung sowohl in Hinblick auf Ausfälle von Netzelementen bzw. einzelner Baugruppen als auch auf Defekte der Übertragungsfaser realisiert werden. Dadurch wird eine hohe Verfügbarkeit erreicht. Ferner können Übertragungsfehler durch Verwendung einer Forward Error Correction (FEC) bis zu einem gewissen Grad korrigiert werden.

Wie die PDH, so werden auch bei der SDH die Zubringersignale in Rahmenstrukturen übertragen. Die SDH verwendet hierfür verschiedene Signalstrukturen, die im Gegensatz zur PDH byteweise strukturiert sind. Das STM-N Signal ist das Signal, welches auf die Leitung gegeben bzw. in die Glasfaser eingekoppelt wird (Aggregatsignal). Es gibt verschiedene Hierarchieebenen STM-N (N = 1,4,16,64,256). Das STM-N ist byteweise strukturiert und kann als Rahmenstruktur à 9 x 270 x N Bytes dargestellt werden.

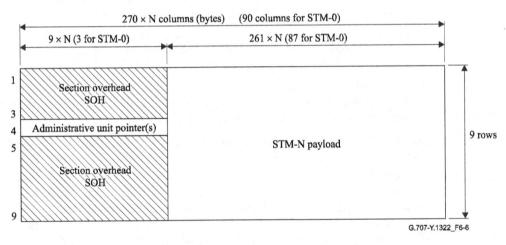

G.707-Y.1322_F6-6

Bild 2-14   Rahmenstruktur des STM-N-Signals. Quelle: ITU-T-Empfehlung G.707

Dabei werden zunächst die Bytes der ersten Zeile (Most Significant Bit [MSB] bis Least Significant Bit [LSB]) von links nach rechts übertragen, dann die Bytes der zweiten Zeile etc. Der Overhead befindet sich im vorderen Bereich (Spalten 1 bis 9 x N), und die Nutzsignale (Payload) im hinteren Bereich (Spalten 9 x N+1 bis 270 x N). Der STM-N Rahmen wird (wie das E0 oder E1 Signal) alle 125 µs wiederholt, woraus sich die folgenden Datenraten ergeben[16]:

---

[16]   Die Nutzbitrate bezieht sich jeweils auf die C-4 Ebene.

Tabelle 2.4 Signale und Datenraten der SDH

Signal	Datenrate	Nutzbitrate
STM-1	155,52 Mbit/s	149,76 Mbit/s
STM-4	622,08 Mbit/s	599,04 Mbit/s
STM-16	2488,32 Mbit/s	2396,16 Mbit/s
STM-64	9953,28 Mbit/s	9584,64 Mbit/s
STM-256	39.813,12 Mbit/s	38.338,56 Mbit/s

Mit der SDH können die Zubringersignale sehr flexibel übertragen werden. Beispielsw
können mit einem STM-1-Signal 63 E1-Signale, drei E3-Signale, ein E4-Signal oder verscl
denen Kombinationen aus E1- und E3-Signalen übertragen werden (z. B. 21 E1-Signale
zwei E3-Signal oder 42 E1-Signale und ein E3-Signal). Um die Verwaltung und die Über
chung von SDH-Netzen zu vereinfachen, werden SDH-Netze in fünf Sublayer untergliei
[8]. In jedem Sublayer wird den Signalen Overhead hinzugefügt. Die meisten Funktionalitä
der SDH-Technik werden im Overhead realisiert:

- Zwecks Überwachung der Übertragungsqualität (Performance Monitoring) wird in jec
  Sublayer die Anzahl der Übertragungsfehler anhand einer Prüfsumme (BIP-N-Verfahr
  ermittelt. Die Anzahl der festgestellten Bitfehler wird dem Sender zurückgemeldet.

- SDH bietet verschiedene Alarmmeldungen zum Erkennen von Unterbrechungen (ei
  Continuity Check). Wird ein Defekt des Eingangssignals festgestellt (z. B. Loss of Sig
  Loss of Frame), so wird in Übertragungsrichtung ein Alarm Indication Signal (AIS) ges
  det. Der Empfang eines AIS Signals wird an den entsprechenden Sender zurückgemelde

- Die Empfänger können in den verschiedenen Sublayer feststellen, ob sie mit dem richti;
  Sender verbunden sind. Dadurch können Fehler bei der Bereitstellung der Übertragun
  wege (Verschaltungen, engl. Connectivity) erkannt werden.

- Die SDH stellt Datenkanäle zur Anbindung der Netzelemente an das Netzmanageme
  system (NMS) bereit, so dass hierfür kein separater Übertragungskanal erforderlich ist.

Mit kommerziellen SDH Systemen können derzeit STM-16- und STM-64-Signale ohne Re
neration über eine maximale Entfernung von ca. 200 km übertragen werden können. Um de
große Entfernungen auch mit STM-64-Signalen erreichen zu können, werden Inband-Fl
Dispersionskompensatoren, Booster- und Vorverstärker sowie Raman-Verstärker eingese
[8]. Die SDH wird ausführlich in [6,8,9] beschrieben. Die SDH-Technik ist jedoch aus viel
tigen Gründen, insbesondere aufgrund der mittlerweile zu geringen Datenraten der Zubring
Signale (Client-Signale), keine zukunftsträchtige Technologie mehr und wird daher derzeit v
fast allen Transportnetzherstellern abgekündigt. Dennoch ist die SDH-Technik zur Zeit imr
noch sehr weit verbreitet.

2.5.3 Wavelength Division Multiplexing

Soll die Übertragungskapazität einer SDH-Verbindung erweitert werden, so gibt es hier
zwei Möglichkeiten: (i) die Installation von weiteren, parallelen SDH-Verbindungen (Sp.
Division Multiplexing [SDM]) oder (ii) die Erhöhung der Datenrate des Aggregatsign

(Time Division Multiplexing [TDM]). Beide Lösungen sind nicht optimal, da sie folgende Probleme mit sich bringen:

- Die Installation von weiteren parallelen SDH-Verbindungen benötigt zusätzliche Glasfaserkabel, dauert relativ lange und benötigt weitere Stellfläche für die Systemtechnik.

- Die Erhöhung der Datenrate ohne Unterbrechung des laufenden Betriebes ist aufwendig. Ferner stellen hohe Übertragungsraten (größer als STM-16) große Anforderungen an die Netzelemente und die Glasfaser, so dass eine Übertragung unter Umständen gar nicht möglich ist.

Diese Probleme können mit Wavelength-Division-Multiplexing (WDM)-Systemen umgangen werden. WDM-Systeme basieren auf dem Frequenzmultiplex-Verfahren (engl. Frequency Division Multiplexing [FDM])[17] und werden ausführlich in [6,8] behandelt. Sie bestehen aus Transmit- bzw. Receive-Transpondern, optischen Multiplexern bzw. Demultiplexern sowie optischen Verstärkern.

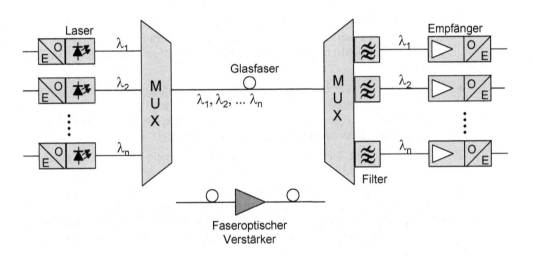

Bild 2-15 WDM-Übertragungssystem. Quelle: [6]

Mit den Transmit-Transpondern (opto-elektrische [o/e]-Konverter und Laser in Bild 2-15) wird die Wellenlänge der Zubringersignale auf eine WDM konforme Wellenlänge bzw. Frequenz umgesetzt. Die gültigen Frequenzen werden in der ITU-T-Empfehlung G.694.1 spezifiziert gemäß:

$$f = 193,1 \text{ THz} \pm m \times \text{Kanalabstand}$$

mit einem Kanalabstand von 25 GHz, 50 GHz oder 100 GHz. In der Regel werden in heutigen Netzen Kanalabstände von 50 GHz verwendet (50 GHz Grid). Bei diesen kleinen Kanalabständen spricht man auch häufig von dichtem Wellenlängenmultiplex (*Dense Wavelength*

---

[17] Gelegentlich wird auch die Bezeichnung Optical Frequency Division Multiplexing (OFDM) verwendet, um darauf hinzuweisen, dass es sich um optische Frequenzen handelt. Optical Frequency Division Multiplexing ist jedoch nicht zu verwechseln mit Orthogonal Frequency Division Multiplexing, für das ebenfalls die Abkürzung OFDM verwendet wird.

Division Multiplex [DWDM])[18]. Anschließend werden die Ausgangssignale der Trans Transponder mit einem optischen Multiplexer (MUX) zu einem Aggregat-Signal zusammer fasst. Der Pegel dieses Signals wird in der Regel noch mit einem optischen Booster-Verstä angehoben (in Bild 2-15 nicht dargestellt), bevor es in die Übertragungsfaser eingekop wird. An den Stellen, an denen der Signalpegel einen bestimmten Wert unterschreitet, mus mit Zwischenverstärkern wieder angehoben werden (engl. Optical Amplifier [OA], siehe 2-15 unten). Am Empfänger wird das Eingangssignal zunächst mit einem Vorverstärker (er Pre-Amplifier) verstärkt (in Bild 2-15 ebenfalls nicht dargestellt). Der optische Demultiple (DEMUX) trennt die einzelnen Wellenlängen des Aggregatsignals wieder auf. Das Signal den jeweiligen Wellenlängen wird dann von einem Receive-Transponder (Empfänger und Konverter in Bild 2-15) empfangen und in ein Standard SDH-Signal umgewandelt.

Charakterisiert werden WDM-Systeme durch die maximale Anzahl der Kanäle (Wellen gen), die Kanalbitraten sowie die maximale Entfernung, über die die Zubringersignale o 3R-Regeneration[19] transportiert werden können. WDM-Systeme mit N Kanälen bieten geg über N parallelen SDH-Systemen folgende Vorteile:

- Für die WDM-Übertragung wird nur ein Faserpaar benötigt, für die SDH-Übertrag hingegen N Faserpaare. Müssen für die SDH-Übertragung neue Glasfasern verlegt werd so ist die WDM-Übertragung bereits ab einer Länge von einigen 10 Kilometern kost günstiger [8].

- Ein optischer Verstärker verstärkt alle N Eingangssignale gleichzeitig und kann dahe SDH-Regeneratoren ersetzen. Ab einer bestimmten Übertragungskapazität (ca. 30 Gb gemäß [8]) ist daher eine WDM-Übertragung wirtschaftlicher als eine SDH-Übertragu selbst wenn ausreichend Glasfasern vorhanden sind.

- WDM-Systeme bieten eine sehr gute Skalierbarkeit, da die Übertragungskapazität o Unterbrechung des laufenden Betriebes sehr einfach erweitert werden kann.

Diese Vorteile haben dazu geführt, dass heute fast alle größeren Netzbetreiber WDM-Syste flächendeckend in ihren Übertragungsnetzen einsetzen. Die Kanaldatenraten betragen da 2,5 Gbit/s und 10 Gbit/s, in einigen Fällen sogar bereits 40 und 100 Gbit/s. Die nächste Kar datenrate, die kommerziell verfügbar sein wird, wird vermutlich 400 Gbit/s sein.

Mit heute kommerziell verfügbaren WDM-Systemen können unter Verwendung von optiscl Zwischenverstärkern 64 x 40 Gbit/s Signale (entspricht einer Gesamtkapazität von 2,56 Tbi über 1000 km bzw. 128 x 10 Gbit/s Signale (entspricht einer Gesamtkapazität von 1,28 Tbi über 4000 km transportiert werden [51]. Das WDM-System aus Ref. [52] hat eine Gesamt pazität von bis zu 6,4 Tbit/s (160 x 40 Gbit/s Signale). In den letzten Jahren sind die komm ziell verfügbaren Übertragungskapazitäten stark gestiegen, so dass nun auch 9,6 Tbit/s (9 100 Gbit/s Signale) über 2500 km angeboten werden.

Für fast alle WDM-Systeme werden schon seit mehreren Jahren fest verschaltete optis Add/Drop Multiplexer (OADM) angeboten, mit denen ein Teil der Wellenlängen an Z schenstationen ausgekoppelt werden kann. Diese Wellenlängen müssen jedoch schon vor Installation des WDM-Systems bekannt sein und bei der Netzplanung berücksichtigt werd

---

[18] Zusätzlich dazu gibt es auch noch grobes Wellenlängenmultiplexing (*Coarse Wavelength Divis Multiplex* [CWDM]), das einen sehr weiten Kanalabstand von 20 nm (also im Wellenlängenberei im so genannten O-Band aufweist. Letztere Technologie wird eher für Kurzstreckenverbindun; verwendet.

[19] 3R-Regeneration steht für Reamplification, Reshaping und Retiming.

Ferner ist die Add/Drop-Kapazität dieser OADM (d. h. der Anteil der Wellenlängen, die aus-gekoppelt werden) häufig relativ gering. Viele WDM-Hersteller bieten seit ein paar Jahren auch konfigurierbare OADMs (engl. Reconfigurable OADM [ROADM]) an, mit denen sich bis zu 100 % der Wellenlängenkanäle aus- bzw. einkoppeln lassen. Da ROADMs im Vergleich zu fest verschalteten OADMs eine deutlich größere Flexibilität bei der Netzplanung gestatten, stoßen sie seit einiger Zeit bei vielen Netzbetreibern besonders auf dem Hintergrund breitban-diger Multimediadienste auf großes Interesse. Netztechnisch betrachtet verhalten sich heutige WDM Punkt-zu-Punkt-Systeme mit N Wellenlängen wie N SDH-Regeneratoren, die für die Signalübertragung lediglich 1 Faserpaar benötigen.

2.5.4 Optical Transport Networks

In der Telekommunikation zeichnen sich folgende Trends ab [8]:

- Erhöhung der Datenrate der Zubringersignale sowie der Gesamtübertragungskapazität ins-besondere aufgrund von IP- und Ethernet-basierten Datenverkehr.

- Übertragung der Zubringersignale über mehrere kaskadierte und verschachtelte Subnetze verschiedener Netzbetreiber bzw. Hersteller bedingt durch die zunehmende Globalisierung und Liberalisierung des Telekommunikationsmarktes.

- Eine wachsende Anzahl unterschiedlicher Formate von Zubringersignalen insbesondere aus der Datenwelt (ATM, IP, Ethernet, ESCON, FICON, Fiber Channel etc.) sowohl in Regio-nal- als auch in Weitverkehrsnetzen.

- Höhere Anforderungen an die Übertragungsqualität. Inzwischen wird in den Standards für das Transportnetz im Backhaul/Backbone eine Bitfehlerrate von weniger als 10^{-12} gefor-dert.

Diese Trends führen mit der SDH als Transportnetztechnologie zu verschiedenen Problemen:

- Das Verschalten von Zubringersignalen mit Datenraten von mehr als ca. 150 Mb/s ist auf-wendig und der Transport von Signalen mit einer Gesamtkapazität von mehr als ca. 30 Gb/s mit der SDH ist unwirtschaftlich [8].

- Die SDH unterstützt nur die Überwachung von kaskadierten, nicht jedoch von verschach-telten Subnetzen.

- Durch die so genannte Forward Error Correction (FEC) kann die Übertragungsqualität deutlich verbessert werden. Für die SDH ist jedoch nur eine abgespeckte Version der FEC, die inband-FEC standardisiert.

Aus diesen Gründen wurde eine neue Transportnetztechnologie entwickelt, die Optischen Transportnetze (OTN)[20]. OTN werden in der ITU-T-Empfehlung G.709 spezifiziert. Im März 2003 wurde die erste Version der G.709 verabschiedet. In dieser Version waren jedoch nur drei Ebenen (1, 2, 3) für die Client-Signale vorgesehen, vorrangig gedacht für das Mapping von STM-16, STM-64 und STM-256 Signalen, sekundär für eine Reihe anderer Signale, u. a. Ethernet und ATM. Die Zubringersignale werden dabei mit so genannten Optical Data Unit (ODU) Signalen übertragen. 2,5 Gbit/s Signale werden in einer ODU1, 10 Gbit/s Signale in einer ODU2 und 40 Gbit/s Signale in einer ODU3 transportiert. Durch den starken Anstieg des

---

[20] In Anlehnung an die PDH und SDH wird diese Technologie manchmal auch als Optical Transport Hierarchy (OTH) bezeichnet.

Paket-basierten Verkehrs in den letzten Jahren, verbunden mit einem Rückgang von Neuins
lationen der SDH-Technik wurde es allerdings notwendig, den Standard erheblich zu erv
tern: So wurden z. B. neben der ODU1, ODU2 und ODU3 noch die ODU0 (vor allem
Gigabit Ethernet [GbE] Signale) definiert, die ODU4 (für 100Gigabit Ethernet [100GbE]),
ODUflex als variabler Container für eine Vielzahl weniger gebräuchlicher Signale, sowie
ODU2e, um das Mapping von 10 Gigabit Ethernet (10GbE) Signalen zu verbessern. Darü
hinaus existieren nun noch eine Reihe sehr spezialisierter Container- und Mapping-Verfahr
Die Möglichkeiten ODU zu multiplexen sind hierdurch ebenfalls stark angestiegen, so d
OTN mittlerweile eine erhebliche Komplexität erreicht hat. Die ebenfalls neu definie
Mögklichkeit, Client Signale über mehrere Wellenlängen zu verteilen (so genannte mu
lanes), sei hier nur am Rande erwähnt. Die zweite Version der G.709 wurde im Dezem
2009 verabschiedet. Die meisten kommerziellen verfügbaren WDM-Systeme verwenden he
die OTN-Rahmenstruktur.

Unter OTN versteht man Transportnetze, die optische Kanäle (d. h. Wellenlängen) als Tra
porteinheit für die Übertragung der Zubringersignale verwenden. Dies bedeutet jedoch nic
dass die Signale in OTN stets in optischer Form vorliegen. Wellenlängen sind die Transpc
einheiten, die von OTN verwaltet und mit optischen Add/Drop Multiplexern (OADM) b
optischen Crossconnects (OXC) verschaltet werden. Die Kanten von OTN werden du
WDM Punkt-zu-Punkt Systeme, und die Netzknoten durch OADM bzw. OXC gebildet. I
OADM können einzelne Wellenlängen zwischen zwei WDM-Terminalmultiplexern ein- b
ausgekoppelt werden. Mit OXC können die Wellenlängen an Netzknoten verschaltet werd
an denen mehrere WDM-Terminalmultiplexer aufeinander treffen. Kommerziell verfügb
(opake) OXC können zurzeit bis zu 512 Zubringersignale mit einer Datenrate von 2,5 Gb
flexibel verschalten.

Das Kapazitätsproblem wurde damit grundsätzlich für die nächsten Jahre als gelöst angeseh
Allerdings bieten die heute eingesetzten OTN-Netzelemente (WDM-Systeme, OADM, OX
keine ausreichenden Funktionen zur Steuerung, zur Überwachung und zum Managen v
OTN. Dies war die Motivation für die Entwicklung der OTH.

In Analogie zur SDH definiert die OTN ein Rahmenformat, um auch in optischen Transpc
netzen entsprechende Funktionen zur Steuerung, zur Überwachung und zum Managen v
OTN zu implementieren. Insbesondere wird in der ITU-T-Empfehlung G.709, dem zentra
Standard der OTN, spezifiziert:

- Eine weltweit einheitliche Rahmenstruktur, die die Zusammenschaltung von OTN v
  schiedener Netzbetreiber ermöglicht und die die Einbettung von vielen verschiedenen S
  nalformaten unterstützt. In der ersten Version der G.709 wurden SDH, ATM und GFP l
  rücksichtigt. IP-Pakete und Ethernet-Rahmen werden dabei über GFP transportiert.

- Das optische Frequenzmultiplexen von Zubringersignalen mit Datenraten von ca. 2
  Gbit/s, 10 Gbit/s 40 und 100 Gbit/s sowie das elektrische Zeitmultiplexen von mehreren
  2,5; 10 bzw. 40 Gbit/s Signalen zu einem 2,5; 10; 40 bzw. 100 Gbit/s Signal. Der Fok
  von OTN liegt auf Client Signalen mit Datenraten von 1 Gbit/s und darüber. Mit c
  ODUflex ist allerdings auch die Übertragung von Client Signalen mit kleinerern Daten
  ten möglich. In der zweiten Version der G.709 wurde insbesondere der Übertragung v
  Ethernet Signalen Rechnung getragen.

- Umfangreiche Überwachungsfunktionen (vergleichbar zur SDH) zum Erkennen von Übe
  tragungsfehlern, von Unterbrechungen der Signalübertragung sowie von Fehlern bei d
  Verschaltung von Signalen für jeden Sublayer von OTN. Dabei gibt es zwei wesentlic

Unterschiede zur SDH. Die G.709 unterstützt die Überwachung von kaskadierten und von bis zu 6 Ebenen ineinander verschachtelten administrativen Bereichen (Subnetzen). Dies stellt eine entscheidende Verbesserung gegenüber der SDH dar, die nur kaskadierte administrative Bereiche unterstützt. Im Gegensatz zur SDH muss bei OTN zwischen Sublayern unterschieden werden, in denen die Signale in elektrischer oder in optischer Form vorliegen. In optischen Sublayern ist es derzeit nicht möglich, Übertragungsfehler durch Auswertung der Bitfehlerrate zu erkennen. In Sublayern bzw. Subnetzen, in denen die Signale in optischer Form vorliegen, können folglich lediglich Unterbrechungen der Signalübertragung und Fehler bei der Verschaltung der Signale erkannt werden.

- Fehlerkorrektur mittels der so genannten outband-FEC zur Verbesserung der Übertragungsqualität.

Ein weiterer Vorteil von OTN gegenüber SDH Netzen ist, dass die Netzelemente von OTN nicht mit einem zentralen Netztakt synchronisiert werden müssen. Dadurch kann auf ein Synchronisationsnetz verzichtet werden. Die Übertragung von Taktsignalen (SyncE, IEEE1588) ist mit der OTN jedoch grundsätzlich möglich. Auch die Standardisierung von Schutzmechanismen für OTN (Protection und Restoration) ist mittlerweile abgeschlossen. Weitere Informationen über OTN finden sich in [6, 8, 10].

2.6 Standardisierungsgremien

Standards spielen in der Telekommunikation eine große Rolle. Eine gute Übersicht über die für Telekommunikation relevanten Standardisierungsgremien findet sich in [1,6]. In diesem Abschnitt soll nur auf die im Zusammenhang mit den hier behandelten Datennetztechnologien relevanten Standardisierungsgremien eingegangen werden. Die Standardisierung verfolgt folgende Ziele:

- Zusammenschaltung von Netzen unterschiedlicher Netzbetreiber. Die Kopplung von Telekommunikationsnetzen wird auf dem Hintergrund der Regulierung der Telekommunikationsmärkte in den meisten Ländern immer bedeutsamer.

- Kompatibilität von Systemtechnik verschiedener Hersteller. Dadurch kann eine höhere Flexibilität bei der Auswahl von Systemtechnik erreicht und Abhängigkeiten von Herstellerfirmen vermieden werden. Dies fördert den Wettbewerb unter den Herstellerfirmen und ist somit die Basis für kostengünstige Lösungen.

Aus den oben genannten Gründen sind die Netzbetreiber bestrebt, keine proprietäre (d. h. nicht Standard konforme, herstellerspezifische) Systemtechnik einzusetzen. Standards können in zwei Gruppen eingeteilt werden [1]:

- De facto (lat. „aufgrund der Tatsache") Standards. Standards, die sich aufgrund der hohen Akzeptanz eines Produkts ergeben haben, ohne dass es dazu einen formellen Plan gab. Beispiele: IBM PC und seine Nachfolger, UNIX.

- De jure (lat. „von Rechts wegen") Standards. Gesetzesnormen, die von einer autorisierten Normungsanstalt entwickelt wurden. Internationale Normungsanstalten können in zwei Gruppen unterteilt werden: freiwillige Organisationen und Normungsanstalten, die aufgrund von Verträgen zwischen Staatsregierungen entstanden sind.

In Standards wird zwischen verbindlichen (engl. mandatory) und optionalen Leistungsmerkmalen (engl. optional features) unterschieden. Dadurch kann es zu Inkompatibilitäten kommen, auch wenn standardkonforme Systemtechnik eingesetzt wird. Zum Teil werden daher die Op-

tionen der Standards fixiert und die Systemtechnik basierend auf diesen Anforderungen
unabhängigen Testzentren zertifiziert, um Kompatibilität zu gewährleisten (Beispiele: W
basierend auf IEEE 802.11, WiMAX basierend auf IEEE 802.16). Erfreulicherweise hat
Konkurrenzdenken der verschiedenen Standardisierungsgremien abgenommen und sie arbe
heute oft sehr eng zusammen [6].

Die *International Telecommunication Union* (ITU) ist das einzige offizielle internatio
Gremium, das sich mit technischen Fragen der Telekommunikation beschäftigt. Sie wu
1865 in Paris mit dem Ziel gegründet, die Zusammenschaltung von Netzen verschiede
Netzbetreiber zu ermöglichen. Heute ist die ITU eine Unterorganisation der UNO mit der
189 Mitgliedsländern und Sitz in Genf. Hauptmitglieder sind die Regierungen der Mitglie
länder. Nur die Hauptmitglieder sind abstimmungsberechtigt. Weitere Mitglieder sind Orga
sationen aus den Bereichen Netzbetreiber, Systemhersteller und Wissenschaft. Regionale
internationale Organisationen können ebenfalls ITU Mitglied sein. Die ITU umfasst folge
Bereiche:

- Radio Sector (ITU-R, früher CCIR): befasst sich mit der weltweiten Zuteilung von Rad
  frequenzen. In der BRD ist hierfür die Bundesnetzagentur (BNetzA) verantwortlich.

- Telecommunication Sector (ITU-T, von 1956 bis 1993 CCITT)

- Development Sector (ITU-D)

Die ITU-T ist immer noch das wichtigste Standardisierungsgremium für die Telekommuni
tion [6]. Sie ist in die verschiedene Study Groups (SG) untergliedert. Die Study Groups sin
Unterguppen (Working Parties) und diese wiederum in Expertengruppen (Rapporteur-Grou
aufgeteilt, die die Standardisierungsarbeit leisten. Die Themen werden durch Studienfra
(engl. Questions), welche am Anfang einer Studienperiode festgelegt werden, definiert. Ziel
die Verabschiedungen von Ergebnisdokumenten in Form von Empfehlungen (engl. Reco
mendations). Dazu tagen die Study Groups in regelmäßigen Abständen. Die Mitglieder b
gen über ihre Delegierten Vorschläge ein, die in den Sitzungen diskutiert werden. Sollen I
T-Empfehlungen verabschiedet werden, ist Konsens zwischen allen Beteiligten erforderl
Dies führt häufig leider zu mehreren Optionen. Die Working Parties und Study Groups verf
sen nach jeder Tagung einen Bericht, der auch die erstellten Empfehlungen enthält. Die Er
fehlungen müssen dann von den Study Groups noch verabschiedet werden.

ITU-T-Empfehlungen sind in so genannten Serien untergliedert, wobei jede Serie einem
stimmten Themengebiet zugeordnet ist. In der I- und G-Serie werden beispielsweise Schn
stellen mit Rahmenstruktur und für große Reichweiten spezifiziert und in der X- und V-Se
Schnittstellen ohne Rahmenstruktur für kurze Reichweiten. Die Nomenklatur der ITU
Empfehlungen besteht aus einem Buchstaben für die Serie und nach einem Punkt eine Nu
mer für die entsprechende Empfehlung (z. B. G.707). Die Nummer lässt eine weitere Unt
gliederung zu (z. B. G.992.1). Eine ITU-T-Empfehlung kann auch mehrere Bezeichnung
haben, wenn sie mehreren Themengebieten zugeordnet wird (z. B. G.707/Y.1322). Zu d
bekanntesten ITU-T-Empfehlungen gehören die Empfehlungen der V-Serie (z. B. V.34 [A
logmodem]), der X-Serie (z. B. X.25), der G-Serie (z. B. G.707 [SDH], G.992 [ADS
G.711), der I-Serie (z. B. I.121 [B-ISDN/ATM]) und der E-Serie (z. B. E.164 Rufnummer
ITU-T-Empfehlung waren früher kostenpflichtig, sind aber heute kostenlos über das Inter
verfügbar (http://www.itu.int/ITU-T/).

Die Internet Standardisierung unterscheidet sich deutlich von der Standardisierung der klas
schen Telekommunikation. Bild 2-16 zeigt die gesamte Organisation der Internet-Stand
disierung.

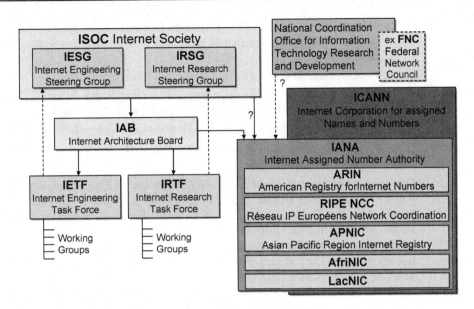

Bild 2-16   Organisation der Internet-Standardisierung. Quelle: [6]

Unter dem Dach der 1992 gegründeten Internet Society (ISOC) befinden sich das Internet Architecture Board (IAB), das für die allgmeine Architektur des Internets zuständig ist, und die Internet Assigned Number Authority (IANA). Die IANA ist für die Vergabe von IP-Adressen, Port-Nummern etc. verantwortlich. IANA delegiert die Vergabe der IP-Adressen an so genannte Internet Registries (InterNic, American Registry for Internet Numbers [ARIN], Réseau IP Européens Network Coordination [RIPE NCC], Asian-Pacific Network Information Center [APNIC], und seit 2002 bzw. 2004: Latin American and Caribbean Internet Addresses Registry [LACNIC] sowie African Network Information Center [AfriNIC]). Im Oktober 1998 wurde die Internet Corporation for Assigned Names and Numbers (ICANN) gegründet, die die Aufgaben der IANA übernehmen soll. Insbesondere bei der Domain-Name Vergabe gab es Verbesserungsbedarf [6].

Die eigentliche Standardisierung erfolgt durch die *Internet Engineering Task Force* (IETF). Die IETF ist in acht Areas untergliedert und umfasst derzeit 120 Arbeitsgruppen. Die Mitglieder der Arbeitsgruppen verfassen Dokumente und kommunizieren i. d. R. via E-Mail. Darüber hinaus gibt es jährlich drei Treffen mit derzeit etwa 1200 Teilnehmern. Bei der Entscheidungsfindung gilt das Prinzip von „rough consensus" und „running code". Rough consensus bedeutet, dass kein formaler Abstimmungsprozess stattfindet und sich die Beteiligten daher einig sein müssen. Running code bedeutet, dass Vorschläge, deren Funktionalität bereits in Hard- oder Software demonstriert werden konnte, gute Chancen haben, auch standaridisiert zu werden. Die IETF produziert zwei Arten von Dokumenten [6]:

- *Internet Drafts* (derzeit 1642). Internet Drafts werden über einen Zeitraum von 6 Monaten gespeichert. Sie haben keinen offiziellen Status, können aber bei ausreichendem Interesse zu RFCs werden. Es gibt Internet Drafts, die anerkannte Arbeitsgebiete adressieren und Internet Drafts, die neue Themen behandeln und oft von Einzelpersonen eingebracht werden.

- *Request for Comments* (RFC, derzeit 5407). RFC sind offizielle Ergebnisdokumente, die permanent gespeichert werden. Es gibt vier RFC-Typen:

- Informal RFCs: noch nicht abgestimmte Dokumente, die ausschließlich der Informa dienen. Für Einsteiger geeignete Dokumente bekommen den Status „For Your Infor tion" (FYI).
- Experimental RFCs: zeigen die Ergebnisse von Experimenten.
- Standard Track RFCs: grundlegende RFCs (Standards). Ein RFC durchläuft dabei Stadien: Proposed Standard, Draft Standard und (full) Standard.
- Best current practices RFCs: geben Hinweise zu Implementierungen.

Die RFCs werden laufend durchnummeriert. Alle IETF Dokumente sind für frei über das ternet verfügbar (www.ietf.org).

Das *Institute of Electrical and Electronics Engineers* (IEEE) ist der Verband der amerik schen Elektrotechniker und der größte Fachverband der Welt [1]. Das deutsche Pendant ist Verein Deutscher Elektrotechniker (VDE). Der IEEE hat sich geografisch und thematisch s ausgeweitet, und hat heute 360.000 Mitglieder aus 175 Ländern. Neben den klassischen \ bandsaufgaben (Lobbying gegenüber Politik und Gesellschaft, Fachliteratur, Organisation Konferenzen etc.) haben sich schon bald Standardisierungsaktivitäten herausgebildet. Bez lich Telekommunikation sind insbesondere die LAN- und MAN-Standards der Serie 802 kannt. Formal sind IEEE-Standards nur Spezifikationen, denn der IEEE ist kein internatio anerkanntes Standardisierungsgremium. Früher mussten IEEE-Standards käuflich erworben v den, sie sind aber heute sechs Monate nach der Verabschiedung frei über das Internet verfügba

Das Frame Relay Forum war eines der ersten Foren zur Unterstützung einer bestimmten Te nologie. Im März 2000 wurde das MPLS Forum mit dem gleichen Ziel gegründet. Nachd Frame Relay an Bedeutung verloren hat, sich MPLS aber zunehmend als neue, interessa Technologie etablierte, schlossen sich die beiden Organisationen im April 2003 zusammen i bilden seitdem die *MPLS and Frame Relay Alliance* (MFA). Zum Jahresende 2004 wu darüber hinaus der Zusammenschluss zwischen MFA und ATM-Forum vollzogen [6].

Das *Optical Internetworking Forum* (OIF) wurde 1998 auf Initiative der Firmen Cisco Ciena gegründet. Der Fokus liegt auf dem Zusammenwirken der optischen Schi (WDM/OTH) mit höheren Schichten (Switche/Router). Zurzeit gibt es 23 Spezifikationen den Bereichen elektrische Schnittstellen, optische Schnittstellen mit geringer Reichweite, S nalisierung (optische Control Plane) und abstimmbare Laser [6].

Manchmal setzt eine Firma einen De-facto-Standard durch. Bekannte Beispiele sind das pa lele Centronics-Drucker-Interface, die Hayes-Modem-Befehle (at-Befehle) und das Micros Betriebssystem MS/DOS. Es können auch mehrere Firmen durch Absprache einen De-fac Standard schaffen. Ethernet wurde beispielsweise zunächst von drei Firmen (DEC, Intel u Xerox [DIX]) entwickelt und erst später im IEEE und der ISO zum internationalen Stand deklariert. Die Aktivitäten im Bereich Firmenstandards haben jedoch zugunsten von Fo abgenommen. Organisationen und Firmen, die eine bestimmte Technologie weiterentwick bzw. unterstützen möchten und diese Technologie in den existierenden Standardisierungsor nisationen nicht genügend repräsentiert finden, gründen heute ein Forum [6].

2.7 Historische Entwicklung

Bei der Entwicklung der Datennetztechnologien gab es folgende Meilensteine:

1961   Paul Baran beschäftigt sich mit der Paketvermittlung und konnte zeigen, dass Pak vermittlung für Daten effizienter als die Leitungsvermittlung ist [6].

1962 In Amerika wurde eine Forschungsaktivität der Defence Advanced Research Project Agency (DARPA) gestartet, die 1966 zum Plan für ein Computernetz, dem ARPA-Net[21], reiften.

1969 Das US-Verteidigungsministerium nimmt das ARPANet in Betrieb. Das Netz bestand aus je einem Großrechner der Universitäten von Los Angeles, Santa Barbara, Utah und des Stanford Research Institute zum gegenseitigen Austausch von Rechnerkapazitäten.

1972 Einführung der E-Mail und erste öffentliche Demonstration des ARPANets. 40 Rechner waren über das ARPANet verbunden [6].

1973 Die Erfindung des Ethernets durch Bob Metcalf revolutioniert die Datenwelt. Anstatt mehrerer Großrechner waren nun eine Vielzahl kleiner Netze mit Workstations und Personal Computern (PC) zu verbinden. Hierfür mussten TCP/IP Implementierungen für Workstations und PCs entwickelt werden. Der Siegeszug der PCs begann 1980.

1973 Die ersten Internetverbindungen zwischen den USA, England und Norwegen werden in Betrieb genommen.

1983 TCP/IP ist das einzige Protokoll des ARPANets, an das ca. 100 Hosts angeschlossen sind. In [1] wird TCP/IP als der Klebstoff bezeichnet, der das Internet zusammenhält. *Anmerkung:* das im ARPANet ursprünglich eingesetzten Protokoll NCP erwies sich bei der Zusammenschaltung von vielen unterschiedlichen Netzen als problematisch. Dies war der Grund für die Entwicklung der Protokolle IP, TCP und UDP durch Robert Kahn und Vinton Cerf. Der militärische Teil des ARPANets wurde unter dem Namen MILNET abgespalten, das ARPANET blieb der Forschung [6].

1986 Das NSFNET löst das ARPANET ab, es gab ca. 1000 Nutzer. Die National Science Foundation (NSF) war ein staatlich aufgelegtes Programm in den USA mit dem Ziel, die Rechnerkommunikation zwischen den Universitäten zu ermöglichen [6].

1987 Entwicklung des Simple Network Management Protocols (SNMP), mit dem es möglich war Netzelemente (hauptsächlich Router) aus der Ferne zu bedienen und zu warten [6].

1988 Publikation der ersten B-ISDN-Empfehlung „I.121" basierend auf ATM von der ITU-T. 1990 dann 13 B-ISDN-Empfehlungen geordnet nach Themengebieten.

1990 Der Physiker Tim Berners-Lee erfindet am Schweizer Forschungszentrum CERN die Internetplattform World Wide Web. Die Anzahl der Internet-Hosts betrug etwa 200.000.

1992 Gründung der Internet Society, ca. 1 Million Internet-Hosts.

1995 ANSNET wird an America Online verkauft. Ende des staatlich geförderten Internets [6]. Mit der Öffnung des Internets für jedermann und der Kommerzialisierung war die Nutzergruppe nicht mehr homogen, was zu neuen Problemen führte (Viren, SPAM, Denial of Service [DOS] Attacken).

2008 weltweit etwa 1,5 Milliarden Internet-Nutzer und ca. 20 Millionen DSL-Anschlüsse in der BRD.

2010 Start von Long Term Evolution (LTE, 4. Mobilfunkgeneration) in der BRD.

30.1.2011 Vergabe der letzten IPv4 Adressblöcke von der IANA an die regionalen Internet Registries (RIR)

---

[21] Das ARPANet wird auch als Großvater aller Rechnernetze bezeichnet.

2011   die Deutsche Telekom versorgt 1500 Orte über verschiedene Funktechniken (ι
        LTE) mit Breitband-Internet. 5 Millionen Haushalte können LTE von Vodafone ι
        zen. Telefonica/O2 bietet LTE ab dem 1. Juli 2011 an. Es gibt ca 160 LTE Endger:

2012   weltweit rund 2,1 Milliarden Internet Nutzer.

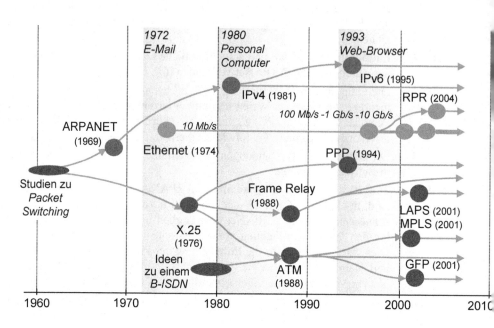

Bild 2-17   Entwicklung der Datennetztechnologien. Quelle: [6]

Bild 2-17 zeigt die historische Entwicklung der wichtigsten Datennetztechnologien. Es w
deutlich, dass die Protokollvielfalt insbesondere ab 2000 sehr stark zugenommen hat. Unm
telbar nach der Entwicklung der Paketvermittlung (engl. Packet Switching) kam es zu ei
Aufspaltung in Internet basierte Technologien und eher telekommunikationsnahe Techno
gien (X.25, Frame Relay, ATM, PPP etc.) [6]. Resilient Packet Ring (RPR) ist eine Weit
entwicklung von Ethernet, um höhere Verfügbarkeiten sowie bestimmte Qualitätsmerkm:
realisieren zu können (siehe Abschnitt 3.4). Frame Relay wurde basierend auf X.25 entwick
wobei von qualitativ hochwertigen Übertragungsstrecken ausgegangen wurde, so dass ι
Overhead für die Sicherung der Übertragung gegenüber X.25 deutlich reduziert werden koni
[6]. Die Link Access Procedure SDH (LAPS) basiert wie PPP auf HDLC. Es handelt si
dabei um eine für Kernnetze abgespeckte Version von PPP. Der Asynchronous Transfer Mc
(ATM) entstammt der Telekommunikationswelt und verwendet 53 Byte große Zellen, ι
beliebige Arten von Nachrichten mit entsprechenden Qualitäten übertragen zu können. AT
spielt zurzeit noch eine große Rolle in breitbandigen Accessnetzen, wird aber künftig dur
andere Protokolle (z. B. Ethernet, MPLS) ersetzt. Unabhängig davon haben viele Ansätze u
Ideen von ATM Einzug in neue Protokolle (insbesondere MPLS) gehalten. Die Protoko
PPP, Ethernet, RPR sowie GFP werden in Kapitel 3, IPv4/IPv6 in Kapitel 4 und MPLS
Kapitel 5 detailiert beschrieben.

3 Data Link Layer

3.1 High Level Data Link Control

High Level Data Link Control (HDLC) ist ein Layer 2 Protokoll und basiert auf SDLC (Synchronous Data Link Control), dass in der IBM-Architektur SNA (Systems Network Architecture) verwendet wird. HDLC und HDLC-Varianten werden beispielsweise bei X.25, GSM, ISDN, Frame Relay und PPP verwendet. HDLC wurde von der ISO im Standard ISO 3309 spezifiziert. CCITT (heute ITU-T) übernahm HDLC und machte daraus die Link Access Procedure (LAP) als Teil von X.25, änderte es aber später noch einmal auf LAPB ab, um Kompabilität zu späteren HDLC Versionen zu gewährleisten. HDLC, LAP und LAPB basieren alle auf denselben Prinzipien [1]. Im Folgenden soll exemplarisch HDLC beschrieben werden. Bild 3-1 zeigt den HDLC-Rahmen gemäß ISO 3309.

Flag 01111110	Address 8 Bit	Control 8 Bit	Information	FCS 16/32 Bit	Flag 01111110

Bild 3-1   HDLC-Rahmen gemäß ISO 3309

Der Beginn und das Ende eines HDLC-Rahmens wird mit einem Flag angezeigt (Bitsequenz 01111110 bzw. hexadezimal 7E). Bei unmittelbar aufeinander folgenden Rahmen entfällt das Flag am Rahmenende. Es sind folgende Betriebsarten zu unterscheiden [6]:

- Synchrone Übertragung. Sind keine Nutzdaten zu übertragen, so wird kontinuierlich das Flag gesendet (engl. Idle-Frame).

- Start-Stopp-Übertragung. Dind keine Nutzdaten zu übertragen, so wird eine Dauer-Eins gesendet. Zwischen zwei Flags müssen jedoch mindestens 15 Dauer-Einsen liegen. Alternativ kann auch kontinuierlich das Flag oder eine Kombination aus Flag und Dauer-Eins gesendet werden [6].

Beispielsweise verwendet Frame Relay die Synchrone Übertragung, während PPP sowohl die Synchrone Übertragung als auch die Start-Stopp-Übertragung unterstützt. Problematisch wird das Verfahren zur Rahmenerkennung, wenn in der Payload das Flagsymbol (7E) auftritt. In diesem Fall würde der Empfänger das Ende des HDLC-Rahmens vermuten und das darauf folgende Byte als Adressfeld des nächsten Rahmens interpretieren. Dieses Problem wird folgendermaßen gelöst [6]:

- Bei der synchronen Übertragung wird in der Payload immer nach fünf aufeinander folgenden Eins-Bits ein Null-Bit eingefügt. Das Flagsymbol kann daher in der Payload nicht mehr auftreten. Dieses Verfahren wird als Bit-Stuffing bezeichnet. Die Oketett Grenzen gehen dabei jedoch verloren. Der HDLC-Empfänger entfernt die vom Sender eingefügten Null-Bits wieder, so dass am Ausgang die originale Bitsequenz vorliegt.

- Bei der Start-Stopp-Übertragung wird das Symbol 7E in der Payload durch die Symbole CE 5E (die so genannte Escape-Sequenz) ersetzt. Dadurch wird erreicht, dass der Wert 7E in der Payload nicht mehr auftritt und somit eindeutig den Beginn oder das Ende eines

Rahmens anzeigt. Es entsteht jedoch jetzt ein Problem, wenn in der ursprünglichen Payl
die Sequenz CE 5E auftritt, denn der Receiver würde diese Sequenz als 7E interpretie
Aus diesem Grund wird jedes CE in der ursprünglichen Payload durch CE 9E ersetzt (si
Bild 3-2). Dies wird als Oktett-Stuffing bezeichnet. Das Oktett-Stuffing hat jedoch folg
de Nachteile:

- o Durch das Ersetzen der Symbole 7E und CE durch CE 5E resp. CE 9E entsteht zus
  licher, nicht deterministischer Overhead. Im günstigsten Fall (die Symbole 7E und
  treten in der Payload nie auf) ist dieser Overhead gleich Null, im ungünstigsten Fall
  Payload besteht nur aus den Symbolen 7E und CE) entsteht ein zusätzlicher Overh
  von 50 %. Nimmt man an, dass alle Symbole gleichwahrscheinlich in den Nutzda
  auftreten, so beträgt der zusätzliche Overhead 1/129 bzw. etwa 0,8 %.

- o Die Implementierung der Escape Sequenzen wird mit zunehmender Datenrate im
  schwieriger. Das heißt, HDLC skaliert mit zunehmender Datenrate nicht gut. Eine
  hilfe für dieses Problem könnte die Verwendung von GFP anstatt von HDLC sein.

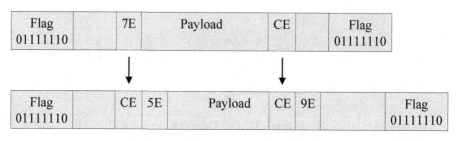

Bild 3-2   Oktett-Stuffing bei Start-Stopp-Übertragungen

Da die SDH byteweise strukturiert ist, kann nur die Start-Stopp-Übertragung eingesetzt w
den. Im Gegensatz dazu ist die PDH bitweise strukturiert, so dass hier auch die synchre
Übertragung verwendet werden kann. Dem Flag folgt das 8 Bit lange Adressfeld. Es wird
Broadcast Links verwendet, um die einzelnen Stationen voneinander unterscheiden zu könn
Bei Point-to-Point Links hat das Adressfeld den Wert FF (hexadezimal). Zwei spezielle Adr
sen sind festgelegt:

- Die All-Stations-Adresse (hexadezimal FF) adressiert alle im Netz vorhandenen Station
  Sie ist für Steuerbefehle vorgesehen, die z. B. eine Abfrage (engl. Polling) durchführ
  soll aber nicht für Broadcasts von Informationen genutzt werden.

- Die No-Stations-Adresse (hexadezimal 00) darf keiner Station zugewiesen werden.
  dient Testzwecken.

Die Nutzinformation (engl. Payload) wird in dem Informationsbereich übertragen, der gen
dem Standard keiner Größenbeschränkung unterliegt. Allerdings sind in der Praxis herstel
spezifische Einschränkungen zu beachten. Der kleinste HDLC-Rahmen besteht aus den F
dern Address, Control und CRC, den Flags sowie einem 32 Bit langen Informationsfeld [1].

Der Payload folgt eine 16 oder 32 Bit lange Frame Check Sequence (FCS), die der Festst
lung von Übertragungsfehlern mit dem CRC-Verfahren dient. Das Generatorpolynom für
16-Bit FCS lautet: $x^{16} + x^{12} + x^5 + 1$ [6].

Das Control-Feld wird für Folgenummern, Bestätigungen und andere Zwecke genutzt. Insgesamt gibt es drei Rahmenarten (siehe Bild 3-3):

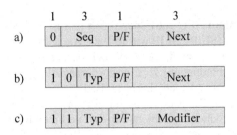

Bild 3-3   Control-Feld und Rahmenarten von HDLC: a) Informationsrahmen, b) Überwachungsrahmen
und c) unnumerierte Rahmen

Mit Informationsrahmen wird die Nutzinformation (Payload) übertragen. Das Control-Feld von Informationsrahmen beginnt mit einer 0 und einer 3 Bit langen Sequenz, die die Folgenummer des entsprechenden HDLC-Rahmens bezeichnet. Es können folglich 7 Rahmen durchnummeriert werden. Wenn mehr als 7 ausstehende Rahmen nicht empfangen wurden erfolgt eine Fehlermeldung. Mit dem 3 Bit langen Next-Feld gibt der Sender dem Empfänger an, welche Folgenummer er für den nächsten HDLC Rahmen erwartet. Damit bestätigt er den Erhalt der Rahmen mit den vorangegangenen Folgenummern. Das P/F Bit (Poll/Final) wird verwendet, wenn ein Rechner mehrere Terminals zyklisch abfragt. Es gibt an, dass eine Station senden darf (Poll) oder dass eine Übertragung beendet ist (Final) [1].

Überwachungsrahmen beginnen mit einer 10-Bitsequenz. Mit Überwachungsrahmen und unnummerierten Rahmen können keine Nutzinformationen übertragen werden. Das Typ-Feld eines Überwachungsrahmes hat verschiedene Funktionen. Bei Typ 0 handelt es sich um einen Bestätigungsrahmen (RECEIVE READY), der anzeigt, dass der nächste Rahmen erwartet wird. Dieser Rahmen wird verwendet, wenn eine Bestätigung in Gegenrichtung mit dem NEXT-Feld nicht möglich ist. Typ 1 (REJECT) weist auf einen Übertragungsfehler hin und weist den Sender an, die Rahmen ab der Folgenummer NEXT erneut zu übertragen. Typ 2 (RECEIVE NOT READY) bestätigt den Erhalt aller Rahmen bis auf NEXT, weist aber auf ein Problem beim Empfänger hin (z. B. ungenügender Pufferbereich). Mit Typ 3 (SELECTIVE REJECT) kann die erneute Übertragung eines speziellen Rahmens angefordert werden [1].

Unnummerierte Rahmen beginnen mit einer 11-Bitsequenz und werden ebenfalls zu Steuerzwecken verwendet. Die möglichen Befehle der oben aufgeführten Protokolle unterscheiden sich hier jedoch beträchtlich. Mit dem Befehl DISC können beispielsweise einzelne Rechner ankündigen, dass sie sich abschalten werden. Mit dem Befehl FRMR wird angezeigt, dass ein Rahmen mit korrekter Prüfsumme, aber mit nicht annehmbarer Semantik angekommen ist (z. B. Rahmen die kürzer als 32 Bit sind). Steuerrahmen müssen mit einem speziellen Steuerrahmen (Unnumbered Acknowledgement [UA]) bestätigt werden, da auch Steuerrahmen genau wie Datenrahmen verloren gehen oder beschädigt werden können [1].

3.2   Point-to-Point Protocol

3.2.1   Funktionalitäten

Das Point-to-Point Protocol (PPP) wird im RFC 1661 spezifiziert und ist eine Weiterentw
lung des Serial Line Interface Protocols (SLIP). SLIP wurde 1984 von Rick Adams entwic
und ist im RFC 1055 standardisiert. SLIP war das erste Protokoll, das es erlaubte, IP ì
serielle Leitungen (Punkt-zu-Punkt-Verbindungen) zu transportieren. Alle anderen Mögl
keiten basierten zu diesem Zeitpunkt entweder auf LAN (z. B. Ethernet, Token Ring) c
WAN (z. B. X.25) Datennetz-Protokollen. Die Motivation für die Entwicklung von SLIP ν
ein Punkt-zu-Punkt Protokoll auf der Sicherungsschicht für die Verbindung zwischen z
Routern über Mietleitung sowie zwischen einem Host und einem Router über eine Wähl
bindung zu implementieren. Letzteres spielte im Internet eine immer größere Rolle, weil ε
stark steigende Anzahl von Benutzern über analoge Modems und Wählleitungen den Zug
zum Internet herstellten. Die Host – Router-Verbindung über Wählleitungen ist analog
Router – Router-Verbindung über Mietleitungen, außer dass die Verbindung abgebaut w
wenn der Benutzer die Sitzung beendet [1].

SLIP hatte jedoch eine Reihe von Nachteilen: Die IP-Adressen von Router und Host müs
bekannt sein, es wird nur der Transport von IP unterstützt, es gibt keine Fehlererk
nung/Korrektur und keine Komprimierung. Diese Nachteile werden mit PPP vermieden. I
ist ein Layer 2 Protokoll, welches den Transport von Layer 3 Paketen über Punkt-zu-Pu
Vollduplex-Verbindungen ermöglicht. Die Punkt-zu-Punkt-Verbindungen können Laye
(z. B. ISDN, SDH, Analog-Modem), Layer 2 (z. B. ATM, Frame Relay, Ethernet) und Laye
(z. B. IP) Verbindungen sein. Bemerkenswert ist dabei der Transport von PPP über Ethe
(PPP over Ethernet [PPPoE]) und über IP. Bei PPP geht es üblicherweise darum, Daten,
aus einer Ethernet Umgebung (LAN) stammen, über ein Weitverkehrsnetz zu transportie
Bei PPPoE wird dieser Transport umgedreht, indem eine Ethernet Punkt-zu-Punkt-Verbind
emuliert und darüber PPP-Rahmen transportiert werden. Dieses Verfahren ist im Zusamm
hang mit breitbandigen Zugangstechniken wie DSL wichtig [6]. Bei PPP über IP tunneln P
Rahmen durch ein IP-Netz (Point-to-Point Tunneling Protocol [PPTP] oder die allgemein
Form, das Layer-2-Tunneling Protocol [L2TP]).

PPP besteht aus drei Komponenten:

- PPP-Encapsulation
- Link Control Protocol (LCP) und
- Network Control Protocol (NCP)

Die PPP-Encapsulation beschreibt, wie Layer 3 Pakete in PPP eingepackt werden. Bild
zeigt den PPP-Rahmen, der üblicherweise in einen HDLC-Rahmen eingebettet wird.

Das Adressfeld des HDLC-Rahmens wird bei PPP nicht benötigt, da es sich um eine Punkt-
Punkt-Verbindung handelt. Deshalb wird im Adressfeld die All-Stations Adresse (FF) ν
wendet. Das Control-Feld kennzeichnet Steuerbefehle und die entsprechenden Antworten.
wird bei PPP nicht verwendet. Für PPP wird der Wert für Unnumbered Information (03)
nutzt. Eine Nummerierung der Rahmen ist nicht vorgesehen. Dem PPP-Rahmen folgt
Frame Check Sequence (FCS), die normalerweise 16 Bit lang ist. Per LCP kann aber optio
eine 32 Bit lange FCS ausgehandelt werden. Wie bei HDLC sind Escape-Sequenzen erford
lich, um zu verhindern, dass in der Payload das Flag gesendet wird.

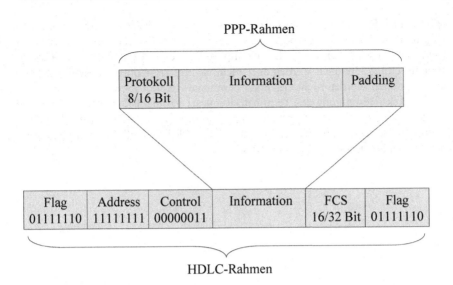

Bild 3-4   PPP/HDLC-Rahmenformat

Es ist in der Datentechnik üblich anzugeben, welches Protokoll der nächst höheren Schicht (Client Layer) in der Payload übertragen wird. Daher beginnt der PPP-Rahmen mit einem 8 oder 16 Bit langen Protokollfeld. Dieses Feld gibt an, welches Network Layer Protokoll transportiert wird (z. B. IP, Multilink PPP, IPv6, LCP, NCP). Defaultmäßig ist das Protokollfeld 16 Bit lang, mit LCP kann aber auch eine Länge von 8 Bit ausgehandelt werden [1]. Das Informationsfeld enthält das zu übertragende Datenpaket (in der Regel IP). Die minimale Länge des Informationsfelds ist Null. Die maximale Länge richtet sich nach dem Empfänger und kann mit LCP ausgehandelt werden. Festgelegt wird die maximale Länge durch die Maximum Receive Unit [MRU]. Der Defaultwert der MRU beträgt 1500 Byte. Das Padding Feld kann zum Auffüllen des PPP-Rahmens bis zur MRU benutzt werden.

Bild 3-5 zeigt den Ablauf einer PPP-Verbindung. Durch ein Carrier-Detect Signal, wie es üblicherweise ein Analogmodem liefert, wird das System aus dem inaktiven Zustand (Link Dead) geweckt. In der Link Establishment Phase wird mit LCP die Konfiguration des Links ausgehandelt (z. B. MRU, Länge der FCS). An die Link Establishment Phase schließt sich, wenn gefordert, die Authentifizierungsphase (engl. Authentication) an. Nun können beide Parteien gegenseitig ihre Identitäten prüfen (z. B. Benutzername, Passwort auf Seite des Internet Service Providers [ISP]). War die Autentifizierung erfolgreich, so wird mit NCP für jedes Layer 3 Protokoll (z. B. IP, IPX, DecNet etc.) eine eigene Konfigurationsphase durchgeführt. Daran schließt sich die Nutzdaten-Kommunikation über das gewählte Layer 3 Protokoll an (Network Layer Protocol Phase in Bild 3-5). Die Kommunikation kann jederzeit beendet werden. Dies kann durch den Austausch entsprechender LCP-Nachrichten oder durch externe Ereignisse, z. B. dem Verlust der Layer 1-Verbindung (engl. Loss of Carrier), geschehen [6].

Um den Ablauf zu verdeutlichen, wird ein typisches Szenario eines privaten Nutzers betrachtet, der mit seinem PC eine Verbindung zum Internet aufbauen will. Der PC ruft den Remote Access Server (RAS) des Service Providers über das Modem an. Nachdem das Modem des RAS reagiert und eine physikalische Verbindung aufgebaut hat, sendet der PC dem RAS eine Reihe von LCP-Paketen im Nutzdatenfeld eines oder mehrerer PPP-Rahmen. Das Protokoll-

feld im PPP-Rahmen zeigt an, dass in dieser Phase LCP transportiert wird. Mit LCP wei
verschiedene Nachrichten übertragen (z. B. Configure-Request [Öffnen einer Verbindu
Configure-Ack [Bestätigung des Configure-Request], Configure-Nak [Configure Req
erkannt, einige Optionen werden aber nicht akzeptiert], Configure-Reject [Configure Req
oder Optionen wurden nicht erkannt], Terminate-Request [Schließen einer Verbindung], '
minate-Ack [Bestätigung des Terminate-Request], Protocol-Reject [Protokoll wird nicht un
stützt]) und Konfigurationsoptionen ausgehandelt (z. B. MRU Size, Typ des verwend
Authentisierungs-Protokolls, Kompression des PPP-Protokolls auf ein Byte, 32 Bit FCS,
nutzung nummerierter Rahmen im HDLC).

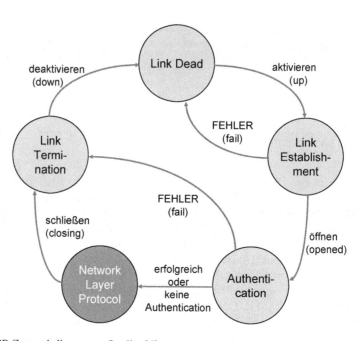

Bild 3-5   PPP-Zustandsdiagramm. Quelle: [6]

Nach Übereinkunft über die Layer 2 Parameter werden mehrere NCP-Pakete versendet, um
Vermittlungsschicht zu konfigurieren. Das Protokollfeld im PPP-Rahmen zeigt an, dass
dieser Phase NCP transportiert wird. Zunächst muss ein Layer 3 Protokoll (IPv4, IPv6, (
Network Layer, Apple Talk, IPX, DECnet, SNA, NetBIOS etc.) gewählt und konfigur
werden. Das NCP für IP ist unter dem Namen Internet Protocol Control Protocol (IPCP) '
kannt und für IPv4 (RFC 1332) und IPv6 (RFC 2472) verfügbar. Normalerweise will der
einen TCP/IP-Protokollstapel ausführen, deshalb braucht er eine IP-Adresse. Da es nicht ;
nügend IP-Adressen gibt, erhält jeder ISP einen Block von IP-Adressen und kann eine
Adresse dynamisch jedem aktuell angeschlossenen PC für die Dauer seiner Sitzung zuweis
Auf diese Weise kann ein ISP mehr Kunden haben als er IP-Adressen besitzt. Das NCP für
wird benutzt, um die IP-Adressen zuzuweisen. Des Weiteren können Komprimierungen für
Pakete ausgehandelt werden [6].

Der PC ist nun mit dem Internet verbunden und kann IP-Pakete senden und empfangen. Beendet der Benutzer die Sitzung, wird das NCP benutzt, um die Verbindung auf der Vermittlungsschicht abzubauen und die IP-Adressen freizugeben. Anschließend wird mit LCP die Verbindung auf der Sicherungsschicht beendet. Schließlich weist der PC das Modem an aufzulegen, was bewirkt, dass die Verbindung auf der Bitübertragungsschicht abgebaut wird.

Bild 3-6 zeigt den Protokollstack für den Transport von IP mit PPP. Die Protokolle LCP und NCP werden zwar in PPP/HDLC-Rahmen transportiert, sind aber keine Layer 3 Protokolle und deshalb in Bild 3-6 neben PPP dargestellt.

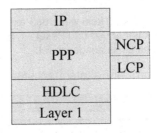

Bild 3-6   Protokollstack für den Transport von IP mit PPP/HDLC

3.2.2   Spezielle Anwendungen

3.2.2.1   PPP Multilink Protocol

Der ISDN Basisanschluss stellt zwei und der Primärmultiplexanschluss bis zu 30 B-Kanäle zur Verfügung. Mit der Verbreitung von ISDN wuchs deshalb der Wunsch, nicht nur einen, sondern mehrere B-Kanäle für den Transport von IP zu benutzen [6]. Dies ist möglich, indem die PPP-Rahmen vom Sender wechselseitig auf die Links verteilt und vom Empfänger wieder in der richtigen Reihenfolge zusammengesetzt werden. Der Nachteil ist aber, dass ein langer Rahmen nur mit der Bitrate eines Links übertragen wird, selbst wenn die anderen Links nicht belegt sind. Aus diesem Grund werden beim PPP Multilink Protocol (MP, RFC 1990) lange Rahmen fragmentiert und die Fragmente auf die einzelnen Links verteilt [6].

Da jeder einzelne B-Kanal tarifiert wird wurde ein dynamischer Prozess eingeführt, der bei Bedarf weitere Kanäle zur Multilink-Protokoll-Verbindung hinzufügt und diese Kanäle wieder freigibt, wenn der Bedarf nicht mehr besteht. Dies wird mit dem Bandwidth Allocation Protocol (BAP) und dem dazugehörigen Steuerprotokoll Bandwidth Allocation Control Protocol (BACP, RFC 2125) realisiert [6].

Das Aufteilen eines hochbitratigen Datenstroms in mehrere niederbitratige Teildatenströme wird als *Invers Multiplexing* bezeichnet. Der inverse Prozess, das PPP Multiplexing (RFC 3153) ist mit PPP ebenfalls möglich. Dabei werden mehrere kürzere PPP-Rahmen mit einem einzigen PPP-Header und einer FCS enkapsuliert, um Overhead zu sparen und damit Links mit einer geringen Bitrate zu entlasten [6].

a) Paketweises Multiplexen, nächstes Paket auf nächsten freien Link

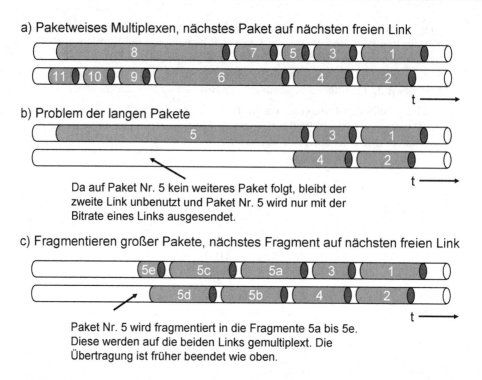

b) Problem der langen Pakete

Da auf Paket Nr. 5 kein weiteres Paket folgt, bleibt der
zweite Link unbenutzt und Paket Nr. 5 wird nur mit der
Bitrate eines Links ausgesendet.

c) Fragmentieren großer Pakete, nächstes Fragment auf nächsten freien Link

Paket Nr. 5 wird fragmentiert in die Fragmente 5a bis 5e.
Diese werden auf die beiden Links gemultiplext. Die
Übertragung ist früher beendet wie oben.

Bild 3-7   Fragmentieren von Paketen bei Multilink PPP. Quelle: [6]

3.2.2.2   Tunneling

Mit Tunneling wird generell ein Verfahren bezeichnet, mit dem Daten eines Protokolls du
ein Netz eines Protokolls derselben oder einer höheren Schicht tranportiert werden, *ohne .
ursprüngliche Protokoll auszuwerten.* Man spricht deshalb von Tunneling, da die niedr
Schicht (z. B. PPP) durch ein „Gebirge gleicher oder höherer Schichten" (z. B. IP) durcht
nelt. Die Haupteinsatzgebiete solcher Tunneling-Protokolle sind alle mit Sicherheit verbun
nen Anwendungen, z. B. virtuelle private Netze (engl. Virutal Private Networks [VPN]) [6].

Die Firma Cisco hat das Layer 2 Forwarding (L2F) Protokoll spezifiziert, mit dem abgese
Teilnehmer an ein privates Netz angeschaltet werden können (siehe Bild 3-8).

Dabei werden die Layer 2 Rahmen direkt an das private Netz weitergeleitet. Geht man
einer Einwahl über PPP aus, so müssen die PPP-Rahmen über das öffentliche IP-Netz ei
Netzbetreibers dem privaten Netz zugeführt werden. Dazu werden die PPP-Rahmen durch
IP-Netz getunnelt. Der Network Access Server (wird auch als Remote Access Server [RA
bezeichnet) darf daher abhängig vom Benutzernamen PPP nicht terminieren, sondern m
einen L2F-Tunnel (falls nicht schon vorhanden) zum Home Gateway[22] des privaten Net
aufbauen. Der NAS packt alle PPP-Rahmen der entsprechenden Verbindung in das L2
Datenformat ein und überträgt sie durch den Tunnel zum Home Gateway. Das Home Gatew
muss das L2F-Protokoll sowie PPP terminieren. Hier erfolgt eine zweite Authentisierungsp

---

[22]   Das Home Gateway stellt die Verbindung vom privaten Netz zum öffentlichen IP-Netz her.

se [6]. Das L2F wurde aus didaktischen Gründen vorgestellt. In heutigen Netzen werden leistungsfähigere Tunneling-Mechanismen wie das Point-to-Point Tunneling Protocol (PPTP) und das Layer-2 Tunneling Protocol (L2TP) verwendet. PPTP und L2TP werden in [6] beschrieben.

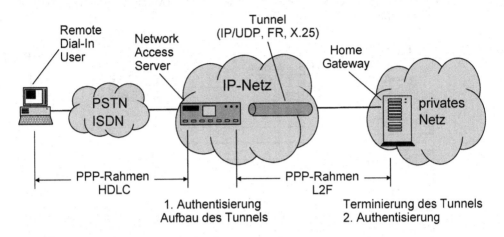

Bild 3-8   Layer 2 Forwarding. Quelle: [6]

3.2.2.3   PPP over Ethernet

Durch seine weite Verbreitung ist heute Ethernet die günstigste Schnittstelle für Datenraten von 10 bis 100 Mbit/s [6]. Andererseits kann mit PPP und dem zugehörigen RADIUS-Protokoll beispielsweise die Authentifizierung und die Endgelterfassung (engl. Accouting) für Einwahlkunden realisiert werden. Daher lag es nahe, die bereits eingeführten Prozeduren und Protokolle auf breitbandige Internetzugänge zu erweitern, was zum Protokoll PPP over Ethernet (PPPoE) führte. Der Vorteil von PPPoE liegt u. a. darin, dass der ISP seine Verfahren und Server für Einwahlkunden auch weiter verwenden kann und der Teilnehmer das gleiche „look and feel" wie bei einem Analogmodem hat. Bild 3-9 zeigt die Konfiguration für xDSL.

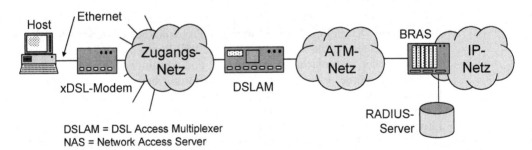

Bild 3-9   Konfiguration eines xDSL-Breitbandanschlusses, bei dem der DSLAM über ATM an den Network Access Server (wird im Fall von xDSL auch als Broadband Remote Access Server [BRAS] bezeichnet). Quelle: [6]

Um Dienste mit verschiedenen Qualitätsanforderungen gleichzeitig über eine physikalis
Verbindung realisieren zu können, verwendet DSL auf der Teilnehmeranschlussleitung A
als Layer 2 Protokoll. Für die Anbindung DSLAM – NAS wurde in der Vergangenheit A
verwendet. Heute werden die DSLAMs meistens über Ethernet an den NAS angebunden. I
artige DSLAMs werden als Ethernet- oder IP-DSLAMs bezeichnet. Bild 3-10 zeigt den Pr
kollstack für xDSL.

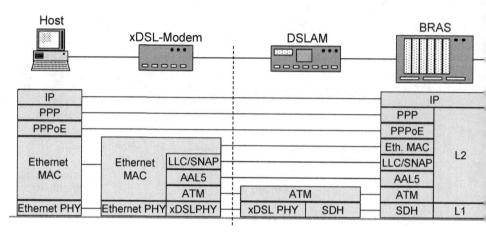

Bild 3-10   Protokollstack bei xDSL. Quelle: [6].

Dargestellt ist der Fall, dass der DSLAM über ATM an den BRAS (NAS) angebunden
Daher wird auf dem gesamten Abschnitt zwischen xDSL-Modem und BRAS ATM als Laye
verwendet. Hier werden also die PPP-Rahmen zunächst in spezielle PPPoE-Rahmen, dann
Ethernet-Rahmen verpackt und anschließend über ATM transportiert. Bei all diesen Pro
kollen handelt es sich um Layer 2 Protokolle, die unterschiedliche Funktionalitäten bereits
len. Mit ATM können Dienste mit verschiedenen Qualitätsanforderungen (z. B. VoIP, Sur
im Internet) gleichzeitig über eine physikalische Verbindung transportiert werden, Ether
wird aufgrund der kostengünstigen Schnittstellen verwendet und mit PPP wird die dynamisc
Zuweisung von IP-Adressen, die Authentifizierung und die Endgelterfassung realisiert. Bild
11 zeigt das PPPoE-Rahmenformat.

Dabei wird von einem Standard Ethernet-Rahmen ausgegangen, der maximal 1500 Bytes üb
tragen kann. Der PPPoE Payload wird ein Protokollkopf der Länge 6 Bytes vorangeste
Damit verbleiben für die Nutzdaten (d. h. die PPP-Rahmen) 1494 Bytes. Es können entwe
Nutzdaten oder Steuernachrichten zum Auf- und Abbau der PPPoE-Sessions übertragen w
den. PPPoE wurde ursprünglich als Interimslösung betrachtet, um durch Verwendung v
Standard Hardware (Ethernet-Karten), Standard Software (Windows DFÜ Network, Ethern
Treiber) und einer weiteren, einfach zu konfigurierenden Software (PPPoE) breitbandig
Internetzugängen zu einer schnellen Verbreitung zu verhelfen [6]. PPPoE wird auch he
noch bei ATM basierten DSLAMs verwendet. Bei Ethernet basierten DSLAMs gibt es Alt
nativen zu PPPoE in Form anderer Protokolle (z. B. DHCP).

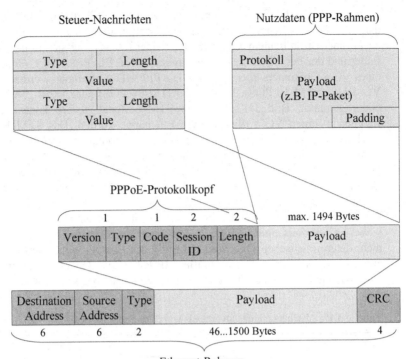

Bild 3-11 PPPoE-Rahmenformat. Quelle: [6]

3.2.2.4 Packet-over Sonet

Packet-over Sonet (POS) bezeichnet den Protokollstack: IP/[MPLS]/PPP/HDLC/SDH und wird häufig für die Verbindung von IP-Routern im WAN verwendet. Die Steuerprotokolle LCP und NCP werden hierbei nicht benötigt. Bild 3-12 zeigt das Mapping von PPP/HDLC-Rahmen in ein STM-1-Signal (siehe Abschnitt 2.5.2).

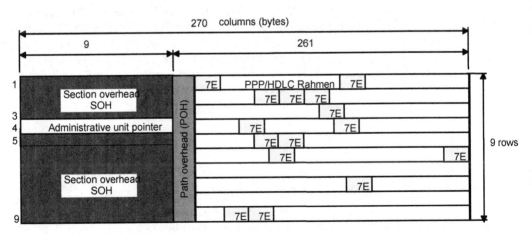

Bild 3-12 Übertragung von PPP/HDLC-Rahmen mit einem STM-1-Signal

Weiße Felder in den Spalten 11 bis 261 stellen den PPP/HDLC-Rahmen ohne das Flagsyn
dar. Ein STM-1-Signal besteht aus dem Section Overhead, der in den ersten neun Spa
angeordnet ist und einem Virtuellen Container (VC-4), der sich in den Spalten 10 bis 270
findet und der der Übertragung der Payload dient. Ein PPP/HDLC-Rahmen kann die Gren
eines VC-4 Containers überschreiten. Die PPP/HDLC-Rahmen werden in VC-4 (STM-1 PC
VC-4-16c (STM-16 POS), VC-4-64c (STM-64 POS) oder VC-4-256c (STM-256 POS) C
tainer gemappt. Bild 3-12 zeigt ein STM-1-Signal (9x270 Bytes), bei dem PPP/HD
Rahmen in einen VC-4 (9x261 Bytes) gemappt wurden. Das STM-16c Signal besteht
spielsweise aus 16 zusammenhängenden VC-4 Containern (VC-4-16c) mit einem 9x(9x
Byte großem Section Overhead[23]. Entsprechendes gilt für STM-64c und STM-256c Sign
POS Schnittstellen müssen mit dem zentralen Netztakt des SDH-Netzes synchronisiert were
Eine POS-Verbindung wird in den Routing-Protokollen grundsätzlich als Point-to-Point L
repräsentiert.

Der Overhead für POS setzt sich aus dem SDH- und dem PPP/HDLC-Overhead zusamm
wobei letzterer aus einem 7 Byte langem deterministischem Overhead pro IP-Paket und ei
nicht-deterministischen Overhead aufgrund der Escape-Sequenzen besteht. Für die Absch
zung des Overheads wird eine mittlere IP-Paketlänge (Erwartungswert) von 294 Byte an
nommen. Damit kann der Overhead folgendermaßen abgeschätzt werden:

Tabelle 3.1   Abschätzung des Overheads von POS-Schnittstellen

SDH-Overhead:	(9x10)/(9x270)
Nicht-deterministischer PPP/HDLC-Overhead[24]:	1/(1+128)
Deterministischer PPP/HDLC-Overhead	7/(7+294)
Insgesamt:	**6,8%**

Für die Nettobitrate von STM-16 POS Schnittstellen ergibt folglich: $B_{netto} \approx 2{,}32$ Gbit/s. E
Alternative zu POS ist die Link Access Procedure SDH (LAPS), die aber vermutlich ke
große Bedeutung erlangen wird, da Netzbetreiber POS eher durch Generic Framing Proced
(GFP) als durch LAPS ersetzen werden [6].

In der Praxis wird oft WDM oder OTH als Layer 1 verwendet. Bei der Verwendung v
WDM ergibt sich der Protokollstack IP/[MPLS]/PPP/HDLC/SDH/WDM. In diesem Fall w
den die IP-Router über WDM Punkt-zu-Punkt-Verbindungen miteinander gekoppelt und
wird lediglich das SDH-Framing verwendet. Bei der Verwendung von OTH als Layer 1 k
nen IP/MPLS Pakete direkt mit GFP übertragen werden. Es ergibt sich der Protokollsta
IP/[MPLS]/GFP/OTH. Alternativ kann auch weiterhin PPP/HDLC als Layer 2 verwen
werden (Protokollstack: IP/[MPLS]/PPP/HDLC/GFP/OTH).

---

[23] In diesem Fall wird lediglich ein AU-Pointer verwendet, der die Lage des ersten VC-4 Contain
       innerhalb des STM-16c Signals angibt und Taktabweichungen zwischen dem Client-Signal (d. h. l
       dem PPP/HDLC Sender) und dem STM-16c Signal ausgleicht.
[24] Dabei wurde angenommen, dass alle Symbole mit einer gleich großen Wahrscheinlichkeit auftrete

3.3   Ethernet

3.3.1   Einführung

Ethernet wurde am Xerox Palo Alto Research Center Anfang der siebziger Jahre entwickelt. Ziel war es, Computer innerhalb eines Gebäudes mit einem der ersten Laserdrucker zu verbinden [20]. Robert Metcalf gilt als der Erfinder des Ethernets. Er leitete das Protokoll von dem an der Universität von Hawaii entwickelten, Funk-basierten ALOHA ab und dachte an eine Adaption in einer Büroumgebung. Daher auch der Name Ethernet. „Ether" ist das englische Wort für Äther, der nach früheren Annahmen das Medium zur Ausbreitung von Funkwellen ist. Metcalfe überzeugte die Firmen DEC, Intel und Xerox Ethernet zu standardisieren. Der resultierende Standard wird manchmal auch mit den Initialen der Firmennamen als DIX-Ethernet bezeichnet. Bild 3-13 zeigt die erste Ethernet Skizze von Bob Metcalfe.

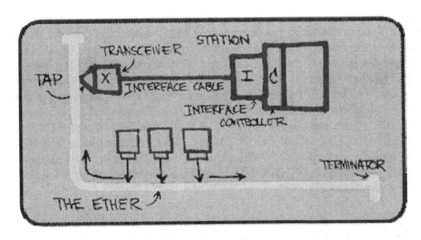

Bild 3-13   Erste Ethernet Skizze von Bob Metcalfe. Quelle: [11]

Die erste Ethernet Version wurde im Februar 1980 beim IEEE in der Arbeitsgruppe 802 eingebracht und weiterentwickelt (die Bezeichnung der Arbeitsgruppe leitet sich aus dem Datum Februar 1980 ab). Ursprünglich war nur ein LAN-Standard für Übertragungsgeschwindigkeiten zwischen 1 und 20 Mbit/s geplant. Ebenfalls 1980 kam noch eine so genannte „Token Access Methode" hinzu. Ab 1981 verfolgte das IEEE dann drei verschiedene Techniken: Ethernet bzw. CSMA/CD, Token Bus und das von IBM eingebrachte Token-Ring-Verfahren. Bild 3-14 gibt einen Überblick über die verschiedenen IEEE 802 LAN- und MAN-Standards.

Ethernet wird im Standard 802.3 (CSMA/CD), Token Bus im Standard 802.4 und Token Ring im Standard 802.5 beschrieben. Der Standard 802.11 spezifiziert beispielsweise Wireless LAN (WLAN). Weitere bekannte Standards der 802-Serie sind z. B. 802.16 (WIMAX), 802.17 (Resilient Packet Ring) und 802.20. Die höheren Teile der Sicherungsschicht werden für alle LAN- und MAN-Typen gemeinsam in den Standards zu Bridging und Logical Link Control beschrieben [6].

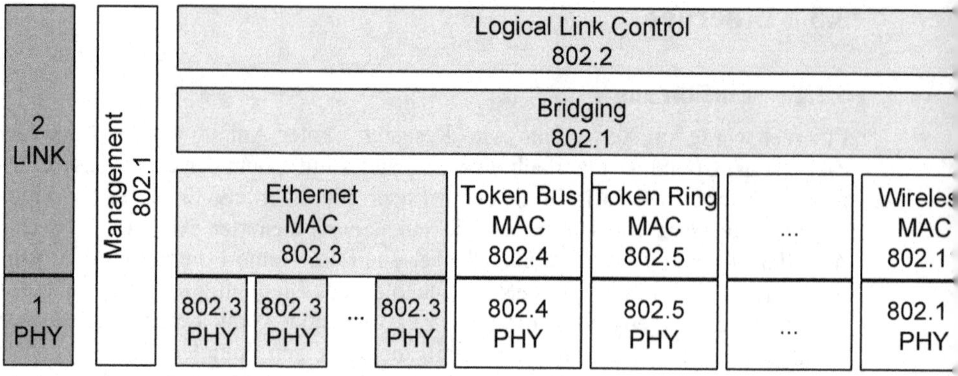

2 LINK	Management 802.1	Logical Link Control 802.2						
		Bridging 802.1						
		Ethernet MAC 802.3		Token Bus MAC 802.4	Token Ring MAC 802.5	...		Wireles MAC 802.1
1 PHY		802.3 PHY	802.3 PHY ... 802.3 PHY	802.4 PHY	802.5 PHY	...		802.1 PHY

Bild 3-14 IEEE 802 LAN- und MAN-Standards. Quelle: [6]

Die erste Version des 802.3 Standards wurde 1985 veröffentlicht. In der folgenden Zeit
sich Ethernet gegenüber konkurrierenden LAN-Technologien immer stärker durchgesetzt
wurde ständig erweitert. Zum einen wurden die Datenraten erhöht und neue Übertragun
medien einbezogen. Zum anderen wurden neue Mechanismen wie Vollduplex-Systeme o
Autonegotiation, bei der die beteiligten Stationen ihre Leistungsmerkmale automatisch un
einander aushandeln können, eingeführt. Alleine die Seitenzahlen geben einen Eindruck
den Erweiterungen. War die ursprüngliche DIX Ethernet Spezifikation 81 Seiten lang, so
fasst die neueste Ethernet Version 802.3-2005 ohne Ergänzungen zurzeit 2662 Seiten [
Derzeit sind weltweit etwa 85 % aller PCs und Workstations im LAN Umfeld über Ether
miteinander verbunden [19]. Bild 3-15 zeigt die Einordnung der Ethernet-Netzarchitektur
das OSI-Referenzmodell.

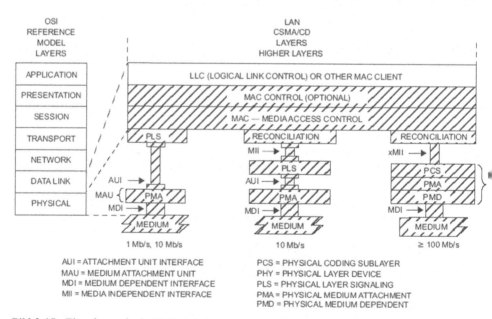

Bild 3-15 Einordnung der LAN-Protokolle in das OSI-Referenzmodell. Quelle: [13]

Der IEEE 802 Standard deckt die Bitübertragungsschicht (Physical Layer) und die Sicherungs-schicht (Data Link Layer) des OSI-Referenzmodells ab. Der Data Link Layer aus besteht aus drei Sublayern:

- dem Logical Link Control (LLC)

- dem MAC Control Layer und

- dem Medium Access Control (MAC) Layer.

Mit dem LLC Layer können unabhängig vom darunter verwendeten Protokoll anhand von Folge- und Bestätigungsnummern unzuverlässige Datagrammdienste, bestätigte Datagramm-dienste und verbindungsorientierte Dienste realisiert werden[25] [1,6]. Der MAC Control Layer ist optional und dient der internen Kommunikation der MAC-Schichten untereinander. Zurzeit ist lediglich eine MAC Control Nachricht spezifiziert, die PAUSE Nachricht. Mit dieser Nach-richt fordert der Empfänger einen Sender auf, für eine bestimmte Zeit keine Nutzdaten zu schicken. Die Zeit wird dabei im Parameterfeld der PAUSE Nachricht angegeben [6]. Der MAC Control Layer spielt in der Praxis kaum eine Rolle. Die Arbeiten zum MAC Control Layer wurden mittlerweile bei der IEEE eingestellt. Der MAC Layer war ursprünglich kein Bestandteil des OSI Referenzmodells und wurde nachträglich für Netzarchitekturen, die auf einem Shared Medium basieren, eingefügt [1]. Der MAC-Layer spezifiziert die Zugriffssteue-rung der Stationen auf den (gemeinsamen) Physical Layer.

Der Physical Layer von Ehternet besteht für Datenraten bis 10 Mbit/s aus zwei Sublayern:

- dem Physical Layer Signaling (PLS) und

- dem Physical Medium Attachment (PMA) Layer.

Für Datenraten von 100 Mbit/s und mehr besteht der Physical Layer aus den Sublayern: Physi-cal Coding Sublayer (PCS), Physical Medium Attachment (PMA) und Physical Medium De-pendent (PMD). Die Schnittstellen zwischen diesen Sublayern zeigt Bild 3-15. Die Sublayer des Physical Layers orientieren sich an der Implementierung von Ethernet-Netzen. Bei den ersten Ethernet Implementierungen wurden die Stationen über so genannte Taps an den ge-meinsamen Übertragungskanal, das Koaxialkabel, angeschlossen (siehe Bild 3-13). Die Taps entsprechen dabei dem PMA-Sublayer und verbinden über ein kurzes Verbindungskabel, dem Attachment Unit Cable, die Station mit dem Koaxialkabel. Die Länge des Attachment Unit Cables ist auf 50 m begrenzt [6]. Der PLS-Layer befindet sich in der Datenendeinrichtung (Station) und signalisiert dem MAC-Layer den Zustand des Kanals (Kanal frei/belegt, Kollisi-on). Das Medium Independent Interface (MII) ist die Schnittstelle zwischen dem MAC Layer und dem Physical Layer. Für Datenraten von 100 Mbit/s und darüber wurde in Bild 3-15 die generische Bezeichnung xMII gewählt. Bei 100 Mbit/s Ethernet heißt diese Schnittstelle MII, bei 1000 Mbit/s Ethernet GMII und bei 10 Gbit/s Ethernet XGMII [13]. Bei Datenraten von 1000 Mbit/s und darüber ist die Verwendung von abgesetzten PLS Baugruppen aus physikali-schen Gründen nicht mehr möglich. Die Schnittstellen GMII und XGMII bezeichnen daher Schnittstellen zwischen einzelnen Chips und nicht mehr wie bei 100 Mbit/s zwischen Bau-gruppen [6]. Die Bedeutung der weiteren in Bild 3-15 dargestellten Sublayer wird in den fol-genden Abschnitten erläutert.

---

[25] Den LLC Layer gibt es nur beim IEEE Ethernet-Rahmen, nicht jedoch beim klassischen Ethernet-Rahmen.

3.3.2 CSMA/CD und 10 Mbit/s Ethernet

Das Ziel bei der Entwicklung von Ethernet war die Verbindung von mehreren Datenendg
ten (z. B. PCs, Server, Workstations, Netzwerkdrucker), die sich auf einem räumlich begr
ten Gebiet befinden, zwecks Datenaustausch.

3.3.2.1 CSMA/CD

Dazu werden alle Stationen in einer Bustopologie an einen *gemeinsamen* Übertragungsk
(Shared Medium, auch als „Ether" bezeichnet) angeschlossen. Zunächst wurde als Über
gungsmedium ein Koaxialkabel (für beide Übertragungsrichtungen) verwendet. Es hand
sich folglich um ein Halbduplex-System. Die Datenrate auf dem Kanal betrug 10 Mbit/s.
Zugriff der Stationen auf den Übertragungskanal wird mit dem Carrier Sense Multiple
cess/Collision Detection (CSMA/CD) Verfahren geregelt, welches wie folgt funktioniert. J
Station überwacht ständig den Übertragungskanal (Carrier Sense). Nur wenn der Kanal frei
darf gesendet werden. Wenn zwei oder mehr Stationen gleichzeitig auf das freie Kabel zug
fen, erfolgt eine Kollision. Wird eine Kollision erkannt, so schicken die beteiligten Statio
ein Jam-Signal. Das Jam-Signal wird gesendet, indem die sendenden Stationen, die die Kc
sion erkannt haben, weitere 48 Bits senden, damit alle Teilnehmer die Kollision erken
können. Die Erkennung einer Kollision erfolgt, indem die Stationen das von ihnen gesenc
Signal mit dem von ihnen empfangenen Signal vergleichen. Weichen die Signale voneinan
ab, so hat eine Kollision stattgefunden. Danach warten die Sender eine zufällige Zeit ger
einem speziellen Algorithmus (exponentieller Backoff-Algorithmus), bevor sie erneut zu s
den beginnen. Insgesamt gibt es folglich drei Zustände [1]:

- der Übertragungskanal kann frei sein

- belegt sein, oder

- es kann eine Kollision stattgefunden haben.

Damit nicht eine Station den Kanal ständig belegen kann, wurde:

1. eine Zwangspause von 9,6 µs (entspricht 12 Byte) nach dem Senden eines Rahmens eing
   führt und

2. die maximale Länge eines Ethernet-Rahmens auf 1518 Byte (ohne Präambel und Start ol
   Frame Delimiter) begrenzt.

Andererseits darf ein Ethernet-Rahmen auch nicht beliebig kurz sein, da aufgrund der enc
chen Signallaufzeiten ansonsten Kollisionen nicht mehr zuverlässig erkannt werden könn
Dies soll im Folgenden erläutert werden. Dazu wird ein Ethernet LAN betrachtet, bei dem
beiden am weitesten entfernten Stationen A und B einen Abstand von L haben (siehe Bild 3-1

$\tau = L\,N/c_0$ bezeichnet die Signallaufzeit von A nach B, N den Gruppenindex und c_0 die Lic
geschwindigkeit in Vakuum. c_0/N bezeichnet die Ausbreitungsgeschwindigkeit der Sign
Für Koaxialkabel und Lichtwellenleiter gilt $N \approx 1,5$. Die längste Zeit, die die Station A für
Erkennung einer Kollision benötigt, ergibt sich, wenn die Station B zu senden beginnt, ku
bevor das Signal von A bei B eingetroffen ist [siehe Bild 3-16 c)]. Da das Signal von B e
Laufzeit τ zur Station A hat ist die längste Zeit, die die Station A für die Erkennung einer K
lision benötigt, durch 2τ gegeben [siehe Bild 3-16 d)].

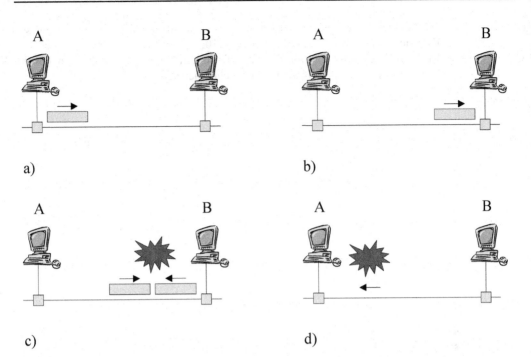

Bild 3-16 Um Kollisionen zuverlässig erkennen zu können, muss die minimale Sendedauer eines Ethernet-Rahmens größer als die doppelte Laufzeit der am weitesten entfernten Stationen sein.

Damit A auch für kurze Rahmen noch die Kollision erkennen kann, muss die Sendedauer eines Rahmens $T_{min} = F_{min} / B \geq 2\tau$ sein. F_{min} bezeichnet die minimale Rahmendauer in Bit und B die Bitrate. Wenn diese Bedingung nicht erfüllt ist kann es dazu kommen, dass A einen kurzen Rahmen sendet, das Signal von B und damit die Kollision aber erst dann erkennt, wenn der Rahmen bereits vollständig gesendet wurde. Das heißt obwohl eine Kollision stattgefunden hat wird diese nicht von A erkannt. Aus diesem Grund muss die Beziehung:

$$F_{min} \geq 2 \, L \, N \, B \, / \, c_0 \tag{3.1}$$

erfüllt sein. Das heißt die minimale Rahmengröße begrenzt die maximale Übertragungslänge aufgrund des CSMA/CD Verfahrens. Die minimale Rahmengröße wurde bei Ethernet zu 64 Byte (F_{min} =512 Bit) gewählt. Mit B = 10 Mbit/s und N = 1,5 folgt aus Gl. (3.1) L $\leq$ 5120 m. In der Praxis darf L = 2500 m nicht überschritten werden, da zusätzlich die Verzögerungszeit von bis zu vier Repeatern berücksichtigt werden muss [1].

Hat eine Kollision stattgefunden, wird die Zeit in Schlitze unterteilt, deren Dauer der kürzesten Sendedauer T_{min} = 512 bit / 10 Mbit/s = 51,2 µs bzw. der doppelten maximalen Laufzeit 2τ entspricht. Nach der ersten Kollision wartet eine Station entweder 0 oder 1 Schlitzzeit, bevor sie erneut sendet. Die zweite Station die senden möchte verfährt genauso, so dass sich eine Kollisionswahrscheinlichkeit von 0,5 ergibt. Kommt es zu einer zweiten Kollision, so wartet nun jede Station zufällig 0, 1, 2 oder 3 Schlitzzeiten, bevor sie erneut sendet. Die Kollisionswahrscheinlichkeit reduziert sich dadurch auf 1/4. Kommt es zu einer dritten Kollision, so wartet nun jede Station zufällig 0...7 Schlitzzeiten, bevor sie erneut sendet. Die Kollisionswahrscheinlichkeit reduziert sich dann auf 1/8. Allgemein wartet eine Station nach i Kollisio-

nen eine zufällige Zeit im Bereich $0...2^i - 1$ Schlitzzeiten, bevor sie erneut sendet. Nach
Kollisionen wird die maximale Wartezeit 1023 x 51,2 μs ≈ 52 ms jedoch nicht weiter erh
Nach 16 Kollisionen gibt der Sender auf und meldet den Fehler an die nächst höhere Schi
Bild 3-17 zeigt den Sendevorgang auf Sicht einer Station.

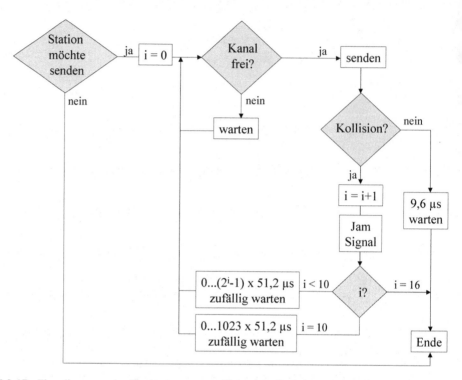

Bild 3-17   Flussdiagramm des Sendevorgangs aus Sicht einer Station

Der beschriebene Algorithmus heißt binärer exponentieller Backoff-Algorithmus. Er kom
niert kurze Verzögerungszeiten bei wenigen Kollisionen mit einer raschen Auflösung bei v
len Kollisionen. Würde man unabhängig von den bereits erfolgten Kollisionen eine feste n
ximale Wartezeit wählen (z. B. 1023 x 51,2 μs), so wäre die Wahrscheinlichkeit, dass zv
Stationen ein zweites Mal kollidieren zwar verschwindend gering, die durchschnittliche W
tezeit läge aber bereits nach einer Kollision bei mehreren hundert Schlitzzeiten, was zu ei
großen Verzögerung führen würde [1]. Würden andererseits 100 Stationen versuchen zu s
den und nach jeder Kollision entweder nur 0 oder 1 Schlitzzeit warten, so gäbe es solar
Kollisionen, bis 99 Stationen 0 Schlitzzeiten und eine Station 1 Schlitzzeit warten oder um
kehrt, was Jahre dauern könnte [1].

3.3.2.2   Ethernet-Rahmen

Bild 3-18 zeigt den Ethernet-Rahmen. Dabei gibt es zwei Versionen, den klassischen Ethern
Rahmen (DIX Ethernet) und den IEEE 802.3 Ethernet-Rahmen, die nicht kompatibel sind. D
meisten Ethernet-Netzelemente (Netzwerkarten, Ethernet-Switche, Hubs) unterstützen jed
beide Standards. Beide Varianten werden vom IEEE beschrieben, die klassische Variante

jedoch die in der Praxis am weitesten verbreitete. Beim IEEE 802.3 Rahmen kommt ein weiteres Protokollelement hinzu: der LLC/SNAP-Header (LLC: Logical Link Control, SNAP: Sub-Network Access Protocol). Im Folgenden werden die einzelnen Felder des Ethernet-Rahmens beschrieben.

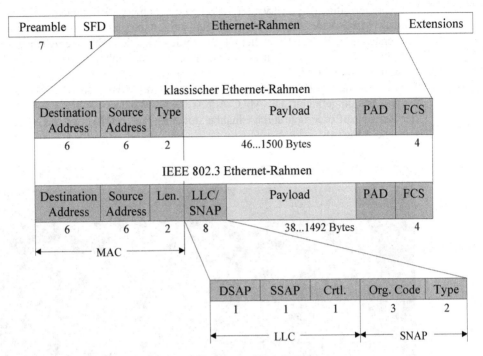

Bild 3-18   Ethernet-Rahmenstruktur: alle Längenangaben in Bytes

Der Ethernet-Rahmen beginnt mit einer Präambel bestehend aus 7 Bytes mit der Bitfolge 10101010. Die Manchester-Leitungscodierung dieser Bitfolge erzeugt für die Dauer von $7 \times 8 \times 100$ ns = 5,6 µs eine 10 MHz Schwingung, wodurch sich der Taktgeber des Empfängers mit dem Sender synchronisieren kann. Diese Synchronisationsphase ist notwendig, da beim klassischen Ethernet kein Signal an dem Übertragungsmedium anliegt, wenn keine Station sendet. Der Präambel folgt der Start Frame Delimiter (SFD, Bitfolge 10101011), der den Beginn des Ethernet-Rahmens anzeigt.

Der Ethernet-Rahmen beginnt mit der 6 Byte langen Destination MAC-Adresse gefolgt von der ebenso langen Source MAC-Adresse. Sendet eine Station an eine andere, dann ist das beim klassischen Ethernet immer ein Broadcast auf dem Bus. Nur die angesprochene Station wertet die Information aus. Die Identifizierung der Stationen erfolgt über MAC-Adresse. Die ersten drei Bytes einer MAC-Adresse kennzeichnen den Hersteller der Netzwerkkarte. Die restlichen drei Bytes werden von der Organisation, der dieser Adressraum gehört, eigenständig verwaltet und vergeben. Das Least Significant Bit (LSB) des ersten Bytes einer MAC-Adresse gibt an, ob es sich um eine Endgeräteadresse (LSB = 0) oder um eine Gruppenadresse (LSB = 1) handelt. Die MAC-Adresse, die nur aus Einsen besteht (hexadezimal FF FF FF FF FF FF) bezeichnet einen Broadcast. Ein Rahmen, der die Broadcast Adresse als Zieladresse enthält, wird an alle Stationen im Netz geschickt. Im RFC 1112 werden darüber hinaus Multicast MAC-

Adressen spezifiziert. Hierfür wird der Adressbereich 01 00 5E 00 00 00 bis 01 00 5E 7F
FF reserviert. Rahmen mit einer Zieladresse aus diesem Adressbereich werden an alle Sta
nen geschickt, die der Multicast-Gruppe angehören. Das dem LSB des ersten Bytes voraus
hende Bit gibt an, ob es sich um eine lokale (engl. locally administred, Bit = 1) oder eine
bale MAC-Adresse (engl. globally administred, Bit = 0) handelt. Lokale MAC-Adressen v
den vom jeweiligen Netzverwalter vergeben und haben außerhalb des LANs keine Bedeut
Globale MAC-Adressen sind weltweit eindeutig, haben jedoch keinen geographischen Be
Die ersten drei Bytes (Herstelleranteil) werden von der IEEE vergeben um sicherzust
dass nirgendwo auf der Welt zwei Stationen dieselbe globale MAC-Adresse haben. Der
ressraum beträgt folglich 2^{46} und somit mehr als $7 \cdot 10^{13}$ Adressen. Damit kommen auf je
Bewohnher der Erde fast 12.000 MAC-Adressen. MAC-Adressen werden im PROM
LAN-Karte eingebrannt. Die MAC-Adresse eines Windows XP-PCs kann beispielsweise
der Eingabeaufforderung durch Eingabe „ipconfig /all" ermittelt werden (Bezeichung: Ph
kalische Adresse).

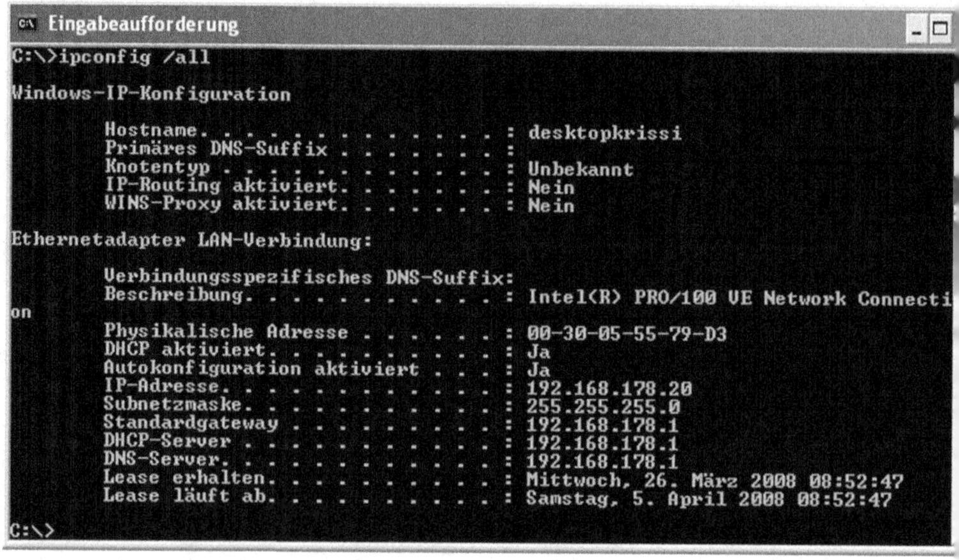

Bild 3-19   Ermittlung der MAC-Adresse eines Windows XP-PCs

Die Unterscheidung zwischen den Feldern Type und Length erfolgt über den Wert des Feld
Mit einem Wert von 0 bis 05 FF (hexadezimal) lassen sich dezimale Werte von 0 bis 15
darstellen. Dieser Wertebereich reicht aus, um die Länge der Payload in Bytes anzugeben.
der Wert des Length/Type-Felds kleiner als 06 00 (hexadezimal), so handelt es sich um e
Längenangabe und somit um einen IEEE 802.3 Ethernet-Rahmen. Ist der Wert des Len
Type-Felds größer oder gleich 06 00 (hexadezimal), so handelt es sich um eine Typenang
und daher um einen klassischen Ethernet-Rahmen. Der Unterschied ist historisch bedingt.
klassischen Ethernet war nur ein Type-Feld vorgesehen, da das Ende eines Rahmens dadu
gekennzeichnet war, dass der Sendevorgang beendet und somit kein Signal mehr auf dem E
war. Dies hat sich bei der Weiterentwicklung von Ethernet geändert, so dass die Notwend
keit eines Längenfeldes erkannt wurde. Aus Kompabilitätsgründen wurde kein neues F
eingeführt, sondern das Type-Feld verwendet. Das Type-Feld spezifiziert die Payload (z. B.

00: Nutzdaten, z. B. IP; 08 06: Address Resolution Protocol [ARP]; 08 35: Reverse ARP [RARP]; 81 00: Tagged Frame Format; 88 08: MAC-Control) [6].

Dem Type-Feld folgt der Payload Bereich, indem sich beispielsweise IP-Pakete befinden können. Die Payload muss beim klassischen Ethernet-Rahmen mindestens 46 Byte groß sein, damit sich eine minimale Rahmenlänge von 64 Byte ergibt. Kleinere Nutzdatenpakete werden mit dem Padding (PAD) Feld auf eine Größe von 46 Byte aufgefüllt. Das PAD Feld hat folglich beim klassischen Ethernet-Rahmen eine Länge von 0 bis 46 Bytes und beim IEEE 802.3 Rahmen eine Länge von 0 bis 38 Bytes.

Dem PAD-Feld folgt die 4 Byte lange Frame Check Sequence (FCS), die eine Prüfsumme über die Felder: Source/Destination-Address, Length/Type, Payload und PAD zwecks Fehlererkennung enthält.

Beim IEEE 802.3 Rahmen gibt es zusätzlich noch den LLC/SNAP Header. Die wesentliche Aufgabe des SNAP Headers ist die Angabe des Nutzdatentyps analog zum Type-Feld. Mit LLC können weiterhin unabhängig vom darunter verwendeten Protokoll anhand von Folge- und Bestätigungsnummern unzuverlässige Datagrammdienste, bestätigte Datagrammdienste und verbindungsorientierte Dienste realisiert werden (siehe Abschnitt 3.3.1).

Bei hohen Bitraten ist es erlaubt, nicht nur einen einzigen, sondern eine Folge von Ethernet-Rahmen ohne Zwischenpause zu senden. Dieser Betrieb wird Burst-Mode genannt. Die sendende Station füllt dabei zwischen zwei Ethernet-Rahmen Extension-Bits ein. Auf der Empfangsseite sind diese eindeutig wieder als solche erkennbar und die einzelnen Ethernet-Rahmen lassen sich wieder trennen [6].

Bild 3-20 zeigt einen Ethernet-Rahmen, der mit dem Protokoll-Analysator Wireshark mitgeschnitten wurde. Das Programm Wireshark ist auf der Seite www.wireshark.org kostenlos über das Internet erhältlich. In einem ersten Fenstern (in Bild 3-20 nicht dargestellt) werden alle mitgeschnittenen Rahmen dargestellt.

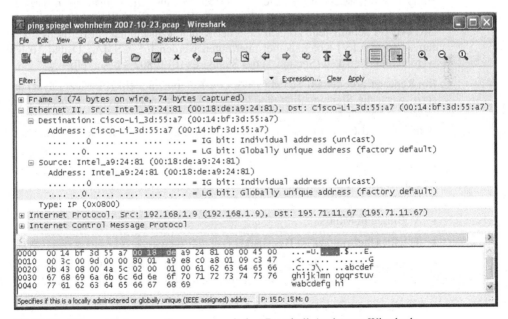

Bild 3-20   Ethernet-Rahmen aufgenommen mit dem Protokoll-Analysator Wireshark

Hier wird exemplarisch der fünfte aufgezeichnete Rahmen betrachtet (Frame 5, Länge 74 B
siehe erste Zeile im oberen Fenstern in Bild 3-20). In dem unteren Fenster wird der ents
chende Ethernet-Rahmen im Hexadezimalcode ohne Präambel, Start Frame Delimiter, Pad
und Frame Check Sequence dargestellt[26]. In dem oberen Fenster wird der betrachtete Ether
Rahmen interpretiert. Der hier dargestellt Rahmen beginnt mit der Destination MAC-Adr
00 14 BF 3D 55 A7, wobei die ersten drei Bytes (00 14 BF) die Herstellerfirma, hier die Fi
Cisco, und die letzten drei Bytes (3D 55 A7) die Netzwerkkarte der Zielstation kennzeichi
Die Source MAC-Adresse lautet 00 18 DE A9 24 81, wobei 00 18 DE die Firma Intel und
24 DE die Ethernetkarte des hier verwendeten PCs bezeichnen. Dem LSB und dem vorhe
henden Bit des ersten Bytes der MAC-Adresse ist zu entnehmen, dass es sich bei beiden M.
Adressen um global eindeutige Endgeräteadressen handelt. Das der Source MAC-Adresse
gende Feld hat den Wert 08 00, so dass es sich um eine Type- und nicht um eine Längenar
be handelt. Folglich ist der betrachtete Rahmen ein klassischer Ethernet-Rahmen und der V
08 00 im Type-Feld gibt an, dass sich in der Payload in IP-Paket befindet.

3.3.2.3   PHY Layer

Ethernet umfasst den Data Link Layer und den Physical Layer des OSI-Referenzmodells.
Physical Layer wird oft auch als PHY Layer bezeichnet. Tabelle 3.2 gibt eine Übersicht ü
die verschiedenen Ethernet Schnittstellen mit Datenraten bis 10 Mbit/s.

Ursprünglich wurden als Übertragungsmedien ausschließlich Koaxialkabel (RG58, RG213
einer Bus-Topologie verwendet. Erst später kamen die heute fast nur noch eingesetzten K
ferdoppelader- (10 BASE-T) und Glasfaser- (10 BASE-F) basierten Schnittstellen hinzu. D
Schnittstellen werden in der Regel in einer Punkt-zu-Punkt Konfiguration betrieben, wc
sowohl Halb- als auch Vollduplexverbindungen möglich sind. Ethernet in the First N
(EFM) bezeichnet eine neuartige Übertragungstechnologie, bei der Ethernet direkt auf
Bitübertragungssschicht über die Teilnehmeranschlussleitung übertragen wird. Ethernet in
First Mile wird im fünften Teil (Section 5) des Standards IEEE 802.3 beschrieben. Mit
BROAD-36 Schnittstelle können Ethernet-Rahmen zusammen mit Fernsehkanälen über Kal
fernsehen (CATV)-Koaxialkabel übertragen werden [6]. CSMA/CD und 10 Mbit/s Ether
werden im ersten Teil (Section 1) des Standards IEEE 802.3 beschreiben.

Ein Repeater arbeitet auf Schicht 1 des OSI-Referenzmodells (Physical Layer) und wird ein
setzt, wenn die Signalqualität eine kritische Grenze unterschreitet. Repeater haben einen E
gangs- und einen Ausgangsport und regenerieren das Eingangssignal in Bezug auf Signalfo
Signal-zu-Rausch Verhältnis und Jitter (3R-Repeater). Sie werden an jedem LAN-Segm
wie eine Station angeschlossen.

Der Leitungscode hat die Aufgabe, die binären Symbole „1" und „0" durch für das jewei
Übertragungsmedium geeignete Signalverläufe darzustellen. Die Nomenklatur y BASI
bedeutet:

- y: Bitrate in Mbit/s

- BASE: Übertragung im Basisband

- x: bezeichnet das Übertragungsmedium (z. B. x = 2: Koaxialkabel mit Segmentlänge bis
  200 m, x = 5: Koaxialkabel mit Segmentlänge bis zu 500 m, T: Twisted Pair, F: Fiber)

---

[26] Aus diesem Grund können die angezeigten Rahmen auch eine Größe von weniger als 64 Bytes hab

Tabelle 3.2 Ethernet-Schnittstellen mit Datenraten bis 10 Mbit/s. Quelle: [6]

Schnittstelle	Reich-weite	Übertragungs-medium	Leitungs-code	Duplex	Anzahl Stationen	Bemerkung
1 BASE-5	250 m 4 km[1]	zwei CuDA (UTP, Telefonkabel)	Manchester		2 (pt-pt[2])	
2 BASE-TL	2,7 km	eine oder mehrere CuDA (Telefon-kabel)	64B/65B DMT	full	2 (pt-pt)	EFM
10 BASE-2 (Cheapernet)	185 m	50 Ω Koax (RG58)	Manchester	half	30 (Bus)	
10 BASE-5	500 m 2,5 km[3]	50 Ω Koax (RG213)	Manchester	half	100 (Bus)	
10 BASE-T	100 m	CuDA 100 Ω (UTP-3)	Manchester	half/ full	2 (pt-pt)	
10 BASE- FP	1 km[4]	MM-Glasfaser 62,5/125 µm $\lambda = 850$ nm	Manchester	half/ full	33 (passiver optischer Stern)	P: passive
10 BASE-FL	2 km	MM-Glasfaser 62,5/125 µm $\lambda = 850$ nm	Manchester	half/ full	2 (pt-pt)	L: link
10 BASE-FB	2 km	MM-Glasfaser 62,5/125 µm $\lambda = 850$ nm	Manchester	Half	2 (pt-pt)	B: Backbone
10 BROAD-36	2,8 km[5]	ein oder mehrere 75 Ω Koax CATV-Kabel	PSK	Half	Bus	
10 PASS-TS	750 m	ein oder mehrere CuDA (Telefon-kabel)	64B/65B DMT			EFM

MM: Multimode-Glasfaser
UTP: Unshielded Twisted Pair
EFM: Ethernet in the First Mile (IEEE 802.3ah-2004)
PSK: Phase Shift Keying
DMT: Discrete Multitone (z. B. bei ADSL/VDSL verwendetes Modulationsverfahren)
CuDA: Kupferdoppelader
pt-pt: Punkt-zu-Punkt-Verbindung

[1] mit speziellen Leitungen
[2] Hub notwendig
[3] mit Repeatern
[4] bis zum Sternpunkt
[5] keine Repeater möglich

Um den Datendurchsatz in einem 10 Mbit/s Ethernet LANs zu erhöhen, gibt es prinzipiell z Möglichkeiten:

- Die Erhöhung der Datenrate auf 100 Mbit/s, 1 Gbit/s, 10 Gbit/s oder mehr (bei Ethe wird die Datenrate jeweils verzehnfacht). Dieser Ansatz wird in den folgenden Abschni 3.3.3 bis 3.3.6 beschrieben.

- Die Unterteilung einer Kollisionsdomäne mit Brücken/Switchen (siehe Abschnitt 3.3.8).

3.3.3   Fast Ethernet

Zwecks Steigerung des Datendurchsatzes wurde die Datenrate bei Fast Ethernet um den Fa zehn auf 100 Mbit/s erhöht. Alle anderen in Abschnitt 3.3.2 beschriebenen Eigenschaften Ethernet, insbesondere das Rahmenformat, wurden bei Fast Ethernet beibehalten. Dies bec tet, dass sich die maximale Übertragungslänge innerhalb einer Kollisionsdomäne gemäß G chung (3.1) um Faktor zehn, d. h. auf 250 m reduziert. Tabelle 3.3 gibt eine Übersicht über verschiedenen Fast Ethernet Schnittstellen.

Tabelle 3.3   100 Mbit/s Ethernet Schnittstellen. Quelle: [6]

Schnittstelle	Reich-weite	Übertragungs-medium	Leitungs-code	Duplex	Anzahl Stationen	Bemerku
100 BASE-T2	100 m 200 m[1]	zwei CuDA 100 Ω (UTP-3/4/5)	QAM 25	Full	2 (pt-pt)	Symbolrat 25 Mbaud
100 BASE-T4	100 m 200 m[1]	vier CuDA 100 Ω (UTP-3/4/5)	8B6T	Half	2 (pt-pt)	
100 BASE-TX	100 m 200 m[2] 300 m[3]	zwei CuDA (UTP-5 oder 150 Ω STP)	4B5B[4]	Full	2 (pt-pt)	
100 BASE-FX	400 m[5] 2 km[6]	zwei MM-Glasfasern	4B5B[4]	half/ full	2 (pt-pt)	
100 BASE-LX10	10 km	zwei SM-Glasfasern $\lambda = 1310$ nm				EFM
100 BASE-BX10	10 km	1 SM-Glasfaser $\lambda = 1310$ nm/ 1550 nm				EFM

SM: Singlemode-Glasfaser
STP: Shielded Twisted Pair
QAM: Quadratur Amplituden Modulation

[1] maximal 2 Repeater
[2] mit einem Repeater
[3] mit 2 Repeatern
[4] wie bei FDDI (Fiber Distributed Data Interface)
[5] Halbduplex
[6] Vollduplex

Bei 100 Mbit/s Ethernet werden die Stationen nicht mehr über ein passives Übertragungsmedium, sondern über einen Hub sternförmig miteinander verbunden. Ein Hub übernimmt die gleichen Aufgaben wie ein Repeater, hat jedoch mehrere Ports und wird deshalb auch als Multiport-Repeater bezeichnet. Die Begriffe Hub und Repeater werden aber oft synonym verwendet. Werden verschiedenen 100 Mbit/s Ethernet Schnittstellen über einen gemeinsamen Hub miteinander gekoppelt, so bilden sie eine Kollisionsdomäne (siehe Bild 3-21). Die Kommunikation der einzelnen Stationen untereinander wird dann mit dem CSMA/CD-Verfahren geregelt.

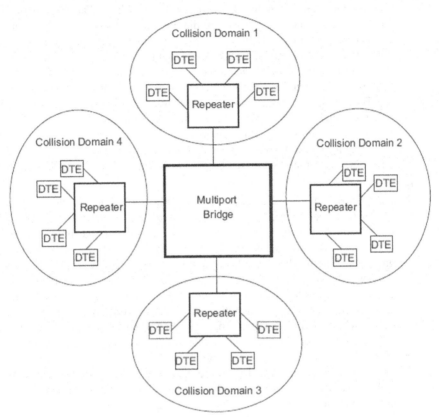

Bild 3-21 Vier 100 Mbit/s Ethernet Kollisionsdomänen, die über eine Multiport Bridge miteinander verbunden sind (Quelle: [13]). Bridges werden in Abschnitt 3.3.8 behandelt und dienen der Kopplung mehrerer Kollisionsdomänen. Die Stationen (engl. Data Terminal Equipment [DTE]) werden bei 100 Mbit/s Ethernet direkt an Repeater angeschlossen.

Eine wesentliche Verbesserung von Fast Ethernet gegenüber 10 Mbit/s Ethernet ist die Einführung des Vollduplex-Modus, der bei 10 Mbit/s Ethernet erst nachträglich eingeführt wurde. Der Vollduplex-Modus wird ausschließlich für Punkt-zu-Punkt-Verbindungen verwendet. Eine weitere wichtige Neuerung ist die so genannte Auto-Negotiation. Hierbei werden alle wichtigen Verbindungsparameter (Datenrate, Halb- bzw. Vollduplex-Modus, symmetrische oder asymmetrische Flusskontrolle) zwischen zwei Stationen automatisch ausgehandelt, was den Betrieb vor allem von heterogenen Ethernet-Netzen (z. B. 10 Mbit/s und 100 Mbit/s Ether-

net in einem LAN) stark vereinfacht. Ethernet im Vollduplex-Modus und Auto-Negotia
wird im Standard IEEE 802.x spezifiziert. Koaxialkabel werden bei Fast Ethernet nicht n
verwendet. Fast Ethernet wurde 1995 von IEEE unter dem Namen 803.2u standardis
IEEE802.3u ist heute Bestandteil des Basisstandards IEEE 802.3 [6] und wird im zweiten
(Section 2) beschrieben.

3.3.4 Gigabit Ethernet

Zur weiteren Steigerung des Datendurchsatzes wurde die Datenrate bei Gigabit Ethernet (G
auf 1 Gbit/s erhöht. Dadurch würde die maximale Übertragungslänge innerhalb einer Kol
onsdomäne gegenüber 10 Mbit/s Ethernet um Faktor 100, d. h. auf ca. 25 m reduziert. Die
in der Praxis völlig unzureichend. Aus diesem Grund wurde die minimale Rahmengröße (o
Präambel und Start Frame Delimiter) um Faktor 8, d. h. auf 512 Byte, erhöht. Um kompat
zu den vorhergehenden Ethernet-Versionen zu sein, wird bei GbE an Rahmen, die kleiner
512 Byte sind, eine so genannte Carrier Extension angehängt. Da Ethernet-Rahmen mindes
64 Byte groß sind, ist folglich die Carrier Extension zwischen 0 und 448 Byte lang. Durch
Erhöhung der minimalen Rahmenlänge um Faktor 8 verachtfacht sich ebenfalls die maxim
Übertragungslänge innerhalb einer Kollisionsdomäne. In der Praxis beträgt sie allerdings
ca. 80 m, da Zeitverzögerungen aufgrund von Repeatern ebenfalls berücksichtigt werden m
sen.

Die Carrier Extension hat jedoch den erheblichen Nachteil, dass für kleine Pakete ein ext
großer Overhead entsteht. Exemplarisch wird ein IP-Paket der Länge 40 Byte betrachtet.
Byte lange IP-Pakete kommen im Internet häufig vor, da diese Pakete TCP-Acknowled
ments übertragen. Zunächst muss das 40 Byte IP-Paket mit 6 Bytes Padding aufgefüllt werd
um einen Ethernet-Rahmen der Länge 64 Byte zu erhalten. Bei GbE kommt nun noch e
Carrier Extension der Länge 448 Bytes hinzu, damit der resultierende GbE-Rahmen eine L
ge von 512 Bytes hat. Das heißt für den Transport eines 40 Byte langen IP-Pakets wird ein !
Byte langer GbE-Rahmen benötigt, was einem Overhead von 92 % entspricht. In der Tat
der Durchsatz bei GbE nur geringfügig größer als bei Fast Ethernet, wenn sehr viele kle
Pakete zu transportieren sind. Dies ist in der Praxis wie gesagt häufig der Fall. Eine Lösung
dieses Problem stellt das so genannte *Packet Bursting* dar. Dabei wird lediglich der e
Ethernet-Rahmen auf 512 Byte aufgefüllt. Die folgenden Rahmen werden nicht aufgefü
wobei zwischen zwei Rahmen jeweils ein Inter-Packet Gap übertragen wird. Ein Burst ist
eine maximale Länge von 8192 Bytes begrenzt (siehe Bild 3-22).

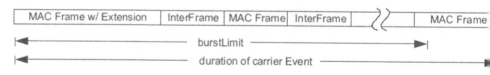

Bild 3-22 Beim Packet-Bursting kann ein GbE-Sender mehrere Ethernet-Rahmen direkt nacheinan
senden. Allerdings darf nach Überschreiten des Burst-Limits (8192 Bytes) in dem jeweilig
Burst kein weiteres Packet mehr gesendet werden. Quelle: [13]

Eine weitere Neuerung von GbE gegenüber den vorhergehenden Ethernet Varianten ist
Einführung von Jumbo-Frames. Jumbo-Frames sind GbE-Rahmen mit einer Länge von bis
9000 Bytes [6]. Durch die Verwendung von Jumbo-Frames kann der Overhead für IP-Pak

mit einer Länge von 1501 bis 9000-18 Bytes reduziert und damit der Datendurchsatz erhöht werden. Des Weiteren wird hierdurch eine Entlastung der CPU erreicht. In Untersuchungen konnte gezeigt werden, dass durch die Verwendung von Jumbo-Frames der Datendurchsatz bei GbE um 50% erhöht und die CPU Last um 50 % reduziert werden kann. Da die meisten IP-Pakete aus einer Ethernet-LAN Umgebung stammen, sind IP-Paketlängen von mehr als 1500 Bytes im Internet allerdings selten [12]. Jumbo-Frames werden von Ethernet bzw. Fast Ethernet nicht unterstützt und sind derzeit nicht standardisiert. In dem Standard IEEE 802.3as „Frame format extensions" werden lediglich folgende maximale Rahmenlängen festgelegt: Basic Frame (1518 Byte), Q-tagged Frame (1522 Byte) und Envelope Frame (2000 Byte).

Tabelle 3.4   1 Gbit/s Ethernet-Schnittstellen. Quelle: [6]

Schnittstelle	Reich-weite	Übertragungs-medium	Leitungs-code	Duplex	Anzahl Stationen	Bemerkung
1000 BASE-T	100 m	vier CuDA 100 Ω (UTP-5)		full	2 (pt-pt)	
1000 BASE-LX	550 m 5 km	2 MM 2 SM Glasfasern $\lambda = 1310$ nm	8B/10B		2 (pt-pt)	
1000 BASE-LX10	550 m (10 km)	2 MM 2 SM Glasfasern $\lambda = 1310$ nm			2 (pt-pt)	EFM
1000 BASE-BX10	10 km	1 SM Glasfaser $\lambda = 1310$ nm / 1490 nm			2 (pt-pt)	EFM
1000 BASE-PX10	10 km	1 SM Glasfaser $\lambda = 1310$ nm / 1490 nm				EFM in PON-Struktur
1000 BASE-PX20	20 km	1 SM Glasfaser $\lambda = 1310$ nm / 1490 nm				EFM in PON-Struktur
1000 BASE-FX		Glasfaser	8B/10B			
1000 BASE-CX	25 m	Shielded Jumper Cable 150 Ω	8B/10B			
1000 BASE-SX	550 m	MM-Glasfaser $\lambda = 800$ nm	8B/10B			

MM: Multimode-Glasfaser
SM: Singlemode-Glasfaser
UTP: Unshielded Twisted Pair
PON: Passive Optical Network
CuDA: Kupferdoppelader

Tabelle 3.4 gibt eine Übersicht über die verschiedenen GbE-Schnittstellen. Die Schnittste&
1000 BASE-LX und 1000 BASE-SX werden unter dem Begriff 1000 BASE-X zusamm&
gefasst. Die überbrückbare Entfernung der 1000 BASE-LX10-Schnittstelle liegt gemäß S&
dard bei 10 km. Die Hersteller garantieren aber oft größere Reichweiten oder bieten Exte&
an, die Entfernungen bis zu 80 km erlauben [6]. Der 1000 BASE-X Standard basiert auf &
Physical Layer von Fiber Channel (ANSI-Standard X3.230-1994). Gemäß Bild 3-15 bes&
der Physical Layer von Gigabit-Ethernet aus den folgenden Sublayern:

- dem Physical Coding Sublayer (PCS)

- dem Physical Medium Attachment (PMA) Sublayer und

- dem Physical Medium Dependent (PMD) Sublayer.

Im PCS werden die GbE-Signale 8B/10B codiert. Dabei werden jeweils 8 Nutzbits durch &
Codegruppe bestehend aus 10 Bits repräsentiert. Das heißt die Line-Datenrate beträgt bei &
nicht 1 Gbit/s, sondern 1,25 Gbit/s entsprechend einem Overhead von 20 %. Die 8B/10B &
dierung verfolgt wie alle Leitungscodes folgende Ziele:

- Die Realisierung möglichst vieler Null-Eins Übergänge zwecks einfacher Synchronisa&
  des Empfängers.

- Die Gewährleistung, dass bei der Übertragung gleich viele Nullen und Einsen auftre&
  (Gleichstromfreiheit).

Der 8B/10B Code wird im ANSI-Standard X3.230-1994 und im IEEE-Standard 802.3 Sect&
3 beschrieben. Es gibt drei Klassen von Codegruppen: Data code groups, Spezial code gro&
und Invalid code groups. Die Data code groups bilden die Nutzdaten ab, wobei jeweils &
Bitwort der Länge 8 Bit in Abhängigkeit der so genannten Running Disparity auf zwei Co&
wörter abgebildet werden. Folglich gibt es $2 \times 2^8 = 512$ verschiedene Data code groups. Ins&
samt gibt es 12 Special code groups, von denen die wichtigsten in Tabelle 3.5 aufgelistet sin&

Tabelle 3.5   Bedeutung einiger Special code groups des 8B/10B Codes

Bezeichnung	Funktion	Anzahl der Codegruppen
Start of Packet Delimiter	Bezeichnet den Anfang eines GbE-Rahmens.	1
End of Packet Delimiter	Bezeichnet das Ende eines GbE-Rahmens.	1
Idle	Wird vom Transmitter gesendet, wenn keine Nutz-daten anliegen.	2
Carrier Extend	Symbol für die Carrier Extension und Begrenzung zwischen zwei GbE-Rahmen innerhalb eines Packet-Bursts.	1

Idles bestehen aus zwei Codegruppen (2 x 10Bit), die anderen Kontrollsymbole aus einer C&
degruppe (10 Bit). Alle anderen Codegruppen sind Invalid code groups. Folglich gibt es 2&
524 = 500 Invalid code groups. Eine Invalid code group kann nur bei einer fehlerhaften Üb&
tragung empfangen werden, so dass auf diese Weise Übertragungsfehler festgestellt wer&
können.

Der PMA Sublayer übernimmt die parallel-seriell Wandlung der Codegruppen und der PMD Sublayer spezifiziert die physikalischen und mechanischen Parameter des Übertragungsmediums (Stecker, Sendeleistungen etc.). Im PMD Sublayer werden die Signale ferner bei den optischen Schnittstellen elektro/optisch gewandelt.

GbE mit 1000 BASE-X Schnittstellen wurde im Juni 1998 von IEEE unter dem Namen IEEE802.3z standardisiert. Der Standard für 1000 BASE-T (IEEE802.3ab) wurde im Juni 1999 verabschiedet. Die Spezifikationen sind aber inzwischen integraler Bestandteil des Standards IEEE 802.3 (Section 3).

3.3.5   10 Gigabit Ethernet

10 Gigabit Ethernet (10GbE) verfolgt zwei Ziele:

- die Erhöhung der Datenrate auf 10 Gbit/s und

- die Erhöhung der Reichweite auf Distanzen für MAN und WAN Umgebungen. Das heißt die klassische LAN Technologie Ethernet wird explizit auf MAN/WAN Umgebungen erweitert. Hierdurch können erstmalig Ende-zu-Ende Ethernet Services angeboten werden.

10GbE benutzt dasselbe MAC Protokoll und dasselbe Rahmenformat wie die vorhergehenden Ethernet Generationen inkl. der minimalen (64 Byte) und maximalen Rahmengröße (1518 Bytes). Im Gegensatz zu Ethernet, Fast Ethernet und GbE unterstützt 10GbE jedoch lediglich Vollduplex Punkt-zu-Punkt-Verbindungen. Das CSMA/CD Verfahren wird folglich nicht mehr benötigt, so dass es Kollisionsdomänen resp. Längenbeschränkungen durch das CSMA/CD-Verfahren bei 10GbE nicht gibt. Das heißt die maximale Reichweite wird bei 10GbE lediglich durch physikalische Effekte begrenzt. Als Übertragungsmedium verwendet 10GbE fast ausschließlich Glasfasern (Multimodefasern und Singlemodefasern), es gibt jedoch auch zwei Kupfer-basierte Schnittstellen geringer Reichweite. Tabelle 3.6 gibt eine Übersicht über die verschiedenen 10GbE Schnittstellen.

Die Nomenklatur 10G BASE-xy der optischen Schnittstellen bedeutet [6]:

1. x: bezeichnet die Wellenlänge (S: short [λ = 850 nm]; L: long [λ = 1310 nm]; E: extra long [λ = 1550 nm]).

2. y: bezeichnet den Leitungscode und Rahmenstruktur (X: 8B/10B Code und Ethernet-Rahmen; R: 64B/66B Code und Ethernet-Rahmen; W: 64B/66B Code und SDH-Rahmenstruktur).

Die Bitrate der WAN Schnittstellen wurde an die SDH-Hierarchie angepasst und beträgt 9,58464 Gbit/s (entspricht der Nutzbitrate des STM-64 Signals, vgl. Abschnitt 2.5.2). Hier wurde dem Umstand Rechnung getragen, dass bei etwa 10 Gbit/s die Datenraten der SDH (STM-64) und Ethernet (10 GbE) erstmalig annähernd gleich groß sind. Ein spezieller WAN Interface Sublayer (WIS) sorgt für die Anpassung der Ethernet-Datenrate an die SDH, indem der Abstand zwischen den Ethernet-Rahmen erhöht und somit die Datenrate verringert wird. Der WAN Interface Sublayer befindet sich zwischen dem PCS- und dem PMA-Sublayer (siehe Bild 3-15).

Bei den 10G BASE-R Schnittstellen (Bezeichnung Serial LAN oder LAN PHY) werden die Ethernet-Rahmen des MAC Layers im PCS 64B/66B codiert, d. h. jeweils 64 Bit (8 Byte) des Ethernet-Rahmens werden durch ein 66 Bit langes Codewort abgebildet. Im PMA Sublayer werden diese Sequenzen parallel-seriell gewandelt, so dass ein kontinuierlicher Bitstrom mit einer Datenrate von 66/64 x 10 Gbit/s = 10,3125 Gbit/s entsteht.

Tabelle 3.6 10 Gbit/s Ethernet-Schnittstellen. Quelle: [6]

Schnittstelle	Reich-weite	Übertragungs-medium	Leitungs-code	Duplex	Anzahl Stationen	Bemerku
10G BASE-LX4	300 m	2 MM Glasfaser 4 Wellenlängen λ = 1269...1356 nm	8B/10B	full	pt-pt	10 km Reichweit mit SM Glasfaser
10G BASE-SR	65 m	2 MM Glasfaser 62,5/125 μm λ = 850 nm	64B/66B			
10G BASE-LR	10 km	2 SM Glasfaser λ = 1310 nm	64B/66B			
10G BASE-ER	40 km	2 SM Glasfaser λ = 1550 nm	64B/66B			
10G BASE-SW	65 m	MM Glasfaser 62,5/125 μm λ = 850 nm	64B/66B			Sonet/SDI Framing
10G BASE-LW	10 km	2 SM Glasfaser λ = 1310 nm	64B/66B			
10G BASE-EX	40 km	2 SM Glasfaser λ = 1550 nm				
10G BASE-CX4	15 m	8 CuDA-Paare (Twinax)				
10G BASE-T	100 m	4 CuDA Paare Kategorie 6 oder 7	16-PAM			802.3 Am-mendment

MM: Multimode-Glasfaser
SM: Singlemode-Glasfaser
PAM: Pulse Amplitude Modulation
CuDA: Kupferdoppelader

Die WAN Schnittstellen 10G BASE-W (Bezeichnung WAN PHY) unterscheiden sich v
Serial LAN Interface im Wesentlichen durch den WAN Interface Sublayer (WIS). Auch h
werden die Ethernet-Rahmen des MAC-Layers zunächst im PCS 64B/66B codiert. Um Ko
pabilität zu STM-64 Signalen der SDH zu erreichen, wurde die Linerate der 10G BASE-
Schnittstellen so gewählt, dass sie exakt mit der Datenrate eines STM-64 Signals (9,953
Gbit/s, vgl. Abschnitt 2.5.2) übereinstimmt. Da den Ethernet-Rahmen SDH Overhead (3,7
und Overhead durch die 64B/66B Codierung (3,125 %) hinzugefügt wurde, beträgt die Date
rate der Ethernet-Rahmen am Ausgang des MAC-Layers nicht mehr 10 Gbit/s, sondern led
lich (64/66) x (260/270) x 9,95328 Gbit/s ≈ 9,29 Gbit/s. Der SDH Overhead dient der Erke
nung von Übertragungsfehlern (Performance Monitoring), der Erkennung von Unterbrechu
gen (Alarmierung) und der Erkennung von Fehlern bei der Verschaltung. Alle weiteren SL
Funktionalitäten, insbesondere die Schutzmechanismen der SDH, werden von 10G BASE-
Schnittstellen nicht unterstützt. Ein weiterer Unterschied besteht darin, dass ein 10G BASE-
im Gegensatz zu einem STM-64 SDH Interface ein asynchrones Interface ist und folglich ni

mit dem zentralen SDH-Netztakt synchronisiert werden muss. Dabei muss jedoch gewährleistet sein, dass die Datenrate konform zu der Datenrate der Payload eines STM-64 Signals ist. Dies kann durch Verwerfen von Rahmen bzw. durch Einfügen von Idles im MAC-Layer erreicht werden. Durch die Verwendung eines asynchronen Interfaces mit abgespecktem SDH Overhead sollen 10G BASE-W Schnittstellen kostengünstiger als STM-64 Schnittstellen realisiert werden können. Aus Sicht des SDH-Netzmanagementsystems sieht eine 10G BASE-W wie eine SDH-Verbindung aus, so dass eine Ende-zu-Ende Überwachung der Übertragung möglich ist.

Die 10G BASE-W Schnittstellen sind ideal für Weitverkehrsübertragungen (z. B. für die Kopplung von IP-Routern) über SDH- oder OTN-Netze geeignet. Allerdings werden für Weitverkehrsverbindungen derzeit aus Kostengründen überwiegend 10G BASE-R Schnittstellen verwendet [20]. Die Kopplung von 10G BASE-R Schnittstellen über das WAN ist jedoch problematisch, da die Datenrate der 10G BASE-R Schnittstelle größer als die Payload-Datenrate eines STM-64 SDH- oder des entsprechenden OTN-Signals (ODU2) ist. Um auch 10G BASE-R Signale mit OTN übertragen zu können, wurde daher in der zweiten Version der G.709 das ODU-2e Signal spezifiziert (vgl. mit Abschnitt 2.5.4).

Die Verabschiedung der 10 GbE Schnittstellen erfolgte mit Ausnahme der Kupfer-basierten Schnittstellen 10G Base-CX4 und 10G Base-T unter der Bezeichnung IEEE 802.3ae im Juni 2002. Die 10G BASE-CX4 Schnittstelle wurde im Februar 2004 unter der Bezeichnung IEEE 802.3ak spezifiziert, ist aber mittlerweile Bestandteil der IEEE 802.3 (Section 4, Chapter 54). Die 10G BASE-T Schnittstelle wurde im September 2006 als Ammendment 1 zur IEEE 802.3 standardisiert (Bezeichnung IEEE 802.3an).

3.3.6 40/100 Gigabit Ethernet

Bei Ethernet wird die Datenrate stets verzehnfacht, so dass die Datenrate der Nachfolgetechnologie von 10 Gigabit Ethernet eigentlich 100 Gbit/s betragen müsste. Weitverkehrsverbindungen basieren derzeit zum Teil schon auf 40 Gbit/s POS-Verbindungen, so dass hier 100 Gbit/s ein sinnvoller Schritt in Richtung höhere Datenraten wäre. Kurzreichweitige Rechner- oder Serververbindungen verwenden derzeit Datenraten bis 10 Gbit/s. Für diese Anwendung ist eine Datenrate von 40 Gbit/s in vielen Fällen ökonomisch sinnvoller, so dass für die Nachfolgetechnologie von 10 Gigabit Ethernet neben 100 Gbit/s auch 40 Gbit/s als Datenrate berücksichtigt werden soll. Damit werden erstmalig in der Geschichte von Ethernet zwei Datenraten für eine Ethernet Technologie spezifiziert.

Folgende Gremien befassen sich mit der Standardisierung von 40/100 Gigabit Ethernet [21]:

- IEEE 802.3ba Higher Speed Ethernet Task Force
- ITU-T study group SG 15 Ethernet over Optical Transport Networks (G.709)
- Optical Internetworking Forum (OIF)
- Ethernet Alliance und 100 G Alliance

Die IEEE 802.3ba Higher Speed Ethernet Task Force wurde im Januar 2008 gegründet. Ziel ist es, die Nachfolgetechnologie von 10 Gigabit Ethernet unter Beachtung der folgenden Randbedingungen zu standardisieren [22]:

- Die Technologie soll ein möglichst großes Marktpotential haben. Sie soll möglichst v Anwendungen adressieren (z. B. Rechner- und Server-Verbindungen, Storage Area N works [SAN], Weitverkehrsverbindungen).

- Die Technologie soll kompatibel zu den bereits existierenden IEEE-Standards (IEEE 80 IEEE 802.3) sein.

- Ausgeprägter Anwendungsbezug. Beispielsweise adressieren 40 Gbit/s Schnittstellen v zugsweise kurzreichweitige Anwendungen (z. B. Rechner- und Server-Verbindunge wohingegen 100 Gbit/s Schnittstellen für Weitverkehrsverbindungen besonders relev sind.

- Technische und Ökonomische Realisierbarkeit.

Für den neuen IEEE 802.3ba Standard hat die Higher Speed Ethernet Task Force folge Ziele definiert [22]:

- Wie bei 10 GbE werden lediglich Vollduplex Punkt-zu-Punkt-Verbindungen unterstützt

- Es soll dasselbe Rahmenformat wie bei den vorhergehenden Ethernet Generationen i der minimalen (64 Byte) und maximalen Rahmengröße (1518 Bytes) verwendet werden

- Die Bitfehlerrate im MAC-Layer soll kleiner oder gleich 10^{-12} sein.

- Unterstützung der Übertragung mit OTN gemäß der ITU-T-Empfehlung G.709.

- Bereitstellung einer Datenrate im MAC Layer von 40 Gbit/s. Folgende physikalisch Schnittstellen sind vorgesehen:

  o Übertragung über mindestens 10 km mit einer Standard-Singlemodefaser.

  o Übertragung über mindestens 100 m mit einer OM3-Multimodefaser.

  o Übertragung über mindestens 10 m mit Kupferdoppeladern.

  o Übertragung über mindestens 1 m für Backplane-Anwendungen (siehe Absch 3.3.9.5).

- Bereitstellung einer Datenrate im MAC Layer von 100 Gbit/s. Folgende physikalisch Schnittstellen sind vorgesehen:

  o Übertragung über mindestens 40 km mit einer Standard-Singlemodefaser.

  o Übertragung über mindestens 10 km mit einer Standard-Singlemodefaser.

  o Übertragung über mindestens 100 m mit einer OM3-Multimodefaser

  o Übertragung über mindestens 10 m mit Kupferdoppeladern.

Der Standard IEEE 802.3ba wurde am 22.6.2010 verabschiedet. Tabelle 3.7 gibt eine Üb sicht über die verschiedenen 40/100 Gbit/s Ethernet Schnittstellen.

Durch die 64B/66B Kodierung im PCS ensteht für 10 Gbit/s am Eingang eine Symbolrate v 10,3125 GBaud und für 25 Gbit/s eine Symbolrate von 28,78125 GBaud am Ausgang PCS. Für die Kupfer-basierten Schnittstellen (40G BASE-KR4, 40G BASE-CR4, 10 BASE-CR10) ist optional eine Forward Error Correction (FEC) vorgesehen. Bemerkenswe erweise gibt es zwar eine serielle Schnittstelle für 40 Gbit/s (40G BASE-FR), alle 100 Gb Schnittstellen verwenden aber parallele Übertragungsmedien oder Wellenlängen.

Tabelle 3.7 40/100 Gbit/s Ethernet-Schnittstellen. Quelle: [82]

Schnittstelle	Reich-weite	Übertragungs-medium	Leitungs-code	Duplex	Anzahl Stationen	Bemer-kung
40G BASE-KR4	1 m	4 CuDa à 10 Gbit/s	64B/66B	full	pt-pt	Backplane
40G BASE-CR4	7 m	4 CuDa à 10 Gbit/s	64B/66B			CuDa Cable Assembly
40G BASE-SR4	100 m 150 m	MM OM3 MM OM4 4 MM Faserpaare à 10 Gbit/s $\lambda = 850$ nm	64B/66B			MM As-sembly
40G BASE-LR4	10 km	SM Faserpaar 4 Wellenlängen[1] à 10 Gbit/s	64B/66B			
40G BASE-FR	2 km	SM Faserpaar 1 Wellenlänge bei 1550 nm	64B/66B			802.3bg (3/2011)
100G BASE-CR10	7 m	10 CuDa à 10 Gbit/s	64B/66B			CuDA Cable As-sembly
100G BASE-SR10	100 m 125 m	MM OM3 MM OM4 10 MM Faserpaare à 10 Gbit/s $\lambda = 850$ nm	64B/66B			MM Assembly
100G BASE-LR4 100	10 km	SM Faserpaar 4 Wellenlängen[2] à 25 Gbit/s	64B/66B			
100G BASE-ER4	40 km	SM-Faserpaar 4 Wellenlängen[2] à 25 Gbit/s	64B/66B			inkl. opt. Verstärker (SOA)

MM: Multimode-Glasfaser
SM: Singlemode-Glasfaser
CuDA: Kupferdoppelader

[1] 1270, 1290, 1310 und 1330 nm gemäß der ITU-T-Empfehlung G.694.2
[2] 1295, 1300, 1305 und 1310 nm gemäß der ITU-T-Empfehlung G.694.1

Es wird deutlich, dass mit dem geplanten IEEE 802.3ab Standard Übertragungslängen im Bereich von 1 m bis maximal 40 km realisiert werden können. Dies ist für LAN- und ggf. MAN-Anwendungen ausreichend. Für WAN-Übertragungen werden jedoch Reichweiten im Bereich mehrere 100 bzw. 1000 km gefordert. Die Übertragung von 40/100 Gigabit Ethernet Signalen über WAN-Distanzen wird in der Empfehlung G.709 beschrieben. 40 Gigabit Ether-

net Signale werden mit einer ODU3 und 100 Gigabit Ethernet Signale mit einer ODU4 ü
tragen (vgl. Abschnitt 2.5.4). Es gibt bereits erste 100-Gbit/s-Ethernet-Verbindungen in
duktionsnetzen [81].

3.3.7 Link Aggregation

Mit der Link Aggregation können verschiedene physikalische Verbindungen (Links) zu e
logischen Verbindung zusammengefasst werden. Damit können beispielsweise N 10G BA
W Signale à 9,95328 Gbit/s zu einem einzigen Signal mit einer Datenrate von N x 9,95
Gbit/s zusammengefasst werden. Aus Sicht der LLC-Schicht stellt sich diese Verbindung
eine einzige physikalische Verbindung mit der Summendatenrate der einzelnen Verbindun
dar. Die Link Aggregation bietet folgende Vorteile:

- Erhöhung und bessere Skalierbarkeit der Datenrate. Die Datenrate muss nicht zwingend
  den Faktor zehn erhöht werden, sondern steigt linear mit der Anzahl der physikalisc
  Verbindungen.

- Erhöhung der Reichweite bei gegebener Datenrate.

- Erhöhung der Verfügbarkeit. Bei Ausfall einer oder mehrerer physikalischer Verbindun
  einer aggregierten Verbindung kann der Verkehr unter Reduzierung der Datenrate aufre
  erhalten werden.

Das Verfahren ist dem aus der Telekommunikation bekannten inversen Multiplexing v
gleichbar. Zur Realisierung wird zwischen dem LLC- und dem MAC-Layer ein weite
Sublayer, der Link Aggregation Sublayer, eingeschoben (siehe Bild 3-23). Der Link Aggre
tion Sublayer ist sendeseitig für die Aufteilung des Gesamtverkehrs auf die einzelnen physi
lischen Verbindungen verantwortlich. Empfangsseitig werden die Datenströme wieder
einem Gesamtstrom zusammengefasst.

Die Link Aggregation ist nur für Vollduplex Punkt-zu-Punkt-Verbindungen standardisiert.
einzelnen physikalischen Verbindungen müssen dabei dieselbe Datenrate haben. Für
Kommunikation des Link Aggregation Sublayers zwischen Sender und Empfänger wird
Link Control Protocol (LACP) verwendet [6].

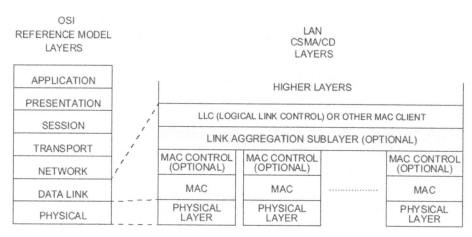

Bild 3-23 Mit der Link Aggregation können verschiedenen physikalische Verbindungen zu einer lo
              schen Verbindung zusammengefasst werden. Quelle: [13]

3.3.8 LAN-Kopplungen

LANs können auf verschiedenen OSI-Layern miteinander gekoppelt werden: auf Layer 1, Layer 2, Layer 3 und Layer 4-7.

3.3.8.1 Repeater/Hub

Segmente bezeichnen ein Teil-LAN bestehend aus Stationen, die über ein Übertragungsmedium passiv miteinander verbunden sind. Zur Verlängerung lassen sich LAN-Segmente über Repeater/Hubs koppeln. Dabei sind auch Konfigurationen möglich, bei denen mehrere LAN-Segmente verbunden werden. Da das MAC-Protokoll CSMA/CD über alle Segmente arbeitet, ist eine physikalische Grenze für die maximale Entfernung zweier Stationen in einem LAN-Segment gegeben, die vom Medium abhängt. Beim klassischen 10 Mbit/s Ethernet sind das fünf Segmente mit jeweils 500 m (d. h. maximal 4 Repeater), in Summe aber nicht mehr als 2,5 km. Repeater sind aus Sicht der Schicht 2 transparent. Bild 3-24 zeigt die Kopplung zweier LAN-Segmente mit einem Repeater.

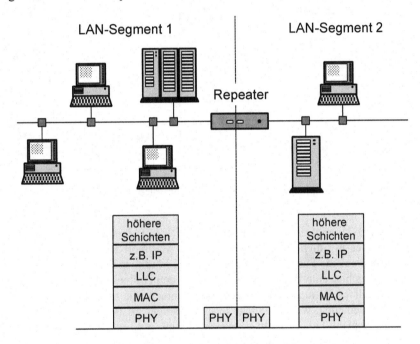

Bild 3-24 Kopplung von LAN-Segmenten mit Repeatern. Quelle: [6]

3.3.8.2 Bridge/Switch

Wie in Abschnitt 3.3.2.3 beschrieben, kann der Durchsatz von Ethernet-Netzen entweder durch Erhöhung der Datenrate oder durch die Verwendung von Brücken (engl. Bridges) vergrößert werden. Weitere Gründe für die Verwendung von Brücken können sein [1,6]:

- Erweiterung der physikalischen Ausdehnung eines LAN (Bemerkung: hierfür könnte man auch Repeater verwenden).

- Kopplung von LANs mit unterschiedlichen MAC-Schichten (z. B. Ethernet, Token R Token Bus).

- Kopplung von LANs aus Gründen der Zuverlässigkeit oder Sicherheit.

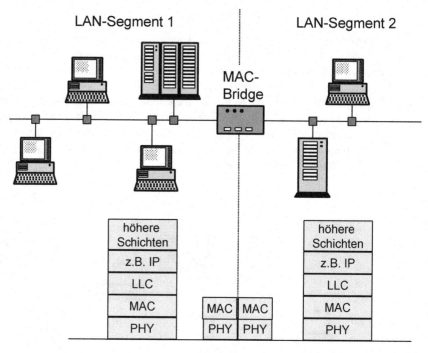

Bild 3-25   Kopplung von Ethernet-Netzen mit Brücken. Quelle: [6]

Bild 3-25 zeigt die Kopplung zweier LANs mit einer Bridge. Brigdes haben zwei Anschlüs Brigdes mit mehreren Ports werden als Multiport Bridge oder auch Switch bezeichnet. I grundlegende Funktionalität von Bridges, Multiport Brdiges und Switches ist identisch. Lei gibt es hier eine Begriffsvielfalt. Oft werden Bridges und Switche aufgrund ihrer Leistungs higkeit (z. B. maximale Anzahl der Rahmen, die pro Sekunde verarbeitet werden könn unterschieden, wobei Switche leistungsfähiger als Brigdes sind. Da generell das Schalten der Schicht 2 als Switching bezeichnet wird, wird in diesem Buch der Begriff Ethernet-Swi oder kurz Switch als Synonym für Bridge/Multiport Bridge verwendet. Switche arbeiten Layer 2 und sind für Layer 3 transparent (engl. agnostic). Sie leiten (switchen) die Ethern Rahmen in Abhängikeit der Destination MAC-Adresse an das richtige LAN weiter, indem die Zieladresse in einer Switching-Table[27] nachschlagen. In der Switching-Table ist eingete gen, in welchem LAN sich die Zielstation befindet und an welchen Port der Ethernet-Rahm weitergeleitet werden muss. Der Switch in Bild 3-25 ordnet alle Stationen links von ihm LA 1 und alle Stationen rechts von ihm LAN 2 zu.

---

[27] Alternativ zu Switching-Table findet man auch die Begriffe „Filtering Database" [6,29], „Ha Tabelle" [1] oder „Lookup Table".

Bei der erstmaligen Installation der Switche sind die Switching-Tabellen leer. Kein Switch weiß, wo welches Ziel liegt. Immer dann, wenn ein Switch die Zielstation nicht kennt (d. h. die MAC-Adresse der Station ist nicht in der Switching-Table enthalten) wird der *Flooding* Algorithmus angewendet. Dabei wird der eintreffende Rahmen auf jedes angeschlossene LAN ausgegeben, außer auf dem LAN, von dem der Rahmen gekommen ist. Der Flooding Algorithmus entspricht daher der Funktionalität eines Repeaters/Hubs. Zum Lernen der MAC-Adressen verwenden Swichte das *Backward Learning*. Hierzu wertet der Switch die Absenderadresse der Ethernet-Rahmen aus. Wenn beispielsweise eine Station in LAN 1 etwas an eine Station in LAN 2 übertragen will, merkt sich der Switch durch einen entsprechenden Eintrag in der Switching-Table, dass sich die sendende Station in LAN 1 befindet. Durch Auswertung der Absenderadresse der Antwort der Zielstation in LAN 2 weiß nun der Switch, dass sich die Zielstation in LAN 2 befindet. Auf diese Weise lernt der Switch mit der Zeit, wo sich die jeweiligen Stationen befinden. Kommt nun ein Rahmen aus LAN 1 mit einem Ziel im LAN 2, so leitet der Switch den Rahmen an LAN 2 weiter. Befindet sich das Ziel hingegen im LAN 1, so wird der Rahmen verworfen. Das Verwerfen von Rahmen wird als *Filtering* bezeichnet. Da sich die Topologie des LANs ändern kann (z. B. durch Ein- oder Ausschalten von Stationen oder Switchen), werden die Ankunftszeiten der Rahmen in die Switching-Table mit aufgenommen. Jedesmal, wenn ein bereits eingetragener Rahmen ankommt, wird die Zeit des Eintrags aktualisiert. In periodischen Abständen überprüft ein Prozeß die Switching-Table und löscht alle Einträge, die älter als 2 bis 5 min sind. Dies wird als *Aging* bezeichnet. Wird ein Computer von seinem LAN getrennt und an einem anderen LAN wieder angeschlossen, so ist der Computer aufgrund des Agings nach einigen Minuten wieder erreichbar, ohne das eine manuelle Konfiguration der Switche notwendig ist. Die eingehenden Rahmen werden im Eingangsbuffer der Switche gespeichert. Die Switching-Prozedur kann folgendermaßen zusammengefasst werden [1]:

- Ist das Ziel-LAN unbekannt, wird der Flooding Algorithmus angewendet.

- Sind Ziel- und Quell-LAN identisch, wird der Rahmen verworfen.

- Sind Ziel- und Quell-LAN verschieden, wird der Rahmen an das Ziel-LAN weitergeleitet.

Diese Prozedur gilt ganz allgemein für die Kopplung von beliebig vielen LANs mit Switchen. Bei Broadcasts wird ebenfalls der Flooding Algorithmus angewandt.

Durch einen Switch wird ein LAN in mehrere Kollisionsdomänen unterteilt (siehe Bild 3-26). Zu Kollisionen kann es nur zwischen Stationen kommen, die sich in derselben Kollisionsdomäne befinden. Im Extremfall wird jede Station an einen eigenen Switch-Port angeschlossen, so dass sich eine sternförmige Struktur ergibt und die Kollisionsdomäne zu einer Punkt-zu-Punkt-Verbindung entartet. Eine derartige Konfiguration wird auch als switched Ethernet bezeichnet und wird heute aufgrund des höheren Durchsatzes bevorzugt verwendet. Punkt-zu-Punkt-Verbindungen sind dedizierte Verbindungen zwischen zwei Netzelementen und daher kein Shared Medium. Das CSMA/CD Verfahren wird folglich nicht benötigt. Alle in Abschnitt 3.3.2.1 angestellten Überlegungen bezüglich der minimalen und maximalen Rahmenlänge bei Ethernet, insbesondere aber die Längenbeschränkung aufgrund des CSMA/CD Verfahrens verlieren für Punkt-zu-Punkt-Verbindungen ihre Gültigkeit. Die maximale Länge von Punkt-zu-Punkt-Verbindungen ist daher nur durch physikalische Effekte begrenzt.

Kollisionen können bei switched Ethernet Konfigurationen nicht mehr auftreten, da die Ethernet-Rahmen in den Eingangsbuffern der Switche zunächst gespeichert und anschließend von den Switchen vermittelt werden. Mehrere Switche sind untereinander ebenfalls über Punkt-zu-Punkt-Verbindungen verbunden.

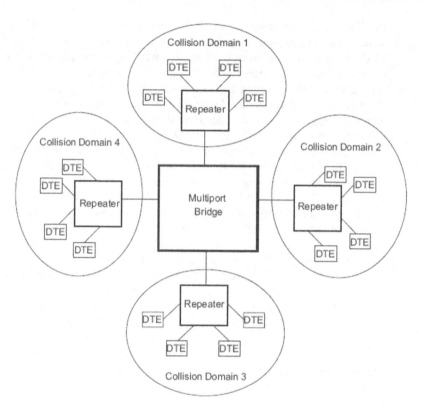

Bild 3-26   Unterteilung von Kollisionsdomänen (engl. Collision Domain) mit Switchen. Quelle: [13]

Um die Zuverlässigkeit zu erhöhen, werden zum Teil zwei oder mehrere Switche zur Kopp**l**
von LANs verwendet. Dies kann allerdings zu Problemen aufgrund von Schleifen führen. D**e**
Problematik soll anhand des einfachen Beispielnetzes in Bild 3-27 illustriert werden.

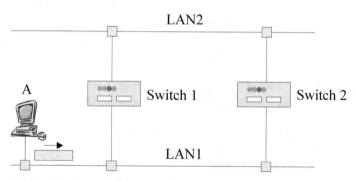

Bild 3-27   Zwei LANs, die über zwei Ethernet-Switche miteinander verbunden sind

Dargestellt sind zwei Ethernet-LANs (LAN1 und LAN2), die über die Switche 1 und 2 mite**i**
ander verbunden sind. Es wird angenommen, dass zu Beginn die Switching-Tabellen **d**
Ethernet-Switche leer sind. Wenn nun die Station A einen Rahmen sendet, so wird Switc**h**

den Rahmen fluten, indem er den Rahmen an LAN2 weiterleitet. Ferner wird Switch 1 in seiner Switching-Table vermerken, dass sich der Absender des Rahmens (die Station A) im LAN1 befindet. Switch 2 verfährt analog. Der Rahmen, den Switch 1 an das LAN2 weitergeleitet hat, erreicht alle Stationen in LAN2, also auch den Switch 2. Da Switch 2 das Ziel dieses Rahmens noch nicht kennt, wird er den Rahmen wieder an LAN1 weiterleiten. Gleichzeitig wird er den Eintrag in seiner Switching-Table ändern da er nun annehmen muss, dass sich der Absender des Rahmens (die Station A) im LAN2 befindet. Switch 1 ergeht es nicht besser. Er erhält ebenfalls den Rahmen der Station A, den Switch 2 an LAN2 weitergeleitet hat und flutet diesen Rahmen, da er die Zielstation noch nicht kennt. Auf diese Weise kreisen die Rahmen zwischen den Switchen und es entsteht unnötiger Verkehr. Dieser Vorgang setzt sich solange fort, bis die von A adressierte Zielstation antwortet und somit die Switche wissen, in welchem LAN sich die Zielstation befindet. Gibt es die Zielstation gar nicht, so kreisen die Ethernet-Rahmen immer weiter.

Um die Problematik der Schleifen zu lösen wurde von der Firma Digital Equipment Cooperation das *Spanning Tree Protocol* (STP) entwickelt. Gemäß Abschnitt 2.1.3 ist ein Spanning Tree ein Teilgraph eines Graphen, der alle Knoten enthält und der zwischen zwei Knoten jeweils genau einen Pfad aufweist. Mit dem Spanning Tree Protocol wird eine gegebene Netztopologie durch Nichtverwendung bestimmter Verbindungen auf eine virtuelle Baumtopologie abgebildet. Auf diese Weise werden Schleifen vermieden. Ein Baum mit N Knoten (Switche) benötigt dabei N–1 Verbindungen (LAN-Segmente). Enthält eine LAN-Topologie mehr als N–1 Verbindungen, so werden diese beim Spanning Tree nicht verwendet.

Der Spanning-Tree Algorithmus funktioniert wie folgt:

1. Sowohl dem Switch als auch allen Ports des Switches werden Identifier zugeordnet. Der Identifier für den Switch selber heißt Bridge ID (BID) und besteht aus einer zwei Byte langen Bridge Priority sowie der sechs Byte langen MAC-Adresse des Switches. Die Port Identifier sind zwei Byte lang und bestehen aus einer 10 Bit langen Portnummer und einer 6 Bit langen Port Priority.

2. Jedem Port werden Kosten für die Verbindung zugeordnet. Die Kosten sind vom Netzadministrator frei konfigurierbar und können sich an dem Standard IEEE 802.1D orientieren. Ursprünglich wurden in diesem Standard Verbindungskosten vorgeschlagen die gegeben sind durch: 1000 Mbit/s dividiert durch die Datenrate des entsprechenden Ports. Das heißt für einen 10 Mbit/s Port ergeben sich Pfadkosten von 100 und für einen 100 Mbit/s Port von 10. Aufgrund des Anstiegs der Datenraten wurden diese Werte aber mittlerweile modifiziert.

3. Um den Spanning Tree aufbauen zu können, müssen die Switche mit ihren Nachbar-Switchen kommunizieren. Die Kommunikation erfolgt über so genannte Bridge Protocol Data Units (BPDU). BPDUs werden periodisch gesendet und erhalten die folgenden Informationen:

   a. Die BID der aktuellen Root-Bridge. Die Root-Bridge ist die Wurzel der Spanning Tree Topologie.

   b. Die Pfadkosten zu der Root-Bridge. Die Pfadkosten zu der Root-Bridge sind gegeben durch die Summe der Verbindungskosten von der betrachteten Bridge zur Root-Bridge. Die Verbindungskosten entsprechen den Kosten, die jedem Switch-Port unter 2. zugeordnet wurden.

   c. Die BID des Switches, der die BPDU gesendet hat.

   d. Der Port Identifier des Ports, über den die BPDU gesendet wurde.

4. Zunächst muss die Root-Bridge bestimmt werden. Dies ist der Switch mit der niedrig
Bridge Priority. Haben zwei oder mehrere Switches dieselbe Bridge Priority, so ist
Switch mit der niedrigsten MAC-Adresse die Root-Bridge. Nach der Inbetriebnahme e
Switches nimmt dieser zunächst an, er selber sei die Root-Bridge. In den von ihm gener
ten BPDUs trägt er deshalb seine eigene Bridge ID als BID der aktuellen Root-Bridge
Empfängt er eine BPDU von einem benachbarten Switch mit einer geringeren Root-Bri
Priority, so trägt er diese Bridge als Root-Bridge ein. Auf diese Weise lernen die Swit
nach und nach die aktuelle Root-Bridge kennen.

5. Nun bestimmen die Switche den Port, über den sie die Root-Bridge mit den gering:
Kosten erreichen können. Diese Ports werden als Root-Ports bezeichnet. Um die R
Ports zu ermitteln, addieren die Switche die Kosten des entsprechenden Ports zu den P:
kosten zur Root-Bridge, die ihnen vom benachbarten Switch mittels BPDU mitgeteilt v
den. Der Port mit den geringsten Gesamtkosten zur Root-Bridge ist der Root-Port.
Ausnahme der Root-Bridge hat jeder Switch einen Root-Port.

6. Als nächstes müssen die Switche die Designated-Ports für jedes Segment bestimmen.
Kommunikation mit Stationen in einem Segment erfolgt dann ausschließlich über den
signated-Port für dieses Segment. Dadurch können Schleifen vermieden werden. Desig
ted-Ports sind die Ports mit den geringsten Pfadkosten zur Root-Bridge. Gibt es zwei o
mehrere Pfade mit gleichen Kosten zur Root-Bridge, wird der Switch-Port mit der kleins
BID der Designated-Port. Die Kosten von der Root-Bridge zu den an sie angeschlosse
Segmenten sind Null, so dass jeder Port der Root-Bridge ein Designated-Port ist.

7. Alle anderen Switch-Ports sind Nondesignated-Ports. Über diese Ports werden (außer
Fehlerfall) keine Rahmen übertragen.

BPDUs werden alle paar Sekunden von jedem Switch gesendet und von den anderen Switc
gespeichert. Die Kommunikation der Switche zur Root-Bridge erfolgt über die Root-Po
und zu den Segmenten über die Designated-Ports. Im Fehlerfall (Ausfall von Ports, Switcl
oder Segmenten) wird automatisch ein alternativer Spanning-Tree aufgebaut. Je nach Gr
stabilisiert sich das Netz innerhalb von bis zu 60 s wieder [6]. Das Ziel des Spanning T
Verfahrens ist es, die Nondesignated-Ports zu ermitteln. Durch Nichtverwendung der Non
signated-Ports wird eine virtuelle Baumtopologie aufgebaut. Das Spanning-Tree Verfah
ähnelt dem Distance Vector Routing in IP-Netzen, allerdings ist beim Distance Vector Rout
jeder Knoten die Wurzel, von dem aus die kürzesten Pfade zu allen anderen Knoten bestim
werden. Der Spanning Tree Algorithmus wird sehr schön durch das folgende Gedicht v
Radia Perlman beschrieben [2]:

> *I think that I shall never see*
> *A graph more lovely than a tree.*
> *A tree whose crucial property*
> *Is loop-free connectivity.*
> *A tree that must be sure to span*
> *So packets can reach every LAN.*
> *First, the root must be selected.*
> *By ID, it is elected.*
> *Least cost paths from root are traced.*
> *In the tree, these paths are placed.*
> *A mesh is made by folks like me,*
> *Then bridges find a spanning tree.*

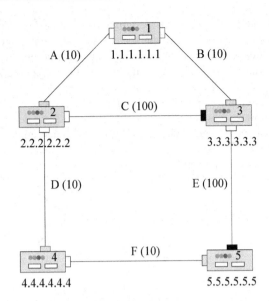

Bild 3-28   Beispiel LAN bestehend aus den Switchen 1 – 5 und den Segmenten A – F. x.x.x.x.x.x bezeichnet die MAC-Adresse von Switch x. Root-Ports sind in Grau, Designated Ports in Weiß und Nondesignated Ports in Schwarz dargestellt.

Der Spanning Tree Algorithmus soll anhand des Beispielnetzes aus Bild 3-28 veranschaulicht werden. Dabei wird angenommen, dass alle Switche dieselbe Bridge Priority haben. Die Portkosten entsprechen den Kosten, die den einzelnen Segmenten zugeordnet wurden (z. B. Segment A die Kosten 10). Zunächst geht jeder Switch davon aus, dass er selber die Root-Bridge ist und trägt deshalb die eigene Bridge ID als BID der Root-Bridge ein. Empfängt nun Switch 2 und 3 die BPDU von Switch 1, so stellen sie fest, dass sie zwar dieselbe Bridge Priority haben, die MAC-Adresse von Switch 1 aber kleiner als die MAC-Adresse von Switch 2 und 3 ist. Daher tragen die Switche 2 und 3 Switch 1 als die Root-Bridge ein und senden diese Information per BPDU den Switchen 4 und 5. Nun ist die Root-Bridge (Switch 1) bestimmt und allen Switchen im LAN bekannt.

Im nächsten Schritt werden die Root-Ports bestimmt. Switch 2 weiß, dass er die Root Bridge über Segment A mit Kosten von 10 erreichen kann. Switch 3 kann er über das Segemtent C mit Kosten von 100 und Switch 4 über das Segment D mit Kosten von 10 erreichen. Switch 3 teilt Switch 2 mit, dass er die Root Bridge mit Kosten von 10 erreichen kann. Switch 4 teilt Switch 2 mit, dass er die Root Bridge mit Kosten von 120 (Segment F – E – B) erreichen kann. Switch 2 errechnet aus diesen Informationen die Pfadkosten zur Root Bridge: 10 über Segment A, 110 über Segment C und 130 über Segment D. Daher wählt Switch 2 den Port, an dem Segment A angeschlossen ist, zum Root-Port (grauer Port in Bild 3-28). Alle anderen Switche verfahren analog, so dass Switch 3 den Port zum Segment B, Switch 4 den Port zum Segment D und Switch 5 den Port zum Segment F als Root-Port wählen.

Nun müssen noch die Designated-Ports bestimmt werden. Alle Ports der Root-Bridge sind Designated-Ports, die für die Kommunikation mit Segment A und B verwendet werden. Für Segment C gibt es zwei potentielle Designated-Ports, die Ports von Switch 2 und 3. Wie oben beschrieben, wird der Port mit der kleineren BID gewählt, hier also der Port von Switch 2. Der Port von Switch 3, an dem das Segment C angeschlossen ist, wird nicht verwendet (Nonde-

signated-Port). Alle weiteren Designated- und Nondesignated Ports sind in Bild 3-28 da
stellt. Es wird deutlich, dass von sechs Switch-Verbindungen zwei nicht mehr verwendet
den. Auf der teilvermaschten Netztopologie wurde eine virtuelle Baumtopologie abgebil
Beispielsweise erfolgt die Kommunikation aller Segmente zu Segment C über Switch 2 (S
ment A – C, B – A – C, D – C, F – D – C, E – B – A – C). Will eine Station in Segme
einen Rahmen an eine Station in Segment C schicken, so wird dieser Rahmen vom Nor
signated-Port des Switches 5 geblockt. Switch 3 leitet den Rahmen zum Segment B (nicht
zum Segment C) und Switch 1 leitet den Rahmen zum Segment A. Wenn Switch 2 w
dass sich die Zielstation in Segment C befindet, leitet sie den Rahmen an Segment C we
Andernfalls flutet sie den Rahmen, indem sie ihn an die Segmente C und D weiterleitet.

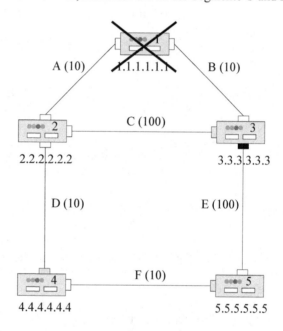

Bild 3-29   Beispielnetz aus Bild 3-28 im Fehlerfall (Ausfall von Switch 1)

In Bild 3-29 ist ein Fehlerfall am Beispiel des Ausfalls von Switch 1 dargestellt. Die Switch
und 3 erhalten nun keine BPDU von Switch 1 mehr, so dass sie zunächst wieder annehmen,
selber seien die Root-Bridge. Da Switch 2 die kleinste MAC-Adresse hat, wird nun Switc
zur Root-Bridge. Anschließend ermitteln alle Switche erneut die Root-Ports, die Designat
Ports und die Nondesignated-Ports. Das Ergebnis zeigt Bild 3-29. Es wird deutlich, dass ern
ein Spanning-Tree mit Switch 2 als Wurzel aufgebaut wurde. Trotz Ausfall von Switch 1 s
alle Segmente wieder erreichbar.

Eine Weiterentwicklung des Spanning Tree Protokolls ist das Rapid Spanning Tree Proto
(RSTP), das im Standard IEEE 802.1w spezifiziert wurde. Mittlerweile ist IEEE 802.1w in
graler Bestandteil des Standards IEEE 802.1D-2004. Durch verschiedene Verbesserung
kann die Konvergenzzeit (die Zeit, nach der nach einer Topologieänderung eines Netzes w
der eine Übertragung möglich ist) gegenüber dem Spanning Tree Verfahren deutlich verring
werden [6]. Gemäß [35] wird die Konvergenzzeit des Spanning Tree Protocols von 30 bis 5

durch RSTP auf wenige Sekunden reduziert. Dies ist insbesondere wichtig, wenn Echtzeitanwendungen wie Sprache oder Video mit Ethernet übertragen werden sollen.

Um Schleifenfreiheit zu gewährleisten, verwenden sowohl STP als auch RSTP bestimmte
Links nicht. Dies impliziert eine ineffiziente Nutzung der vorhandenen Ressourcen. Aus diesem Grunde wurde das Multiple Spanning Tree Protocol (MSTP) entwickelt. Mit MSTP wird
in jedem VLAN ein eigener Spanning Tree verwendet, so dass die Links i. d. R. besser ausgenutzt werden. MSTP wird im Standard 802.1Q-2005 beschrieben (ursprüngliche Bezeichnung:
IEEE 802.1s).

Eine weitere Verbesserung bezüglich Latenzzeit, Konvergenzzeit und Ausnutzung der Netz-
ressourcen ergibt sich durch das Shortest Path Bridging (IEEE 802.1aq) [30]. Die Idee hierbei
ist, genau wie beim IP Link State Routing von jedem Switch als Ausgangspunkt (Root) den
kürzesten Pfad zu allen anderen Switchen zu suchen (vgl. mit Abschnitt 4.4.2.2.3). Auf diese
Weise werden die kürzesten Pfade zwischen den Switchen gefunden und gleichzeitig Schleifenfreiheit garantiert. Zur Verteilung der Routing Information wird wie bei IP IS-IS verwendet
[30]. Der Standard IEEE 802.1aq wurde am 29.3.2012 verabschiedet. Zu diesem Zeitpunkt
waren jedoch noch keine entsprechenden Produkte kommerziell verfügbar.

Mit Switchen können auch LANs über große Distanzen gekoppelt werden. Dazu wird jedes
LAN mit einem Switch am Standort des LANs verbunden und die beiden Switche über das
WAN miteinander gekoppelt. Die Switche werden dann auch als Remote Bridges oder Half
Bridges bezeichnet (siehe Bild 3-30).

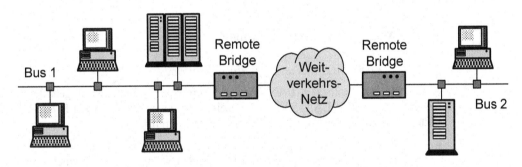

Bild 3-30   Kopplung von LANs mit Remote Bridges über das WAN. Quelle: [6]

3.3.8.3   *Router*

LANs können auch mit Routern auf Layer 3 gekoppelt werden. Ein Router schließt das LAN
ab (terminiert Ethernet) und wertet die Pakete auf IP-Ebene aus um zu entscheiden, welche
Pakete wohin zu schicken sind. Router werden in Kapitel 4 behandelt. Ein Ethernet-Broadcast
wird von einem Router nicht weitergeleitet. Bild 3-31 zeigt die LAN-Kopplung mit Routern.

Der Vollständigkeit halber sei erwähnt, dass LANs auch mit so genannten Gateways gekoppelt
werden können. Gateways verbinden Netze auf den höheren Ebenen (Schicht 4-7) [6].

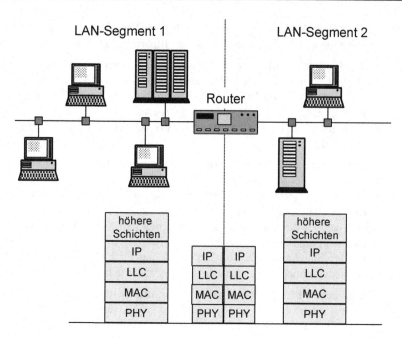

Bild 3-31   LAN-Kopplung mit Routern. Quelle: [6]

3.3.9   Weitere Leistungsmerkmale

3.3.9.1   Virtuelle LANs und Quality-of-Service

Auf einem physikalischen LAN können mehrere logische LANs abgebildet werden. Di
werden als virtuelle LANs (VLAN) bezeichnet und im Standard IEEE 802.1Q beschrieb
Gründe für die Verwendung von VLANs können sein [6]:

- Flexibilität. Früher wurden oft Mitarbeiter einer Abteilung an ein LAN angeschloss
  Durch VLANs können auf einer gegebenen LAN Infrastruktur flexibel virtuelle LANs e
  gerichtet werden.

- Sicherheit. Pakete eines VLANs werden nicht an Pakete anderer VLANs weitergeleitet.

- Performance. Broadcasts erreichen immer nur die Stationen eines VLANs, nicht alle Sta
  onen des gesamten LANs. Dadurch wird der Broadcast-Verkehr reduziert.

- Isolation von Fehlerbereichen. Werden z. B. durch einen Fehler unnötige Broadcasts ge
  riert, so kann im Extremfall ein LAN lahm gelegt werden. Durch Verwendung von VLA
  ist nur das entsprechende VLAN von dem Ausfall betroffen.

Bild 3-32 zeigt ein Beispiel für ein LAN, auf dem zwei VLANs eingerichtet wurden. Die S
tionen A, D, F und G bilden VLAN 1 und die Stationen B, C und E VLAN 2. Um die VLA
voneinander unterscheiden zu können, enthalten die Stationen neben ihrer MAC-Adresse no
einen VLAN-Identifier. Stationen mit dem gleichen VLAN-Identifier bilden ein virtuel
LAN, obwohl sie physikalisch an das gleiche LAN wie nicht zu diesem VLAN gehören
Stationen angeschlossen sind. Rahmen, die in einem normalen LAN an alle Stationen vert
werden, werden in einem VLAN nur noch an die Stationen verteilt, die zu dem entsprechend

VLAN gehören. Ein Broadcast von Station A wird vom Switch beispielsweise nur an die Stationen D, F und G weitergeleitet. Entsprechendes gilt für VLAN 2. Physikalische Verbindungen, über die der Verkehr von mehreren VLANs geführt wird, werden als Trunks bezeichnet. In Bild 3-32 ist die Verbindung zwischen Switch und dem Router eine Trunk-Verbindung. Hierfür wird ein eigenes Protokoll, das VLAN Trunking Protokol (VTP) benötigt [6]. Ein LAN stellt üblicherweise ein IP-Subnetwork dar, das über einen Router mit dem WAN verbunden wird. I.d.R. entspricht auch ein VLAN einem IP-Subnetwork. Es ist allerdings theoretisch auch möglich (aber unüblich), dass ein VLAN mehrere IP-Subnetworks umfasst.

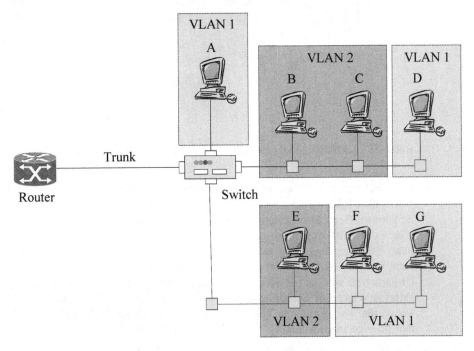

Bild 3-32   Ethernet-LAN, auf dem zwei virtuelle LANs (VLAN 1 und 2) eingerichtet wurden

Um den VLAN-Identifier mit Ethernet übertragen zu können wurde das Tagged Frame Format spezifiziert [6]. Bild 3-33 zeigt das entsprechende Rahmenformat.

Beim Tagged-Frame wird der Ethernet-Rahmen um den 4 Byte langen QTag Prefix verlängert. Der QTag Prefix wird zwischen der Source MAC-Adresse und dem Type/Length-Feld eingefügt. Durch den QTag Prefix wird der Ethernet-Rahmen um vier Bytes verlängert, so dass die maximale Länge eines Tagged-Frames 1522 Bytes beträgt. Das Padding muss nur dann verwendet werden, wenn die Payload kleiner als 42 Byte ist. Das Tag Type Feld wird auf den Wert 81 00 (hexadezimal) gesetzt. Damit weiß der Empfänger, dass es sich um einen Tagged-Frame handelt. Es folgt das Tag Control Feld bestehend aus der Priority ID, dem Canonical Format Identifier (CFI) und der VLAN-ID. Die VLAN-ID dient der Unterscheidung der VLANs und ist 12 Bit lang. Folglich können maximal $2^{12} = 4096$ VLANs realisiert werden. Der Canonical Format Identifier ist aufgrund der Kompabilität zu Token Ring erforderlich und wird heute i. d. R. nicht mehr verwendet [35].

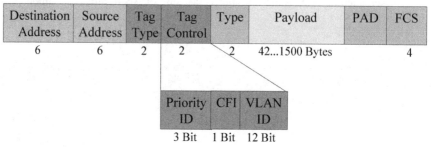

a) klassischer Ethernet-Rahmen

b) Tagged Ethernet Frame Format

Bild 3-33   a) klassischer Ethernet-Rahmen und b) Tagged-Ethernet-Frame-Format

Da zunehmend nicht nur reiner Datenverkehr, sondern auch Echtzeitverkehr (insbesond
VoIP) über Ethernet transportiert wird wuchs der Wunsch, verschiedenen Rahmen priorisie
zu können. Beim klassischen Ethernet gibt es hierfür keine Möglichkeiten. Aus diesem Gru
wurde die 3 Bit lange Priority ID im QTag Prefix eingeführt, so dass sich $2^3 = 8$ unterschi
liche Priorisierungsstufen realisieren lassen. Wie immer bei reinen Priorisierungsverfah
kann keine absolute Qualität (engl. Quality-of-Service [QoS]), sondern nur eine relative Qua
tät garantiert werden [6]. Gerät ein Switch in Überlast, so wird er zunächst Rahmen niedri
Priorität verwerfen. Steigt die Last weiter an, so werden auch Rahmen höherer Prioritätsstu
verworfen. Es kann daher keine Garantie für den Datendurchsatz, die Verzögerungszeit u
den Jitter gegeben werden.

Die Ethernet-Rahmen werden entweder vom Endgerät oder am Netzeingang von einem Ed
Switch klassifiziert und mit einer entsprechenden Prioritätskennung versehen [6]. Die Klass
zierung kann anhand der folgenden Kriterien erfolgen:

- Quell- und/oder Ziel-MAC-Adresse

- Eingangs-Port des Switches

- Protokoll-Typ (verwendetes Layer 3 Protokoll)

In den Switches werden die verschiedenen Prioritätsklassen in verschiedene Warteschlang
einsortiert. Die Warteschlangen werden dabei üblicherweise per Software und nicht etwa ha
waremäßig realisiert. Es ist eine Strategie notwendig, die eine faire Aufteilung der Gesa
kapazität auf die verschiedenen Prioritätsklassen erlaubt [6]. Mit dem hier beschriebenen V
fahren ist es zunächst einmal lediglich möglich, Rahmen in einem Ethernet-LAN zu prioris
ren. Router bilden jedoch üblicherweise die Ethernet Prioritätsklassen auf das TOS-Feld ab,
dass Ende-zu-Ende Priorisierungen möglich werden [6].

Für manche Anwendungen ist ein VLAN-Identifier aufgrund der Beschränkung auf 40
VLANs unzureichend. Beispiele hierfür sind:

• Sowohl Netzbetreiber als auch die Teilnehmer (z. B. Geschäftskunden) möchten VLANs verwenden. Netzbetreiber verwenden i. d. R. VLANs, um die einzelnen Kundennetze voneinander zu trennen.

• Anschluss von DSL-Teilnehmern im Massenmarkt

Für diese Anwendungen wird ein weiterer, 4 Byte langer QTag Prefix Header zwischen der Source MAC-Adresse und dem Type/Length-Feld an der Stelle des ursprünglichen Type/Length-Feldes eingefügt. Dieser QTag Prefix wird als Service-Tag (S-Tag) und der folgende QTag Prefix als Customer-Tag (C-Tag) bezeichnet. Der Customer-Tag ist der vom Kunden verwendete QTag Prefix. Der Service-Tag wird vom Netzbetreiber zur Unterscheidung der verschiedenen Kunden vergeben. Auf diese Weise wird eine vollständige Trennung der VLANs des Netzbetreiber und der Kunden erreicht. Es lassen sich folglich maximal $2^{12} = 4096$ Kunden unterscheiden. Durch Kombination des S-Tags mit dem C-Tag können $2^{24} = 16.777.216$ unterschiedliche VLANs realisiert (z. B. für Massenmarktanwendungen). Zur Vermeidung von Schleifen verwenden die Netzbetreiber das Spanning Tree Protocol für die Service-VLANs der verschiedenen Kunden. Unabhängig davon können auch die Kunden das Spanning Tree Protocol innerhalb ihrer eigenen VLANs (der Customer-VLANs) verwenden [30]. Bild 3-34 zeigt das Format eines Q-in-Q Tagged Ethernet-Rahmens. Die Struktur des S-Tag und des C-Tag Control Feldes entspricht der Struktur des Tag Control Feldes (siehe Bild 3-33) mit dem einzigen Unterschied, dass das S-Tag Control Feld anstatt des CFI-Bits den Drop Eligible Indicator (DEI) enthält. Dieser zeigt an, ob ein Rahmen verworfen werden darf oder nicht. Das hier beschriebene Verfahren wird VLAN-Stacking oder Q-in-Q Tag-Stacking genannt. VLAN-Stacking wird von verschiedenen Switch Herstellern bereits angeboten und ist im IEEE Standard 802.1ad-2005 spezifiziert. Die Standardisierung erfolgt unter dem Begriff Provider Bridges [6].

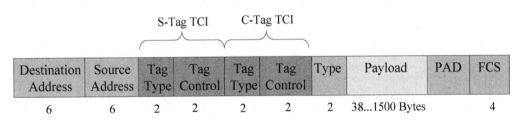

Bild 3-34 Q-in-Q-Tagged-Ethernet-Frame-Format. TCI: Tag Control Information

3.3.9.2   ARP/RARP

Auch im LAN kommunizieren die Stationen auf Basis von IP-Adressen und nicht von MAC-Adressen. Ethernet hingegen sind IP-Adressen unbekannt, es verwendet MAC-Adressen für die Adressierung von Stationen. Mit dem Address Resolution Protocol (ARP, RFC 826) können IP-Adressen in MAC-Adressen wie folgt aufgelöst werden. Wenn eine Station in einem LAN ein IP-Paket an eine andere Station im selben LAN mit der IP-Adresse w.x.y.z senden möchte, schickt sie einen Broadcast (Ziel-MAC-Adresse: FF FF FF FF FF FF) mit der Frage: „Welche Station hat die IP-Adresse w.x.y.z?". Nur die Station mit der IP-Adresse w.x.y.z antwortet auf den Broadcast, so dass nun die sendende Station die MAC-Adresse der Zielstation mit der IP-Adresse w.x.y.z kennt. Damit nicht jedes Mal ein ARP ausgeführt werden muss,

speichern die Stationen die Zuordnung IP-Adresse – MAC-Adresse im ARP-Cache. Um a
Adressänderungen (z. B. Tausch einer Netzwerkkarte) zu berücksichtigen werden die Eintr
im ARP Cache nach ein paar Minuten wieder gelöscht werden (Timeout). Fast jede Masch
im Internet führt das Protokoll ARP aus [1].

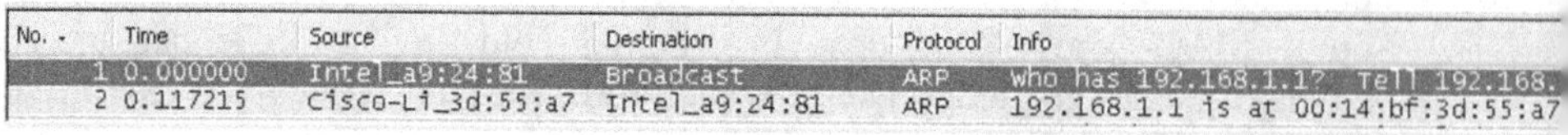

No. ·	Time	Source	Destination	Protocol	Info
1	0.000000	Intel_a9:24:81	Broadcast	ARP	who has 192.168.1.1? Tell 192.168.
2	0.117215	Cisco-Li_3d:55:a7	Intel_a9:24:81	ARP	192.168.1.1 is at 00:14:bf:3d:55:a7

a)

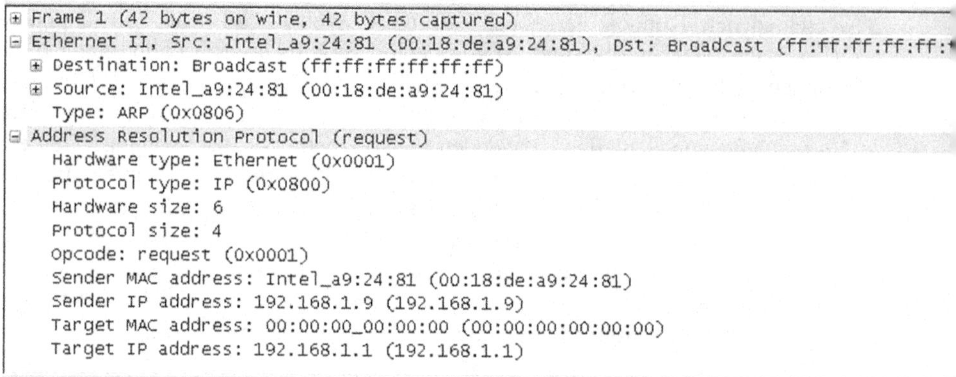

```
⊞ Frame 1 (42 bytes on wire, 42 bytes captured)
⊟ Ethernet II, Src: Intel_a9:24:81 (00:18:de:a9:24:81), Dst: Broadcast (ff:ff:ff:ff:ff:
  ⊞ Destination: Broadcast (ff:ff:ff:ff:ff:ff)
  ⊞ Source: Intel_a9:24:81 (00:18:de:a9:24:81)
    Type: ARP (0x0806)
⊟ Address Resolution Protocol (request)
    Hardware type: Ethernet (0x0001)
    Protocol type: IP (0x0800)
    Hardware size: 6
    Protocol size: 4
    Opcode: request (0x0001)
    Sender MAC address: Intel_a9:24:81 (00:18:de:a9:24:81)
    Sender IP address: 192.168.1.9 (192.168.1.9)
    Target MAC address: 00:00:00_00:00:00 (00:00:00:00:00:00)
    Target IP address: 192.168.1.1 (192.168.1.1)
```

b)

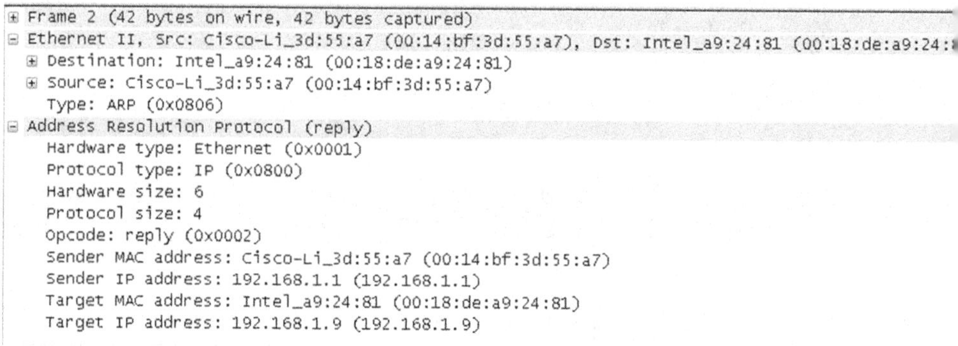

```
⊞ Frame 2 (42 bytes on wire, 42 bytes captured)
⊟ Ethernet II, Src: Cisco-Li_3d:55:a7 (00:14:bf:3d:55:a7), Dst: Intel_a9:24:81 (00:18:de:a9:24:
  ⊞ Destination: Intel_a9:24:81 (00:18:de:a9:24:81)
  ⊞ Source: Cisco-Li_3d:55:a7 (00:14:bf:3d:55:a7)
    Type: ARP (0x0806)
⊟ Address Resolution Protocol (reply)
    Hardware type: Ethernet (0x0001)
    Protocol type: IP (0x0800)
    Hardware size: 6
    Protocol size: 4
    Opcode: reply (0x0002)
    Sender MAC address: Cisco-Li_3d:55:a7 (00:14:bf:3d:55:a7)
    Sender IP address: 192.168.1.1 (192.168.1.1)
    Target MAC address: Intel_a9:24:81 (00:18:de:a9:24:81)
    Target IP address: 192.168.1.9 (192.168.1.9)
```

c)

Bild 3-35   ARP-Anfrage aufgezeichnet mit der Software Wireshark

Bild 3-35 zeigt eine ARP-Anfrage, die mit der Software Wireshark aufgezeichnet wurde. I
Anfrage besteht aus zwei Rahmen [siehe Bild 3-35 a)]. Die Struktur der beiden Rahmen w
in Bild 3-35 b) und c) dargestellt. Der erste Rahmen wird von dem PC mit der MAC-Adre
00:18.de:a9:24:81 an alle Stationen im Ethernet (Broadcast: ff:ff:ff:ff:ff:ff) gesendet (sie
Bild 3-35 b) Zeile 3 und 4). Das Type-Feld hat den Wert 08 06. Dadurch wird angezeigt, d
es sich um einen klassischen Ethernet-Rahmen handelt (Ethernet II) und das in der Paylo
ARP transportiert wird. Der ARP-Request enthält die Angabe des verwendeten Layer 2 u
Layer 3 Protokolls, die Absender- und die Ziel-IP-Adresse sowie die MAC-Adresse des A

senders. Die MAC-Adresse des Ziels ist unbekannt und wird daher in dem ARP-Request durch 00:00:00:00:00:00 dargestellt. Die Antwort auf den ARP-Request zeigt Bild 3-35 c). Nur die Station mit der angegebenen Ziel-IP-Adresse (hier: 192.168.1.1) antwortet auf den ARP-Request und gibt in dem ARP-Reply dem Absender des ARP-Request seine MAC-Adresse bekannt (hier: 00:14:bf:3d:55:a7).

Manchmal muss auch eine IP-Adresse für eine bestimmte MAC-Adresse gefunden werden (Beispiel: Starten einer plattenlosen Workstation). Dies kann mit dem Reverse Address Resolution Protocol (RARP, RFC 903) realisiert werden. Mit RARP kann beispielsweise eine neu gebootete Workstation ihre MAC-Adresse rund senden und alle Stationen im LAN fragen: „Meine MAC-Adresse lautet A:B:C:D:E:F. Kennt jemand meine IP-Adresse?". Der RARP-Server sieht diese Anfrage, durchsucht seine Konfigurationsdateien nach der entsprechenden MAC-Adresse und sendet die IP-Adresse zurück [1]. Allerdings wurde für diese Anwendung ein mächtigeres Protokoll entwickelt, welches heute fast ausschließlich verwendet wird: das Dynamic Host Configuration Protocol (DHCP) [6].

3.3.9.3 *Ethernet in the First Mile*

Ethernet war ursprünglich eine Technik, um Datenendgeräte, die sich innerhalb von einem Gebäude befinden, zu vernetzen. Ethernet in the First Mile (EFM) verfolgt den Ansatz, Ethernet direkt (d. h. ohne die Verwendung eines darunter liegenden Protokolls) über die Teilnehmeranschlussleitung zu übertragen. Im Vergleich zu DSL-Übertragungen hat dies den Vorteil, das auf ATM als Schicht 2 verzichtet wird. Dies vereinfacht zum einen die Übertragungstechnik, reduziert aber auch drastisch den Overhead[28]. Auch erhofft man sich Einsparung bei den Betriebskosten. Als Übertragungsmedium verwendet Ethernet in the First Mile sowohl Kupferdoppeladern als auch Glasfasern. Die Datenraten betragen zwischen 2 und 1000 Mbit/s. Die physikalischen Schnittstellen von Ethernet in the First Mile können Tabelle 3.2 bis Tabelle 3.4 entnommen werden:

1) Kupferdoppelader (ausschließlich Punkt-zu-Punkt-Verbindungen)

    a. 2 BASE-TL: Übertragung von 2 Mbit/s über 2,7 km. Die 2 BASE-TL Schnittstelle basiert auf SHDSL gemäß der ITU-T-Empfehlung G.991.2 und verwendet PAM16/32 als Leitungscode.

    b. 10 PASS-TS: Übertragung von 10 Mbit/s über 750 m. Die 10 PASS-TS Schnittstelle basiert auf VDSL und verwendet DMT mit bis zu 4096 Tönen als Modulationsformat zusammen mit dem 64B/65B Leitungscode. Vom Hauptverteiler aus können mit dieser Technik allerdings in der BRD weniger als 20 % aller Haushalte erreicht werden [6], so dass diese Schnittstelle vorzugsweise vom Kabelverzweiger eingesetzt werden sollte.

2) Lichtwellenleiter (Punkt-zu-Punkt-Verbindungen)

    a. 100 BASE-LX10: Übertragung von 100 Mbit/s über 10 km mit einem Singlemode-Faserpaar. Betriebswellenlänge: 1310 nm.

    b. 100 BASE-BX10: Übertragung von 100 Mbit/s über 10 km mit einer einzigen Singlemodefaser (SMF). Zur Trennung der Übertragungsrichtungen wird ein Wellenlängenmultiplexverfahren verwendet, indem eine Übertragungsrichtung 1310 nm und die an-

---

28 Je nach Anwendung (Länge der IP-Pakete) kann der ATM-Overhead zwischen 12 % und über 20 % betragen [5].

dere 1550 nm verwendet. Durch Verwendung einer Faser für beide Übertragungsr tungen kann die Anzahl der Glasfasern im Anschlussnetz reduziert werden.

    c. 1000 BASE-LX10: Übertragung von 1000 Mbit/s über 550 m mit einem Multim Glasfaserpaar oder über 10 km mit einem Singlemode-Glasfaserpaar. Betriebswel länge: 1310 nm.

    d. 1000 BASER-SX10: Übertragung von 1000 Mbit/s über 10 km mit einer einzi Sinnglemodefaser. Die beiden Übertragungsrichtungen werden durch Verwendung terschiedlicher Wellenlängen (1310 nm und 1490 nm) voneinander getrennt.

3) Lichtwellenleiter (Punkt-zu-Mehrpunkt-Verbindungen)

    a. 1000 BASE-PX10: Übertragung von 1000 Mbit/s über 10 km mit einer einzigen S glemodefaser. Die beiden Übertragungsrichtungen werden durch Verwendung un schiedlicher Wellenlängen (1310 nm und 1490 nm) voneinander getrennt.

    b. 1000 BASE-PX20: Übertragung von 1000 Mbit/s über 20 km mit einer einzigen S glemodefaser. Die beiden Übertragungsrichtungen werden durch Verwendung un schiedlicher Wellenlängen (1310 nm und 1490 nm) voneinander getrennt.

Bei den optischen Schnittstellen in einer Punkt-zu-Mehrpunkt Konfiguration wird ein passi optischer Splitter verwendet, an den bis zu 16 Teilnehmer angeschlossen werden können. I se Konfiguration wird als Ethernet Passive Optical Network (EPON) bezeichnet. Die Teiln meranschlussleitung wird dabei netzseitig von der Optical Line Termination (OLT) und t nehmerseitig von der Optical Network Termination (ONT) terminiert. Die Terminologie wu von den OPAL-Netzen übernommen. Die Kommunikation der bis zu 16 OLTs wird von ONT durch Vergabe von Sendeberechtigungen gesteuert [6].

Wichtig bei Ethernet in the Fist Mile ist ferner, dass die Teilnehmeranschlussleitung überwa werden kann. Hierfür werden folgende Operation Administration and Maintenance (OAM Funktionen bereitgestellt:

• Fernanzeige von Fehlern am Netzabschluss (Remote Failure Indication)

• Ferngesteuertes Einlegen einer Prüfschleife am Netzabschluss (Remote Loopback)

• Überwachen der Teilnehmeranschlussleitung (Link Monitoring)

Ethernet in the First Mile wurde von der Arbeitsgruppe IEEE 802.3ah im April 2005 spez ziert, ist aber mittlerweile Bestandteil des Basisstandards IEEE 802.3 (Section 5).

3.3.9.4   Power over Ethernet

Der Standard Power over Ethernet (POE) wurde im Juni 2003 unter der Bezeichnung IE 802.3af verabschiedet. Das Ziel von Power over Ethernet ist es, Endgeräte analog zum Te fonnetz mit einem Ethernet-Switch fernzuspeisen. Dieses Verfahren ist insbesondere für Vo Telefone oder WLAN-Access Points interessant, die derzeit entweder über Steckernetzte oder proprietäre POE-Verfahren mit Energie versorgt werden. Die Stromübertragung kann l POE entweder über unbenutzte Adern oder auch über die Adern erfolgen, die für die Dat übertragung verwendet werden [6]. Power over Ethernet wird im Kapitel 2 des IEEE 80 Standards beschrieben.

3.3.9.5   Backplane Ethernet

Bei Backplane Ethernet geht es um geräteinterne Ethernet-Verbindungen mit Datenraten von 1 und 10 Gbit/s über eine Entfernung von 1 Meter. Backplane Ethernet wurde von der Arbeitsgruppe IEEE 802.3ap spezifiziert und im März 2007 als Amendment 4 der IEEE 802.3 veröffentlicht.

3.3.9.6   Frame Format Extension

Die Arbeiten zur Frame Format Extension wurden von anderen Gruppen wie der IEEE 802.1 initiiert. Hier werden neue Protokollelemente für „Provider Bridges" und zukünftige Sicherheitsfunktionen diskutiert. Um unnötige Fragmentierungen zu vermeiden, werden im Rahmen der Frame Format Extension längere Ethernet-Rahmen spezifiziert [6]. Die Arbeiten zur Frame Format Extension wurden von der Gruppe IEEE 802.3as durchgeführt und im September 2006 als Amendment 3 der IEEE 802.3 veröffentlicht (siehe Abschnitt 3.3.4).

3.3.9.7   Residential Ethernet

Residential Ethernet beschäftigt sich mit der Übertragung von Audio- und Videosignalen über Ethernet im Heimbereich [6]. Die Arbeiten zu Residential Ethernet (ResE) werden seit 2005 in der neu gegründeten 802.1 Arbeitsgruppe „Residential Bridging TG" fortgeführt.

3.3.10   Carrier Grade Ethernet

In diesem Abschnitt sollen abschließend die neusten Erweiterungen von Ethernet, das so genannte *Carrier Grade Ethernet* behandelt werden. Das in den Abschnitten 3.3.1 bis 3.3.9 beschriebene Ethernet wird hier als klassisches Ethernet bezeichnet, um es vom Carrier Grade Ethernet zu unterscheiden[29]. Vor allem aufgrund seiner Kosteneffizienz und seiner einfachen Betreibbarkeit ist das klassische Ethernet insbesondere in LAN Umgebungen eine sehr weit verbreitete Technologie. Gemäß [30] stammt 95 % des gesamten Datenverkehrs aus einer Ethernet LAN Umgebung oder wird dort terminiert. Netzbetreiber (engl. Carrier), die die Verkehre über MAN-, WAN- oder GAN-Netze transportieren müssen, stellen jedoch grundsätzlich höhere Anforderungen an eine Technologie als Betreiber von LANs (vgl. Abschnitt 2.1.1). Eine Technologie, die diesen Anforderungen gerecht wird, bezeichnet man im Allgemeinen als *Carrier Grade*. Das klassische Ethernet wird jedoch den Anforderungen der Netzbetreiber nicht in allen Punkten gerecht und ist daher nicht Carrier Grade. Drei Beispiele sollen dies belegen:

- Fehlende Überwachungs- und Alarmierungsmechanismen. Das klassische Ethernet bietet keine der SDH-Technik vergleichbaren Überwachungs- und Alarmierungsmechanismen. Sind z. B. zwei IP-Router über Ethernet-Schnittstellen miteinander verbunden und fällt das Übertragungsmedium aus, so kann die Erkennung dieses Fehlers einige Sekunden in Anspruch nehmen. Mit SDH Alarmierungsmechanismen (Alarm Indication Signal [AIS]) wird ein solcher Defekt innerhalb weniger Millisekunden detektiert und dem IP-Layer gemeldet. Aber auch Mechanismen zum Performance Monitoring und Überwachen der Connectivity fehlen beim klassischen Ethernet.

---

[29] Diese Bezeichnung ist nicht zu verwechseln mit dem klassischen Ethernet-Rahmen (siehe Abschnitt 3.3.2.2).

- Fehlende Schutzmechanismen. Beispielsweise bietet die SDH Technik umfangreiche schnelle Schutzmechanismen. Vergleichbare Schutzmechanismen fehlen beim klassisc Ethernet.

- Eingeschränkte Skalierbarkeit. Selbst mit der Verwendung von VLAN-Stacking ist Anzahl der VLANs für Massenmarktanwendungen auf 16.777.216 und für Geschäftsk denanwendungen auf 4096 begrenzt. Dies mag nicht für alle Anwendungen ausreich sein.

Damit Ethernet Carrier Grade wird, muss das klassische Ethernet um die fehlenden Funktic litäten erweitert werden. Die resultierende Technologie wird als Carrier Grade Ethernet zeichnet. Eine Definition von Carrier Grade Ethernet wurde vom Metro Ethernet For (MEF) erarbeitet. Das MEF versteht unter Carrier Grade Ethernet eine Technologie, die klassische Ethernet um folgende Eigenschaften erweitert [31]:

- Standardisierte Services

- Skalierbarkeit

- Zuverlässigkeit

- Quality-of-Service

- Service Management

Auf diese Eigenschaften soll in den folgenden Abschnitten näher eingegangen werden.

3.3.10.1 Standardisierte Services

Ethernet spezifiziert ein Layer 2 Rahmenformat, ein Zugriffverfahren auf den gemeinsan Übertragungskanal sowie verschiedene physikalische Schnittstellen. Da zunehmend Ethern Verbindungen nachgefragt werden muss auch definiert werden, welche Dienste mit Ethe bereitgestellt werden sollen. Die Definition von Ethernet-Diensten erfolgt im Wesentlic vom Metro Ethernet Forum (MEF), mittlerweile aber auch von der ITU-T [6]. Bei allen Eth net-Diensten wird das Kundenequipment (engl. Customer Equipment [CE]) über das so nannte User Network Interface (UNI) an das Netz des Carriers angebunden. Die Verbind zwischen den UNIs wird als Ethernet Virtual Connection (EVC) bezeichnet (siehe Bild 3-3 Grundsätzlich können Ethernet-Dienste in drei Kategorien eingeteilt werden [31]:

- Mit *Ethernet-Line-Diensten* lassen sich Punkt-zu-Punkt-Verbindungen realisieren [si Bild 3-36 a)]. Mit einem Ethernet-Line-Dienst werden typischerweise Kunden LANs, mit einem IP-Router abgeschlossen sind und sich an unterschiedlichen Standorten be den, miteinander verbunden. Die Ethernet-Rahmen werden transparent zwischen den U übertragen. Ein Lernen von MAC-Adressen ist nicht erforderlich. Je nachdem, ob s mehrere Ethernet-Line-Dienste die Bandbreite der hierfür bereitgestellten Verbindung len oder nicht, unterscheidet die ITU-T folgende Varianten:

  o *Ethernet Private Line Service (EPL):* hierbei wird für jeden Ethernet-Line-Dienst e Verbindung mit einer dedizierten Bandbreite bereitgestellt. Diese Bandbreite wird d Kunden garantiert. EPL-Dienste können daher herkömmliche Layer 1 (z. B. PL SDH, OTH) Punkt-zu-Punkt-Verbindungen ersetzen. Der Ethernet Private Line Serv wird in der ITU-T-Empfehlung G.8011.1/Y.1307.1 standardisiert. Alternative Bezei nungen für den Ethernet Private Line Service sind: Ethernet Virtual Leased Line S vice (EVLL) oder Ethernet Private Wire Service (EPW) [6].

o *Ethernet Virtual Private Line Service (EVPL):* hierbei teilen sich mehrere Ethernet-Line-Dienste die Bandbreite einer Verbindung. Bei entsprechender Dimensionierung kann den Nutzern aber die minimale bzw. maximale Datenrate garantiert werden, so dass sie von der Aufteilung der Bandbreite nichts bemerken. EVPL-Dienste können herkömmliche Layer 2 (z. B. Frame Relay/ATM PVCs) Punkt-zu-Punkt-Verbindungen ersetzen. Der Ethernet Virtual Private Line Service wird in der ITU-T-Empfehlung G.8011.2/Y.1307.2 standardisiert

- *Ethernet-LAN-Dienste* stellen Multipunkt-zu-Multipunkt-Verbindungen bereit [siehe Bild 3-36 b)]. Mit einem Ethernet-LAN-Dienst können Kunden LANs, die sich an verschiedenen Standorten befinden, miteinander verbunden werden. Im Gegensatz zum Ethernet-Line-Dienst müssen die Kunden LANs jedoch nicht notwendigerweise mit einem IP-Router abgeschlossen werden, so dass diese eingespart werden können. Eine derartige Lösung skaliert jedoch nicht besonders gut [34]. So werden Broadcasts von einem Kunden LAN an die LANs an allen anderen Standorten weitergeleitet und die Ethernet-Switche sowohl des Kunden als auch des Netzbetreiber müssen die MAC-Adressen aller Endgeräte kennen. Daher eignen sich Ethernet-LAN-Dienste lediglich für kleine bis mittlere Netze. Es können aber auch die Kunden LANs aus Skalierbarkeitsgründen mit IP-Routern abgeschlossen und die Router an den verschiedenen Standorten über einen Ethernet-LAN-Dienst miteinander verbunden werden. Aus Teilnehmersicht stellt sich das Netz des Netzbetreibers wie ein LAN dar, so dass neue Standorte sehr einfach angebunden werden können [34]. In einer Multipunkt-zu-Multipunkt Konfiguration müssen die Ethernet-Rahmen in Abhängigkeit der Destination MAC-Adresse an das richtige Ziel-LAN weitergeleitet werden. Daher ist im Netz ein Lernen von MAC-Adressen erforderlich. Ethernet-Rahmen mit unbekannter Zieladresse, Multicasts und Broadcasts werden an alle LANs weitergeleitet [34]. Optional wird der Spanning Tree Algorithmus unterstützt. Ein Ethernet-LAN-Dienst, der mit PWE3/MPLS-Tunneln realisiert wird, wird als *Virtual Private LAN Service* (VPLS) bezeichnet. Folgende Varianten von Ethernet-LAN-Diensten können unterschieden werden [6]:

  o *Ethernet Private LAN Service (EPLAN):* Bei diesem Dienst werden Verbindungen mit einer dedizierten Bandbreite bereitgestellt. Die vereinbarte Bandbreite wird beim EPLAN Service garantiert. Der Ethernet Private LAN Service wird auch als Transparent LAN Service (TLS) bezeichnet.

  o *Ethernet Virtual Private LAN Service (EVPLAN):* Hierbei teilen sich verschiedene EVPLAN-Dienste die bereitgestellte Bandbreite. Damit die vereinbarten Verkehrsparameter eingehalten werden, wird der Datenstrom der Teilnehmer am Netzeingang überwacht. Um die vereinbarten Verkehrsparameter garantieren zu können ist ein Mechanismus notwendig, der analog zur Connection Admission Control bei ATM vor Bereitstellung einer Verbindung zunächst prüft, ob die entsprechenden Ressourcen im Netz noch verfügbar sind. Der EVPLAN Service wird alternativ auch als Ethernet Virtual Private Network Service (EVPN) bezeichnet [6].

- *Ethernet-Tree-Dienste* stellen Punkt-zu-Multipunkt-Verbindungen bereit [siehe Bild 3-36 c)]. Hierbei muss der zentrale Sammel-/Verteilpunkt die MAC-Adressen kennen, damit er die Ethernet-Rahmen an das richtige UNI weiterleiten kann. Ethernet-Tree-Dienste sind für alle Anwendungen mit Point-to-Multipoint-Kommunikationsbeziehungen ideal geeignet. Beispiele hierfür sind: Backhaul für Fest- und Mobilfunknetze, Video-on-Demand oder Internet-Zugang. Auch bei Ethernet-Tree-Diensten wird zwischen Ethernet Private Tree

(Verbindungen mit dedizierter Bandbreite) und Ethernet Virtual Private Tree (meh
Dienste teilen sich die bereitgestellte Bandbreite) unterschieden [40]. Die Spezifikation
Ethernet-Tree-Dienstes ist noch nicht abgeschlossen [31].

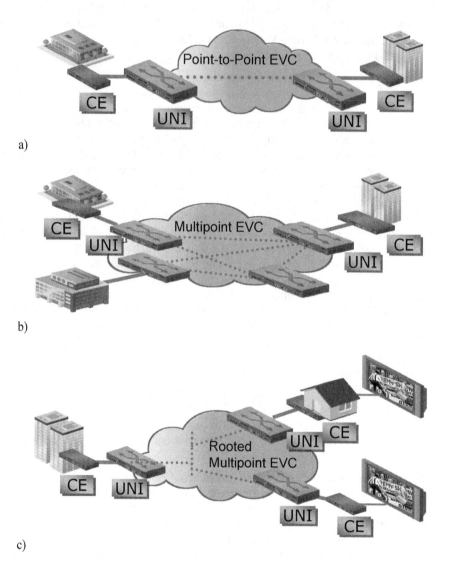

Bild 3-36 a) Ethernet-Line-Dienste, b) Ethernet-LAN-Dienste und c) Ethernet-Tree-Dienste.
Quelle: [31]

Bei allen Ethernet-Diensten ist die Kundenschnittstelle ein Ethernet-Interface. Dies bedeu
jedoch nicht, dass auch der Transport mit Ethernet erfolgen muss. Vielmehr gibt es versch
dene Möglichkeiten, Ethernet-Rahmen zu transportieren. Die Ethernet-Rahmen können ü
PDH, SDH, OTH, ATM, PWE3/MPLS (siehe Abschnitt 5.4.3.1) oder auch über den Ether
PHY-Layer transportiert werden [32, 33].

Gemäß dem Metro Ethernet Forum wird jeder Ethernet-Dienst durch bestimmte Service Attribute näher spezifiziert. Dazu gehören: das physikalische Interface des UNIs, das Bandbreitenprofil, Performance Parameter, der Class-of-Service Identifier, die Behandlung unterschiedlicher Rahmentypen, die Unterstützung von VLANs, Service Multiplexing, Bundling und Security-Filter [34]. Auf einige dieser Service Attribute soll im Folgenden näher eingegangen werden.

Die Performance Parameter sind: die Verfügbarkeit des Dienstes, die Zeit, die benötigt wird, um die Rahmen zwischen den UNIs zu transportieren (Verzögerungszeit), die Variation der Verzögerungszeit (Jitter) sowie die Rahmen-Verlustrate. Eine formale Definition der Performance Parameter findet sich in [34].

Das Bandbreitenprofil eines Ethernet-Dienstes wird durch die folgenden Verkehrsparameter beschrieben [34]:

- *Committed Information Rate (CIR)*. Die CIR ist die mittlere Datenrate, mit der die Ethernet-Rahmen unter Beachtung der vereinbarten Performance Parameter übertragen werden. Die CIR ist immer kleiner oder gleich der Datenrate des verwendeten physikalischen Interfaces. Wird beispielsweise ein Fast Ethernet Interface verwendet und eine CIR von 60 Mbit/s vereinbart, so wird dem Anwender eine mittlere Datenrate von 60 Mbit/s garantiert. Es ist zu beachten, dass die CIR eine mittlere Datenrate ist, da die Ethernet-Rahmen immer mit der Datenrate des physikalischen Interfaces gesendet werden (hier 100 Mbit/s). Eine CIR von Null bedeutet, dass keine Bandbreitengarantien gegeben werden. Ein solcher Dienst wird auch als „best effort" Dienst bezeichnet [34].

- *Committed Burst Size (CBS)*. Die CBS bezeichnet die maximal zulässige Größe der zu übertragenden Ethernet-Rahmen unter Beachtung der vereinbarten Performance Parameter. Die CBS begrenzt die Zeit, in der mit der Datenrate des physikalischen Interfaces gesendet werden darf. Beträgt die CBS z. B. 1 MB und wird ein Fast Ethernet Interface verwendet, so darf die Datenrate maximal 84 ms 100 Mbit/s betragen.

- *Excess Information Rate (EIR)*. Die EIR ist die mittlere Datenrate, mit der Ethernet-Rahmen ohne Einhaltung der vereinbarten Performance Parameter übertragen werden. Beispielsweise kann die Rahmen-Verlustrate stark ansteigen, wenn die aktuelle Datenrate größer als die CIR aber kleiner als die EIR ist. Die EIR ist immer größer oder gleich der CIR und stellt die maximale (mittlere) Datenrate dar, mit der Ethernet-Rahmen übertragen werden können. Ethernet-Rahmen mit einer größeren mittleren Datenrate als der EIR werden in der Regel vom Netzbetreiber verworfen.

- *Excess Burst Size (EBS)*. Die EBS bezeichnet die maximal zulässige Größe der zu übertragenden Ethernet-Rahmen ohne Einhaltung der vereinbarten Performance Parameter.

Bezüglich der Behandlung verschiedener Rahmentypen muss zwischen folgenden Rahmen unterschieden werden:

- Unicast-Rahmen: Ethernet-Rahmen mit der MAC-Adresse einer Station als Destination-Adresse.

- Multicast-Rahmen: Ethernet-Rahmen mit einer Destination-Adresse aus dem Bereich 01 00 5E 00 00 00 bis 01 00 5E 7F FF FF (siehe Abschnitt 3.3.2.1).

- Broadcast-Rahmen: Ethernet-Rahmen mit der Destination-Adresse FF FF FF FF FF FF.

- Layer 2 Control-Rahmen. Tabelle 3.8 zeigt die wichtigsten Layer 2 Control-Rahmen.

Tabelle 3.8 Layer 2 Control Rahmen. Quelle: [34]

Protokoll	Destination MAC-Adresse
IEEE 802.3x MAC Control Rahmen	01 80 C2 00 00 01
Link Aggregation Control Protocol (LACP)	01 80 C2 00 00 02
IEEE 802.1x Port Authentication	01 80 C2 00 00 03
Generic Attribute Registration Protocol (GARP)	01 80 C2 00 00 2X
Spanning Tree Protocol (STP)	01 80 C2 00 00 00
A protocol to be multicasted to all bridges in a bridged LAN	01 80 C2 00 00 10

Bei allen Rahmentypen muss spezifiziert werden, ob diese übertragen, verworfen, bei Be⬛
verworfen oder ausgewertet werden.

3.3.10.2 Skalierbarkeit

Skalierbarkeit ist in der Telekommunikation ein zentraler Begriff, der sich auf verschied⬛
Aspekte beziehen kann (siehe Abschnitt 2.1.1). Das Metro Ethernet Forum definiert bezüg⬛
Carrier Ethernet folgende Aspekte [31]:

- Skalierbarkeit bezüglich der Dienste (z. B. Datenverkehr, Sprache, Video)

- Skalierbarkeit bezüglich der geographischen Netzausdehnung (LAN, MAN, WAN, G⬛
  und der Anzahl der Netzknoten

- Skalierbarkeit bezüglich der Transporttechnologie (z. B. SDH/OTH, PWE3/MPLS, Et⬛
  net)

- Skalierbarkeit bezüglich der Datenraten inkl. Quality-of-Service Optionen

Ganz entscheidend für Netzbetreiber ist die Skalierbarkeit bezüglich weiterer Teilnehmer b⬛
Endgeräte. Hier ergeben sich mit dem klassischen Ethernet Probleme, wie im Folgenden ⬛
zeigt werden soll.

In Abschnitt 3.3.10.1 wurden die Ethernet-Dienste: Ethernet Line, Ethernet LAN und Ether⬛
Tree beschrieben. Die Bereitstellung eines Ethernet-Dienstes impliziert, dass die Kund⬛
schnittstelle (UNI) eine Ethernet Schnittstelle ist. Es wird jedoch nichts darüber ausgesagt, ⬛
welcher Technologie die Ethernet-Rahmen übertragen werden. Zurzeit gängige Verfahren s⬛
Ethernet over SDH/WDM/OTH unter Verwendung von GFP oder PWE3/MPLS [30]. Alter⬛
tive Technologien sind: PDH, ATM und Ethernet (siehe Abschnitt 3.3.10.1). Insbesond⬛
Ethernet wird als attraktive Übertragungstechnologie angesehen, da mit Ethernet ein gro⬛
Kosteneinsparungspotential verbunden wird. Bei der Verwendung des klassischen Ethern⬛
als Transporttechnologie für Ethernet-Dienste ergibt sich jedoch folgendes Skalierun⬛
problem.

Verwenden sowohl die Teilnehmer als auch der Netzbetreiber das klassische Ethernet, so m⬛
jeder Switch im Netz die MAC-Adresse jedes Endgerätes kennen. Diese Aussage gilt un⬛
hängig davon, ob die Teilnehmer oder der Netzbetreiber VLANs/VLAN-Stacking verwend⬛
Dadurch können die Switching-Tabellen sehr groß und das Switching entsprechend aufwen⬛
werden. Das Problem liegt an den unstrukturierten MAC-Adressen, die im Gegensatz zu ⬛
Adressen kein Zusammenfassen mehrerer Endgeräteadressen zulassen. Zur Trennung der K⬛

dennetze kann das Independent VLAN Learning (IVL) verwendet werden. Dabei wird für jedes VLAN eine separate Switching-Tabelle verwendet [30]. Das Verfahren ändert jedoch nichts an der gesamten Anzahl der Einträge.

Zur Lösung dieses Skalierungsproblems werden im Folgenden drei Verfahren vorgestellt. All diesen Verfahren ist gemeinsam, dass sie Tunnel verwenden, um die Ethernet-Rahmen der Teilnehmer durch das Netz des Netzbetreibers zu transportieren. Im Falle von PBB und PBB-TE handelt es sich um Ethernet-Tunnel und im Falle von MPLS-TP um Label Switched Paths. Der Vorteil hierbei ist, dass nur noch die Netzelemente am Netzrand die MAC-Adressen der Teilnehmer kennen müssen.

3.3.10.2.1 Provider Backbone Bridging

Beim so genannte Provider Backbone Bridging (PBB) wird der Ethernet-Rahmen der Kunden in einem weiteren Ethernet-Rahmen enkapsuliert[30]. Bild 3-37 d) zeigt das entsprechende Rahmenformat.

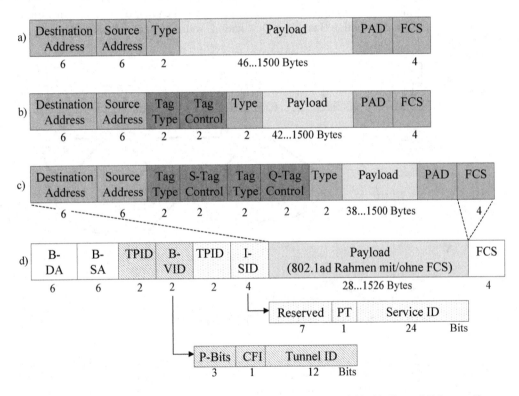

Bild 3-37 Rahmenformat: a) untagged Ethernet-Rahmen [IEEE 802.3], b) Tagged Ethernet Frame-Format [IEEE 801.Q], c) Q-in-Q Tagged Ethernet Frame-Format [IEEE 801.ad] und d) PBB Ethernet Frame-Format [IEEE 801.ah]

---

30 Ein ähnlicher Ansatz wird bei TRILL verfolgt. TRILL wird beispielsweise beim DE-CIX eingesetzt.

Die Payload eines PBB Ethernet-Rahmes kann ein normaler (untagged) Ethernet-Rahm
ein Tagged Ethernet-Rahmen oder ein Q-in-Q Tagged Ethernet-Rahmen sein. Der Payl
werden die Felder Backbone-Destination Address (B-DA), Backbone-Source Address (B-S
EtherType Identifier (TPID), Backbone VLAN Identifier (B-VID), Service Instance Identi
(I-SID) und Frame Check Sequence (FCS) hinzugefügt. Der Ethernet-Rahmen der Kun
wird vollständig enkapsuliert und erhält eine neue Destination- und Source-MAC-Adresse,
nur im Netz des Netzbetreibers gültig ist (Bezeichnung: Backbone Destiantion- und Sou
Adresse). Als Backbone-Destination Adresse wird die MAC-Adresse des UNIs verwendet,
das der Ethernet-Rahmen bestimmt ist und als Backbone-Source Adresse die MAC-Adre
des UNIs, von dem aus der Rahmen gesendet wird. Auf diese Weise werden die Ma
Adressen der Kundennetze und die des Netzbetreibers vollständig voneinander getrennt.

Vorteil dieses Ansatzes besteht darin, dass die Core-Switche (Ethernet-Switche, an die ke
Kunden direkt angeschaltet sind) des Netzbetreibers nur noch die Backbone MAC-Adres
kennen müssen, so dass die Einträge in den Switching-Tabellen klein gehalten werden könn
Die Edge-Switche (Ethernet Switche, an die Kunden direkt angeschaltet sind) des Netzbet
bers müssen hingegen sowohl die Backbone MAC-Adressen als auch die MAC-Adres
sämtlicher an sie angeschlossener Kundennetze kennen, damit sie dem Ethernet-Rahmen
Kunden die richtige Backbone-Destination Address voranstellen können.

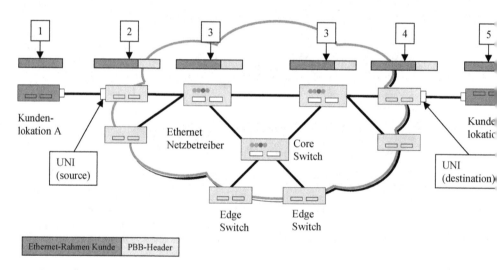

Bild 3-38   Übertragung eines Ethernet-Rahmes mit PBB

Bild 3-38 zeigt die Übertragung eines Ethernet-Rahmens mit PBB. Der Rahmen des Kund
von der Lokation A (1) gelangt über das UNI an den Edge-Switch des Netzbetreibers. Die
schaut zunächst in der Switching-Tabelle des entsprechenden Kunden nach, für welchen Edg
Switch das Paket bestimmt ist und stellt ihm den PBB-Header mit der MAC-Adresse der U
dieses Switches voran (2). Der Edge-Switch schaut nun in einem zweiten Schritt in der Sw
ching-Tabelle für die Backbone-MAC-Adressen, an welchen Port der PBB-Rahmen weiter
leiten ist und gibt den Rahmen an diesen Port aus. Der nächste Switch (Core-Switch) benöt
nur noch die Backbone-Destination Adresse, um den PBB-Rahmen an den richtigen A
gangsport weiterzuleiten (3). Auf diese Weise gelangt der PBB-Rahmen schließlich zum Z
Edge-Switch. Dieser entfernt den PBB-Header wieder (4) und gibt den Kunden-Rahmen

den Switch in der Kundenlokation B (5). Finden die Switche keine Einträge in ihren Switching-Tabellen, so werden die Rahmen mittels Broadcast an alle Ausgangsports weitergeleitet, um so durch Backward-Learning die MAC-Adressen der Ziele zu lernen.

Die verschiedenen Kunden werden bei PBB nicht wie beim VLAN-Stacking durch den 12 Bit langen S-Tag, sondern durch den 24 Bit langen Service Instance Identifier (I-SID) voneinander unterschieden. Folglich können, auch wenn die Kunden selber VLANs verwenden, maximal $2^{24} = 16.777.216$ verschiedene Kunden realisiert werden. Auf diese Weise wird das Skalierungsproblem von VLAN-Stacking, die Beschränkung auf 4096 Kunden, gelöst.

Das Payload Type (PT) Bit des I-SID Feldes zeigt an, ob es sich um einen Nutzrahmen oder einen Management-Rahmen handelt. Die P-Bits und das CFI-Bit entsprechenden den Bits des Tagged Frame Formats (siehe Bild 3-33). Die 12 Bit lange Tunnel-ID ermöglicht es dem Netzbetreiber eigene VLANs (Bezeichnung: Backbone VLANs) zu verwenden. Der EtherType Identifier (TPID) schließlich zeigt an, dass es sich um einen PBB-Rahmen handelt. Um Schleifenfreiheit zu garantieren, können sowohl Netzbetreiber als auch Kunden unabhängig voneinander STP, RSTP oder MSTP verwenden. PBB ist auch unter der Bezeichnung Mac-in-Mac bekannt und wurde im Juni 2008 im Standard IEEE 802.1ah spezifiziert. In Japan verwendeten einige Netzbetreiber PBB bereits vor Abschluss der Standardisierung [30].

3.3.10.2.2 Provider Backbone Bridging – Traffic Engineering

Provider Backbone Bridging löst viele Skalierungsprobleme des klassischen Ethernets. Bei der Frage nach der optimalen Übertragungstechnologie treffen jedoch zwei unterschiedliche Philosophien aufeinander. Auf der einen Seite gibt es die klassischen, TDM-basierten Übertragungstechnologien wie PDH oder SDH und auf der anderen Seite Datennetztechnologien wie Ethernet. Die TDM-basierten Übertragungstechnologien sind verbindungsorientiert und werden von einem zentralen Netzwerkmanagementsystem aus überwacht und betrieben. Das Einrichten von neuen Verbindungen erfolgt manuell über das Netzmanagementsystem. Die Datenrate ist dabei garantiert. Damit hat der Netzbetreiber jederzeit die volle Kontrolle über das Netz (vgl. Abschnitt 5.6). Datennetztechnologien verfolgen eine andere Philosophie. Hierbei soll der Betrieb (z. B. Routing, Einrichten neuer Verbindungen) so weit wie möglich automatisch erfolgen, um so die Betriebskosten zu minimieren. Oft ist die Intelligenz im Netz verteilt. Hierbei geht die volle Kontrolle über das Netz verloren und ein manuelles Eingreifen wird erschwert. So ist es beispielsweise sowohl beim klassischen Ethernet als auch bei IP nicht ohne weiteres möglich, die Wegewahl manuell zu beeinflussen.

Provider Backbone Bridging – Traffic Engineering (PBB-TE, ehemalige Bezeichnung: Provider Backbone Transport [PBT]) vereint die Datennetztechnologie Ethernet mit dem Managementkonzept klassischer, TDM-basierter Übertragungsnetztechnologien. Hierdurch soll einerseits die Komplexität reduziert und andererseits eine Reihe neuer Features bereitgestellt werden. PBB-TE ist eine Modifikation von PBB und basiert auf den Standards: IEEE 802.1Q, 802.1ad, Teilen von 802.1ah sowie Teilen von 802.1ag [30]. PBB-TE ist im Gegensatz zum klassischen Ethernet verbindungsorientiert. Die Switching-Tabellen und damit die Verbindungen werden vom zentralen Netzmanagementsystem oder einer geeigneten Control Plane (z. B. GMPLS Ethernet Label Switching [GELS], Provider Link State Bridging [PLSB]) berechnet und anschließend an die entsprechenden Switche verteilt. Ein Lernen von MAC-Adressen ist daher bei PBB-TE nicht erforderlich. Rahmen mit einer unbekannten Zieladresse werden nicht zugestellt und Broadcasts unterbunden. Auf diese Weise erhält der Netzbetreiber die volle Kontrolle über das Netz, so dass sowohl die Netzressourcen optimal ausgenutzt (Traffic Engi-

neering) als auch absolute Bandbreitengarantien gegeben werden können. Eine PBB-
Verbindung ist durch das Tripel: Backbone-Source Adresse, Backbone-Destination Adr
sowie Backbone-VLAN Identifier (B-VID) eindeutig gekennzeichnet. Der B-VID hat
PBB-TE eine andere Bedeutung als bei PBB. Er kennzeichnet den Weg zum Zielknoten
hat im Gegensatz zu PBB nur eine lokale Bedeutung. Das Forwarding basiert bei PBB-TE
dem 60 Bit langen Tupel: Backbone-Destination Adresse und Backbone-VLAN Identifier.
Backbone-Destination Adresse spezifiziert dabei das Ziel und der Backbone-VLAN Ident
den Weg zum Ziel [30].

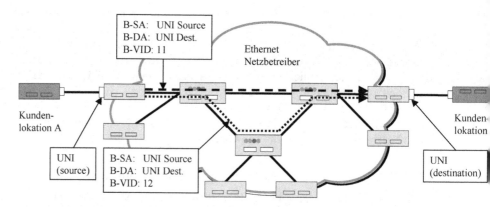

Bild 3-39   Verbindungen werden bei PBB-TE durch die Backbone-Source Adresse, die Backbone-
Destination Adresse sowie den Backbone VLAN Identifier gekennzeichnet.

Bild 3-39 zeigt zwei unterschiedliche Verbindungen vom selben Quell- zum selben Zielk
ten. Die Verbindungen werden über den Backbone-VLAN Identifier voneinander untersch
den. Die Hauptanwendungen hierfür sind Protection und Traffic Engineering. Beispielsw
könnte der obere Pfad in Bild 3-39 (B-VID: 11) als Working-Pfad und der untere Pfad
VID: 12) als Protection-Pfad eingerichtet werden. Im Fehlerfall wird dann von dem Worki
Pfad auf den Protection-Pfad umgeschaltet, indem der linke Edge-Switch den B-VID 11 du
12 ersetzt. Der Verkehr wird dann auf den Protection-Pfad umgeroutet. Auf diese Weise so
Ausfallzeiten von weniger als 50 ms realisiert werden [37]. Beim Traffic Engineering k
z. B. der Verkehr von der Kundenlokation A zur Lokation B zu gleichen Teilen auf den obe
und den unteren Pfad aufgeteilt werden, um so eine möglichst optimale Ausnutzung der Ne
ressourcen zu erreichen.

Mit PBB-TE können wie mit PBB Ethernet Line, Ethernet LAN, Ethernet-Tree-Dienste so
Ethernet Multicast realisert werden. Die Standardisierung von PBB-TE erfolgt unter der
zeichnung IEEE 802.1Qay (veröffentlicht am 5.8.2009). Die meisten Herstellerfirmen favo
sieren jedoch MPLS-TP anstelle von PBB-TE, so dass PBB-TE nicht als zukunftsträcht
Technologie angesehen werden kann.

3.3.10.2.3 MPLS-TP

Multiprotocol Label Switching (MPLS) ist besonders in großen IP Netzen ein weit verbreite
Protokoll. Im Vergleich zu PBB oder PBB-TE gilt MPLS allerdings als potentiell teuer u
aufwendig zu implementieren. Auch setzt der Betrieb von MPLS ein gewisses Fachwis
voraus.

MPLS Transport Profile (MPLS-TP) ist eine Adaption von MPLS auf eine Transportnetzumgebung. Die Standardisierung von MPLS-TP erfolgte zunächst von der ITU-T unter der Bezeichnung Transport-MPLS (T-MPLS). In 2008 wurde die Standardisierung von der IETF unter der Bezeichnung MPLS-TP übernommen. MPLS-TP wird bereits an dieser Stelle beschrieben, da es im Wesentlichen entwickelt wurde, um Ethernet-Rahmen zu transportieren und damit das in Abschnitt 3.3.10.2 eingangs beschriebene Skalierungsproblem zu lösen. Zum Verständnis von MPLS-TP werden MPLS Grundkenntnisse, wie in Kapitel 5 beschrieben, vorausgesetzt. Wie bei PBB-TE, so basiert auch die MPLS-TP Netzarchitektur sowie der Betrieb auf den Prinzipien der klassischen, TDM-basierten Transportnetztechnologien [38]. Der Betrieb von MPLS-TP Netzen wird sich daher stark an den Betrieb von SDH Netzen anlehnen.

Einfach ausgedrückt handelt es sich bei MPLS-TP um eine abgespeckte, auf Transportnetze zugeschnittene Variante von MPLS. MPLS-TP ist wie MPLS ein Protokoll zwischen Schicht 2 und 3 (Shim Layer). Es verwendet denselben, 4-Byte langen Header wie auch MPLS (siehe Bild 5-5). Der Header enthält ein 20 Bit langes Label, mit dem ein Label Switched Path (LSP) zwischen den MPLS-TP Netzelementen des Netzbetreibers aufgebaut wird. Die LSPs können wie Tunnel angesehen werden, die ähnlich wie bei PBB-TE der Trennung der Bereiche Teilnehmer – Netzbetreiber dienen. Zur Trennung der Kundennetze wird Label Stacking verwendet und jedem Kundennetz ein eigenes Label zugeordnet. In den folgenden Punkten weichen MPLS-TP und MPLS voneinander ab [38]:

- MPLS-TP setzt keine IP Control Plane voraus. Vielmehr werden die LSPs- wie SDH- oder PBB-TE-Verbindungen zentral über das Netzmanagementsystem eingerichtet. Eine Erweiterung um eine ASON/MPLS basierte Control Plane ist jedoch angedacht.

- MPLS-TP verwendet bidirektionale LSPs, da Verbindungen im Transportnetz immer bidirektional sind. MPLS hingegen basiert auf unidirektionalen LSPs.

- Penultimate Hop Popping (PHP), Equal Cost Multiple Path (ECMP) und Label Merging wird von MPLS-TP nicht unterstützt, da diese Verfahren eine Ende-zu-Ende Überwachung der LSPs erschweren bzw. nicht gestatten.

Gleichwohl sind bestimmte Erweiterungen von MPLS erforderlich, um den spezifischen Anforderungen von Transportnetzen gerecht zu werden [38]:

- Transportnetze stellen Mechanismen zum Schutz der Signalübertragung bereit (vgl. Abschnitt 2.5). Da diese bei MPLS fehlen, werden in den ITU-T-Empfehlungen G.8131/Y.1382 „T-MPLS linear protection switching with 1+1, 1:1 and 1:N options" sowie G.8132/Y.1383 „T-MPLS ring protection switching" verschiedene Schutzmechanismen spezifiziert. *Bemerkung:* MPLS Fast Reroute kann bei MPLS-TP nicht verwendet werden, da es eine IP Control Plane voraussetzt.

- Transportnetze stellen umfangreiche Überwachungsmaßnahmen zur Verfügung (vgl. Abschnitt 2.5). Die Überwachungsmechanismen von MPLS-TP werden in den ITU-T-Empfehlungen G.8113/Y.1372 (ex-Y.17tor) „Requirements for OAM function in T-MPLS based networks" und G.8114/Y.1373 (ex-Y.17tom) „Operation and maintenance mechanism for T-MPLS based networks" beschrieben. Beide basieren auf der Empfehlung Y.1711 „Operation and maintenance mechanism for MPLS networks", in der die relevanten Überwachungsmechanismen für Transportnetze definiert werden (vgl. Abschnitt 2.5).

Bild 3-40 zeigt den Protokollstack im Umfeld von MPLS-TP. Der Fokus bei der Entwicklung war die Übertragung von Ethernet. Ebenfalls ist es möglich, PWE3/MPLS, IP/MPLS oder sogar SDH/OTH über MPLS-TP zu übertragen. MPLS-TP seinerseits benötigt ein Layer 2 Protokoll für die Übertragung. Dies kann GFP, Ethernet, RPR, PBB oder auch PBB-TE sein.

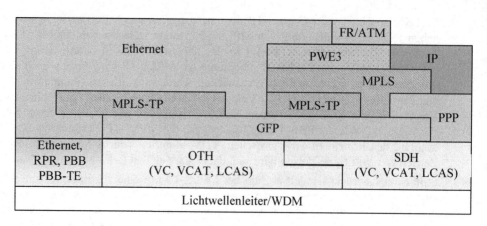

Bild 3-40   Protokollstack im Umfeld von MPLS-TP

Tabelle 3.9   ITU-T MPLS-TP Empfehlungen. Quelle: [83]

Empfehlung	Titel	Status
G.8110.1/Y.1310.1	Architecture of Transport MPLS (T-MPLS) Layer Network	approved 12/2011
G.8101/Y.1355	Terms and Definitions for Transport MPLS	12/2006 under revisio
G.8113.1/Y.1372.1	Operations, Administration and Maintenance mechanism for MPLS-TP in Packet Transport Network (PTN)	consented 02/2011
G.8113.2/Y.1372.2	Operations, administration and maintenance mechanisms for MPLS-TP networks using the tools defined for MPLS	consented 09/2011
G.8112/Y.1371	Interfaces for the Transport MPLS (T-MPLS) Hierarchy	10/2006 under revisio
G.8131/Y.1382	Protection switching for Transport MPLS networks	02/2007 under revisio
G.8121/Y.1741	Characteristics of Transport MPLS equipment functional blocks	consented 12/2011
G.8121.1/Y.1382.1	Characteristics of MPLS-TP equipment functional blocks supporting G.8113.1/Y.1373.1	in progress
G.8121.2/Y.1382.2	Characteristics of MPLS-TP equipment functional blocks supporting G.8113.2/Y.1373.2	in progress
G.8080/Y.1304	Architecture for the automatically switched optical network (ASON)	approved 02/2012
G.8151/Y.1374	Management aspects of the MPLS-TP network element	consented 12/2011
G.8152	Infomodel	in progress
G.7712/Y.1703	Architecture and Specification of Data Communication Network	approved 05/2010

Tabelle 3.9 und Tabelle 3.10 geben eine Übersicht über die relevanten MPLS-TP Standards. Die Standardisierung von MPLS-TP ist weitestgehend abgeschlossen. Nur bei den OAM Funktionalitäten ist derzeit noch einiges im Fluss. MPLS-TP ist noch eine relativ junge Technologie. Viele große Transportnetz- und Routerhersteller bieten aber bereits MPLS-TP Produkte an. MPLS-TP gilt im Vergleich zu MPLS – auch aufgrund des größeren Wettbewerbs – als kostengünstiger.

Tabelle 3.10 Übersicht über MPLS-TP RFCs. Quelle: [83]

RFC	Titel	Status
5654	Requirements of an MPLS Transport Profile	PROPOSED STANDARD
5860	Requirements for Operations, Administration, and Maintenance (OAM) in MPLS Transport Networks	PROPOSED STANDARD
5951	Network Management Requirements for MPLS-based Transport Networks	PROPOSED STANDARD
5921	A Framework for MPLS in Transport Networks	INFORMATIONAL
6371	Operations, Administration, and Maintenance Framework for MPLS-Based Transport Networks	INFORMATIONAL
5960	MPLS Transport Profile Data Plane Architecture	PROPOSED STANDARD
6215	MPLS Transport Profile User-to-Network and Network-to-Network Interfaces	INFORMATIONAL
6372	MPLS Transport Profile (MPLS-TP) Survivability Framework	INFORMATIONAL
5950	Network Management Framework for MPLS-based Transport Networks	INFORMATIONAL
6373	MPLS Transport Profile (MPLS-TP) Control Plane Framework	INFORMATIONAL
5586	MPLS Generic Associated Channel	PROPOSED STANDARD
5718	An In-Band Data Communication Network For the MPLS Transport Profile	PROPOSED STANDARD
6370	MPLS Transport Profile (MPLS-TP) Identifiers	PROPOSED STANDARD
6423	Using the Generic Associated Channel Label for Pseudowire in the MPLS Transport Profile (MPLS-TP)	PROPOSED STANDARD
6428	Proactive Connectivity Verification, Continuity Check, and Remote Defect Indication for the MPLS Transport Profile	PROPOSED STANDARD
6426	MPLS On-Demand Connectivity Verification and Route Tracing	PROPOSED STANDARD
6427	MPLS Fault Management Operations, Admini-stration, and Maintenance (OAM)	PROPOSED STANDARD
6435	MPLS Transport Profile Lock Instruct and Loopback Functions	PROPOSED STANDARD
6374	Packet Loss and Delay Measurement for MPLS Networks	PROPOSED STANDARD
6375	A Packet Loss and Delay Measurement Profile for MPLS-Based Transport Networks	INFORMATIONAL
6378	MPLS Transport Profile (MPLS-TP) Linear Protection	PROPOSED STANDARD

3.3.10.3   Zuverlässigkeit

Die Zuverlässigkeit eines Netzes wird durch die Verfügbarkeit angegeben. Die Verfügbar
wird in so genannten Service Level Agreements (SLA) festgelegt. Sie liegt typischerweise
Bereich von 98,5 % für ungeschützte Verbindungen bis hin zu 99,995 % für hochverfügb
Dienste (z. B. für Storage Area Networks [23]). Z.T. werden sogar Verfügbarkeiten
99,999% bezogen auf ein Jahr gefordert. Dies bedeutet eine maximale Ausfallzeit von e
5 min pro Jahr. Derart hohe Verfügbarkeiten können nur durch geeignete Schutzmechanism
realisiert werden. Idealerweise sollten die Teilnehmer von einem Fehlerfall nichts bemerk
Isochrone Dienste wie Sprache oder Video stellen dabei viel größere Herausforderungen
Schutzmechanismen als nicht isochrone Datendienste. Oft wird eine maximale Unterbrech
des Verkehrs von 50 ms gefordert [31]. Dieser Wert sollte jedoch kritisch hinterfragt werd
da heutige Anwendungen oft längere Ausfallzeiten tolerieren können. Beispielsweise sind
Next Generation Networks Ausfallzeiten bis 200 ms tolerierbar [10].

Um auf einen Fehlerfall reagieren zu können, muss dieser zunächst festgestellt und den
teiligten Netzelementen mitgeteilt werden. Die Erkennung und Mitteilung eines Fehlers erf
durch entsprechende OAM-Mechanismen (siehe Abschnitt 3.3.10.5). Klassische Über
gungstechnologien wie SDH und OTH bieten umfangreiche Schutzmechanismen. Auch
den in Abschnitt 3.3.10.2 beschriebenen Technologien PBB-TE und MPLS-TP sind ber
Schutzmechanismen implementiert. Sollen Ethernet-Rahmen jedoch ohne diese Technolog
übertragen werden, sind entsprechende Schutzmechanismen für Ethernet erforderlich. Ethe
bietet zwar mit den Protokollen STP, RSTP, und MSTP sowie der Link Aggregat
(IEEE802.3ad) eigene Schutzmechanismen. Die Ausfallzeiten liegen jedoch selbst bei RS
im Sekundenbereich und sind daher insbesondere für Echtzeitanwendungen zu lang. Aus
sem Grunde wurden in den ITU-T-Empfehlungen G.8031/Y.1342 (veröffentlicht im J
2006) und G.8032/Y.1344 (prepublished im Juni 2008) verbesserte Schutzmechanismen
Ethernet mit maximalen Umschaltzeiten von 50 ms standardisiert. Der Stand
G.8032/Y.1344 ist noch nicht final verabschiedet. Es wird aber erwartet, dass mit dies
Standard erstmal eine leistungsfähige Ring Protection für Paketnetze zur Verfügung steht.

3.3.10.4   Quality-of-Service

Ein Ethernet-Dienst wird durch seine Performance Parameter (Verfügbarkeit, Verzögerun
zeit, Jitter, Rahmen-Verlustrate) sowie durch sein Bandbreitenprofil (CIR, CBS, EIR, EI
charakterisiert. Diese Parameter werden in SLAs festgelegt. Damit die vereinbarten Parame
auch eingehalten werden ist es im Allgemeinen erforderlich, Ethernet-Rahmen differenziert
behandeln.

Mit der Priority ID im QTag Prefix gemäß IEEE802.1Q bietet Ethernet die Möglichkeit, R
men zu priorisieren und damit relative Bandbreitengarantien zu geben (siehe Absch
3.3.9.1). Mit den Technologien PBB-TE und MPLS-TP können sogar absolute Bandbreit
garantien realisiert werden.

3.3.10.5   Service Management

Service Management bezieht sich auf die Betreibbarkeit einer Technologie. In der angelsäch
schen Literatur werden hierfür oft auch die Begriffe Operation, Administration and Main
nance (OAM) verwendet. Insbesondere sind Mechanismen zur flexiblen Konfiguration ei

Netzes sowie zur Überwachung der Signalübertragung erforderlich, wie sie üblicherweise von Übertragungsnetzen bereitgestellt werden, beim klassischen Ethernet aber fehlen.

Aus diesem Grunde werden in den Standards IEEE 802.1ag-2007 (veröffentlicht im Dezember 2007) und ITU-T Y.1731 (prepublished im Februar 2008) entsprechende Überwachungsmechanismen für Ethernet spezifiziert [42]:

- Continuity Check (802.1ag und Y.1731). Mit Continuity Check werden Unterbrechungen der Übertragung festgestellt.

- Connectivity Check (802.1ag und Y.1731). Mit Connectivity Check kann festgestellt werden, ob der Empfänger mit dem richtigen Sender verbunden ist. Dies ist insbesondere bei Multipunkt-zu-Multipunkt und Punkt-zu-Multipunkt-Verbindungen wichtig.

- Loopback (802.1ag und Y.1731). Hierbei wird eine Testsequenz gesendet, die an dem gewünschten Netzelement zum Sender zurückgeschleift wird. Auf diese Weise kann der Übertragungsweg bis zu dem entsprechenden Netzelement sowie das Netzelement selber überprüft werden.

- Linktrace (802.1ag und Y.1731). Mit Linktrace kann der Weg eines Ethernet-Rahmens vom Sender bis zum Empfänger ermittelt werden. Dies ist hilfreich, da Ethernet wie IP verbindungslos arbeitet.

- Layer 2 Ping (802.1ag). Mit einem Layer 2 Ping kann überprüft werden, ob ein Netzelement betriebsbereit ist.

- Alarm Indication Signal (AIS; Y.1731). Das AIS-Signal dient der Alarmunterdrückung. Stellt ein Netzelement einen Fehler fest, so sendet es in Richtung Empfänger AIS. Die nachfolgenden Netzelemente wissen dann, dass der Fehler bereits vor dem Netzelement aufgetreten ist, dass das AIS-Signal sendet.

- Loss Measurement (Y.1731). Loss Measurement dient der Ermittlung von Übertragungsfehlern.

- Delay Measurement (Y.1731). Delay Measurement dient der Ermittlung der Verzögerungszeit (Latenz) zwischen Sender und Empfänger.

- Automatic Protection Switching (APS). Mit APS kann der Verkehr im Fehlerfall auf einen Ersatzweg umgeschaltet werden.

Einige OAM-Mechanismen (Continuity Check, Connectivity Check, Loopback, Linktrace) werden in beiden Standards beschrieben. Bei IEEE 802.1ag liegt der Schwerpunkt auf dem Fault Management (Erkennen von Unterbrechungen/Verschaltungen) und bei der ITU-T-Empfehlung Y.1731 auf dem Performance Monitoring (Feststellen von Übertragungsfehlern). Wie bei der SDH/OTH werden zwecks Systematisierung der Fehlersuche verschiedene Sublayer (Ende-zu-Ende Pfad, Bereich des Service Providers, Bereich eines Netzbetreibers, Abschnitt zwischen zwei Netzelementen) definiert [42]. Sowohl der Standard IEEE802.1ag als auch der abgeleitete Standard Y.1731 sind stabil. Implementierungen sind auf verschiedenen Plattformen vorhanden oder in der Planung.

Darüber hinaus werden im Standard 802.3ah (mittlerweile integraler Bestandteil der IEEE 802.3-2005 [Section 5]) folgende OAM-Mechanismen für Ethernet in the First Mile Punkt-zu-Punkt-Verbindungen definiert:

- Loopback. Hierbei sendet der Netzbetreiber eine Testsequenz über die Teilnehmer schlussleitung. Am Teilnehmermodem wird das Signal zurückgeschleift, so dass sow die Teilnehmeranschlussleitung als auch das Teilnehmermodem überprüft werden kann.

- Event Notification. Hierdurch werden u. a. fehlerhafte Rahmen („Errored Frame Ever Zeitintervalle mit fehlerhaften Rahmen („Errored Frame Period") und Zeitintervalle fehlerhaft übertragenen Symbolen („Errored Symbol Period") angezeigt.

- Critical Event Flags. Mit den Critical Event Flags kann ein Ausfall der Teilnehmer schlussleitung („Link Fault"), ein kritisches Ereignis („Critical Event", z. B. Anstieg Bitfehlerrate) oder ein Ausfall des Teilnehmermodems („Dying Gasp", z. B. durch ei Stromausfall) angezeigt werden.

Bei den im Standard 802.3ah beschriebenen OAM-Mechanismen geht es ausschließlich um Überwachung der Teilnehmeranschlussleitung sowie des Teilnehmermodems.

3.3.10.6 Zusammenfassung und Bewertung

Ethernet hat bereits eine große Bedeutung in der Telekommunikation erlangt und seine Bed tung wird künftig weiter zunehmen. Grundsätzlich muss zwischen Ethernet-Diensten, Eth net-Schnittstellen und Ethernet-Transport unterschieden werden. Ethernet-Dienste können bereits etablierten Übertragungsnetz- (PDH, SDH, WDM, OTH) oder Datennetztechnolog (PWE3/MPLS) realisiert werden. Allerdings können mit Übertragungsnetztechnologien led lich Ethernet-Line-Dienste, jedoch keine Ethernet-LAN- oder Tree-Dienste realisiert werd Soll das klassische Ethernet als Transporttechnologie verwendet werden, ergeben sich Prol me hinsichtlich Skalierbarkeit, Zuverlässigkeit, Quality-of-Service und Service Managem Diese Probleme können durch die Verwendung von Carrier Grade Ethernet gelöst werden. Carrier Grade Ethernet basierend auf PBB, PBB-TE oder MPLS-TP handelt es sich jedoch eine neue Technologie mit einer entsprechend geringen Marktreife. Auch die Standardisier von Carrier Grade Ethernet ist noch nicht vollständig abgeschlossen. Schließlich wird klassische Ethernet um viele Funktionalitäten erweitert und die Technologie daher naturgen komplexer. Es bleibt daher zu prüfen, inwieweit Carrier Grade Ethernet bezüglich Einfachh einer der Hauptvorteile von Ethernet, an das klassische Ethernet anknüpfen kann. Tabelle 3 gibt eine Übersicht über die Standards in Zusammenhang mit Carrier Grade Ethernet.

Tabelle 3.11 Carrier Grade Ethernet Standards [31,38,43,44]

	Ethernet-Dienste	Architektur/ Netzmanagement	OAM/ Zuverlässigkeit	Ethernet Schnittstellen
IEEE		802.3 – MAC 802.3ar – Congestion Management 802.1D/Q – Bridges/VLAN 802.17 – RPR 802.1ad – Provider Bridges 802.1ah – Provider Backbone Bridges	802.3ah – EFM OAM 802.1ag – CFM 802.1AB – Discovery 802.1ap – VLAN MIB	802.3 – PHYs 802.3as – Frame Expansion

	Ethernet-Dienste	Architektur/ Netzmanagement	OAM/ Zuverlässigkeit	Ethernet Schnittstellen
		802.1Qay – PBB-TE 802.1ak – Multiple Registration Protocol 802.1aj – Two Port MAC Relay 802.1ac – Media Access Control Service 802.1AE/af – MAC / Key Security 802.1ap – VLAN Bridge MIBs 802.1aq – Shortest Path Bridging 802.1ar – Secure Device Identity 802.1as – Timing and Synchronisation		
ITU-T	G.8011 – Services Framework G.8011.1 – EPL Service G.8011.2 – EVPL Service G.8011.3 – EVPLAN Service G.8011.4 – E-Tree Service G.asm – Service Mgmt Arch G.smc – Service Mgmt Chnl	G.8001 – Terms and Definitions G.8010 – Layer Architecture G.8021 – Equipment model G.8010v2 – Layer Architecture G.8021v2 – Equipment model G.8051 – EOT Management EMF G.8052 – EOT Info Model G.8261 – Timing and Synchronization Y.17ethmpls – ETH-MPLS Interwork Q.840.1 – NMS-EMS	Y.1730 – Ethernet OAM Req Y.1731 – OAM Mechanisms G.8031/G.8032 – Protection Y.17ethqos – QoS Y.ethperf – Performance	G.8012 – UNI/NNI G.8012v2 – UNI/NNI
MEF	MEF 10.1 – Service Attributes MEF 3 – Circuit Emulation MEF 6.1 – Service Definition MEF 8 – PDH Emulation MEF 9 – Test Suites MEF 14 – Test Suites Services Phase 2	MEF 4 – Generic Architecture MEF 2 – Protection Req & Framework MEF 11 – UNI Req & Framework MEF 12 – Layer Architecture MEF 20 – UNI Type 2	MEF 7– EMS-NMS Info Model MEF 15– NE Management Req MEF 17 – Service OAM Requirements & Framework Service OAM Protocol – Ph. 1 Performance Monitoring	MEF 13 – UNI Type 1 MEF 16 – ELMI E-NNI

3.4 Resilient Packet Ring

Das Ziel bei der Entwicklung von Resilient Packet Ring (RPR) war es, paketbasierten Verk
effizient und zuverlässig mit Metronetzen zu übertragen. Insofern ist RPR eine alterna
Technologie zu Carrier Grade Ethernet. Die Arbeiten zu RPR begannen jedoch vor der I
wicklung von Carrier Grade Ethernet bereits im Mai 2000. Zu diesem Zeitpunkt standen le
lich SDH und Ethernet als potentielle MAN-Technologien zur Verfügung. Beide Technolog
weisen jedoch folgende Nachteile auf [6,45]:

- **SDH**
  - SDH stellt Punkt-zu-Punkt-Verbindungen mit einer festen Bandbreite bereit. Die Ba
    breite steht der Verbindung exklusiv zur Verfügung und kann von anderen Verbind
    gen nicht genutzt werden. Dadurch wird die Bandbreite für paketbasierten Daten
    kehr schlecht ausgenutzt.
  - SDH-Verbindungen sind statisch und können nur durch das Netzwerkmanagement
    difiziert werden (Switching on Command). Das Netz kann daher nicht dynamisch
    sich ändernde Verkehrsbeziehungen angepasst werden.
  - Bei der SDH wird in der Regel 50 % der Bandbreite als Reservekapazität für den F
    lerfall vorgehalten. Diese Bandbreite wird im Normalfall nicht benutzt.
  - SDH unterstützt kein Multicast. Daher muss ein Multicast zu N Teilnehmern durc
    getrennte Verbindungen realisiert werden, so dass die Bandbreite schlecht ausgen
    wird. Multicast ist für Verteildienste wie IPTV oder Webradio wichtig.

- **Ethernet**
  - Ethernet unterstützt keine Ring-Topologien, wie sie in Metronetzen aus Gründen
    Ausfallsicherheit häufig verwendet werden. Durch STP/RSTP wird eine Kante
    Rings im Normalbetrieb nicht verwendet, was zu einer ineffizienten Ausnutzung
    Netzressourcen führt. Die resultierende Netztopologie entspricht einem Bus.
  - Ethernet stellt keine schnellen Schutzmechanismen bereit. Die Ausfallzeiten von S
    (Sekunden bis Minuten), RSTP (einige Sekunden) aber auch der Link Aggregat
    (~500 ms) sind für Echtzeitanwendungen zu lang.
  - Ethernet kennt keinen Transitpfad für das effiziente Weiterleiten von Transitverke
    Vielmehr wird der Verkehr von allen Ports gleichberechtigt behandelt und muss e
    sprechend prozessiert werden.
  - Ethernet-Switche verteilen die Bandbreite eines Ausgangsports typischerweise glei
    mäßig auf die Eingangsports. Dies führt zwar lokal, nicht aber global zu einer fai
    Aufteilung der Bandbreite (siehe Bild 3-41).

Bild 3-41 soll den letzten Punkt verdeutlichen. Betrachtet wird ein Ethernet MAN mit
Knoten 1–4. Switch 2 sei der Hub, zu dem die Verkehre der anderen Knoten zu transportie
sind. Weiterhin wird angenommen, dass aufgrund von STP/RSTP die Verbindung zwisc
Switch 2 und 4 nicht verwendet wird. Wenn Switch 2 mit 1 Gbit/s an das WAN angebun
ist, so kann der lokale Verkehr von Switch 2 sowie der gesamte Verkehr von Switch 1
Switch 2 maximal 500 Mbit/s betragen. Dies bedeutet aber, dass der Verkehr von Switch 1
Switch 2 sowie der gesamte Verkehr von Switch 3 zu Switch 1 maximal 250 Mbit/s betrag
darf. Für den Verkehr von Switch 3 zu Switch 2 und Switch 4 zu Switch 2 bleiben daher led
lich 125 Mbit/s übrig. Es wird deutlich, dass die Switche 1, 3 und 4 gegenüber Switch 2

nachteiligt sind. Eine Möglichkeit dieses Problem zu umgehen wäre eine statische Beschränkung der Verkehre aller Switche auf 250 Mbit/s. Dies hätte jedoch den Nachteil, dass jeder Switch maximal 250 Mbit/s senden darf, auch wenn möglicherweise zu bestimmten Zeiten eine höhere Bandbreite zur Verfügung steht.

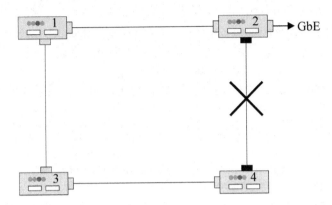

Bild 3-41   Ethernet MAN bestehend aus den Knoten 1–4

Die oben genannten Nachteile haben zu der Entwicklung von RPR geführt. RPR basiert auf einer Ringtopologie und versucht die Vorteile von SDH und Ethernet miteinander zu kombinieren. Historisch gesehen ergibt sich die folgende Abfolge von Protokollen, die Ringstrukturen verwenden [6]: Token Ring → FDDI → DQDB → SDH → RPR. Token Ring und DQDB haben jedoch heute kaum noch eine Bedeutung [6]. Die Entwicklung von RPR wurde von der IEEE 802.3 zunächst bekämpft, die darin eine Weiterentwicklung von Token Ring sahen [6]. Der Ring stellt ein Broadcast Link dar. Ein RPR spezifisches MAC-Protokoll sorgt für eine möglichst gerechte Aufteilung der Ringkapazität auf die einzelnen Knoten. Der RPR Rahmen wurde in Anlehnung an den Ethernet-Rahmen spezifiziert und wird in [6] detailliert beschrieben.

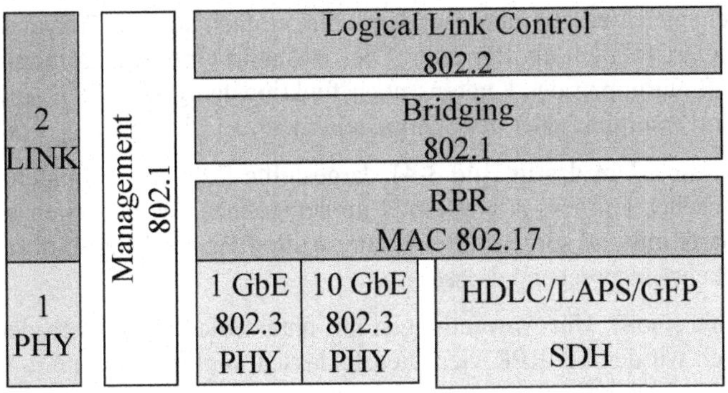

2 LINK	Management 802.1	Logical Link Control 802.2		
		Bridging 802.1		
		RPR MAC 802.17		
1 PHY		1 GbE 802.3 PHY	10 GbE 802.3 PHY	HDLC/LAPS/GFP
				SDH

Bild 3-42   RPR Protokollstack

Bild 3-42 zeigt den Protokollstack von RPR. RPR wurde für die Übertragung von IP/MPLS sowie Ethernet entwickelt. RPR verwendet den Physical Layer von Ethernet (1 GbE, 10 GbE) und SDH inkl. VCAT/LCAS[31] (VC-4, VC-4-4c, VC-4-16c, VC-4-64c, VC-3-xv, VC-4 entsprechend Bandbreiten von 150 Mbit/s bis 10 Gbit/s). Bei SDH-Ringen ist es möglich, Ringbandbreite auf RPR- und nicht-RPR-Anwendungen aufzuteilen. Beispielsweise kann einem STM-16 Ring eine Kapazität von zwei VC-4-4c Signalen (ca. 1244 Mbit/s) RPR zu ordnet werden. Die verbleibende Kapazität (zwei VC-4-4c Signale) kann weiterhin für TD Anwendungen verwendet werden. Dies erleichtert die Migration von SDH- zu RPR-Netzen

RPR spezifiziert einen eigenen MAC-Layer mit folgenden Eigenschaften [6,45]:

- Die maximale Anzahl der Knoten in einem Ring beträgt 64. Der maximale Ringdurchn ser darf 2000 km nicht überschreiten.

- Effiziente Ausnutzung der Bandbreite. Die RPR Knoten schicken die Pakete auf dem k zesten Weg zum Ziel. Unter kürzestem Weg wird der Weg mit der geringsten Anzahl Zwischenknoten verstanden. Im Gegensatz zu den Vorgängertechnologien (z. B. To Ring) nimmt der Zielknoten die Pakete vom Ring. Dies wird als *Destination Stripping* zeichnet. Auf diese Weise wird nur der Abschnitt im Ring zwischen dem sendenden K ten und dem Zielknoten belastet. Die übrigen Knoten können die volle Ringbandbreite eigene Übertragungen nutzen. Dies wird als *Spatial Reuse* bezeichnet.

- Einfacher Aufbau der Knoten. Ein RPR-Knoten muss lediglich drei Operationen durchf ren: *pass* (Weiterleiten das Transitverkehrs), *drop* (Entnehmen von Paketen aus dem Ri und *add* (Senden von Paketen). Die Funktionalität eines RPR-Knotens entspricht daher eines SDH Add/Drop-Multiplexers. Beim Senden muss der Knoten lediglich entscheid in welche Richtung im Ring das Paket gesendet werden muss.

- Schnelle Schutzmechanismen. Bei einem Ausfall einer Netzkante kann RPR den Verkel fluss innerhalb von weniger als 50 ms wieder herstellen. Hierzu gibt es die Mechanism *Wrapping* und *Steering*. Beim Wrapping müssen nur die über die Kante miteinander v bundenen Netzknoten den Ausfall erkennen. Im Fehlerfall leiten Sie den Verkehr in entgegengesetzte Richtung zum Zielknoten. Das Wrapping ist einfach, aber nicht s bandbreiteneffizient. Beim Steering hingegen müssen alle Knoten über den Ausfall Kante informiert werden. Der Verkehr wird dann direkt am Ursprungsknoten in die ent gengesetzte Ringrichtung geleitet, so dass die Ringbandbreite besser ausgenutzt wird. Knotenfehler gibt es noch den *Passthrough*-Mechanismus. Hierbei sendet der ausgefall Knoten keinen eigenen Verkehr mehr, sondern leitet einfach nur den Transitverkehr wei Der Knoten fungiert folglich als Repeater. Dies ist natürlich nur dann möglich, wenn entsprechenden Baugruppen des Knotens noch funktionsfähig sind (z. B. nicht bei ein Ausfall der Stromversorgung oder der Schnittstellen).

- Fairness-Algorithmus. Um das in Bild 3-41 dargestellte Problem zu umgehen, wurde RPR ein dynamischer Fairness-Algorithmus implementiert. Hierbei teilen sich die Ne knoten ihre Bedarfe mit und sorgen für eine faire Aufteilung der Ringbandbreite, indem den lokalen Verkehr entsprechend drosseln.

- Quality-of-Service (QoS). Um Anwendungen mit unterschiedlichen Anforderungen unt stützen zu können wurden bei RPR vier Diensteklassen implementiert (A1, A0, B und Die Pakete werden in den Knoten je nach Klasse in verschiedene Warteschlangen eins tiert. Die Diensteklassen haben folgende Charakteristika:

---

[31] VCAT und LCAS werden ausführlich in [8] beschrieben.

- o Klasse A (Unterklasse A1): fest zugewiesene, garantierte Bandbreite, geringer Jitter und geringe Verzögerung.

- o Klasse A (Unterklasse A0): geringer Jitter und geringe Verzögerung. Eine garantierte Bandbreite wird im Bedarfsfall zugewiesen.

- o Klasse B: Jitter und Verzögerungszeit sind variabel, haben aber eine obere Grenze. Eine garantierte Bandbreite wird im Bedarfsfall zugewiesen.

- o Klasse C: keine Garantie von Bandbreite, Jitter und Verzögerung (best effort).

- • Plug&Play. Die RPR Knoten erkunden zunächst selbstständig die Ringtopologie und speichern diese in einer Topology-Database. RPR verwendet folglich eine verteilte Netzsteuerung. Damit entfällt eine manuelle Konfiguration der Knoten.

- • Unterstützung von Multicast/Broadcast. Ein Multicast- oder Broadcast-Paket wird von den Zielknoten nicht vom Ring genommen, sondern lediglich kopiert. Auf diese Weise wird das Paket an viele/alle Knoten im Ring verteilt, ohne dass es vom Sender mehrfach verschickt werden muss.

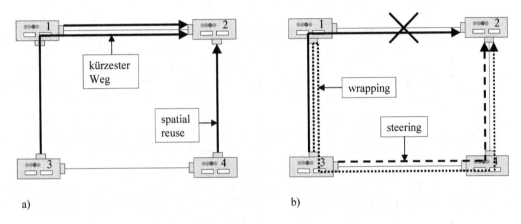

a)   b)

Bild 3-43   RPR am Beispiel des Netzes aus Bild 3-41: a) Normalbetrieb, b) Ausfall der Kante zwischen Switch 1 und 2

Bild 3-43 illustriert einige RPR Mechanismen anhand des Beispielnetzes aus Bild 3-41. Es wird wieder angenommen, das Switch 2 der Hub ist, zu dem der Verkehr der anderen Switche zu transportieren ist. Bild 3-43 a) zeigt den Normalbetrieb. Das Routing erfolgt so, dass jeweils der kürzeste Weg verwendet wird. Der Empfänger (Switch 2) nimmt die Pakete vom Ring (Destination Stripping). Daher kann Switch 4 die Kante zwischen Switch 4 und 2 exklusiv verwenden (Spatial Reuse). Die Kante zwischen Switch 3 und 4 wird im Normalbetrieb nicht verwendet. Wenn Switch 2 mit 1 Gbit/s an das WAN angebunden ist, sorgt der Fairness-Algorithmus dafür, dass jeder Switch mit der gleichen Bandbreite (250 Mbit/s) Verkehr zum WAN senden kann. *Bemerkung:* es ist auch möglich, den Knoten unterschiedliche Gewichte zuzuordnen und so bestimmte Netzknoten zu priorisieren. Wenn Netzknoten zu bestimmten Zeiten keine Verkehre zu übertragen haben, wird die Bandbreite dynamisch den anderen Knoten zugewiesen. Haben beispielsweise die Switche 1 und 2 zu einer bestimmten Zeit keine Verkehre zu übertragen, so können die Switche 3 und 4 mit jeweils 500 Mbit/s senden. Bild 3-43 b) zeigt den Fehlerfall anhand des Ausfalls der Kante zwischen Switch 1 und 2.

Betrachtet wird ausschließlich die Übertragung von Switch 3 zu Switch 2. Beim Wrapp
müssen nur die über den betroffenen Link verbundenen Knoten (Switch 1 und 2) etwas
dem Ausfall erfahren und senden den Verkehr in die entgegengesetzte Richtung zum Zielk
ten (Switch 2). Beim Steering hingegen müssen alle Knoten über den Ausfall des Links in
miert werden. Hier wird der Verkehr bereits am Ursprungsknoten (Switch 3) in die entgeg
gesetzte Richtung zum Zielknoten gesendet. Es ist offensichtlich, dass durch das Steering
Ringbandbreite besser ausgenutzt wird als durch das Wrapping.

Die Standardisierung von RPR erfolgt unter der Bezeichnung IEEE 802.17 und ist mittlerw
weitestgehend abgeschlossen. Der Basisstandard 802.17a wurde 2004 verabschiedet und
Erweiterung 802.17b in 2007. Noch nicht veröffentlicht ist der Standard 802.17c, in
Schutzmechanismen für kaskadierte Ringe beschrieben werden [46]. RPR eignet sich jed
nicht für große Netze und ist nicht sehr weit verbreitet. Aus diesen Gründen wurde RPR
nur kurz beschrieben. Eine detaillierte Darstellung von RPR findet sich in [6].

3.5   Generic Framing Procedure

Bei Generic Framing Procedure (GFP) handelt es sich um ein neuartiges Layer 2 Protokoll,
eine Vielzahl von Layer 2 Protokollen sowie IP/MPLS effizient über SDH-, OTH- oder and
Oktett-orientierte Transportnetze (z. B. PDH-Netze) zu transportieren. Insbesondere ist
Transport von IP und Ethernet von Bedeutung. Für die Übertragung von IP-Paketen gibt
folgende Möglichkeiten:

- Protokollstack: IP/AAL5/ATM/SDH. Der ATM-Overhead (auch Cell Tax genannt)
  jedoch relativ groß. Ferner handelt es sich bei ATM um eine komplexe Technologie,
  für Punkt-zu-Punkt-Verbindungen im Grunde überdimensioniert ist.

- Protokollstack: IP/PPP/HDLC/SDH (Packet-over-Sonet [POS], siehe Abschnitt 3.2.2
  Durch das bei HDLC verwendete Bit-Stuffing oder Oktett-Stuffing entsteht zusätzlicl
  nicht deterministischer Overhead. Ferner wird die Implementierung der Escape-Sequen
  mit zunehmender Datenrate immer schwieriger.

- Protokollstack: IP/Ethernet. WAN-Übertragungsnetze basieren i. d. R. auf SDH, PI
  WDM oder OTN. Der Transport von Ethernet-Rahmen mit diesen Übertragungstechnc
  gien ist jedoch nicht standardisiert.

GFP wurde entwickelt, um die oben aufgeführten Nachteile zu vermeiden. GFP verwen
eine Rahmenkennung mit geringem Overhead und erlaubt den Transport einer Vielzahl v
rahmenstrukturierten Protokollen sowie Datenströmen mit konstanter Übertragungsgeschw
digkeit. Dabei wird von Übertragungen mit geringen Bitfehlerraten ausgegangen, so dass
Fehlerbehandlung einfach gehalten werden kann [6]. GFP ist ein Protokoll für MAN/W
Punkt-zu-Punkt-Verbindungen. Bild 3-44 zeigt den Transport der derzeit spezifizierten La
2 und Layer 3 Protokolle über SDH-Netze (G.707), OTN (G.709) oder andere Okt
orientierte Transportnezte wie z. B. PDH (G.8040) mit GFP.

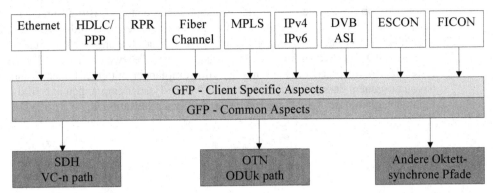

Bild 3-44 Transport von Layer 2 Protokollen sowie IP/MPLS über SDH-Netze, OTN oder andere Oktett-orientierte Transportnetze mit GFP

GFP besteht aus einem Teil, der unabhängig von der Payload ist (GFP – Common Aspects in
Bild 3-44) und einem Payload-spezifischen Teil (GFP – Client Specific Aspects in Bild 3-44).
Der Payload unabhängige Teil ist verantwortlich für die Einfügung und Erkennung von Rahmengrenzen (engl. PDU Delineation), die Synchronisation des GFP Empfängers mit dem Sender, das Scrambling und dem Multiplexing von GFP-Rahmen. Beim Payload-spezifischen Teil
muss unterschieden werden zwischen:

- Frame-mapped GFP (GFP-F) für rahmen- oder paketorientierte Daten wie z. B. IP, MPLS,
  Ethernet, PPP.

- Transparent-mapped GFP (GFP-T) für blockcodierte Datenströme wie z. B. ESCON oder
  FICON.

Bei GFP-F wird ein Client-Rahmen/Paket in einen GFP-Rahmen verpackt und übertragen. Da
die Client-Rahmen unterschiedliche Längen haben können, ist die Länge der GFP-F Rahmen
variabel. GFP-F ist derzeit für die folgenden Client-Signale spezifiziert: Ethernet, HDLC/PPP,
RPR, Fiber Channel, MPLS, IPv4/IPv6 und DVB ASI [15]. GFP-T wird verwendet, um kanal-
codierte Signale bittransparent zu übertragen [6]. GFP-T ist derzeit für folgende Client-Signale
spezifiziert: Fiber Channel, ESCON, FICON, Gigabit Ethernet und DVB ASI [15]. Mit GFP-T
können ausschließlich Punkt-zu-Punkt-Verbindungen zwischen gleichartigen physikalischen
Schnittstellen realisiert werden. Im Gegensatz dazu können bei GFP-F Multipunkt-zu-Multipunkt-Verbindungen auch zwischen unterschiedlichen physikalischen Schnittstellen realisiert
werden. Zum Beispiel kann ein IP/PPP-Paket mit einem IP/Ethernet-Paket kommunizieren [6].

Bild 3-45 zeigt die GFP-Rahmenstruktur. Die Erkennung von Rahmengrenzen erfolgt wie bei
ATM, nur das GFP-Rahmen im Unterschied zu ATM-Zellen unterschiedliche Längen haben
können. Daher muss zusätzlich zum Beginn eines GFP-Rahmens die Länge angegeben werden. Hierfür wird der Payload Length Indicator (PLI) verwendet. Dieses Feld hat eine Länge
von 2 Bytes, so dass die maximale Länge eines GFP-Rahmens auf $2^{16} = 65.536$ Bytes begrenzt
ist. Ein GFP-Rahmen besteht aus dem Core-Header (4 Bytes) und dem Payload Bereich
(4 – 65.536 Bytes). Der Core-Header enthält das PLI-Feld sowie ein 2 Byte langes Core-
Header Error Control (cHEC) Feld. Das cHEC-Feld enthält eine 2 Byte lange Prüfsumme über
den Core-Header, mit der ein Übertragungsfehler korrigierbar und mehrfache Fehler erkennbar
sind [6]. Die Erkennung eines Rahmenanfangs erfolgt nun, indem der GFP-Empfänger im
empfangenen Bitstrom nach Paketköpfen sucht. Dazu werden jeweils 32 Bit betrachtet und

untersucht, ob die zweiten 16 Bit der Prüfsumme der ersten 16 Bit entsprechen. Ist dies n
der Fall, so untersucht der Empfänger die nächste Sequenz bestehend aus 32 Bit, die um 1
gegenüber der vorigen Sequenz verschoben ist. Dieser Vorgang wird solange wiederholt,
eine 32 Bit lange Sequenz gefunden wurde, bei der die zweiten 16 Bit der Prüfsumme
ersten 16 Bit entsprechen. Nun kann der GFP-Empfänger mit einer hohen Wahrscheinlich
davon ausgehen, dass er einen korrekten GFP Core-Header empfangen hat. Bild 3-45 zeigt
Status-Diagramm des GFP-Empfängers bei der Synchronisation.

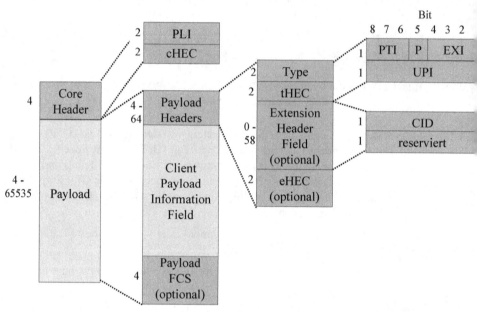

Bild 3-45   GFP-Rahmenstruktur. Alle Längenangaben in Bytes. Quelle: [6]

Zunächst befindet sich der GFP-Empfänger im HUNT-Status. Wurde ein korrekter GFP Co
Header gefunden, so geht der Empfänger in den PRESYNC-Status. Der Empfänger interp
tiert nun das PLI-Feld und kann so den Beginn des nächsten Core-Headers finden. Es w
dann überprüft, ob es sich um einen Core-Header mit einer korrekten Prüfsumme hand
Nach Delta aufeinander folgenden, korrekt gefundenen Core Header geht der GFP-Empfän
in den SYNC-Status. Je größer Delta ist, desto robuster ist die Synchronisation, desto län
dauert sie aber auch. Der Standard schlägt einen Wert von Delta = 1 vor [15].

Der Payload-Bereich eines GFP-Rahmens besteht aus den Feldern: Payload-Header (4–
Bytes), Client Payload Information Field (65.467–65.531 Bytes) und der optionalen Fra
Check Sequence (FCS basierend auf einem CRC-32 Verfahren, 4 Bytes). Der Payload-Hea
besteht immer aus den Feldern Type (2 Bytes) und tHEC (2 Bytes). Das Extension Hea
Field und das eHEC-Feld sind optional. Das heißt die minimale Länge eines GFP-Head
beträgt 8 Bytes. Das Type-Feld des Payload-Headers gibt das Format und den Inhalt des GI
Rahmens an. Mit dem PTI-Feld wird angezeigt, ob es sich um Nutzdaten (PTI=000) oder G
Management-Rahmen (PTI=100) handelt. Das P-Bit (Payload FCS Indicator) gibt an, ob
FCS verwendet wird (P=1) oder nicht (P=0). Mit dem Extension-Header Identifier (EXI) w
der angezeigt, ob ein Extension-Header verwendet wird (EXI=0001: Linear Frame, EXI=00(
Ring Frame) oder nicht (EXI=0000).

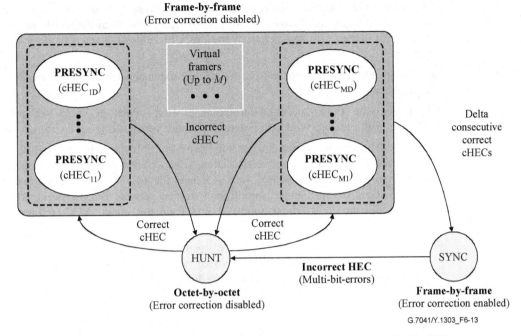

Bild 3-46 Status-Diagramm des GFP-Empfängers bei der Rahmenerkennung. Quelle: [15]

Tabelle 3.12 Derzeit standardisierte Werte des UPI-Feldes. Quelle: [6]

UPI	Nutzdaten (PTI=000)	GFP Mangment-Rahmen (PTI=100)
0000 0000	Reserviert	Reserviert
0000 0001	Ethernet (Frame mapped)	Loss of Client Signal
0000 0010	PPP (Frame mapped)	Loss of Character Synchronization
0000 0011	Fiber Channel (transparent)	reserviert für zukünftige Erweiterungen
0000 0100	FICON (transparent)	
0000 0101	ESCON (transparent)	
0000 0110	Gigabit Ethernet (transparent)	
0000 0111	Reserviert	
0000 1000	MAPOS (Multiple Access Protocol over SDH, Frame mapped	
0000 1001	DVB ASI (transparent)	
0000 1010	RPR (Frame mapped)	
0000 1011	Fiber Channel (Frame mapped)	
0000 1100	Asynchrounous Transparent Fiber Channel	
0000 1101 bis 1111 1111	Reserviert	

Der User Payload Identifier (UPI) spezifiziert die Art der Payload. Dabei muss unterschie
werden, ob es sich um Nutzdaten (PTI=000) oder GFP Management-Rahmen (PTI=0
handelt. Die derzeit standardisierten Werte des UPI-Feldes können Tabelle 3.12 entnom
werden.

Der Extension-Header Identifier spezifiziert den Extension-Header. Hierbei gibt es folge
Möglichkeiten:

1. Für logische Punkt-zu-Punkt-Verbindungen (d. h. Punkt-zu-Punkt-Verbindungen o
   Frame-Multiplexing) wird kein Extension Header verwendet (Null Extension Header).

2. Für Punkt-zu-Punkt-Verbindungen mit Frame-Multiplexing wird der 4 Byte lange Lin
   Frame Extension-Header verwendet. Dieser Header enthält jeweils 8 Bit zur Adressier
   des Destination und des Source Ports (Channel Identifier [CID]), so dass maximal 2^8=
   verschiedene Client-Signale gemultiplext werden können. Beispielsweise können hier
   2 GbE-Signale statistisch gemultiplext und dann mit einem STM-16 Signal übertra
   werden.

3. Der Ring Frame Extension-Header ist noch nicht festgelegt. Derzeit wird eine 18-B
   Struktur diskutiert mit dem Ziel, dass sich mehrere Stationen im Ring eine GFP-Payl
   teilen, so wie es auch der RPR-Vorschlag der IEEE 802.17 vorsieht [6].

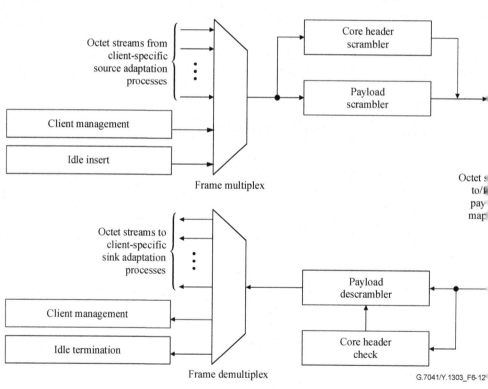

Bild 3-47   Frame-Multiplexing. Quelle: [15]

Je nach Anwendung hat der Extension-Header folglich eine Länge von 0 Bytes (Punkt-
Punkt-Verbindung ohne Frame-Multiplexing), 4 Bytes (Punkt-zu-Punkt-Verbindung mit F

me-Multiplexing) oder künftig vermutlich 18 Bytes (Ring-Topologie). Die eigentlichen Nutzdaten (engl. Client-Signals) werden in dem Client Payload Information Field übertragen. Übertragungsfehler können optional mit der 4 Byte langen FCS festgestellt werden. Der gesamte Payload-Bereich wird anschließend mit einem Scrambler (Generatorpolynom $x^{43} + 1$ wie bei ATM) verwürfelt, um zum einen genügend Signalwechsel zu erzeugen und zum anderen um zu vermeiden, dass im Nutzsignal zufällig korrekte Paketköpfe enthalten sind [6]. Sind keine Nutzdaten zu übertragen, so sendet der GFP-Sender so genannte Idle-Frames (4 Byte-Sequenz 00 00 00 00 bzw. nach dem Scrambling: B6 AB 31 E0).

Bild 3-47 zeigt das Frame-Multiplexing. Die verschiedenen Nutzsignal-Rahmen werden beim Sender zusammen mit den Idle-Frames und den GFP Management-Rahmen (Client Management) statistisch gemultiplext. Anschließend wird der Core-Header und der Payload Bereich getrennt voneinander verwürfelt und über eine gemeinsame Transportnetzverbindung übertragen. Am Empfänger wird aus den verwürfelten Daten zunächst der ursprüngliche Datenstrom wieder hergestellt. Ein Demultiplexer trennt die Nutzdaten anhand des Channel Identifiers wieder auf und verwirft die Idle-Frames.

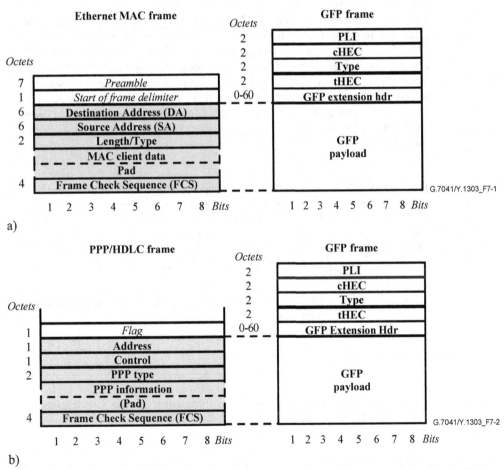

Bild 3-48 Mapping a) von Ethernet-Rahmen und b) von PPP-Rahmen in GFP-F Rahmen. Quelle: [15]

Bild 3-48 zeigt das Mapping von Ethernet-Rahmen (a) und PPP-Rahmen (b) in GFP-F [
men. Felder, die der Rahmenerkennung dienen werden nicht übernommen, da bereits (
diese Funktionalität bereitstellt. Ethernet-Rahmen werden folglich von der Destination M.
Adresse bis zur FCS übertragen, d. h. die Präambel und der Start Frame Delimiter wei
abgeschnitten. Bei PPP wird das Flag nicht übertragen, so dass auf Escape-Sequenzen verz
tet werden kann. Das Mapping von RPR und Fiber Channel Rahmen erfolgt analog. B
Mapping von MPLS- oder IP-Paketen wird jedoch die Frame Check Sequence von GFP
wendet, da diese Funktionalität von Layer 3 Protokollen nicht bereitgestellt wird.

Mit dem Transparent-mapped Mode können blockcodierte Datenströme bittransparent über
gen werden. Beispiele sind Protokolle aus dem Storage Area Network (SAN) Umfeld
ESCON, FICON und Fiber Channel, aber auch Video-Übertragungen mit DVB ASI. /
diese Protokolle basieren auf dem 8B/10B Leitungscode. Der Transparent-mapped Mode
GFP spezifiziert die Übertragung von 8B/10B-kodierten Signalen mit GFP-T Rahmen, wc
diese im Unterschied zu GFP-F Rahmen eine feste Länge haben. Der Extension-Header v
bei GFP-T nicht verwendet, da lediglich Punkt-zu-Punkt-Verbindungen berücksichtigt werc
Die 8B/10B-kodierten Signale werden nicht direkt mit GFP-T Rahmen übertragen, da
8B/10B Kodierung einen Overhead von 20 % erzeugt und sich schlecht in die Byte-Stru
von GFP mappen lässt. Daher wird die 8B/10B Kodierung zunächst terminiert und die N
daten anschließend 64B/65B-kodiert (entspricht einem Overhead von lediglich 1,5 %). A
64B/65B Blöcke bilden einen so genannten Superblock. Mit einem CRC-16 Verfahren kön
Übertragungsfehler in einem Superblock festgestellt werden. Insgesamt hat ein Superbl
folglich eine Länge von 67 Bytes. Mehrere Superblöcke hintereinander werden anschließ
in den Payload-Bereich eines GFP-T Rahmens geschrieben, der periodisch gesendet wird.
die Datenrate des GFP-T Senders und des Client-Signals anpassen zu können, wird bei Bec
ein Padding-Character (65B_PAD) gesendet. Tabelle 3.13 zeigt einen Vergleich von GF
und GFP-T.

Tabelle 3.13   Vergleich zwischen Frame-mapped GFP und Transparent-mapped GFP. Quelle: [6]

Parameter	Frame-mapped GFP	Transparent-mapped GFP
GFP-Rahmenlänge	variabel (abhängig vom Client-Signal)	fest
Konfiguration	Punkt-zu-Punkt, Multipunkt-zu-Multipunkt, (Ring)	Punkt-zu-Punkt
Mapping	Client-Rahmen/Paket wird 1:1 in GFP-Rahmen gemappt	kontinuierlicher, 8B/10B-kodierter Datenstrom
Höhere Schichten	müssen bekannt sein, um Nutzdaten zu extrahieren	Müssen nicht bekannt sein, Datenstrom wird transparent transportiert

GFP wird in heutigen Produktionsnetzen vor allem für die Übertragung von Ethernet ü
SDH- oder OTH-Netze verwendet.

4 Network Layer

4.1 Einführung

Computer können beispielsweise über Ethernet miteinander verbunden werden. Während Ethernet in lokalen Netzen sehr verbreitet ist, eignet es sich jedoch nicht für sehr große (z. B. globale) Netze. Dies ist ein klassisches Skalierungsproblem. Zum einen müsste dann – zumindest beim klassischen Ethernet – jeder Switch weltweit jedes Endgerät kennen müsste. Dadurch würde das Switching extrem aufwendig und effektiv gar nicht mehr realisierbar. Das Problem liegt an den MAC-Adressen, bei denen es sich um lokale Layer 2 Adressen ohne eine weitere Strukturierung oder einen geographischen Bezug handelt. Demgegenüber sind Layer 3 (IP) strukturiert. Zum anderen benötigt Ethernet immer einen gewissen Anteil Broadcast-Verkehr. Mit einer gewissen Netzgröße würde dieser den Anteil des Unicast-Verkehrs schnell übersteigen.

Beim Internet Protokoll (IP) handelt es sich um ein sehr erfolgreiches Protokoll mit einer mittlerweile schon recht langen Geschichte. Die Motivation für die Entwicklung von IP kam aus dem militärischen Bereich zu Zeiten des kalten Krieges. Es sollte ein Netz entwickelt werden, das imstande ist, einen Atomkrieg zu überleben. Dieses Netz sollte in der Lage sein, Verkehrsbeziehungen solange aufrecht erhalten zu können, solange noch die Quelle und die Senke funktionsbereit ist und wenigstens ein intakter Pfad zwischen Quelle und Senke existiert. Daher musste die Intelligenz im Netz verteilt werden. IP ist eine universelle Technologie und stellt eine Vielzahl von Anwendungen bereit, z. B.:

- E-Mail
- World Wide Web (www)
- File transfer (ftp)
- Virtuelles Terminal (telnet)
- News
- Internet Tauschbörsen (Napster, Kazaa, Emule, Bittorrent etc.)
- Internet Telefonie (VoIP, z. B. Sipgate, Skype)
- Videotelefonie
- Messenger (MSN, Netmeeting)
- Webradio
- Internet TV (IPTV)
- Video on Demand (VoD)
- E-commerce (z. B. ebay, amazon, online-banking)
- E-Learning (z. B. Virtuelle Hochschule Bayern: www.vhb.org)
- E-Goverment
- Gaming (World of Warcraft, Second Life etc)
- Web 2.0 (z. B. YouTube, facebook, flickr, Blogs)

Neue, auf IP basierte Anwendungen können flexibel und schnell entwickelt und bereitgestellt werden. Vor allem die Tatsache, dass die Anwendungen dabei problemlos von einem anderen Anbieter angeboten werden können als dem Anbieter des IP-Transports (ISP), trägt wesentlich zur Dynamik und Vielfalt der Anwendungen und häufig zu ihrer günstigen Kostenstruktur bei.

Seit der Einfügung des World Wide Webs hat der IP-basierte Verkehr stark zugenommen
dass IP alternative Protokolle, insbesondere ATM (dies war als Protokoll für B-ISDN vorg
hen) immer weiter verdrängt hat. Bild 4-1 zeigt die TCP/IP Protokollfamilie.

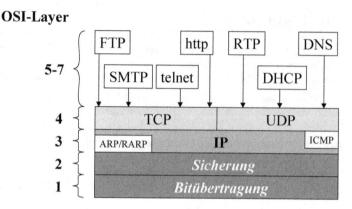

Bild 4-1   TCP/IP Protokollfamilie

Die TCP/IP-Protokollfamilie verwendet im Gegensatz zum OSI-Referenzmodell lediglich f
Layer. IP ist ein Protokoll der Vermittlungsschicht (OSI Layer 3). Die darunterliegenden La
(Layer 1 und 2) sind nicht Bestandteil der IP-Spezifikation. Es wird lediglich definiert, wie
mit verschiedenen Layer 2 Protokollen (z. B. PPP/HDLC, Ethernet, ATM, Token Ring, FD
etc.) übertragen werden kann. Es war von Anfang an ein Designkriterium von IP, belieb
Layer 2 Protokolle zu unterstützten. Auch diese Eigenschaft hat maßgeblich zu der Verb
tung von IP beigetragen.

Oberhalb von IP gibt es verschiedene Protokolle der Transportschicht (OSI Layer 4). Da
sind TCP und UDP die am meisten eingesetzten. Auf ihnen setzen die Applikationen (z.
Email [SMTP], File Transfer [FTP], Virtuelles Terminal [TELNET], www [HTTP], Echtz
applikationen [RTP], Domain Name System [DNS] etc.) auf. Der meiste IP Verkehr wird z
zeit über TCP transportiert. Mit der zunehmenden Verbreitung von Echtzeitapplikatio
(VoIP, IPTV, Webradio, Videotelefonie etc.) ist davon auszugehen, dass UDP eine größ
Rolle spielen wird. TCP, UDP und alle höheren OSI-Layer sind in den Endgeräten implem
tiert.

Das für IP relevante Standardisierungsgremium ist die IETF (www.ietf.org).

4.2   IPv4

IP ist ein verbindungsloses Layer 3 (Network Layer) WAN Protokoll, welches auf Paketv
mittlung basiert. IP wird im RFC 791 spezifiziert.

Die grundlegende Funktionalität, die IP bereitstellt, *ist die globale Übertragung von Daten*
keten (IP-Paketen) zwischen Endstationen (Computern) nach bestem Bemühen.

Unter bestem Bemühen (engl. best effort) ist zu verstehen, dass IP keine Garantien dafür übernimmt,

- ob ein Paket sein Ziel erreicht,
- dass die Reihenfolge der Pakete bei der Übertragung erhalten bleibt oder
- welche Laufzeit die Pakete haben.

Das Internet (das Netz der Netze) ist ein so genanntes Verbundnetz bestehend aus vielen einzelnen Netzen, die miteinander gekoppelt sind. Jedes einzelne Netz ist ein IP-Teilnetz, welches unter einer Verwaltungseinheit steht (i. d. R. das Netz eines Netzbetreibers). Ein solches IP-Teilnetz wird als Autonomes System (AS) bezeichnet. Autonome Systeme werden über eine 16 Bit lange Nummer identifiziert. In Zukunft werden auch 32 Bit lange AS-Nummern erlaubt. AS-Nummern werden von den Regional Internet Registries vergeben. Für europäische Netzbetreiber ist RIPE (www.ripe.net) zuständig. Beispielsweise hat das AS der Deutschen Telekom AG die Nummer 3320. Zurzeit gibt es weltweit rund 41.000 Autonome Systeme [78]. Im Frühjar 2012 waren ca. 440 Autonome Systeme über den DE-CIX, den größten Internet Koppelpunkt der Welt, miteinander verbunden.

Gemäß der IP-Terminologie werden die Endstationen (PC, Server etc.) als *Host* und die Netzknoten als *Gateways* oder *IP-Router* bezeichnet. Für eine Ende-zu-Ende Übertragung zwischen zwei Hosts sind folgende Teilaufgaben zu lösen:

1. Die Übertragung der IP-Pakete innerhalb eines Autonomen Systems.

2. Die Übertragung der IP-Pakete zwischen Autonomen Systemen.

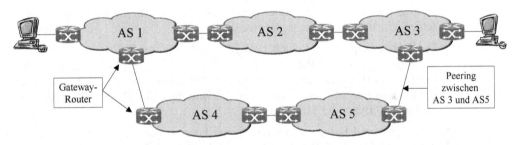

Bild 4-2   Ende-zu-Ende Übertragung von IP-Paketen zwischen zwei Hosts. Hierfür sind zwei Teilaufgaben zu lösen: (i) die Übertragung innerhalb eines AS und (ii) die Übertragung zwischen Autonomen Systemen. Autonome Systeme werden über so genannte Gateway-Router an Peering-Punkten zusammengeschaltet.

Die Übertragung von Paketen innerhalb eines AS wird in Abschnitt 4.4 betrachtet. Die Übertragung der Pakete zwischen Autonomen Systemen wird in Abschnitt 4.5 behandelt.

4.2.1   IPv4 Header

Bild 4-3 zeigt den IPv4-Header. Das Feld Version (4 Bits) spezifiziert die Version des IP-Protokolls. Die aktuelle Version ist Version 4. Version 6 ist ebenfalls standardisiert, hat zurzeit aber vom Verkehrsvolumen her gesehen immer noch keine wesentliche Bedeutung[32]. Netze aller großen Netzbetreiber sind aber bereits IPv6 fähig (im Dual-Stack Betrieb, Parallelbetrieb von IPv4 und IPv6) [84]. IPv6 wird in Abschnitt 4.3 beschrieben.

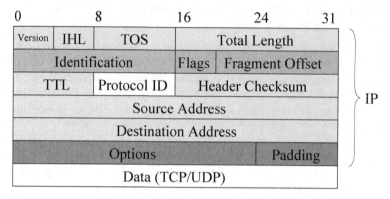

Bild 4-3   IPv4-Header

Das Feld IP Header Length (IHL, Länge 4 Bits) gibt die Länge des IP-Headers in Schri von 4 Byte an. Der IPv4-Header ist (20 + 4 x) Byte lang (x ≤ 10), d. h. max. 60 Byte. O Optionen beträgt die Länge des IPv4-Headers 20 Byte. Das IHL-Feld hat folglich einen W tebereich von 5 bis 15.

Es folgt das Feld Type of Service (TOS, Länge 8 Bit). Mit diesem Byte kann IP-Paketen un schiedliche Prioritäten zugeordnet werden.

Das 2 Byte lange Total Length Feld gibt die Länge des IP-Pakets inkl. des Headers in By an. Folglich können IP-Pakete maximal 2^{16} = 65.536 Bytes (64 kByte) lang sein. Die minim Länge eines IP-Pakets beträgt 20 Byte und besteht nur aus dem Header. Die maximale Gr des Payload Bereichs (engl. Maximum Transmission Unit [MTU] Size) von IP beträgt folg 65.536 – 20 Byte = 65.516 Byte.

Die folgenden 4 Bytes sind Felder, die der Fragmentierung dienen. Darunter versteht man Zerlegung eines IP-Pakets in mehrere kleinere Pakete, um sie mit Layer 2 Protokollen einer MTU Size, die kleiner als die Länge des IP-Pakets ist, übertragen zu können. Beispi weise beträgt die MTU Size von [6]:

Ethernet (ohne Jumbo-Frames)	1492 – 1500 Bytes
X.25	576 Bytes
Token Ring 4 Mbit/s	4464 Bytes
Token Ring 16 Mbit/s	17.914 Bytes
Frame Relay	260/1600/8192 Bytes
POS	4470 Bytes

---

[32] Beispielsweise betrug der Anteil des IPv6 Verkehrs am DE-CIX (größter IP Koppelpunkt der W Anfang 2012 nur etwa 0,1 %.

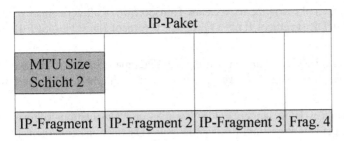

Bild 4-4   Das zu übertragende IP-Paket ist größer als die MTU Size des verwendeten Schicht 2 Protokolls. Daher zerlegt die IP-Schicht das Paket in mehrere Fragmente. Quelle: [6]

Bild 4-4 illustriert die Fragmentierung eines IP-Pakets. Soll beispielsweise ein IP-Paket der
Länge 5000 Bytes mit einem klassischen Ethernet-Rahmen (MTU Size: 1500 Bytes) übertragen werden, so muss das IP-Paket in drei Fragmente à 1500 Byte und ein Fragment à 500
Bytes zerlegt werden. Die Fragmentierung kann im Ursprung oder in einem beliebigen Zwi-
schenknoten (Router) erfolgen. Ein einmal fragmentiertes Paket wird erst am Ziel wieder zu-
sammengesetzt [6]. Das 2 Byte lange Identification Feld dient der Kennzeichnung von einzel-
nen Fragementen, die zu einem IP-Paket gehören. Das 3 Bit lange Flag Feld besteht aus dem
Don't Fragment (DF) Flag (Länge 1 Bit) und dem More Fragments (MF) Flag (Länge 1 Bit).
Ist das DF Flag gesetzt, darf das entsprechende IP-Paket nicht fragmentiert werden. Mit dem
DF Flag kann beispielsweise die MTU Size des gesamten Pfades ermittelt werden, indem das
DF Flag gesetzt und die Größe der Payload solange erhöht wird, bis eine Fehlermeldung emp-
fangen wird. Das MF Flag zeigt an, dass weitere Fragmente für dieses IP-Paket folgen. Das 13
Bit lange Fragment Offset Feld bemisst den Abstand des Fragments zum Beginn des IP-Pakets
in Einheiten von 8 Byte. Es können maximal $2^{13} = 8.192$ Werte und damit Abstände zum Beginn des IP-Pakets von 0 bis $8 \times 8192 = 65.536$ Bytes in 8 Byte Schritten angegeben werden.
Ein Fragment Offset von 0 bezeichnet das erste Fragment des IP-Pakets. Ein Fragment Offset
von 128 bedeutet beispielsweise, dass das Fragment einen Abstand von $128 \times 8 = 1024$ Bytes
zum Beginn des IP-Pakets hat. Die minimale Länge eines fragmentierten Pakets beträgt
512 Byte. Die Fragment Offset Angabe wird benötigt, da nicht garantiert werden kann, dass
die Pakete in der richtigen Reihenfolge am Zielknoten ankommen. Geht ein Fragment verloren, so muss das gesamte ursprüngliche IP-Paket erneut übertragen werden. IP-Pakete werden
allerdings in der Praxis heute selten fragmentiert. Meistens wird vom Protokoll der Transportschicht oder von den höheren Layern zunächst die MTU Size des gesamten Pfades ermittelt.
Die Größe der IP-Pakete wird dann so gewählt, dass eine Fragmentierung nicht erforderlich
ist. Für TCP ist das Verfahren Path MTU Discovery in RFC 1192 standardisiert. Bei UDP-
basierten Anwendungen berücksichtigt in der Regel bereits die Anwendung, dass keine zu
großen Pakete verwendet werden.

Das 1 Byte lange Time to live (TTL) Feld bezeichnet die Lebensdauer eines IP-Pakets. Es
dient der Vermeidung von Schleifen (engl. Routing Loops). Eigentlich sollte eine reale Zeit
eingetragen werden, in der Realität wird das Feld aber als Hop Count verwendet, d. h. bei
jedem Router-Durchlauf um Eins reduziert. Der anfängliche Wert des TTL Felds wird vom
Host vorgegeben (z. B. verwendet Windows XP den Wert TTL = 128). Hat das TTL Feld den
Wert Null erreicht, wird das Paket verworfen und der Absender (Quellhost) gewarnt.

Das 1 Byte lange Protocol Feld gibt an, welches Transportprotokoll verwendet wird (z. B. 1 [Protocol ID = 6], UDP [Protocol ID = 17], ICMP [Protocol ID = 1], OSPF [Protocol I 89]).

Die 2 Byte lange Header-Checksum enthält eine Prüfsumme über den IP-Header. Es kön somit fehlerhafte Header festgestellt werden. Pakete mit fehlerhaften Headern werden worfen.

Es folgen die jeweils 4 Byte langen Felder Source- und Destination-Address, die die Adresse des Absenders (Source) und des Empfängers (Destination) enthalten. IPv4-Adres sind folglich 4 Bytes lang. Sie werden üblicherweise in der Form von vier Dezimalzahlen, durch Punkte getrennt sind, geschrieben (z. B. 194.113.59.15). Dies nennt man Dotted D mal Notation. Der IPv4 Adressraum beträgt 2^{32} = 4.294.967.296, also fast 4,3 Milliarden ressen. IPv4-Adressen beziehen sich auf Schnittstellen, nicht auf Netzelemente oder E geräte. Ein Router hat somit i. d. R. mehrere IP-Adressen.

Des Weiteren sieht IPv4 verschiedene Optionen vor, die im Options-Feld des IP-Headers re siert werden:

- Strict source routing: bestimmt den kompletten Pfad des IP-Pakets durch Angabe der Adressen der Interfaces der entsprechenden Router.

- Loose source routing: gibt eine Liste von Routern vor, die auf der Route liegen müssen.

- Record Route: veranlasst jeden Router, seine IP-Adresse an das IP-Paket anzuhängen.

- Timestamp: veranlasst jeden Router, seine IP-Adresse und einen Zeitstempel an das Paket anzuhängen. Die Option Timestamp wird von den meisten Herstellern nicht un stützt.

- Authentication Header: ein Teil der IPsec genannten Protokollfamilie zur Erweiterung IPv4 um Sicherheitsfunktionen benutzt diese Option, um Informationen zur die Datenint rität und Absender-Authentifizierung des IP-Pakets zu übertragen.

Die verschiedenen Optionen werden durch einen 1 Byte langes Options-Typ Feld spezifizi Mit dem Padding wird das Options-Feld aufgefüllt, so dass die Länge ein Vielfaches vo Byte beträgt. In der Praxis ist die Verwendung von IP-Optionen allerdings umstritten. verkomplizieren die Bearbeitung und Weiterleitung von IP-Paketen in Routern und führen der Regel dazu, dass große Core-Router IPv4-Pakete mit Optionen nicht wie üblich in Ha ware bearbeiten können, sondern dass diese Pakete einzeln von der CPU behandelt wer müssen. Viele Netzbetreiber lehnen die Bearbeitung von IP-Paketen mit Optionen daher g ab – teilweise, in dem die Optionen ignoriert werden und teilweise, indem Pakete, die Optionen enthalten, komplett verworfen werden.

Bild 4-5 zeigt ein IP-Paket, das mit der Software Wireshark analysiert wurde. Der IP-Hea ist sowohl im oberen als auch im unteren Fenster grau unterlegt. Im unteren Fenster ist Ethernet-Rahmen im Hexadezimalcode dargestellt, in dem das IP-Paket transportiert wird. Ethernet-Rahmen beginnt mit der 6 Byte langen MAC Destination-Adresse (00 14 bf 3d 55 sowie der 6 Byte langen MAC Source-Adresse (00 18 de a9 24 81). Es folgt das Type-Feld anzeigt, dass ein IP-Paket übertragen wird (Wert 08 00). Nun beginnt das IP-Paket mit dem Header. Die ersten vier Bit geben die Version an (hier IPv4) und die nächsten vier Bit Länge des IP-Headers in Einheiten von 4 Byte (hier 5 × 4 Byte = 20 Byte). Es folgt das 1 B lange TOS-Feld (Differentiated Service Field in Bild 4-5) mit dem Wert 00. Das Feld To Length hat den Wert 00 3c (hex), so dass das IP-Paket 60 Byte lang ist. Das Identification-F wird nicht benötigt, da die Payload nicht fragmentiert wurde. Es wurde auf einen beliebigen Wert gesetzt (hier 00 9d). Die Bits „Don't fragment" und „More fragements" sind nicht gesetzt und haben daher den Wert Null. Da nicht fragmentiert wurde, hat auch das Feld Fragement Offset den Wert Null. Es folgt das TTL-Feld mit einem Wert von 80 (hex) bzw. 128 (dezimal). Dies entspricht dem Default-Wert von Windows XP. Das Feld Protocol ID gibt an, dass in der Payload eine ICMP-Nachricht transpotiert wird (Wert 00 01). Die Berechnung der Header Checksum ergab, dass der IP-Header korrekt übertragen wurde. Abschließend folgt die Angabe der Source IP-Address (192.168.1.9) sowie der Destination IP-Address (195.71.11.67). Es folgt der Payload-Bereich, in diesem Fall eine ICMP-Nachricht mit einer Länge von 40 Byte.

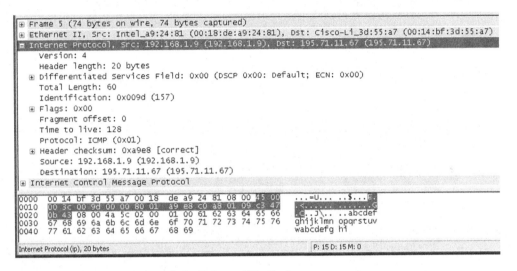

Bild 4-5   IP-Paket analysiert mit der Software Wireshark

Bild 4-6 zeigt die Übertragung einer ICMP-Nachricht (Echo request) mit einer Gesamtlänge von 10.008 Bytes mit IP/Ethernet. Aufgrund der Ethernet MTU Size von 1500 Byte wird das Paket in 7 Fragmente unterteilt (6 Fragmente à 1480 Bytes und 1 Fragment à 1128 Byte). Zuzüglich des IP-Headers (20 Byte) ergibt sich für die ersten sechs IP-Pakete eine Länge von 1500 Byte und für das letzte Paket eine Länge von 1148 Byte. Für die Analyse des IP-Headers wird auf Bild 4-5 verwiesen. Im Unterschied zum IP-Paket in Bild 4-5 ist das IP-Paket in Bild 4-6 a) und b) 1500 Byte lang und das TTL-Feld hat einen Wert von 64.

Für alle zu der ICMP-Nachricht gehörende Fragmente hat das Identification-Feld einen Wert von 2b 4a (hex) bzw. 11082 (dezimal). Bei dem IP-Paket in Bild 4-6 a) und b) ist das „More Fragments" Bit gesetzt, da es sich um das erste bzw. zweite Fragment handelt. In Bild 4-6 c) hingegen ist das „More Fragments" Bit nicht gesetzt, da es sich um das letzte Fragment der ICMP-Nachricht handelt. Beim ersten Fragment hat das Fragment Offset Feld einen Wert von Null [siehe Bild 4-6 a)], beim zweiten Fragment einen Wert von 1480 [siehe Bild 4-6 b)] und beim letzten Fragment einen Wert von 8880 [siehe Bild 4-6 c)]. Aus diesen Angaben kann die fragmentierte ICMP-Nachricht wieder hergestellt werden. Beim letzten Fragment [Bild 4-6)] werden noch einmal die einzelnen IP-Fragmente explizit angegeben.

a)

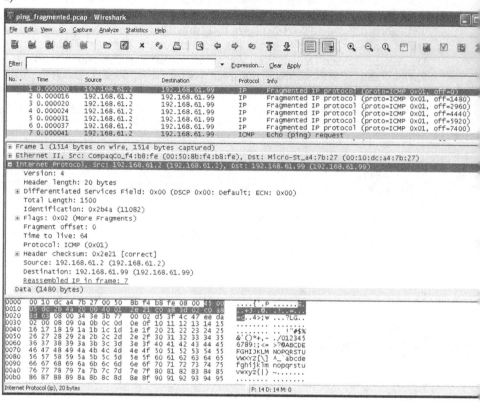

b)

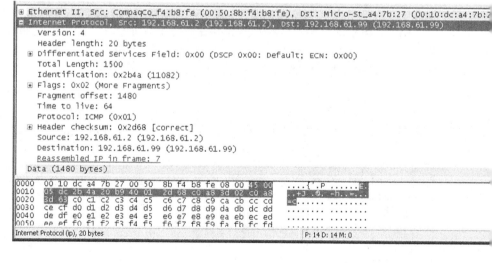

c)

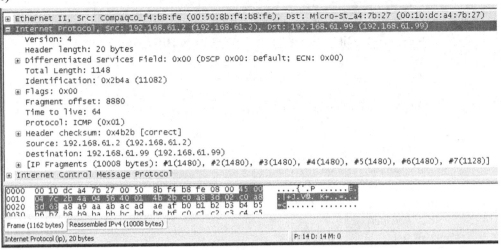

Bild 4-6   Analyse einer fragmentierten ICMP-Nachricht (Echo request) mit der Software Wireshark:
a) oberes Fenster: Übersicht über die einzelnen Fragmente 1 bis 7, mittleres Fenster: Analyse
des ersten IP-Pakets, unteres Fenster: Darstellung des IP-Pakets inkl. Ethernet-Rahmen im
Hexadezimalcode. Der IP-Header ist grau unterlegt. b) Analyse des zweiten Fragments.
c) Anlayse des letzten Fragments

4.2.2   IPv4 Adressen

IPv4 Adressen sind weltweit eindeutig, haben aber keinen geographischen Bezug. IP-Adressen
sind strukturiert und bestehen aus einem Netz- und einem Hostanteil. *Router vermitteln zwischen Netzen, nicht zwischen Hosts.* Nur der Router, an den das Zielnetz lokal angebunden ist,
muss die entsprechenden Hosts kennen. Alle anderen Router brauchen nur das Netz des Ziels
zu kennen. Dies ist der wesentliche Skalierungsvorteil von IP gegenüber Ethernet. Während
beim klassischen Ethernet jeder Switch einen Eintrag pro Endgerät vorhalten muss, muss ein
IP-Router nur einen Eintrag pro Netz pflegen[33]. Der Netzanteil (Netz-ID) ergibt sich aus der
logischen UND Verknüpfung der IP-Adresse mit der Netzmaske. Der Netzanteil wird mit der
Netzmaske binär ausgedrückt von links beginnend mit einer Eins angegeben. Beispielsweise
bedeutet die binäre Netzmaske 11111111 11110000 00000000 00000000, dass der Netzanteil
12 Bits entspricht. Der Hostanteil (Host-ID) entspricht dem verbleibenden Teil der IP-Adresse
(hier 20 Bits). Diese Aufteilung wird als *Classless Inter-Domain Routing* (CIDR) bezeichnet
(RFC1517-1520).

---

[33] Trotzdem ist die stetig wachsende Größe der globalen Routing-Tabelle immer wieder Anlass zur
Sorge für Netzbetreiber und Router-Hersteller. Zurzeit existieren mehrere Arbeitsgruppen mit der
Aufgabe, strukturelle Lösungen zur Abmilderung des Wachstums der globalen Routing-Tabelle zu
suchen.

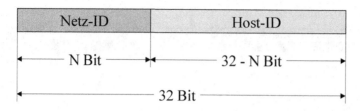

Bild 4-7   Format von IPv4-Adressen

1. Beispiel

IP-Adresse:	62.14.18.3
Netzmaske:	255.0.0.0
IP-Netz:	62.0.0.0

2. Beispiel

IP-Adresse:	62.14.18.3
Netzmaske:	255.255.252.0
IP-Netz:	62.14.16.0

Um den Netz- und Hostanteil trennen zu können, ist daher die Angabe der IP-Adresse *und* Netzmaske erforderlich. Eine alternative Schreibweise ist: w.x.y.z/a, wobei w, x, y und z Bytes der IP-Adresse und a die Anzahl der Bits (von links) bezeichnet, die zum Netzan gehören. Das IP-Netz des 1. Beispiels kann daher auch durch 62.14.18.3/8 und das des 2. I spiels durch 62.14.18.3/22 angegeben werden.

Eine Host-ID, die nur aus Nullen besteht, bezeichnet das entsprechende Netz selber und e Host-ID, die nur aus Einsen besteht, bezeichnet einen lokalen Broadcast. Daher können di Adressen nicht für die Adressierung von Hosts verwendet werden. Mit einer N Bit lan Host-ID können folglich $2^N - 2$ Hosts adressiert werden.

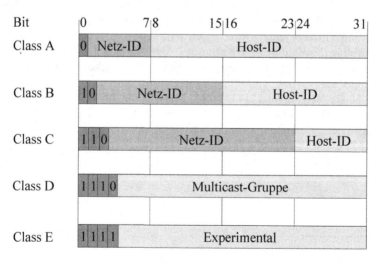

Bild 4-8   Ursprünglich wurden IP-Adressen in Klassen eingeteilt (Class A – E)

Eine Netzmaske war ursprünglich nicht vorgesehen, da IP-Adressen in feste Klassen unterteilt wurden (siehe Bild 4-8 und Tabelle 4.1). Es wurden zunächst nur ganze Klassen von IPv4-Adressen vergeben. Diese sehr starre Einteilung führte zu einer groben Granularität des zu vergebenden Adressraums und damit zu einer Knappheit der IPv4-Adressen. Die Unterteilung von IP-Adressen in feste Klassen mit einer sehr groben Granularität muss aus heutiger Sicht als Fehler bezeichnet werden. Class A Netze wurde früher freizügig vergeben, in den meisten Fällen wurde jedoch nur ein Bruchteil der IP-Adressen (16.777.214, siehe Tabelle 4.1) eines Class A Netzes benötigt. Allein die 128 Class A Netze belegen schon die Hälfte des gesamten IP Adressraums.

Tabelle 4.1 Anzahl von Netzen und Hosts für die verschiedenen IPv4-Adressklassen

Klasse	Kennzeichnung	#Netze	#Hosts	Bemerkung
A	erstes Bit 0	$2^7 = 128$	2^{24}-2 = 16.777.214	Große Netze
B	erste Bits 10	$2^{14} = 16.384$	$2^{16} - 2 = 65.534$	Mittlere Netze
C	erste Bits 110	$2^{21} = 2.097.152$	$2^8 - 2 = 254$	Kleine Netze
D	erste Bits 1110	Multicast-Gruppen (RFC 1112), keine weitere Strukturierung		
E	erste Bits 1111	Reserviert für Experimente		

Class D Adressen sind Multicast-Adressen. Im Unterschied zu Broadcast Adressen, die alle Stationen ansprechen, dienen Multicast-Adressen der Adressierung einer Gruppe von Stationen (genauer: Interfaces). Der Vorteil von Multicast liegt darin, dass ein Paket, welches für N Stationen bestimmt ist nicht N mal übertragen werden muss. Daher eignet sich Multicast vor allem für Verteildienste wie IPTV oder Webradio. Bislang ist Multicast in kommerziellen Netzen im Wesentlichen auf interne Dienste beschränkt. Beispielsweise basieren IPTV-Dienste großer Internet-Betreiber in der Regel auf Multicast. Ein freies Multicast zwischen beliebigen Hosts wird – außer in akademischen Netzen – heutzutage aber noch selten unterstützt, da grundsätzliche Fragen der Skalierbarkeit noch nicht geklärt sind. Standardmäßig werden Multicast-Pakete von Routern geblockt und müssen explizit freigeschaltet werden.

4.2.2.1 Subnetting und Supernetting

Class A (16.777.216 Adressen) und Class B (65.536 Adressen) Netze sind aufgrund der großen Hostzahlen üblicherweise nicht zu verwalten [6]. Derartig große Netze werden daher meistens in kleinere Netze unterteilt. Dies wird als *Subnetting* bezeichnet. Aus Adressierungssicht wird eine Aufteilung der Host-ID in eine Subnet-ID und eine interne Host-ID vorgenommen. Die Grenze zwischen der Subnet-ID und der internen Host-ID wird durch die so genannte Subnetzmaske angegeben. Die Subnetzmaske kann im gesamten Netz entweder eine feste Länge (Fixed Length Subnet Mask [FLSM]) oder eine variable Länge (Variable Length Subnet Mask [VLSM]) haben. Letzteres ist vorteilhaft, wenn die Subnetze eine stark variierender Hostanzahl aufweisen (z. B. Point-to-Point Links mit 2 IP-Adressen pro Subnetz und LANs mit vielen Hosts pro Subnetz). Typischerweise verwenden Organisationen oder Netzbetreiber nach außen hin nur die volle Netz-ID. Innerhalb der Organisation oder der Firma vermitteln die Router hingegen zwischen Subnetzen. Durch das Subnetting wird die zweistufige Adressierungs-Struktur auf eine dreistufige erweitert [6].

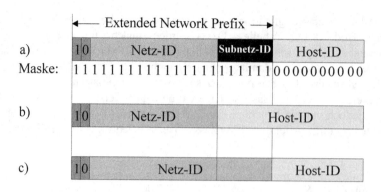

Bild 4-9   a) Subnetting am Beispiel einer Class B IPv4-Adresse. Die Host-ID wird in eine Subnetz
und eine interne Host-ID unterteilt, b) Sicht eines Routers außerhalb der Organisat
c) Sicht eines Routers innerhalb der Organisation. Quelle: [6]

Das Gegenteil vom Subnetting wird auch als *Supernetting* bezeichnet. Hierbei wird die Anz
der Bits für die Netz-ID zugunsten der Anzahl der Bits für die Host-ID reduziert und so
sammenhängende Netze zu einem Netz zusammengefasst. Zum Beispiel lassen sich die i
genden acht Class C Netze: 192.24.0.0, 192.24.1.0, 192.24.2.0, 192.24.3.0, 192.24.4
192.24.5.0, 192.24.6.0 und 192.24.7.0 zu dem Netz 192.24.0.0 (Supernetz mit Netzma
255.255.248.0) zusammenfassen. Die Einteilung in Klassen geht dabei verloren, so dass
Netzmaske mit angegeben werden muss. Das Supernetting entspricht daher dem oben
schriebenem Classless Interdomain Routing (CIDR). Ziel des Supernettings ist es, die Routi
Tabellen der Router klein zu halten[34]. *Die Unterteilung von IP-Adressen in Netz- und Host*
teils durch die Netzmaske (CIDR) hat immer Vorrang gegenüber der Einteilung in Klassen.

4.2.2.2   Private und öffentliche IP-Adressen

Es gibt öffentliche und private IP-Adressen. Enthält ein IP-Paket private IP-Adressen als So
ce- oder Destination-Adresse, so wird das entsprechende Paket im Internet nicht gerou
(wohl aber in dem entsprechenden privaten Netz). Der private Adressraum wird im RFC 19
spezifiziert:

* 10.0.0.0 – 10.255.255.255 (ein Class A Netz)

* 172.16.0.0 – 172.31.255.255 (16 Class B Netze)

* 192.168.0.0 – 192.168.255.255 (256 Class C Netze)

Private IP-Adressen können ohne Registrierung verwendet werden. Private IP-Adressen w
den für private (geschlossene) Internets verwendet. Geschlossene Internets werden auch
Intranet bezeichnet. IP Router für den Heimbereich verwenden beispielsweise meistens priv
IP-Adressen aus dem Adressraum 192.168.0.0 – 192.168.255.255.

Bei einem Anschluss an das Internet müssen öffentliche IP-Adressen beantragt werden. (
fentliche IP-Adressen sind kostenlos, es ist lediglich eine Bearbeitungsgebühr zu entricht

---

[34]   Eine Routing-Tabelle, die alle Ziele im Internet enthält (wird im Folgenden auch als globale Inter
Routing-Tabelle bezeichnet), hat zurzeit etwa 280.000 BGP-Routen [78].

Der Bedarf für die beantragten IP-Adressen ist jedoch nachzuweisen. Für die Vergabe der IP-Adressen ist die Internet Assigned Numbers Authority (IANA) verantwortlich. IANA vergibt IP-Adressen in Blöcken der Größe von Class-A-Netzen an die Internet Registries (siehe Abschnitt 2.6). Diese wiederum vergeben IP-Adressen nach Bedarf an Lokale Internet-Registries (LIR, typischerweise Internet Service Provider). Die lokalen Internet-Registries versorgen damit neben ihrer eigenen Infrastruktur vor allem ihre Kunden mit IP-Adressen.

4.2.2.3   *Network Address Translation und Port Address Translation*

Damit Intranet User auf das Internet zugreifen können, müssen die privaten Absenderadressen durch öffentliche ersetzt werden. Dies wird als *Network Address Translation* (NAT) bezeichnet und von einem NAT Router übernommen. NAT wird im RFC 1613 und 2663 beschrieben. Der NAT Router verfügt über einen Pool mit offiziellen IP-Adressen und ersetzt die private Absenderadresse durch eine offizielle IP-Adresse aus seinem Pool. Im Extremfall besteht dieser Pool aus einer einzigen offiziellen IP-Adresse. Die Zuordnung private Absenderadresse – offizielle IP-Adresse wird gespeichert und bleibt für die Dauer eines Flows bestehen. Ein Flow ist in diesem Zusammenhang die Menge alle Pakete, die durch das Quintupel: IP Source-Address, IP Destination-Address, TCP/UDP Source-Port und TCP/UDP Destination-Port sowie die IP Protokollnummer eindeutig gekennzeichnet sind. Jede Websession (Laden einer Webseite aus dem Internet, Download einer Datei, VoIP-Telefonat) entspricht einem Flow.

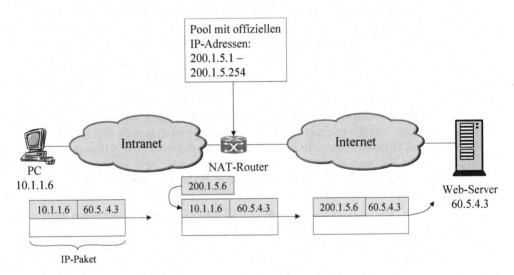

Bild 4-10   Network Address Translation (NAT)

Bild 4-10 zeigt ein Beispiel für Network Address Translation. Ein Host mit der privaten IP-Adresse 10.1.1.6 möchte aus dem Intranet auf einen Web-Server im Internet mit der offiziellen IP-Adresse 60.5.4.3 zugreifen. Der NAT Router ersetzt die private Absenderadresse 10.1.1.6 durch eine offzielle Adresse aus seinem Pool, in diesem Beispiel 200.1.5.6. Der Web-Server schickt seine Antwort an den NAT Router mit der Destination-Adresse 200.1.5.6. Der NAT Router ersetzt die Destination-Adresse wieder durch die private Adresse des Host (10.1.1.6) und leitet das IP-Paket an die Adresse 10.1.1.6 weiter.

Bei NAT können maximal so viele Nutzer parallel auf das Internet zugreifen, wie öffentl
IP-Adressen im Pool vorhanden sind (im obigen Beispiel 254). Die Anzahl der parallelen I
zer kann erhöht werden, indem zusätzlich die TCP/UDP Ports ersetzt werden. Dies wird
Port Address Translation (PAT) bezeichnet. Unter *Network and Port Address Transla*
(NAPT, RFC 2663) wird die Kombination aus NAT und PAT verstanden [6]. Im Extrem
benötigt der NAPT Router lediglich eine einzige offizielle IP-Adresse. TCP und UDP verw
den einen Source- und einen Destination-Port. Der Destination-Port kennzeichnet die Appl
tion, d. h. das Protokoll oberhalb von TCP/UDP (z. B. Port 23: telnet; Port 80: http). Der Sc
ce-Port (wird auch Short Lived Port genannt) wird von der Applikation im Bereich ab 1
willkürlich gewählt, um mehrere gleiche Applikationen voneinander unterscheiden zu könr
Nur so ist es beispielsweise möglich, mit einem Web-Browser mehrere Sessions gleichze
durchzuführen, d. h. mehrere Browser-Fenster gleichzeitig geöffnet zu haben. Bei NAPT
setzt der NAPT Router die private Absenderadresse *und* den TCP/UDP Source-Port und s
chert diese Ersetzung. Ein weiterer Rechner aus dem Intranet kann dieselbe öffentliche Abs
deradresse bekommen, da diese Verbindung durch einen anderen Source-Port gekennzeich
werden kann. In dem Beispiel aus Bild 4-10 nimmt der NAPT Router in Senderichtung z
folgende Ersetzungen vor:

$$\{10.1.1.6; 60.5.4.3: 1234; 80\} \quad \rightarrow \quad \{200.1.5.6; 60.5.4.3: 4072; 80\}$$

wobei die Notation: {Source-Address; Destination-Address: Source-Port; Destination-Pe
verwendet wurde. Das heißt es wird sowohl die Source IP-Address (10.1.1.6 → 200.1.5.6)
auch der Source-Port (1234 → 4072) vom NAPT Router ersetzt. Wenn nun ein weiterer H
aus dem Intranet, z. B. mit der IP-Adresse 10.1.1.10, ebenfalls über http auf den Webser
zugreifen möchte, so nimmt der NAPT Router z. B. folgende Ersetzungen vor:

$$\{10.1.1.10; 60.5.4.3: 2345; 80\} \quad \rightarrow \quad \{200.1.5.6; 60.5.4.3: 4073; 80\}$$

Die beiden Host können nun anhand des Source-Ports unterschieden werden. In Empfan
richtungen werden die Ersetzungen rückgängig gemacht.

Normalerweise können bei NAT/NAPT-Verbindungen nur aus dem Intranet heraus aufgeb
werden. Für die meisten Client-Anwendungen ist dies auch durchaus ausreichend. Schwie
ist es allerdings, wenn in einem Intranet hinter einem NAPT Router Server betrieben wer
sollen, die vom öffentlichen Internet aus erreichbar sein sollen. Dann sind spezielle Vork
rungen am NAPT-Router zu treffen, z. B. in dem explizit eine feste Verknüpfung der Serv
Port-Nummern mit IP-Adresse und Portnummer des Server im Intranet konfiguriert wird.

Durch NAT und insbesondere NAPT können öffentliche IP-Adressen eingespart werden. W
terhin sind die Hosts im privaten Netz nicht aus dem Internet heraus angreifbar und ein Pro
derwechsel wird vereinfacht, da die privaten Adressen nicht geändert werden müssen. An
rerseits führt NAT bei Protokollen, die IP-Adressen transportieren, zu Problemen (z. B. ft
Das Problem dabei ist, dass die IP-Adressen in der Payload eines IP-Pakets durch NAPT ni
ersetzt werden und daher andere Lösung gefunden werden müssen. In vielen Fällen könr
diese Probleme durch Application Level Gateways (ALG) gelöst werden. ALG sind Bin
glieder auf Applikationsebene, die von beiden Netzen heraus erreichbar sind und bestimn
Anwendungs-Protokolle unterstützen. Ein Beispiel ist ein Proxy-Server, der vom Client ht
Verbindungen mit Requests annimmt, die er dann seinerseits und mit seiner eigenen, öffen
chen IP-Adresse an den eigentlichen Server weiterleitet und die Antwort zurückliefert. Die
Verfahren funktioniert üblicherweise z. B. auch, um ftp-Server aus einem Intranet erreich
zu machen. Der Client benutzt dann http, um seinen Request an den Proxy-Server zu stell

Der Proxy-Server erkennt anhand der enthaltenen URL, dass der Ziel-Server jedoch über ftp angesprochen werden soll.

Zu Beginn waren die Hosts ständig mit dem Internet verbunden. Durch die Zunahme von Benutzern, die nur temporär mit dem Internet verbunden sind (private Nutzer, Firmenmitarbeiter die sich ein- und ausloggen etc.) wurde ein Verfahren attraktiv, bei dem den Benutzern bei Bedarf eine öffentliche IP-Adresse aus einem Pool von öffentlichen IP-Adressen zugewiesen wird. Da nie alle Nutzer gleichzeitig aktiv sind, kann die Anzahl der Adressen des Pools kleiner sein als die Anzahl der maximal möglichen Nutzer. Die dynamische Zuweisung der IP-Adresse kann beispielsweise mit dem Dynamic Host Configuration Protocol (DHCP) erfolgen. Da der Host beim Einschalten noch keine IP-Adresse hat, wird er über einen DHCP Dicovery Befehl per Broadcast im eigenen Netz (IP-Adresse 255.255.255.255) bei aktiven DHCP Servern nach einer IP-Adresse fragen. Als eigene Identifikation wird die MAC-Adresse verwendet, als IP-Adresse zunächst 0.0.0.0. Daraufhin stellen alle aktiven DHCP Server, die noch Adressen im Pool haben, eine IP-Adresse bereit (DHCP Offer). Der Host wählt eine IP-Adresse aus (DHCP Request) und macht dieses allen DHCP Servern per Broadcast bekannt. Der ausgewählte DHCP Server bestätigt mit Übersendung der IP-Adresse (DHCP Ack). Mit der IP-Adresse können dem Host auch weitere, für seinen Netzzugang relevante Daten übermittelt werden (z. B. Subnetzmaske, IP-Adresse des DNS Servers und des Default-Gateways). Die Vergabe einer IP-Adresse durch den DHCP Server ist dabei zeitlich begrenzt. Der Host ist dafür verantwortlich, rechtzeitig vor Ablauf dieser zeitlichen Begrenzung (engl. lease time) die Gültigkeit seiner IP-Adresse zu verlängern, wenn er diese weiter nutzen will. Je nach Anwendung sind lease times von einigen Minuten bis zu einem Tag üblich.

Abschließende Bemerkungen zu IPv4-Adressen:

- IPv4-Adressen haben keinen direkten Bezug zu MAC oder E.164 Adressen (Telefonnummern). Spezielle Mechanismen (z. B. ARP, ENUM) stellen den Bezug her [6].

- IPv4-Adressen sind für Anwender unhandlich. Daher werden anwenderfreundliche Adressen (Domainnamen, E-Mail-Adressen) verwendet. Da Router nur IP-Adressen verstehen, werden Domainnamen von einem Domain Name Server (DNS) in IP-Adressen aufgelöst.

- Unter Windows XP kann die IP-Adresse des eigenen PCs durch Eingabe des Befehls „ipconfig" in der Eingabeaufforderung ermittelt werden. Zusätzlich wird die Subnetzmaske und die IP-Adresse des Standardgateways ausgegeben (siehe Bild 3-19).

4.2.3 Internet Control Message Protocol

Zur Vereinfachung der Fehlersuche (engl. Trouble Shooting) verwendet IP das Internet Control Message Protocol (ICMP). ICMP ist integraler Bestandteil von IP und wird im RFC 792, RFC 950 und RFC 4884 beschrieben. ICMP wird in normalen IP-Paketen transportiert, aber nicht an höhere Protokolle weitergeleitet. Zur Unterscheidung der Nachrichten verwendet ICMP die Felder Type und Code. Tabelle 4.2 gibt eine Übersicht über die verschiedenen ICMP Nachrichten.

Wenn eine ICMP Fehlermeldung gesendet wird, wird immer der IP-Header und die ersten 8 Bytes der Payload von dem Paket zurückgesendet, das den Fehler verursacht hat. Damit kann der Empfänger eine genaue Analyse des Fehlerfalls durchführen [6,53]. ICMP Nachrichten werden meistens von Routern verschickt, können prinzipiell aber von auch von Hosts generiert werden. Die Reaktion auf eine ICMP Nachricht ist Angelegenheit der Endstation. Viele ICMP Nachrichten werden nur selten oder gar nicht verwendet, andere haben wichtige Funktionen und werden regelmäßig benötigt.

Tabelle 4.2   ICMP-Nachrichten (alle Werte im Hexadezimalformat). Quelle: [6]

Typ	Code	Bedeutung
Anfragen und ihre jeweiligen Antworten		
00	00	Echo request
08	00	Echo reply
09	00	Router advertisement
0A	00	Router solicitation
0D	00	Timestamp request
0E	00	Timestamp reply
F2	00	Address Mask request
F3	00	Address Mask reply
Fehlermeldungen – Ziel nicht erreichbar		
03	00	Network unreachable
03	01	Host unreachable
03	02	Protocol unreachable
03	03	Port unreachable
03	04	Fragmentation needed and don't fragment bit set
03	05	Source Route failed
03	06	Destination Network unknown
03	07	Destination Host unknown
03	08	Source Host isolated
03	09	Destination Network administratively prohibited
03	0A	Destination Host administratively prohibited
03	0B	Network unreachable for TOS
03	0C	Host unreachable for TOS
03	0D	Communication administratively prohibited by filtering
03	0E	Host Precedence violation
03	0F	Precedence cutoff in effect
Fehlermeldung – Source Quench		
04	00	Source Quench
Fehlermeldungen – Umleitungen		
05	00	Redirect for Network
05	01	Redirect for Host
05	02	Redirect for Type of Service and Network
05	03	Redirect for Type of Service and Host
Fehlermeldungen – Zeitüberschreitungen		
0B	00	Time to live equals zero during tranist
0B	01	Time to live equals zero during reassembly
Fehlermeldungen – Parameter		
0C	00	IP Header bad
0C	01	required option missing

ICMP Meldungen vom Typ 3 teilen dem Sender mit, dass das Ziel nicht erreichbar ist (Destination unreachable). Wenn das Ziel zwar bekannt aber nicht betriebsbereit ist, wird „Network unreachable" (Zielnetz nicht betriebsbereit) oder „Host unreachable" (Zielstation nicht betriebsbereit) gemeldet. Die Meldung „Protocol Unreachable" und „Port Unreachable" weist darauf hin, dass die Zielstation das vom Sender verwendete Layer 4 bzw. Layer 5 Protokoll nicht unterstützt. Die Meldungen „Destination Network Unknown" und „Destination Host Unknown" werden von Routern generiert, wenn sie keine entsprechenden Einträge in ihrer Routing-Tabelle finden. Mit der Meldung „Source Quench" können Router eine einfache Form der Flusskontrolle durchführen. Erhält ein Router mehr Pakete als er verarbeiten kann, so kann er dem Absender die Meldung „Source Quench" zukommen lassen. In der Praxis wird dieser Typ aber in der Regel nicht mehr verwendet. Stattdessen hat sich die Interpretation von Paketverlusten als Anzeichen von Überlastung des Netzes etabliert. Meldungen vom Typ 5 (ICMP-Redirect) werden von Routern zum Absender oder zu einem anderen Router gesendet, wenn der Router einen kürzeren Weg zum Empfänger kennt. Dies kann der Fall sein, wenn der nächste Router, zu dem der Router das Paket senden muss, ebenfalls direkt am Netz der Absenderstation angeschlossen ist. Die ICMP Meldung enthält die IP-Adresse des günstigeren Routers. Das Paket wird trotzdem an den nächsten Router geschickt. Hat das TTL-Feld eines IP-Pakets den Wert Null, so wird das Paket verworfen und an den Absender die Meldung „Time to live equals zero during transit" geschickt. Wenn aufgrund eines Timeouts ein fragmentiertes IP-Paket wegen fehlender Fragmente nicht mehr zusammengesetzt werden kann, wird die Meldung „Time to live equals zero during reassembly" gesendet. Enthält ein IP-Header ungültige Werte (z. B. unbekannter Wert des TOS-Feldes, ungültige Optionen), so wird die Meldung „IP Header bad" generiert.

4.2.3.1 Ping

Eine häufig genutzte Anwendung ist das Programm „ping". Mit ping kann festgestellt werden, ob eine IP-Adresse erreichbar ist. Kurz gesagt sendet ping ein ICMP-Paket vom Typ Echo Request an eine Zieladresse und wartet auf eine Antwort vom Typ Echo Reply.

Beispiel: Die Eingabe „ping www.google.de" oder „ping 74.125.39.147" in der Eingabeaufforderung von Windows XP kann zu folgendem Ergebnis führen:

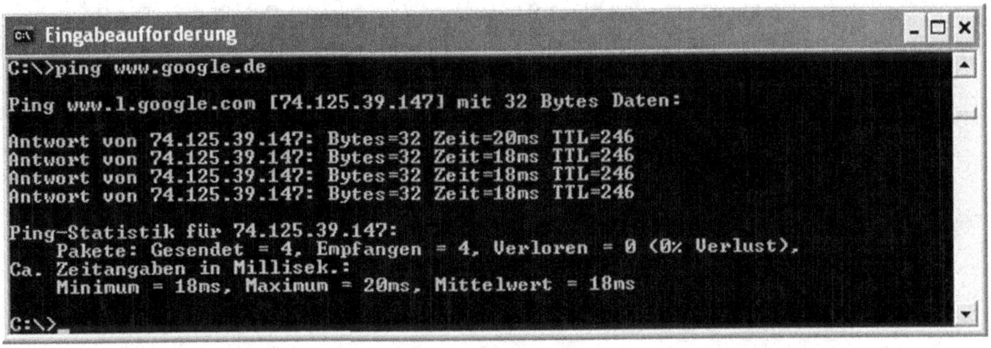

Bild 4-11 Mit dem Programm „ping" kann festgestellt werden, ob eine IP-Adresse erreichbar ist.

4.2.3.2 Traceroute

Mit dem Befehl „traceroute" kann der Weg eines IP-Pakets verfolgt werden. Dazu sendet
Absender zunächst ein IP-Paket an den Empfänger mit einem TTL Wert von Eins. Der e
Router entlang des Pfades erhält das Paket, dekrementiert den Wert des TTL Feldes, verw
das Paket, da das TTL-Feld einen Wert von Null hat und schickt an den Sender die IC
Fehlermeldung „Time to live equals zero during transit". Der erste Router entlang des Pfa
ist dem Absender somit bekannt. Nach Erhalt dieser Fehlermeldung schickt der Absender
zweites Paket mit einem TTL Wert von Zwei. Diesmal erhält der Absender vom zweiten R
ter entlang des Pfades eine entsprechende ICMP Fehlermeldung. Somit ist auch der zw
Router entlang des Pfades bekannt. Diese Prozedur wird solange wiederholt, bis das Pake
der Zielstation angekommen ist. Dem Absender sind dann alle Router entlang des Pfades
zum Ziel-Host bekannt. Bei Windows XP wird das Programm „traceroute" durch den Be
„tracert" aufgerufen. Die Eingabe „tracert www.google.de" in der Eingabeaufforderung
Windows XP kann beispielsweise zu folgendem Ergebnis führen:

```
⊠ Eingabeaufforderung                                                    _ □

C:\>tracert www.google.de

Routenverfolgung zu www.l.google.com [74.125.39.104] über maximal 30 Abschnitte
:
   1     <1 ms     <1 ms     <1 ms   fritz.fonwlan.box [192.168.178.1]
   2     17 ms     17 ms     17 ms   rdsl-frnk-de01.nw.mediaways.net [213.20.56.2]
   3     90 ms    117 ms     29 ms   xmwc-frnk-de02-chan-18.nw.mediaways.net [62.53.2
37.182]
   4     16 ms     18 ms     17 ms   72.14.198.209
   5     18 ms     17 ms     17 ms   209.85.255.172
   6     18 ms    160 ms     18 ms   209.85.254.114
   7     26 ms     19 ms     17 ms   209.85.254.126
   8     18 ms     18 ms     17 ms   fx-in-f104.google.com [74.125.39.104]

Ablaufverfolgung beendet.

C:\>
```

Bild 4-12 Ermittlung des Pfades eines IP-Pakets mit traceroute

Wichtig ist zu verstehen, dass mit traceroute immer nur der Pfad in einer Richtung untersu
werden kann, vom (lokalen) Sender zum (entfernten) Empfänger. Dir Rückrichtung, in der
Empfänger des ursprünglichen Pakets seine Antwort zurückschickt, kann aber einen g
anderen Pfad nehmen. Das Routing muss im Internet keineswegs symmetrisch in beiden Ri
tungen sein. Bei weltweiten Verbindungen und Pfaden, die mehrere autonome Systeme üb
schreiten, ist es sogar sehr unwahrscheinlich, dass in beiden Richtungen der gleiche Pfad
wählt wird.

4.3   IPv6

Am Anfang des Internet waren die gut 4 Milliarden IPv4-Adressen mehr als ausreichend. A
grund des großen Erfolges von IP werden IPv4-Adressen aber mittlerweile knapp. Anfan
wurde der IP-Adressraum noch sehr großzügig vergeben. So konnten die ersten Universität
US-Behörden und großen Firmen zunächst leicht Class A Netze mit über 16 Millionen
Adressen bekommen, die allerdings jeweils schon ein 256-stel des gesamten IPv4-Adre
raums ausmachen. Einen wesentlichen Schritt zum sparsameren Umgang mit IP-Adress

brachte die Einführung von Classless Inter Domain Routing (CIDR). CIDR legte allerdings den Grundstein für ein starkes Wachstum der globalen Routing-Tabelle, was heute zunehmende Schwierigkeiten für die Router-Hardware bedeutet. Weiterere Schritte zur Einsparung von IP-Adressraum sind NAPT sowie die Verwendung von dynamisch vergebenen Adressen. Letzteres führt dazu, dass Endgeräte nur dann eine Adresse beanspruchen, wenn sie tatsächlich eingeschaltet sind und Konnektivität benötigen. Hierzu werden z. B. die Protokolle DHCP oder PPPoE eingesetzt.

Trotz all dieser Maßnahmen wurde am 30.1.2011 der letzte IPv4-Adressblock von der IANA an die regionalen Internet Registries (RIR) vergeben, so dass nunmehr keine Vergabe von IPv4-Adressen auf den bekannten Wegen mehr möglich ist. Daher hat die ICANN im März 2012 ein Verteilverfahren für ungenutzte IPv4-Adressen vorgeschlagen [85]. Denkbar wäre auch ein mögliches Wirtschaftssystem, das IPv4-Adressraum als handelbares Gut einführt und alle Besitzer von IPv4-Adressraum motiviert, nach Möglichkeit Adressraum in größeren oder kleineren Stücken frei zu machen und zu verkaufen. Z.T. wird dies sogar bereits gemacht. So verkaufte beispielsweise Nortel seinen IPv4-Adresspool im März 2011 an Microsoft für etwa 11 US-Dollar pro Adresse [85]. Allerdings ist dabei die Gefahr groß, dass sich das Problem der Größe der globalen Routing-Tabelle noch weiter verschärft, weil zunehmend immer kleinere Adressräume mit einer eigenen Route (Prefix) dargestellt werden müssten.

Um dieses Problem grundlegend zu lösen, wurde ab 1995 IPv6 als Nachfolger von IPv4 entwickelt. Ein wesentlicher Punkt war dabei die Bereitstellung eines erheblich größeren Adressraums. Des Weiteren hat man die Erweiterungen für Mobile IP und IPsec fest eingebaut und IPv6 gleich so gestaltet, dass Router die Pakete möglichst einfach in Hardware bearbeiten können.

In der Praxis haben die meisten großen Netzbetreiber IPv6 inzwischen implementiert oder betreiben zumindest IPv6-Pilotprojekte in ihren Produktionsnetzen [84]. Die tatsächliche Nutzung ist aber bislang immer noch verhältnismäßig gering. Die Deutsche Telekom hat angekündigt, 2012 jedem Privatkunden ein /56 IPv6 Netz und Geschäftskunden /48 IPv6 Netz bereitzustellen. Es wird erwartet, dass der IPv6 Verkehr in der BRD danach deutlich ansteigt. Am 6. Juni 2012 hat die Internet Society den World IPv6 Launch Day veranstaltet, an dem Internet Service Provider, Netzwerkhersteller und Service-Anbieter dauerhaft IPv6 auf ihren Leitungen, Geräten und Diensten dazu geschaltet haben. Googles Internet-Evangelist Vint Cerf hält den 6. Juni 2012 für einen Wendepunkt der Internetgeschichte. Dieser bringe dem Internet nicht nur deutlich mehr IP-Adressen, sondern stärke endlich auch wieder das Ende-zu-Ende-Prinzip des Netzes [86].

4.3.1 IPv6-Header

Der IPv6-Header wird im RFC 2460 definiert (siehe Bild 4-13). Im Vergleich zum IPv4-Header (siehe Bild 4-3) ist der IPv6-Header größer, weil er erheblich längere Adressen verwendet. Andererseits ist der IPv6-Header einfacher aufgebaut und besteht aus weniger Feldern. Während eine IPv6-Adresse mit 128 Bit viermal so lang ist wie eine IPv4-Adresse, ist der normale IPv6-Header mit 40 Byte nur doppelt so lang wie ein normaler IPv4-Header mit 20 Byte. Die Felder des IPv6-Headers haben folgende Bedeutung.

Das Feld Version (4 Bit lang) ist in seiner Bedeutung, Größe und Position identisch mit dem Versions-Feld von IPv4 und gibt die IP-Version an. Bei IPv6 hat es den Wert 6.

Das Feld Traffic Class ist 8 bit lang. Es entspricht dem TOS-Feld von IPv4 und dient zur Markierung unterschiedlicher Klassen in Bezug auf QoS.

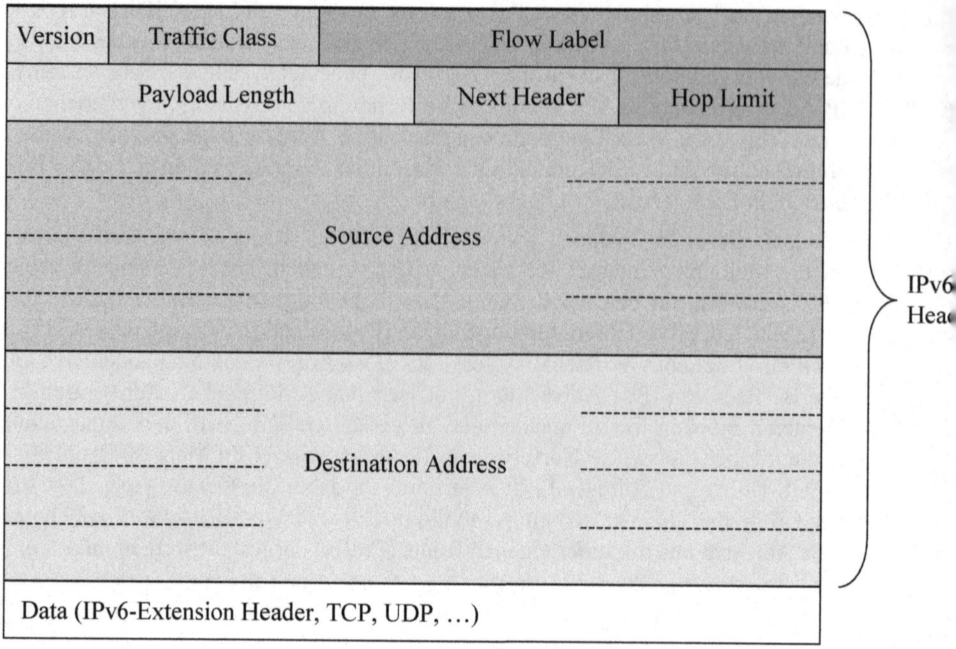

Version	Traffic Class	Flow Label		
Payload Length			Next Header	Hop Limit
Source Address				
Destination Address				
Data (IPv6-Extension Header, TCP, UDP, …)				

IPv6
Hea

Bild 4-13 IPv6-Header

Das Flow Label ist eine Neuerung gegenüber IPv4 und hat dort keine Entsprechung. Es
20 Bit lang und dient zur Kennzeichnungen von so genannten Flows[35]. Es kann vom send
den Host erzeugt werden. Falls der Host dieses Feld zur Kennzeichnung von Flows verwen
muss er einen zufälligen Wert von 1 bis 2^{20}-1 eintragen, der dann für alle Pakete dessel
Flows gleich ist. Unterstützt der Host das Feld nicht oder kann er das Paket keinem Flow
ordnen, muss der Wert 0 eingetragen werden. Router können den Inhalt dieses Feldes
spielsweise für eine Hash-Funktion verwenden, wenn sie Pakete auf mehrere gleich gute Pf
aufteilen und dabei auf eine eindeutige Pfadwahl für jeden Flow achten müssen (siehe a
ECMP, Abschnitt 4.4.1)

Das Feld Payload Length (16 Bit lang) entspricht im Wesentlichen dem Feld Total Length
IPv4. Es enthält die Länge des IPv6-Pakets, ausschließlich des IPv6-Headers selber, aber e
schließlich möglicherweise vorhandener Extension-Header.

Das Feld Next Header entspricht dem Feld Protocol ID bei IPv4, ist ebenfalls 8 Bit lang u
verwendet die gleichen Nummern wie IPv4, um den Typ des nächsten Headers zu kennzei
nen, der dem IPv6-Header folgt.

Das Feld Hop Limit löst das Feld TTL bei IPv4 ab. Es ist ebenfalls 8 Bit lang und hat die g
che Bedeutung wie sie das TTL-Feld von IPv4 heute effektiv hat. Es wird vom Sender
einem bestimmten Wert initialisiert und von jedem Router, der das Paket weiterleitet, um E
dekrementiert. Wenn es den Wert Null erreicht, wir das Paket verworfen.

---

[35] Die Definition eines Flows ist Angelegenheit des Hosts. Ein Flow kann, muss aber nicht notwen
gerweise, dem in Abschnitt 4.2.2.3 definierten Quintupel entsprechen.

Die Felder Source-Address und Destination-Address geben wie bei IPv4 die Adresse des sendenden Hosts und des Ziel-Hosts an, nur, dass sie bei IPv6 128 Bit anstatt wie bei IPv4 32 Bit lang sind.

Felder, die in IPv4 vorhanden sind, bei IPv6 aber nicht mehr, sind: IHL (IP Header Length), Identification, Flags und Fragment Offset. Sie dienen im Wesentlichen dem Umgang mit IP-Optionen (IHL) oder mit Fragmenten (Identification, Flags und Fragment Offset).

Statt diese Felder in jedem IPv6-Header vorzusehen, verwendet IPv6 so genannte Extension-Header. Alles, was bei IPv4 mit Hilfe von Optionen im IPv4-Header erreicht wird, sowie die Fragmentierung mit Hilfe der festen Felder Identification, Flags und Fragment Offset, wird bei IPv6 durch Extension Header geregelt.

4.3.1.1   IPv6 Extension-Header

Im Gegensatz zu IPv4 hat der normale IPv6-Header immer eine feste Länge. Dies vereinfacht die Implementierung der normalen Forwarding-Funktionen in Hardware und macht die Bearbeitung der allermeisten Pakete effizienter.

Für die etwas spezielleren Funktionen, für die der Standard-Header nicht ausreicht, verwendet IPv6 so genannte Extension-Header. Diese befinden sich zwischen den normalen IPv6-Header und der Payload. Dazu verweist das Feld Next Header des IPv6-Headers auf den ersten Extension-Header. Dieser folgt dem 40 Bytes langen IPv6-Header. Es gibt mehrere Typen von Extension-Headern, aber jeder Typ hat seinerseits ein Feld Next Header, das wiederum auf den Typ des nächsten Extension-Headers oder auf den Typ der folgenden Payload verweist, je nachdem, wie viele Extension-Header zum Einsatz kommen.

RFC 2460 beschreibt sechs Typen Extension-Header, die ggf. alle in einem IPv6-Paket vorkommen können (aber keinesfalls müssen):

- Hop-by-Hop Options
- Routing
- Fragment
- Destination Options
- Authentication
- Encapsulating Security Payload

Die Extension Header Hop-by-Hop Options und Destination Options beschreiben Optionen, die entweder von allen Knoten entlang des Pfades eines Pakets bearbeitet werden sollen (Hop-by-Hop Options) oder nur vom Ziel-Host (Destination Options). Hop-by-Hop Options belasten die Router-Ressourcen, da sie von jedem Knoten bearbeitet werden müssen. Daher gibt es Netzbetreiber, die die Rate der Hop-by-Hop Options limitieren. Hop-by-Hop und Destination Options verwenden eine offene Type-Length-Value (TLV)-Struktur, die jederzeit das nachträgliche Definieren und Implementieren von weiteren Optionen erlaubt. Wie bei IS-IS wird dabei sowohl der Typ einer Option als auch die Länge des Feldes mit 8 Bit codiert. Die oberen 3 Bit des Typ-Wertes beschreiben dabei allgemeingültig, was ein Router oder Host tun soll, wenn er auf einen Optionstyp trifft, den er (noch) nicht kennt. Mögliche Aktionen sind die Option zu ignorieren oder das Paket mit oder ohne Fehlermeldung an den Absender zu verwerfen. Hop-by-Hop Options sind beispielsweise Router Alerts oder so genannte IPv6 Jumbograms (IPv6 Pakete mit einer Payload von mehr als 65535 Bytes) gemäß RFC 2675. IPv6 Jumbograms sind jedoch in der Praxis kaum von Bedeutung. Eine in der Praxis oft verwendete Destination Option ist z. B. mobile IPv6 gemäß RFC 3775.

Der Routing Extension Header bietet die Möglichkeit, einem IPv6-Paket zusätzliche Ang⬛ über den zu verwendenden Pfad mitzugeben. Er entspricht den IPv4-Optionen Loose So⬛ und Record Route. RFC 3775 spezifiziert zwei Typen (Typ 1 und 2), die bei mobile IPv6 wendet werden. RFC 2460 spezifiziert einen einzigen Typ (Typ 0), dessen Verwendung s⬛ im RFC 5095 ausdrücklich missbilligt wurde, weil er zu große Sicherheitsrisiken birgt ⬛ leichte Denial-of-Service Angriffe erlaubt.

Der Fragment Extension Header dient zur Fragmentierung von IPv6-Paketen (siehe Absc⬛ 4.3.1.2).

Die Extension Header Authentication und Encapsulating Security Payload dienen Auther⬛ zierungs- und Verschlüsselungsfunktionen der „Security Architecture for IP" (IPsec).

4.3.1.2   Paketgrößen und Fragmentierung

Grundsätzlich versucht IPv6, die Fragmentierung von Paketen so weit wie möglich zu ver⬛ den. Daher passt es gut, dass diese Funktion in einen Extension Header ausgelagert wurde ⬛ nicht im Standard-Header untergebracht ist. In aller Regel sollen Pakete einfach und sch⬛ von Routern – z. B. in Hardware – bearbeitet werden können ohne unnötig großen Aufw⬛ an Rechenleistung oder Speicherplatz zu erfordern.

Fragmentierung findet bei IPv6 nur beim sendenden Host statt. Anders als bei IPv4 kann⬛ Router ein Paket beim Weiterleiten nicht fragmentieren. Er kann nur eine Fehlermeldun⬛ den Absender schicken, so dass dieser eine erneute Übertragung mit kleinerer Paketg⬛ versucht, oder zur Not das Paket fragmentiert.

Um die Notwendigkeit zur Fragmentierung möglichst selten aufkommen zu lassen, verl⬛ RFC 2460 zum einen, sofern möglich, dass höhere Layer, die IPv6 benutzen, Path MTU ⬛ covery verwenden sollen. Zum anderen wird eine minimale erlaubte Frame-Größe für I⬛ von 1280 Byte definiert. Ein Data-Link-Layer, der nur kleinere Größen unterstützt, muss in⬛ Lage sein, Link-spezifisch IPv6-Frames zu fragmentieren und vor der nächsten Bearbeit⬛ durch einen IPv6-Router wieder transparent zusammenzusetzen[36]. Data-Link-Layer mit e⬛ MTU Size von weniger als 1280 Byte sind folglich nicht kompatibel zu IPv6.

Wenn ein Router feststellt, dass der Next Hop eine zu kleine MTU für ein gegebenes P⬛ hat, schickt er eine ICMPv6 Nachricht „packet too big" an den Absender, der dann das P⬛ auf Layer 3 fragmentieren muss. Ein Host, der fragmentierte IPv6-Pakete zusammense⬛ muss das bis zu einer Größe von 1500 Bytes tun können. Größere Pakete sind möglich, dü⬛ aber nicht als selbstverständlich vorausgesetzt werden. Höhere Layer, die größere IPv6-Pal⬛ als 1500 Byte versenden wollen, dürfen dies nur, wenn sie auf anderem Wege sicherges⬛ haben, dass der Empfänger die entsprechende Größe auch verarbeiten kann.

---

[36] Beispielsweise führen X.25 und ATM eine Segementierung bzw. Reassemblierung durch und prä⬛ tieren so Schicht 3 eine MTU von 1500 Byte oder mehr (bei ATM typisch 4470 Byte). Bei Fr⬛ Relay beträgt zwar die minimale MTU Size lediglich 262 Byte, es können aber auch größere M⬛ bereitgestellt werden. Übliche Frame Relay Netze, die heute für IPv4 verwendet werden, haben ⬛ MTU Size von 1500 Byte.

4.3.2   IPv6-Adressen

Der wesentliche Vorteil von IPv6 gegenüber von IPv4 ist der erheblich größere Adressraum. Gelegentlich werden auch Vorteile ins Feld geführt wie die grundlegend vorgesehene Unterstützung von IPsec, von Mobile IP oder von Stateless Address Autoconfiguration (siehe Abschnitt 4.3.3.2). Die Funktionen IPsec und Mobile IP stehen jedoch unter IPv4 genauso zu Verfügung und das Ausmaß ihrer Verbreitung hängt von anderen Dingen ab als der Frage, ob sie im IP-Standard mit enthalten sind, oder einer zusätzlichen Implementierung bedürfen. IPsec wird beispielsweise in bestimmten Fällen heute auch für IPv4 eingesetzt, häufig zur Verbindung von geographisch und topologisch verteilten Außenstellen zusammengehörender Firmen oder Organisationen. Der globale Einsatz zwischen unabhängigen Organisationen scheitert am Fehlen einer globalen Infrastruktur zum Austausch der für die Sicherheitsfunktionen benötigten Schlüssel. IPv4 kennt zwar nicht die Funktion Stateless Address Autoconfiguration, aber der Dienst DHCP bietet eine Übermenge dieser Funktionen und kann praktisch überall, wo er benötigt wird, leicht implementiert werden[37].

Damit bleibt als einziger entscheidender Vorteil von IPv6 gegenüber IPv4 nur der größere Adressraum. Dieser gewinnt allerdings derzeit aus zwei Gründen zunehmend an Bedeutung:

- Eine Vergabe von IPv4 Adressen auf den bekannten Wegen ist nicht mehr möglich. Daher wird es schwierig, die stetig wachsende Zahl an Endgeräten wie DSL-Anschlüsse, Hotspots oder Mobilfunkgeräte mit IPv4-Adressen zu versorgen. Beispielsweise verwenden heute schon die meisten Smartphones private IPv4 Adressen (zusammen mit NAT/NAPT), da es nicht mehr genügend öffentlichen IPv4 Adressen gibt. IPv6 hingegen böte genügend IP-Adressen für alle erdenklichen Anwendungen.

- Die globale Routing-Tabelle (d. h. die Routing-Tabelle, die alle derzeitigen BGP-Routen enthält) ist mit ihrem stetigen Wachstum eine Herausforderung für die Router-Hardware. Mit der Verknappung des IPv4-Adressraums ist zu befürchten, dass zunehmend kleine Teilmengen von bislang aggregiert gerouteten IPv4-Adressräumen einzeln und unabhängig geroutet werden müssen. IPv6 erlaubt eine hinreichend großzügige Adressvergabe, so dass ein Netzbetreiber in der Regel nur einen einzigen Prefix für sein Autonomes System annoncieren müsste.

Des Weiteren bietet der große Adressraum von IPv6 folgende Vorteile:

- IPv6 kann das Management großer geschlossener Netze erleichtern, wenn die Zahl der Netzelemente so groß ist, dass die privaten IPv4-Adressen nicht ausreichen, um alle Netzelemente überlappungsfrei zu adressieren. Beispielsweise können die Netze großer Kabelnetzbetreiber mit vielen Millionen Kunden, die jeder eine oder mehrere Set-top-Boxen haben, die jeweils möglicherweise mehrere IP-Adressen zur Adressierung verschiedenen Dienste benötigen (IPTV, Internet), heutzutage bereits die Grenze des Adressraums privater IPv4-Adressen sprengen. Das Netz 10.0.0.0/8 bietet ca. 16 Millionen IP-Adressen, wesentlich mehr private IPv4-Adressen gibt es nicht (siehe Abschnitt 4.2.2.2).

---

[37] Allerdings ist hierfür ein DHCP Server erforderlich. Der Vorteil von Stateless Address Autoconfiguration gegenüber DHCP ist, dass für Stateless Address Autoconfiguration keine weitere Infrastruktur erforderlich ist. Ein Anwendungsbeispiel wäre Bluetooth Pairing. Die beiden Hosts bekommen dabei mittels Stateless Address Autoconfiguration je eine IPv6 Adresse in einem Netz, so dass sie miteinander kommunizieren können.

- Network Address Translation und Port Adress Translation (NAT/PAT/NAPT) wird ü
flüssig, wenn überall genügend öffentliche IP-Adressen zur Verfügung stehen, um
Endgeräte direkt zu adressieren. Begrenzte Sicherheitsfunktionen, wie NAT/NAPT sie
te bietet, können ohne zusätzlichen Aufwand auch durch Stateful Firewalls erbracht
den. Diese würden dabei bessere Sicherheitsfunktionen bieten, ohne dabei wie NAT
Ende-zu-Ende-Transparenz von IP zu unterbrechen.

- Mit Stateless Address Autoconfiguration läßt sich leicht jedes Endgerät mit einer einde
gen IP-Adresse versorgen, ohne dass diese explizit konfiguriert oder von einem DH
Server verwaltet werden müsste.

4.3.2.1 Schreibweise von IPv6-Adressen

Würde man die 128 Bit langen IPv6-Adressen wie die IPv4-Adressen byteweise dezi
schreiben, bekäme man leicht sehr lange, schlecht lesbare Zahlenkolonnen. Um die Übersi
lichkeit wenigstens ein bisschen zu verbessern, hat man sich bei IPv6 auf folgende Schr
weise geeinigt:

- Die Adressen werden hexadezimal geschrieben, d. h. es werden jeweils 4 Bit, ein so
nanntes *Nibble*, als ein hexadezimales Symbol geschrieben.

- Es werden jeweils vier Nibble, also 16 Bit, zusammengeschrieben und durch einen D
pelpunkt von der nächsten 16-Bit-Gruppe getrennt.

- Führende Nullen in diesen Gruppen können entfallen.

- Einmal in der ganzen IPv6-Adresse kann eine beliebig lange Folge von 16-Bit-Gruppen
dem Wert 0 durch einen Leerstring ersetzt werden, d. h. es folgen dann zwei Doppelpu
aufeinander.

Ein Beispiel für mehrere mögliche, äquivalente Schreibweisen ein und derselben IP
Adresse:

> 2001:4F8:0000:0002:0000:0000:0000:000E
>
> 2001:4F8:0:2:0:0:0:E
>
> 2001:4F8:0:2::E

Soll z. B. für die Darstellung von Routen eine Netzmaske mitangegeben werden, so wird
bei der CIDR-Schreibweise für IPv4-Routen die Maskenlänge in Dezimalschreibweise
trennt durch einen Schrägstrich angefügt. Bei der typischen lokalen Netzmaskenlänge
64 Bit sähe die obige Adresse wie folgt aus: 2001:4F8:0:2::E/64.

4.3.2.2 Strukturierung des Adressraums

Die hoheitliche Verwaltung des globalen IPv6-Adressraums obliegt, wie für alle IP-relevan
Zahlen-Ressourcen, der Internet Assigned Numbers Authority (IANA). Aus der Tabelle
den globalen IPv6-Adressraum ist zu entnehmen, dass bislang nur vier Bereiche des gesam
IPv6-Adressraums spezifiziert wurden [56]:

- 2000::/3   Global Unicast gemäß RFC 4291
- FC00::/7   Unique Local Unicast RFC 4193
- FE80::/10   Link Local Unicast RFC4291
- FF00::/8   Multicast RFC4291

In dem Bereich 2000::/3 liegen die normalen, öffentlichen, globalen Unicast-Adressen. Sie werden zur öffentlichen Unicast-Kommunikation benötigt. IANA vergibt Blöcke aus diesem Bereich an die regionalen Internet Registries (RIR) wie zum Beispiel RIPE für Europa. Diese wiederum vergeben aus ihrem Bereich Blöcke an lokale Internet Registries (LIR), typischerweise Netzbetreiber, die ihrerseits wiederum Kunden mit IPv6-Adressen versorgen.

Die RIR vergeben an Netzbetreiber häufig Adressbereiche mit einer Mindestgröße eines /32-Bereichs. Je nach angemeldetem und begründetem Bedarf kann aber auch ein größerer Block vergeben werden. Beispielsweise erhielt die Deutsche Telekom AG unter Berücksichtigung ihres geplanten DSL-Ausbaus den Adressraum 2003::/19.

Die Netzbetreiber sollen an Kunden mit eigener Infrastruktur, wenn also der Kunde möglicherweise selber mehrere Subnetze unterscheiden, diese ggf. hierarchisch organisieren und durch eigene Router verbinden möchte, einheitlich immer IPv6-Netze der Größe /48 vergeben. Das ist z. B. für alle Festanschlüsse kleiner und mittelgroßer Firmen vorgesehen. Für sehr kleine Kunden, die nur wenige Subnetze unterscheiden müssen, können auch IPv6-Netze der Größe /56 vergeben werden. Das ist z. B. für Privathaushalte mit DSL-Anschluss der Fall. Die Vergabe von IPv6 Netzen an die Kunden obliegt aber in jedem Fall dem Netzbetreiber. Wie eingangs bereits erwähnt, so stellt die Deutsche Telekom ab 2012 Privatkunden ein /56 und Geschäftskunden ein /48 IPv6 Netz zur Verfügung.

Grundsätzlich sieht die Struktur einer öffentlichen IPv6-Adresse aus wie in Bild 4-14 dargestellt – analog zu Classless Inter-Domain Routing (CIDR) bei IPv4. Ein global gerouteter Prefix wird im Netz des Netzbetreibers in Subnetze unterteilt. RFC 4291 verlangt dabei, dass die Interface-ID grundsätzlich 64 Bit lang ist. Das heißt, für die Länge des Routing-Prefix und der Subnetz-ID in Bild 4-14 gilt: n + m = 64.

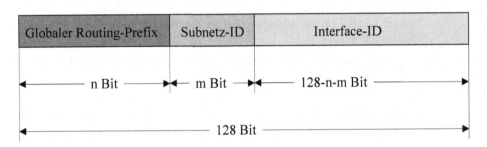

Bild 4-14   Struktur globaler IPv6-Unicast-Adressen

Diese starre Aufteilung schränkt natürlich die Flexibilität ein, hat jedoch den Vorteil, dass einerseits Subnetze automatisch richtig konfigurierbar sind und andererseits die Interface-ID immer groß genug ist (siehe unten).

In einem Subnetz steht mit 64 Bit dann ein sehr großer Adressraum für die lokalen Hosts zu Verfügung, der auf jeden Fall für jede erdenkliche Zahl von Endgeräten ausreicht. Der Adressraum für die Interface-ID beträgt folglich $2^{64} \approx 1{,}8 \cdot 10^{19}$. Diese unvorstellbar große Zahl ist sicherlich auch für alle zukünftigen Anwendungen sehr groß, wird aber für Verfahren wie Secure Neighbor Discovery (SeND) benötigt. Hierbei wird nämlich die Interface-ID einer IPv6-Adresse aus dem Hash-Wert eines Public Keys berechnet (Crypto-Generated Address [CGA]), wofür eine ausreichend große Zahl an Bits erforderlich ist.

Auch ist der Adressraum für die Interface-ID ausreichend, um nach einem modifizierten ▌ 64-Verfahren die Interface-ID automatisch, z. B. aus der MAC-Adresse der Schnittstelle generieren. Dies kann jederzeit automatisch und autonom geschehen, also ohne jede zusä che zentrale Verwaltung. Das EUI-64-Verfahren wird in Abschnitt 4.3.2.4 beschrieben.

Wenn ein Netzbetreiber mit einem /32 IPv6 Netz seinen Privatkunden ein /56 und seinen schäftskunden ein /48 Netz bereitstellt, so kann er damit maximal $2^{(32-8)} \approx 16{,}8$ Millionen vatkunden bzw. $2^{(32-16)} = 65.536$ Geschäftskunden adressieren. Teilt er seinen I▌ Adressraum jeweils zur Hälfte auf die Privat- und Geschäftskunden auf, so halbieren sich d Zahlen. Je nach interner Netzstruktur des Providers mag es aber sinnvoll sein, erst das /32 ▌ z. B. in 16 /36 Netze für verschiedene geographische Regionen zu unterteilen, und dann die jeweiligen /36 Netze in ein /37 Netz für Geschäftskunden und ein /37 Netz für Privat▌ den aufzuteilen. Hier wird sich die Adress-Hierachie an der Netztopologie orientieren müs um eine interne Aggregation zu erreichen. Ohne diese Aggregation wäre ein Routing mit ▌ tigen Systemen nicht möglich.

Der Bereich FC00::/7 umfasst die so genannten Unique Local Unicast Adressen. Er ist besserer Ersatz für die in RFC 1918 definierten privaten Adressen bei IPv4. Ursprüng waren als Pendant für Private Adressen die so genannten Site Local IPv6-Adressen geda von deren Verwendungen man aber später abgekommen ist (siehe RFC 3879). Unique L Unicast Adressen haben gegenüber privaten IPv4-Adressen und Site Local Adressen folge Vorteile:

- Sie sind mit hoher Wahrscheinlichkeit global eindeutig.

- Unternehmen, Organisationen oder Bereiche, die zunächst unabhängig voneinander Verwendung von Unique Local Unicast Adressen einführen, können später zusammer legt werden, ohne dass eine Kollision der Adressräume auftritt.

- Unique Local Unicast Adressen können durch ihren festgelegten Prefix leicht in Fi▌ abgefangen werden.

- Falls diese Adressen versehentlich in öffentliche Routing-Systeme eingespeist wer▌ können sie leicht abgefangen werden.

- Anwendungen betrachten und behandeln Unique Local Unicast Adressen wie norm Unicast-Adressen.

Der Aufbau von Unique Local Unicast Adressen ist in Bild 4-15 dargestellt.

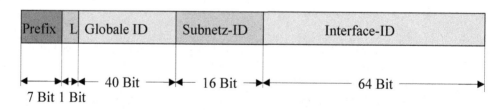

Prefix	L	Globale ID	Subnetz-ID	Interface-ID

◄──────►◄►◄►── 40 Bit ──►◄── 16 Bit ──►◄────────── 64 Bit ──────────►
7 Bit 1 Bit

Bild 4-15 Aufbau von IPv6 Unique Local Unicast Adressen

Der Prefix hat den Wert FC00::/7. Das Feld L ist gegenwärtig immer Eins und zeigt an, d die Adresse lokal zugewiesen wurde, wobei für die Globale ID ein zufälliger Wert erze wird. RFC 4193 beschreibt ein mögliches Verfahren zum Generieren von Pseudo-Zufa▌

Zahlen, die hier verwendet werden können. Die Option, L auf Null zu setzen, wurde für möglicherweise in Zukunft zu definierende alternative Vergabeverfahren der globalen ID vorgesehen. Die Subnetz-ID bezeichnet wie immer das Subnetz und kann vom Verwalter der Infrastruktur frei vergeben und strukturiert werden. Die Interface-ID wird nach den gleichen Regeln gebildet, wie für andere Unicast-Adressen auch.

Innerhalb eines abgeschlossenen Bereichs können Unique Local Unicast Adressen wie normale, öffentliche IPv6-Unicast-Adressen verwendet werden. An den Grenzen des Bereichs werden diese Adressen standardmäßig herausgefiltert, es sei denn, es gibt spezielle Vereinbarungen zum Austausch bestimmter Adressebereiche. Für das für externes Routing verwendete Routingprotokoll BGP schreibt RFC 4193 ausdrücklich vor, dass Unique Local Unicast Adressen herausgefiltert werden müssen, wenn nicht explizit etwas anderes konfiguriert wird.

4.3.2.3   Spezielle IPv6-Adressen

Es gibt zwei spezielle IPv6-Adresen, die überall gleich sind und für ihren Host eine besondere Bedeutung haben:

- Die so genannte *unspezifizierte Adresse* hat den Wert 0:0:0:0:0:0:0:0. Sie kennzeichnet den Zustand, in dem noch keine IPv6-Adresse vorliegt. Sie wird zum Beispiel als Absender-Adresse verwendet, wenn ein Host gerade dabei ist, seine IPv6-Adresse zu ermitteln. Als Ziel-Adresse darf sie nie verwendet werden.

- Die Adresse 0:0:0:0:0:0:0:1 wird die *Loopback-Adresse* genannt. Wie bei IPv4 bezeichnet sie den Host selber und dient nur zur Kommunikation innerhalb eines Hosts. Sie darf nie den Host verlassen. Wenn ein Paket mit der Loopback-Adresse über ein Interface empfangen werden sollte (was eigentlich nie passieren darf), so muss dieses Paket verworfen werden.

4.3.2.4   Interface-Adressen

Ein Interface eines IPv6-Hosts kann mehrere IPv6-Adressen haben. Standardmäßig bekommt jedes Interface zunächst eine Link-lokale Adresse. Die Link-lokale Adresse dient nur zur Kommunikation von Geräten, die an das gleiche Medium, oft „Link" genannt, angeschlossen sind. Alle link lokalen Protokolle wie z. B. neighbor discovery, router discovery, DHCPv6 oder OSPFv3 kommunizieren über die Link-lokale Adresse und sind damit unabhängig von den globalen IPv6-Adressen. Die Link-lokale Adresse eines Interfaces ist in Bild 4-16 dargestellt.

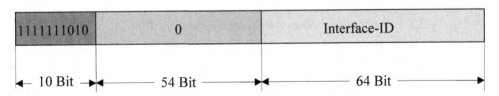

Bild 4-16   Die Link-lokale IPv6-Unicast-Adresse

Nach dem Prefix FE80::/10 kommen 54 Null-Bits und anschließend die normale Interface-ID. Zusätzlich kann jedes Interface eine oder mehrere weiteres Unicast-Adressen haben. Das können globale Unicast-Adressen sein und/oder Unique Local Unicast-Adressen. Bei IPv4 hat (Ethernet) Interface eine MAC- und eine IPv4-Adresse. Bei IPv6 hat ein Interface eine M Adresse, eine Link-lokale IPv6-Adresse und keine bis viele öffentliche IPv6-Adressen. S funktioniert IPv6 auch ganz ohne öffentliche Adressen (für die Kommunikation im LAN). IPv6 Host muss grundsätzlich damit zurecht kommen, zwei oder mehr öffentliche Adre gleichzeitig zu haben.

Die Interface-ID wird häufig aus den von der IEEE definierten EUI64-Adressen gener indem das siebte Bit, das so genannte U-Bit, invertiert wird. In der Praxis wird die Interface meistens aus der 48 Bit langen Ethernet MAC-Adresse eines Endgeräts bzw. einer Schnitts gebildet. Dazu werden zwischen den ersten und den letzten drei Bytes der MAC-Adresse z Bytes eingefügt, die den hexadezimalen Werte FF und FE haben. Beispielsweise sieht Interface-ID, die aus einer globale MAC-Adresse gebildet wird (7. Bit ist 0) nach dem In tieren des 7. Bits wie folgt aus:

0	8	16	24	32	40	48	56	6
cccccc1g	cccccccc	cccccccc	11111111	11111110	mmmmmmmm	mmmmmmmm	mmmmmmm	

Bild 4-17   Interface-ID basierend auf MAC-Adresse im modifizierten EUI64-Format

Dabei bezeichnet „c" die der Herstellerfirma zugewiesenen Bits der MAC-Adresse, „1" s für eine global zugewiesene MAC-Adresse, „g" gibt an, ob es sich um eine Endgeräteadre (g = 0) oder um eine Gruppenadresse (g = 1) handelt und „m" ist die vom Hersteller gewä eindeutige Nummerierung (siehe Abschnitt 3.3.2.1).

RFC 4291 verlangt, dass die Interface-ID grundsätzlich nach dem beschriebenen modifizier EUI64-Format gebildet werden. In Fällen, in denen keine MAC-Adresse und keine sons EUI64-taugliche Link-Layer-Adresse zu Verfügung steht, kann die Interface-ID auch man konfiguriert werden. Dabei ist es praktisch, dass das U-Bit der EU64-Adresse invertiert w Dadurch basieren Adressen, die an dieser Stelle den Wert 0 haben nämlich nach EUI64-In pretation auf lokal vergebenen Link-Layer-Adressen. Somit sind Interface-IDs wie: 0:0:0 0:0:0:2 etc. konform zu dem oben beschrieben Verfahren und müssen nicht durch: 0200:0: 0200:0:0:2 etc. ersetzt werden.

4.3.2.5   Offene Probleme der Adressierung bei IPv6

Eines der Probleme im derzeitigen Internet, die mit IPv6 gelöst werden sollten, ist die Gr und das Wachstum der globalen Routing-Tabelle. Vom dem großen Adressraum von IF versprach man sich zunächst, dass die Adressierung eine hohe Aggregierung gestattet und d man diese Aggregierung so konsequent durchsetzen könnte, dass nur die globalen Netzbet ber jeweils einen einzigen Prefix in der globalen Routing-Tabelle annoncieren würden. Säm che Kunden würden Adressen aus dem Bereich ihres aktuellen Internet-Providers bezie und bräuchten die globale Routing-Tabelle somit nicht zu belasten. In der Tat ist der Adre raum von IPv6 groß genug, um diese Aggregation zu ermöglichen. Auch sollte die feste V gabe von einem /48er Prefix für alle Kunden mit eigener Infrastruktur sowie die feste Auf lung in 64 Bit lange Subnetze und 64 Bit lange Interface-IDs die Änderung der IP-Adressen eines Kunden sehr leicht machen, der von einem Provider zu einem anderen wechselt und deswegen IPv6-Adressen aus einem neuen Bereich bekommt.

In der Praxis hat sich allerdings bereits gezeigt, dass die Kunden trotz vieler technischer Erleichterungen ihre IP-Adressen nicht ändern möchten, wenn sie den Internet-Provider wechseln. Des Weiteren gibt es viele Kunden, die zwecks Erhöhung der Zuverlässigkeit über zwei verschiedene Service-Provider an das Internet angebunden werden möchten, deren Endgeräte aber bei beiden Service-Providern über dieselbe IP-Adresse erreichbar sein sollen. Dies wird auch Multi-Homing genannt.

Weder für die Umnummerierung der IP-Adressen noch für Multihoming gibt es bislang Lösungen, die alle Beteiligten wirklich überzeugen und die die ursprüngliche Idee der hohen Adress-Aggregierung bei IPv6 unterstützen. Vielmehr haben die meisten Regionalen Internet Registries inzwischen auch bei IPv6 so genannten Provider Independend (PI) Adressraum eingeführt, der einzelnen Kunden unabhängig von ihrem aktuellen Internet-Provider zugeteilt werden kann. Jeder Internet-Provider, der einen solchen Kunden mit Internet-Konnektivität versorgt, muss dann den Adressraum jedes dieser Kunden in der globale Routing-Tabelle annoncieren. Daher wird befürchtet, dass auch bei IPv6 das Wachstum des globalen Adressraums mittel- bis langfristig kritische Größen erreicht.

4.3.3 ICMPv6

Wie bei IPv4 gibt es auch bei IPv6 zur Unterstützung der Fehlersuche und für verschiedene Steuerfunktionen ein Internet Control Message Protocol, welches als ICMPv6 bezeichnet wird. Es hat viele Ähnlichkeiten mit ICMP für IPv4. Wie bei ICMP gibt es hier verschiedene Nachrichtenarten, die durch die ein Byte langen Felder Type und Code gekennzeichnet werden. ICMPv6 wird in RFC 4443 spezifiziert.

Der Wertebereich für den ICMP-Typ ist so strukturiert, dass das erste Bit kennzeichnet, ob es sich bei einem ICMPv6-Paket um eine Fehlermeldung oder eine anderweitige Mitteilung handelt. Das heißt, die Type-Werte 0 bis 127 kennzeichnen Fehlermeldungen, die Type-Werte 128 bis 255 kennzeichnen andere Mitteilungen. Tabelle 4.3 gibt eine Übersicht über die verschiedenen ICMPv6-Nachrichten.

Eine vollständige Auflistung aller bislang definierten ICMPv6-Nachrichten findet sich in [55]. Alle ICMPv6 Fehlermeldungen hängen an ihre eigene Nachricht so viel von dem ursprünglichen, die Fehlermeldung auslösenden Paket an, wie möglich ist, ohne dass das ICMP-Paket Gefahr läuft, fragmentiert werden zu müssen. Das heißt das ICMPv6-Paket wird u.U. bis zu einer Größe von 1280 Byte mit dem Inhalt des ursprünglichen IPv6-Pakets aufgefüllt. Dies erlaubt einem Rechner, Protokoll-Layer oberhalb von IP zu identifizieren um diese ggf. über eine fehlgeschlagene Kommunikation informieren zu können.

Eine ICMPv6-Fehlermeldung vom Typ Destination Unreachable soll immer dann erzeugt werden, wenn ein IPv6-Paket aus irgendeinem Grund nicht zu seinem Ziel ausgeliefert werden kann, der nicht aus einer Überlastung (engl. Congestion) resultiert. Wenn ein Router ein Paket deshalb nicht weiterleiten kann, weil die entsprechende Leitung überlastet ist, dann *darf* deswegen keine ICMPv6-Meldung erzeugt werden. Typische Fälle für ICMP-Fehlermeldungen sind Pakete, die an Firewall-Filtern abgelehnt werden. Dafür käme z. B. der Code „communication with destination administratively prohibited" in Frage. Der Code „no route to destination" wird von einem Router erzeugt, der keine Route zum Ziel kennt. Der Code „address

unreachable" kommt zum Einsatz, wenn im Ziel-Subnetz kein Endgerät für die Ziel-Adı
ermittelt werden kann. In Fällen, in denen keiner der definierten Codes passt, wird eben
„address unreachable" angezeigt.

Tabelle 4.3   ICMPv6 Nachrichten

Type	Code	Bedeutung
Fehlermeldungen		
1		Destination Unreachable
1	0	no route to destination
1	1	communication with destination administratively prohibited
1	2	beyond scope of source address
1	3	address unreachable
1	4	port unreachable
1	5	source address failed ingress/egress policy
1	6	reject route to destination
2	0	Packet too big
3		Time Exceeded
3	0	hop limit exceeded in transit
3	1	fragment reassembly time exceeded
4		Parameter Problem
4	0	erroneous header field encountered
4	1	unrecognized Next Header type encountered
4	2	unrecognized IPv6 option encountered
100		Private experimentation
101		Private experimentation
127		Reserved for expansion of ICMPv6 error messages
Mitteilungen		
128	0	Echo Request
129	0	Echo Reply
133	0	Router Solicitation
134	0	Router Advertisement
135	0	Neighbor Solicitation
136	0	Neighbor Advertisement
137	0	Redirect Message
200		Private experimentation
201		Private experimentation
255		Reserved for expansion of ICMPv6 informational messages

Der ICMPv6-Typ „Packet too big" wird verwendet, wenn ein Paket zu groß für den Link-Layer der Leitung ist, über den das Paket weitergeleitet werden müsste. Damit wird dem sendenden Host gemeldet, dass er zu diesem Ziel kleinere Pakete senden muss. Dabei wird die MTU der betroffenen Leitung mitgeteilt, so dass sich der sendende Host daran anpassen kann. Dieser ICMP-Typ ist ein wesentliches Element des Path MTU Discovery Verfahrens.

Es gibt zwei Codes für den Typ „Time Exceeded". Der Code „hop limit exceeded in transit" wird verwendet, wenn der Wert für das Feld hop limit der IPv6-Header beim Dekrementieren durch einen Router den Wert Null erreicht. Der Code „fragment reassembly time exceeded" zeigt an, dass ein fragmentiertes Paket nicht innerhalb der vorgesehenen Zeit wieder zusammengesetzt werden konnte. Dies ist typischerweise der Fall, wenn von mehreren Fragmenten eines Pakets ein Fragment verloren gegangen ist.

Mit dem IMCPv6-Typ „Parameter Problem" wird auf Fehler in einem IPv6-Header oder Extension-Header hingewiesen. Es kann aber auch sein, dass der empfangende Host ein bestimmtes Feld nicht auswerten kann, z. B. weil ein Next Header-Wert verwendet wird, der dem Host unbekannt ist.

Die ICMPv6-Typen „Echo Request" und „Echo Reply" dienen diagnostischen Zwecken. Genauso wie bei IPv4 wird damit für IPv6 die Basis für das Tool „ping" geschaffen (siehe Abschnitt 4.2.3.1).

Sowohl bei ICMPv6-Fehlermeldungen als auch bei –Mitteilungen gibt es je zwei Typen mit der Bezeichnung „Private experimentation". Diese sind nicht für den allgemeinen Einsatz gedacht, sondern für eigene, lokal begrenzte Experimente reserviert.

Die Typen „Reserved for expansion of ICMPv6 error messages" und „Reserved for expansion of ICMPv6 informational messages" sind reserviert für den Fall, dass die übrigen 124 Werte für ICMPv6-Fehlermeldungen bzw. -Mitteilungen künftig nicht mehr ausreichen sollten und der Wertebereich erweitert werden muss.

4.3.3.1   Neighbor Discovery

Die ICMPv6-Typen „Router Solicitation", „Router Advertisement", „Neighbor Solicitation", „Neighbor Advertisement" und „Redirect" werden für das so genannte „Neighbor Discovery Protocol" verwendet. Es wird im RFC 4861 definiert und dient generell dazu, die Kommunikation von Knoten (Hosts und Routern), die am selben Link Layer Medium abgeschlossen sind, zu ermöglichen. Es ist in so fern eine nennenswerte Verbesserung gegenüber IPv4, als es die Aufgaben mehrerer unterstützender Protokolle für IPv4 zusammenfasst und sie sinnvoll erweitert. Es ersetzt nicht nur ICMPv4-basierten Protokolle wie „Router Advertisement", „Router Solicitation", „Address Mask Request", „Address Mask Reply" und „Redirect", sondern z. B. auch das Protokoll ARP und in einigen Fällen DHCP[38].

„Router Solicitation" Nachrichten können von Hosts gesendet werden, wenn diese ein neues Interface in Betrieb nehmen und für die Konfiguration des Interfaces Informationen über vorhandene Subnetze benötigen. Verfügbare und aktive Router antworten daraufhin mit einer „Router Advertisement" Nachricht, die sowohl die Verfügbarkeit des Routers bekannt gibt und seine Link-Layer-Adresse enthält, als auch weitere Informationen (z. B. Prefix der unterstütz-

---

38 Die ICMPv4-basierten Protokolle: „Router Advertisement", „Router Solicitation", „Address Mask Request" und „Address Mask Reply" spielen in der Praxis im Prinzip keine Rolle.

ten Subnetze, Startwerte für das Hop-Limit-Feld, MTU, Verwendung der Host State
Address Autoconfiguration und/oder DHCPv6) mitteilt. Die erste Quelle für Informationen
einen Host ist somit die „Router Advertisement" Nachricht. Erst danach werden (optional)
Informationen des DHCPv6 Servers abgefragt. Neben der angeforderten Antwort einer Ro
Advertisement-Nachricht sendet ein Router diese Nachricht auch periodisch und unaufge
dert. Es steht einem Host frei, ein „Router Advertisement" explizit anzufordern, oder ein
auf die periodische Aussendung zu warten. Letzteres kann allerdings je nach Konfigura
des Routers einige Minuten dauern.

Wenn ein Host einen anderen Host im gleichen Subnetz, also mit gleichem Prefix in der II
Adresse erreichen will, muss er dessen Link Layer Adresse ermitteln. Dazu dient die „Ne
bor Solicitation" Nachricht. Sie wird von dem betroffenen Host in einer „Neighbor Advert
ment" Nachricht beantwortet. Dies entspricht im Wesentlichen der Funktion des separ
Protokolls ARP bei IPv4. Darüber hinaus wird „Neighbor Solicitation" auch verwendet, un
überprüfen, ob eine bereits im lokalen Cache vorhandene Link Layer Adresse für einen H
noch aktuell ist, sowie bei der Stateless Address Autoconfiguration zum Erkennen (und V
meiden) doppelt verwendeter IPv6-Adressen. „Neighbor Advertisement" Nachrichten kön
auch ungefragt versendet werden, z. B. wenn ein Knoten eine Änderung seiner Link La
Adresse bekannt geben möchte.

„Redirect" Nachrichten dienen wie bei IPv4 einem Router dazu, einen sendenden Host darr
zu informieren, dass er ein bestimmtes Ziel besser auf einem anderen Weg, etwa über ei
anderen Router, erreichen kann.

4.3.3.2   IPv6 Stateless Address Autoconfiguration

RFC 4862 beschreibt, wie ein Host ein neu in Betrieb zu nehmendes Interface vollautomati
konfigurieren kann. Dieses Verfahren wird Stateless Address Autoconfiguration genar
„Stateless" bedeutet dabei, dass kein System außer dem betroffenen Host selber nachverfol
muss, welcher Host welche Adresse oder Adressen bekommen hat. Es besteht aus folgen
Schritten, die hier grob skizziert werden:

- Zunächst erzeugt der Host die Link-lokale Adresse für das Interface (siehe Absch
  4.3.2.4).

- Dann überprüft er, ob diese Adresse auf dem Medium wirklich eindeutig ist. Dazu vers
  det er eine „Neighbor Solicitation" Nachricht mit der Frage nach dieser Adresse. Falls c
  aufhin eine Antwort von einem Host kommt, der diese Adresse bereits verwendet, da
  muss eine andere Link-lokale Adresse ausgewählt werden.

- Falls aber – wie erwartet – keine Antwort kommt, dann wird diese Link-lokale Adre
  dem Interface zugewiesen und kann fortan verwendet werden.

- Der Host versucht daraufhin, auf dem Link des Interfaces einen Router zu finden. C
  kann er entweder tun, in dem er eine Zeit lang (ggf. mehrere Minuten) auf „Router Adv
  tisement" Nachrichten wartet, oder indem er eine solche ausdrücklich durch das Senden
  ner „Router Solicitation" Nachricht anfordert.

- Wenn er daraufhin eine „Router Advertisement" Nachricht bekommt, wertet er diese Na
  richt aus. Falls diese Nachricht den Knoten anweist, Stateless Address Autoconfigurat
  zu verwendet, bildet der Host die Globale Unicast-Adresse für dieses Interface aus d

mitgelieferten Prefix und seiner Interface-ID. Falls die Nachricht die Verwendung von DHCP verlangt, so führt der Host anschließend DHCPv6 aus.

- Falls die Router Advertisement-Nachricht tatsächlich die Adress-Konfiguration über Stateless Address Autoconfiguration vorsah, wird die so gebildete globale Adresse mit dem mitgelieferten Prefix auf dem Interface konfiguriert und der Router als möglicher Default-Router eingetragen. Damit ist der Host über dieses Interface global erreichbar.

Hinweis: Es kann durchaus sein, dass ein Host von mehreren Routern „Router Advertisement" Nachrichten bekommt. Das kann z.B der Fall sein, weil in dem Subnetz mehrere Router zu Verfügung stehen. Der Host kann dann alle diese Router vormerken, sich einen beliebigen als Default-Router auswählen und, falls dieser Router einmal ausfällt, auf einen anderen umschwenken. Oder es kann sein, dass auf einem Medium mehrere IPv6-Subnetze verfügbar sind und dass der Host für jedes Subnetz ein Router Advertisement bekommt. Dann kann er sein Interface in jedes dieser Subnetze einbringen.

4.4 Routing innerhalb eines Autonomen Systems

Um ein IP-Paket innerhalb eines Autonomen Systems von der Quelle zum Ziel zu transportieren sind zwei Aufgaben zu lösen:

1. Jeder Router muss das IP-Paket auf die richtige Ausgangsleitung ausgeben. Dazu verwenden Router so genannte Routing-Tabellen. In der Routing-Tabelle ist jedes Zielnetz zusammen mit dem Next Hop aufgeführt. Der Next Hop bezeichnet den in Richtung Zielnetz nächst gelegenen Router und damit den Router, an den das IP-Paket als nächstes zu schicken ist.

2. Generierung der Routing-Tabelle.

Im Folgenden wird angenommen, dass die Routing-Tabelle bereits generiert wurde. Die Generierung der Routing-Tabelle wird in Abschnitt 4.4.2 behandelt. Des Weiteren wird im Folgenden stets auf IPv4 Bezug benommen, da es nach wie vor den Hauptanteil des Internet-Verkehrs ausmacht. Grundsätzlich gelten alle Aussagen für Routing und Forwarding für IPv6 genauso wie für IPv4. Die Adressen sehen allerdings anders aus und wegen der unterschiedlichen Länge hat IPv6-Forwarding in Hardware andere Anforderungen an die Router-Hardware. Unter der Annahme, dass Router zu IPv6-Routing in der Lage sind, sehen alle in diesem Kapitel beschriebenen Mechanismen aber für IPv6 ganz analog aus zu denen für IPv4. Router, die sowohl IPv4 als auch IPv6 unterstützen, unterhalten getrennte Routing-Tabellen für IPv4 und IPv6.

Bild 4-18 zeigt exemplarisch ein einfaches Autonomes System (IP-Netz eines Netzbetreibers, in Bild 4-18 als AS X bezeichnet) bestehend aus den Hierarchieebenen:

- Core Layer (CL)

- Distribution Layer (DL) und

- Access Layer (AL).

Zusätzlich ist ein weiteres Autonomes System (AS Y) dargestellt. AS X und AS Y sind über so genannte Gateway (GW) Router miteinander gekoppelt.

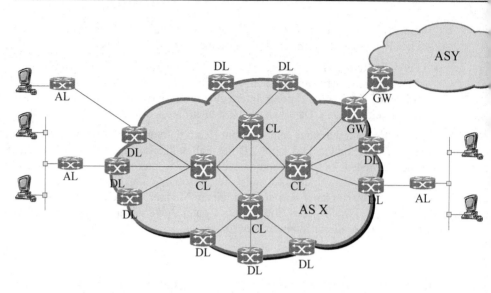

Bild 4-18   Einfaches IP-Netz bestehend aus Core Layer, Distribution Layer und Access Layer

Das IP Backbone beginnt ab dem Distribution Layer und entspricht daher der Wolke
Bild 4-18. DL-Router werden allgemein auch als Provider Edge (PE) Router, CL-Router
Provider Core (P) Router und AL-Router als Customer Premises (CE/CPE) Router bezeich
Die verschiedenen Router-Typen haben die folgenden Aufgaben: Die Access Layer Ro
terminieren das LAN und konvertieren die LAN-Teilnehmerschnittstelle (i. d. R. Ethernet
eine WAN-Netzschnittstelle (z. B. E1, ADSL, STM-1). Ferner übernehmen sie Aufgaben
beispielsweise NAT/NAPT. AL-Router vermitteln jedoch i. d. R. keine IP-Verkehre, da
LAN interne Verkehr über Ethernet dem richtigen Adressaten zugestellt wird und der exte
Verkehr an den DL-Router weitergeleitet wird. Die AL-Router sind sternförmig an die
Router angebunden. Die DL-Router aggregieren die Verkehre der AL-Router und sind z
für das Accounting verantwortlich. Die DL-Router sind sternförmig an die CL-Router an
bunden. DL-Router vermitteln die IP-Verkehre zu anderen AL-Routern (lokaler Verkehr) o
zum CL-Router (Weitverkehr). Die CL-Router aggregieren den Verkehr der DL-Router
vermitteln die Verkehre zu anderen CL-Routern, zu den an die CL-Router angeschlosse
DL-Routern oder an Gateway (GW) Router (Verkehr zu anderen Autonomen Systemen).
einzigen Router, an die Netze direkt angeschlossen sind, sind die AL-Router. Ein AL-Rou
kann beispielsweise ein Router eines Geschäftskunden mit vielen im LAN befindlichen Sta
nen, ein WLAN-Router mit ein paar Stationen oder auch ein DSL-Router mit nur einer ei
gen Station sein. AL-Router befinden sich in der Teilnehmerlokation, DL-Router in regiona
Technikstandorten und CL-Router typischerweise in überregionalen Technikstando
(i. d. R. Großstädte/Ballungszentren) eines Netzbetreibers.

4.4.1   Forwarding

Es soll nun das Forwarding eines IP-Pakets innerhalb eines AS betrachtet werden (z. B. AS
Unter *Forwarding* versteht man das Weiterleiten eines IP-Pakets vom Eingangs-Interface
das richtige Ausgangs-Interace eines IP-Routers. Das Ziel kann entweder innerhalb oder

ßerhalb des AS liegen. Die Routingentscheidung wird sowohl von der Endstation (Host) als auch von den Routern anhand der Destination IP-Adresse wie folgt getroffen.

Die Endstation muss zunächst feststellen, ob sich das Ziel im eigenen IP Netz befindet. Dazu führt sie eine logische UND Verknüpfung der eigenen Netzmaske mit der Destination IP-Adresse und mit ihrer eigenen IP-Adresse (Source-Adresse) durch und ermittelt so das IP-Netz des Ziels und das eigene IP-Netz. Sind beide Netze identisch, so wird das IP-Paket via Ethernet an den Adressaten geschickt. Das heißt die Endstation sucht nach einem entsprechenden Eintrag in ihrem ARP-Cache. Enthält dieser nicht die MAC-Adresse der Zielstation, so muss sie zunächst mit einem ARP-Request ermittelt werden. Anschließend kann das Paket direkt an die Zielstation gesendet werden.

Unterscheiden sich das Zielnetz und das eigene Netz, so schickt die Endstation das Paket zu ihrem Default-Gateway, dem AL-Router. Die Netzmaske und das Default-Gateway müssen auf der Endstation manuell konfiguriert werden oder sie werden mit DHCP automatisch bereitgestellt. Ist das Default-Gateway nicht erreichbar, so kann die Endstation auch keine IP-Pakete an andere Netze schicken.

Die Aufgaben von Routern sind deutlich komplexer. Router treffen ihre Routing Entscheidung (d. h. die Entscheidung, auf welche Ausgangsleitung ein IP-Paket auszugeben ist) mit Hilfe von Routing-Tabellen. Routing-Tabellen enthalten folgende Informationen:

1. das Zielnetz (steht an erster Stelle in der Routing-Rabelle). Dabei kann es sich um einen Netzeintrag, einen Hosteintrag oder eine Default-Route handeln. Hosteinträge beziehen sich auf eine einzelne Station (z. B. einen Webserver) und nicht auf ein Netz. Die Default-Route gibt an, wohin IP-Pakete zu schicken sind, für die keine Einträge in der Routing-Tabelle gefunden wurden.

2. die Netzmaske. Die Netzmaske hat immer Vorrang vor der Unterteilung der IP-Adressen in Klassen.

3. den Next Hop in Richtung Zielnetz. Angegeben wird die IP-Adresse des Eingangs-Interfaces des Next Hops.

4. die Metrik/Kosten zum Zielnetz. Im einfachsten Fall entspricht die Metrik der Anzahl der Hops bis zum Zielnetz. Viele Routing-Protokolle gestatten jedoch die Definition von komplexeren Metriken.

5. die Art des Eintrages (z. B. statisch, dynamisch).

6. das Alter des Eintrages. Das Alter eines Eintrages bezeichnet die Zeit, die seit dem letzen Routing-Update vergangen ist (z. B. die Zeit in Sekunden).

Die 1., 2. und 3. Information ist zwingend erforderlich, alle weiteren Informationen sind optional. Der Aufbau der Routing-Tabelle ist herstellerspezifisch, die Inhalte sind aber sehr ähnlich. Eine Routing-Tabelle könnte wie in der folgenden Tabelle aussehen.

Der Router ermittelt das Zielnetz, indem er eine logische UND-Verknüpfung der Zieladresse der empfangenen IP-Pakete mit den Netzmasken aus seiner Routing-Tabelle durchführt. Ist das Zielnetz identisch zu dem entsprechenden Eintrag in der Routing-Tabelle, so wird das IP-Paket an den Next Hop für dieses Zielnetz weitergeleitet. Wenn es mehrere Übereinstimmungen mit unterschiedlich langen Netzanteilen der Zielnetze gibt, wird nach dem Prinzip des *Longest Match* verfahren. Dies bedeutet, dass das IP-Paket an das Zielnetz mit dem größten Netzanteil weitergeleitet wird.

Tabelle 4.4   Beispiel für eine einfache Routing-Tabelle

Zielnetz	Netzmaske	Next Hop	Metrik	Protokol	Alter
20.10.20.0	255.255.255.252	20.10.20.1	0	Local	5
20.10.20.4	255.255.255.252	20.10.20.5	0	Local	35
20.10.20.8	255.255.255.252	20.10.20.10	0	Local	39
20.10.20.12	255.255.255.252	20.10.20.14	0	Local	25
230.14.0.0	255.255.0.0	20.10.20.13	2	RIP	20
120.16.0.0	255.255.0.0	20.10.20.9	2	RIP	14
190.50.60.0	255.255.255.0	20.10.20.6	2	RIP	14
190.50.60.64	255.255.255.240	20.10.20.2	2	RIP	5
190.50.60.5	255.255.255.255	20.10.20.13	2	RIP	3
160.20.30.0	255.255.255.0	20.10.20.2	2	RIP	33
0.0.0.0	0.0.0.0	20.10.20.9	2	RIP	5

Bei einem linearen Abarbeiten müsste die Routing-Tabelle für jedes Paket daher vollstär
durchsucht werden. Dies würde bei allen, außer bei ganz kleinen Netzen, schnell zu ei≡
unpraktikabel hohen Rechenaufwand führen. Daher werden in der Praxis Baum- und/c
Hash-basierte Algorithmen eingesetzt, die teilweise eine speziell aufbereitete Form der R
ting-Tabelle voraussetzen. Diese wird oft *Forwarding Information Base* (FIB) genannt.
dafür eingesetzten Algorithmen und Datenstrukturen sind Implementierungssache des jew≡
gen Routers und nicht selten Betriebsgeheimnis des Herstellers. In leistungsfähigen Rout≡
die mehrere Gbit/s an IP-Verkehr routen können, wird das Routing i. d. R. vollständig in ≡
zieller Hardware implementiert.

Aus dem Longest Match Verfahren folgt, das Hosteinträge (Netzmaske 255.255.255.2≡
immer die höchste Priorität haben. Es folgen die Netzeinträge (gestaffelt nach der Länge i≡
Netzmaske) und schließlich die Default-Route. Die Default-Route hat die Netzmaske 0.0≡
und das Zielnetz 0.0.0.0, so dass sich für jede beliebige IP-Adresse eine Übereinstimm≡
ergibt (siehe letzte Zeile in Tabelle 4.4). Die ersten vier Einträge in Tabelle 4.4 bezeich≡
Koppelnetze. Hierunter versteht man IP-Netze, die für die Adressierung der Routerinterfa≡
verwendet werden. Meistens werden hierfür /30-Netze verwendet (Netzmas≡
255.255.255.252). Bei den Einträgen in den Zeilen 5 – 8 sowie 10 in Tabelle 4.4 handel≡
sich um Netzeinträge, bei dem Eintrag in Zeile 9 um einen Hosteintrag.

Bild 4-19 zeigt die Nachbarschaft des Routers mit der Routing-Tabelle gemäß Tabelle 4.4
der Routing-Tabelle wird als Next Hop immer die IP-Adresse des Interfaces des Next H
angegeben.

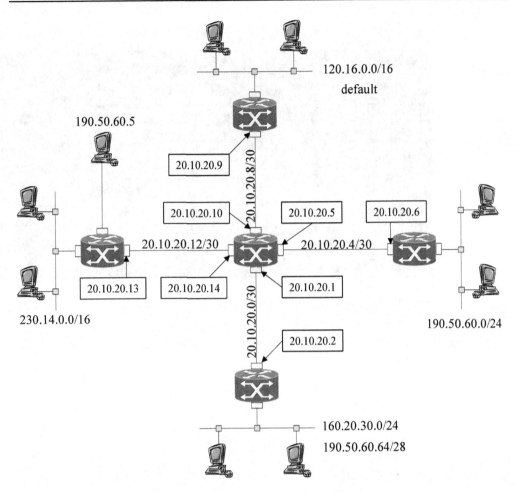

Bild 4-19 Umgebung des Routers mit der Routing-Tabelle gemäß Tabelle 4.4. Der betrachtete Router befindet sich in der Mitte. Die IP-Adressen der Router-Interfaces sind umrandet.

Die Routing-Tabelle des eigenen PCs kann unter Windows XP und UNIX mit dem Befehl „netstat -rn" ausgegeben werden (siehe Bild 4-20).

In der ersten und zweiten Spalte stehen das Zielnetz und die dazugehörige Netzmaske. In der dritten Spalte steht die IP-Adresse des nächsten Knotens und in der vierten Spalte die IP-Adresse des entsprechenden Interfaces. Die Spalte „Anzahl" gibt an, ob der nächste Hop ein Router ist (20) oder schon das Endziel (1). Weiterhin bedeutet:

1. Zeile: Default-Route (Default Gateway)
2. Zeile: Localhost Loopback Interface
3. Zeile: eigenes Subnetz (192.168.1.0/24)
4. Zeile: Host Eintrag IP-Adresse Interface Default Gateway (WLAN-Router)
5. Zeile: Broadcast-Adresse des Subnetzes
6. Zeile: Multicast
7. Zeile: allgemeine Broadcast-Adresse

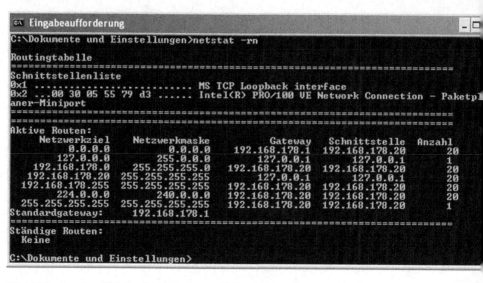

Bild 4-20   Routing-Tabelle eines Windows XP PCs

Die Abläufe beim Routing können mit Hilfe eines Flussdiagramms dargestellt werden (si
Bild 4-21).

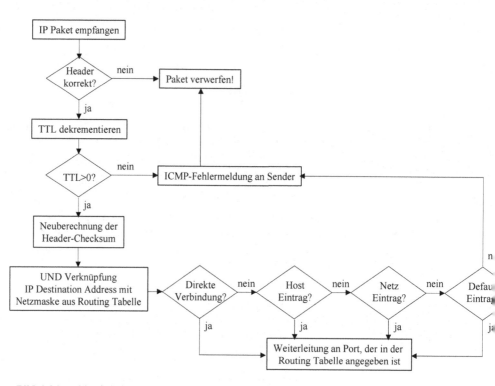

Bild 4-21   Abläufe beim Routing

Empfängt ein Router ein IP-Paket, so überprüft er zunächst anhand der Prüfsumme im IP Header, ob der Header fehlerhaft ist. Ist dies der Fall, so wird das IP-Paket verworfen. Ansonsten wird der Wert des TTL Felds um Eins dekrementiert und geprüft, ob der resultierende Wert größer als Null ist. Ist dies nicht der Fall, so wird dem Absender eine Fehlermeldung geschickt und das Paket verworfen. Ist der Wert des TTL Felds größer als Null, so wird zunächst die Header Prüfsumme neu berechnet, da sich das TTL Feld geändert hat. Nun wird das Zielnetz in der Routing-Tabelle gesucht, indem die Destination-Adresse des IP-Pakets wie oben beschrieben mit der Netzmaske des entsprechenden Eintrages in der Routing-Tabelle logisch UND verknüpft und mit dem angegebenen Zielnetz verglichen wird. Zunächst wird dabei geprüft, ob es sich um ein lokales Ziel handelt, dass vom Router direkt erreicht werden kann (d. h. das Zielnetz ist direkt an den entsprechenden Router angeschlossen). Ist dies der Fall, kann das IP-Paket dem Adressaten direkt zugestellt werden (beispielsweise via Ethernet). Gibt es keine direkte Verbindung zum Zielnetz wird geprüft, ob in der Routing-Tabelle ein entsprechender Host-Eintrag vorhanden ist. Wird kein Host-Eintrag gefunden, so wird als nächstes nach dem Zielnetz gemäß dem Longest Match Verfahren gesucht. Wird auch das Zielnetz nicht gefunden, so wird als letztes nach der Default-Route gesucht. Wird auch keine Default-Route gefunden, so wird dem Absender der Fehler mitgeteilt (ICMP Nachricht „Destination unreachable") und das IP-Paket verworfen. Wurde ein Host-Eintrag, das Zielnetz oder die Default-Route gefunden, so wird das IP-Paket an den in der Routing-Tabelle spezifizierten Next Hop weitergeleitet. Sind die Router über Ethernet miteinander verbunden, so wird zunächst die MAC-Adresse des Interfaces des Next Hop im ARP-Cache gesucht. Ist die MAC-Adresse dort aufgeführt, so wird das Paket mit dieser MAC-Adresse auf dem Router-Interface ausgegeben, welches mit dem Next Hop verbunden ist. Ansonsten muss die MAC-Adresse wie in Abschnitt 3.3.9.2 beschrieben mit einem ARP-Request ermittelt werden.

Für das Routing zu externen Zielen (d. h. Zielnetzen außerhalb des betrachteten AS) sind i.a. zwei Schritte erforderlich, da in der Routing-Tabelle nicht der IGP Next Hop (der AS interne Next Hop), sondern der BGP Next Hop (der entsprechende Gateway Router) angegeben ist. Der Router ermittelt daher bei einem externen Ziel anhand der Routing-Tabelle zunächst den BGP Next Hop und schaut dann in einem zweiten Schritt in der Routing-Tabelle, über welchen IGP Next Hop dieser zu erreichen ist.

Router werden i. d. R. über Punkt-zu-Punkt-Verbindungen miteinander gekoppelt. Zur Adressierung der Interfaces gibt es drei Möglichkeiten:

- Verwendung eines /30-Netzes (Netzmaske 255.255.255.252) als Koppelnetz. Die Host-ID 00 kennzeichnet das Netz und die Host-ID 11 den Broadcast. Die Host-ID 01 und 10 bezeichnen die Router-Interfaces. Insgesamt werden folglich vier IP-Adressen benötigt.

- Neuerdings ist auch die Verwendung eines /31-Netzes (Netzmaske 255.255.255.254) als Koppelnetz möglich, so dass nur zwei IP-Adressen benötigt werden. Diese Option wird aber nicht von allen Routern unterstützt.

- Unnumbered Links. Hierbei wird dem Router eine so genannte Loopback IP-Adresse zugeordnet, die den Router kennzeichnet. Die Routerinterfaces haben selber keine eigene IP-Adresse und werden über die Loopback Adresse des Routers adressiert.

Koppelnetze sind immer lokale Netze des Routers. Die Übertragung eines IP-Pakets von der Quelle zum Ziel soll anhand des folgenden Beispiels verdeutlicht werden.

Beispiel: Übertragung eines IP-Pakets von PC X zu PC Y

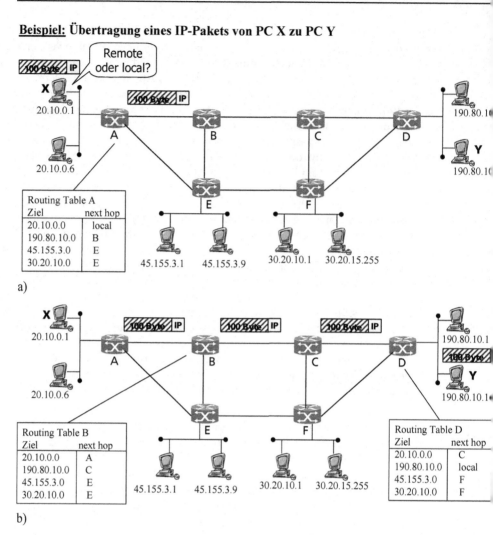

Bild 4-22   Beispiel für das Routing eines IP-Pakets von PC X zu PC Y

In Bild 4-22 wird angenommen, dass PC X (IP-Adresse 20.10.0.1) PC Y (IP-Adre
190.80.10.16) ein 100 Byte langes Layer 4 Datenpaket schicken möchte. Dazu stellt PC X
Datenpaket den IP-Header voran und muss nun zunächst wie oben beschrieben anhand ei
logischen UND-Verknüpfung der IP Destination- und Source-Adresse mit der eigenen N
maske feststellen, ob sich das Ziel im eigenen IP-Netz befindet oder nicht. Der Einfach
halber wird angenommen, dass die Netzmaske aller in Bild 4-22 dargestellten IP-N
255.255.255.0 ist. Da sich in diesem Beispiel Zielnetz (190.80.10.0) und eigenes Netz des
X (20.10.0.0) unterscheiden, schickt PC X das IP-Paket via Ethernet an sein Default-Gate
[hier Router A, siehe Bild 4-22 a)]. Router A schaut nun in seiner Routing-Tabelle nach
welchen Router (Next Hop) das IP-Paket zu schicken ist. Hierfür führt er eine logische U
Verknüpfung der in der Routing-Tabelle angegebenen Netzmaske (in Bild 4-22 nicht dar
stellt) mit der Destination-Adresse des IP-Pakets durch und vergleicht das Ergebnis mit d
Zielnetz (1. Spalte) in seiner Routing-Tabelle. Er findet das Zielnetz (190.80.10.0) in sei

Routing-Tabelle und leitet das IP-Paket an den in der Routing-Tabelle angegebenen Next Hop (Router B) weiter [siehe Bild 4-22 a)]. Router B verfährt genauso und leitet das IP-Paket an Router C [siehe Bild 4-22 b)]. Router C schickt das IP-Paket schließlich Router D. Router D stellt fest, dass es sich bei dem Zielnetz um ein lokal angeschlossenes Netz handelt und leitet das IP-Paket via Ethernet an die Ziel-Host (PC Y) weiter.

IP-Adressen sind globale Adressen, die Hosts und Router-Interfaces weltweit eindeutig adressieren. Sie ändern sich bei der Ende-zu-Ende-Übertragung eines IP-Pakets nicht. Demgegenüber sind MAC-Adressen lokale Adressen, die sich auf jedem Abschnitt ändern. Dieser Sachverhalt soll anhand des folgenden Beispiels verdeutlicht werden.

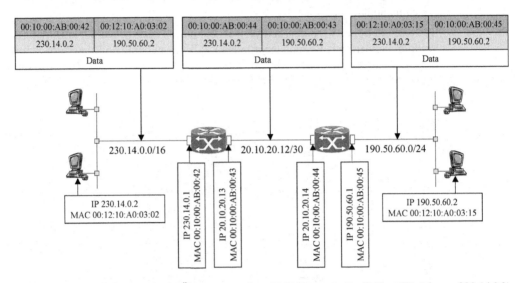

Bild 4-23 Bei der Ende-zu-Ende-Übertragung eines IP-Paktes vom Quell-Host (IP-Adresse 230.14.0.2) zum Ziel-Host (IP-Adresse 190.50.60.2) ändern sich die IP-Adressen nicht. Die MAC-Adressen hingegen ändern sich auf jedem Abschnitt.

In Bild 4-23 ist die Übertragung eines IP-Pakets vom Quell-Host (IP-Adresse: 230.14.0.2, MAC-Adresse: 00:12:10:A0:03:02) zum Ziel-Host (IP-Adresse: 190.50.60.2, MAC-Adresse 00:12:10:A0:03:15) über zwei Router dargestellt. Dabei wird angenommen, dass die Router über Ethernet miteinander verbunden sind. Die IP- und MAC-Adressen der Routerinterfaces sind in Bild 4-23 angegeben. In Bild 4-23 oben ist eine vereinfachte Struktur der Ethernet-Rahmen und IP-Headers auf jedem Abschnitt dargestellt. Angegeben ist jeweils nur die MAC Destination- und Source-Adresse (dunkelgrau), die IP Source- und Destination-Adresse (hellgrau) und der Payload-Bereich (weiß). Man beachte, dass bei Ethernet zunächst die Destination- und dann die Source-Adresse angegeben wird, während bei IP zunächst die Source- und dann die Destination-Adresse angegeben wird.

Durch Ermittlung des Zielnetzes (190.50.60.0) anhand der Zieladresse 190.50.60.2 und der eigenen Netzmaske (255.255.0.0) stellt der Sender fest, dass sich die Zielstation nicht im eigenen Netz befindet. Er muss das Paket daher an das Default Gateway mit der IP-Adresse 230.14.0.1 schicken. In seinem ARP-Cache findet er die MAC-Adresse des Default Gateways (00:10:00:AB:00:42). Der Sender schickt daher das IP-Paket mit der Destination IP-Adresse 190.50.60.2 in einem Ethernet-Rahmen mit der Destination MAC-Adresse 00:10:00:AB:00:42

an das Default Gateway. Das Default Gateway terminiert den Ethernet-Rahmen, findet
Zielnetz in seiner Routing-Tabelle und leitet es an den Next Hop mit der IP-Adr
20.10.20.14 weiter. Dazu packt es das IP-Paket in einen Ethernet-Rahmen mit der Destina
MAC-Adresse 00:10:00:AB:00:4 und gibt das Paket auf dem Interface mit der IP-Adr
20.10.20.13 aus. Der rechte Router in Bild 4-23 terminiert den Ethernet-Rahmen wieder
stellt anhand seiner Routing-Tabelle fest, dass er das Ziel lokal erreichen kann. Er verpackt
IP-Paket erneut in einen Ethernet-Rahmen mit der Destination MAC-Adresse der Zielsta
(00:12:10:A0:03:15) und leitet das Paket an das Interface mit der IP-Adresse 190.50.60.1 ·
ter. Via Ethernet erreicht das IP-Paket schließlich die Zielstation. Es wird deutlich, dass die
Adressen entlang des Pfades gleich bleiben, wohingegen sich die MAC-Adressen auf je
Abschnitt ändern.

IP Netze mit hoher Verfügbarkeit verwenden in der Praxis selten die in Bild 4-18 in darges
Struktur, sondern aus Redundanzgründen i. d. R. zwei parallele Router pro Standort. Bei ⁄
fall eines Routers kann der Verkehr immer noch über den zweiten Router geführt werden
ergibt sich die in Bild 4-24 dargestellte Netzstruktur.

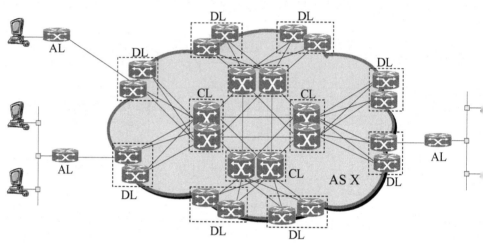

Bild 4-24   Struktur realer IP-Netze (a/b-Plane). Router an einem Standort sind durch die gestriche
Bereiche dargestellt

Dieser Architektur wird auch als a/b-Plane bezeichnet, da es sich im Prinzip um zwei para▌
Ebenen (engl. Planes) handelt. Die DL-Router sind dabei jeweils an beide CL-Router an
bunden. Bei Ausfall einer Verbindung schaltet der DL-Router den gesamten Verkehr zum (
Router auf die noch aktive Verbindung. Im Regelfall sind jedoch beide Verbindungen glei
zeitig aktiv, so dass es in der dargestellten Netzstruktur zwei gleichberechtigte Pfade gibt.
DL-Router teilt den Verkehr dann zu möglichst gleichen Teilen auf die beiden Verbindun
zum CL-Router auf. Dies wird als *equal cost load sharing* oder *equal cost multi path* (ECN
Routing bezeichnet. Bei der Lastverteilung auf mehrere Pfade ist es wichtig, sicher zu stel
dass die IP-Pakete einer Ende-zu-Ende-Verbindung immer den gleichen Weg nehmen. W
den Pakete derselben Verbindung auf verschiedene Pfade verteilt, so können sie sehr lei
unterschiedliche Laufzeiten haben. Pakete auf dem kürzeren Pfad können dann Pakete auf d
längeren Pfad überholen, so dass die Pakete in einer anderen Reihenfolge beim Empfän
ankommen, als der Sender sie verschickt hat. Während IP-Netze grundsätzlich nicht garan

ren, dass die Paketreihenfolge eingehalten wird, so hat dieses so genannte Reordering jedoch negative Auswirkungen auf die Performance typischer Layer 4 Protokolle wie z. B. TCP. Um sicherzustellen, dass Reordering im Normalfall nicht auftritt sondern nur auf seltene Fälle beschränkt bleibt, verwenden heutige Router bei load sharing i. d. R. einen Hash-Wert, auf dessen Basis der Pfad für das Paket ausgewählt wird. Dieser Hash-Wert wird aus der IP-Source- und Destination-Adresse gebildet und stellt somit sicher, dass IP-Pakete derselben Ende-zu-Ende-Verbindung immer über denselben Pfad weitergeleitet werden. Mit diesem Verfahren kann eine annähernd gleichmäßige Auslastung mehrerer gleichberechtigter Pfade erreicht werden.

4.4.2 Routing

Bisher wurde ausschließlich das Forwarding von IP-Paketen betrachtet. Dabei wurde angenommen, dass die Routing-Tabellen bereits existieren. In diesem Abschnitt soll nun beschrieben werden, wie die Routing-Tabellen generiert werden. Grundsätzlich gibt es hierfür zwei Möglichkeiten:

- Statisches Routing.
- Dynamisches Routing (wird auch als adaptives Routing bezeichnet).

Beim statischen Routing werden die Routing-Tabellen manuell konfiguriert. Sie ändern sich während des Netzbetriebes nicht. Statisches Routing wird nur in Sonderfällen oder in sehr kleinen Netzen verwendet [6].

Beim dynamischen Routing werden die Routing-Tabellen automatisch erzeugt und passen sich dem aktuellen Zustand des Netzes im laufenden Betrieb an (z. B. Ausfall eines Routers oder eines Links, Netzerweiterung). Dies war eines der ursprünglichen Designkriterien bei der Entwicklung des Internets. Um Routing-Tabellen automatisch zu generieren, müssen die Router untereinander Informationen austauschen:

- Router sind sehr gesprächig. Prinzipiell erzählen Router allen alles, und das immer wieder. Auf diese Weise lernen Router ihre Nachbarn kennen und können die günstigsten Wege zum Ziel bestimmen.

- Router sind sehr wissbegierig und nicht vergesslich. Alle Informationen, die sie von anderen Routern erhalten, speichern sie ab.

- Router kennen ihre Nachbarn und sprechen regelmäßig mit ihnen. Antwortet der Nachbar-Router nach einer bestimmten Zeit (zwischen ein paar Sekunden bis zu wenigen Minuten) nicht, mutmaßen Router das Dahinscheiden des Nachbarn.

- Router sind flexibel. Fällt ein Router oder eine Verbindung aus, so versuchen Router einen alternativen Weg zum Ziel zu finden. Ein Router kann sich alternative Wege vorab merken oder er muss sich erneut umhören, und basierend auf den Informationen der anderen Router einen alternativen Weg finden. Beide Methoden haben Vor- und Nachteile. Das Merken von Alternativrouten vergrößert den Speicherbedarf, das Suchen dauert länger.

Zum Informationsaustausch verwenden Router so genannte Routing-Protokolle. Dabei muss unterschieden werden zwischen:

- Routing innerhalb eines Autonomen Systems (Interior Routing Protocol/Interior Gateway Protocol [IGP]) und

- Routing zwischen Autonomen Systemen (Exterior Routing Protocol/Exterior Gateway Protocol [EGP]).

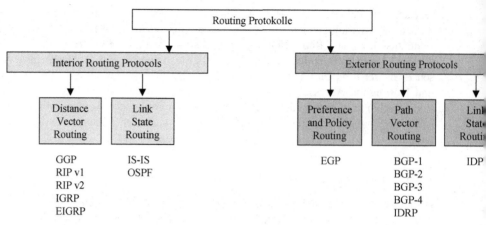

Bild 4-25 Übersicht über Routing-Protokolle. Die Abkürzungen bedeuten: GGP = Gateway-to-Gate
Protocol, RIP = Routing Information Protocol, IGRP = Interior Gateway Routing Prote
EIGRP = Enhanced Interior Gateway Routing Protocol, IS-IS = Intermediate System
Intermediate System, OSPF = Open Shortest Path First, EGP = Exterior Gateway Prote
BGP = Border Gateway Protocol, IDRP = Inter-Domain Routing Protocol, IDPR = Im
Domain Policy Routing. Quelle:[6]

Bild 4-25 gibt eine Übersicht über die verschiedenen Routing-Protokolle. Es wird deutl
dass es verschiedene Routing-Verfahren gibt:

- Distance Vector Routing
- Link State Routing
- Preference and Policy Routing
- Path Vector Routing

IGP Routing Protokolle basieren entweder auf Distance Vector Routing oder auf Link S
Routing. In der Praxis verwenden große Netze heute in der Regel die Link State Routing I
tokolle wie IS-IS oder OSPF. Früher wurden auch RIP, IGRP und EIGRP verwendet. RIP v
wegen seiner Einfachheit teilweise noch in kleinen Netzen verwendet oder als zusätzlic
Routing Protokoll in Randbereichen großer Netze. Als EGP Routing Protokolle kommt he
praktisch ausschließlich das Path Vector basierte BGP-4 zum Einsatz. Die verschiedenen R
ting-Protokolle werden im Folgenden beschrieben.

Die wichtigste Aufgabe beim Routing ist die Wahl von geeigneten Wegen (Pfaden) v
Quell- zum Ziel-Host. Dazu werden den Netzkanten Metriken zugeordnet und die Wege
gewählt, dass die Gesamtmetrik (d. h. die Summe der Metriken entlang des Pfades) minir
wird. Dies wird als Shortest Path Routing bezeichnet. Im einfachsten Fall wird als Metrik
Anzahl der Hops zum Ziel verwendet (engl. Hop Count). Wenn alle Knoten und Kanten e
selben Ressourcen zur Verfügung stellen, kann so die Belastung der Knoten und Kanten so
die Verzögerungszeit der IP-Pakete minimiert werden. Die Metrik kann sich aber auch an
Übertragungskapazität der Links, der Verzögerungszeit der Links, der Länge der Wartesch
ge der Router, den tatsächlichen Kosten der Links, der geometrischen Entfernung der Kno
oder an Kombinationen aus diesen Größen orientieren. Die Konfiguration der Metrik ist An
legenheit der Netzbetreiber. In vielen Fällen sind dabei die Übertragungskapazität sowie
Art des Links (z. B. Weitverkehrsverbindung oder Verbindung innerhalb eines Techniksta
ortes) die wichtigsten Parameter.

4.4.2.1 Distance Vector Routing Protokolle

Die ersten Routing Protokolle basieren auf Distance Vector Routing. Dieses Verfahren wird nach seinen Entwicklern auch als verteiltes Bellmand-Ford-Routing oder Ford-Fulkerson-Routing bezeichnet [1].

Distance Vector Routing funktioniert wie folgt. Jeder Router kennt nur seine unmittelbaren Nachbarn sowie die Entfernung zu diesen. Zu allen anderen Routern (Zielen) kennen die Router lediglich die Entfernung (genauer gesagt: die kürzeste Entfernung). Daher die Bezeichnung Distance Vector Routing. Regelmäßig (typisch alle 30 s) schicken alle seine Nachbarn dem Router eine Liste mit den Entfernungen von ihnen zu allen anderen Routern. Es unterhalten sich folglich nur direkte Nachbarn. Der Router aktualisiert seine Routing-Tabelle, indem er seine eigene Routing-Tabelle vergisst (bis auf die direkt erreichbaren Ziele) und stattdessen den Nachbarn einträgt, über den das Ziel mit der geringsten Entfernung erreicht werden kann. Zu Beginn kennt jeder Router seine lokalen Ziele, d. h. die Netze, die direkt von dem Router aus erreicht werden können. Des Weiteren kennt jeder Router die Entfernung (Metrik) zu seinen Nachbarn. Diese kann auf den Router-Interfaces konfiguriert werden oder vom Router selbst ermittelt werden (z. B. kann der Router die Zeitverzögerung zu seinen Nachbarn mit Echo-Paketen messen). Das Prinzip des Distance Vector Routings soll anhand des in Bild 4-26 dargestellten IP-Netzes verdeutlicht werden.

Bild 4-26 Beispielnetz zur Illustration des Distance Vector Routings

Betrachtet werden die Router A bis D. ZX bezeichnet die Ziele (IP-Netze), die von Router X direkt erreicht werden können (X = A,B,C,D). Der Einfachheit halber wird angenommen, dass die Entfernung von den Routern zu ihrem Nachbar jeweils Eins beträgt. Des Weiteren wird angenommen, dass alle Router ihre Informationen gleichzeitig austauschen, was in der Praxis zwar nicht der Fall ist, an dem Verfahren aber nichts ändert. Vor dem ersten Informationsaustausch der Router ergeben sich die in Bild 4-27 a) dargestellten Routing-Tabellen.

Die Notation „ZX/Router/E" bedeutet: „Zielnetz ZX/zu erreichen über Router X/Entfernung E" (X = A,B,C,D). Die Router kennen zunächst nur die Zielnetze, an die sie direkt angeschlossen sind. Beim ersten Routing-Update teilen die Router ihren Nachbarroutern alle Ziele mit, die sie kennen inkl. der Entfernungen zu den Zielen. Die Router addieren ihre Entfernung zum Router X zu den Entfernungen der Ziele, die sie von Router X gelernt haben. In der Routing-Tabelle wird der Router als Next Hop abgespeichert, über den das Ziel mit der geringsten Entfernung erreicht werden kann. Nach dem ersten Routing-Update ergeben sich die in Bild 4-27 b) dargestellten Routing-Tabellen. Die Router kennen nun die eigenen Ziele sowie die Ziele ihrer Nachbarn. Bild 4-27 c) und d) zeigt die Routing-Tabellen nach dem zweiten bzw. dritten Routing-Update. Es wird deutlich, dass nach dem dritten Routing-Update alle Router alle Ziele im gesamten Netz kennen. Alle folgenden Routing-Updates ändern die Routing-Tabellen der Router nicht mehr, es sei denn, die Netztopologie ändert sich. Bis alle Router alle Ziele kennen werden allgemein N Routing-Updates in einem IP-Netz benötigt, dessen längster Pfad N Hops beträgt. Da die Routing-Updates typischerweise alle 30 s erfolgen (z. B. bei RIP) kann es insbesondere in großen Netzen relativ lange dauern, bis alle Router von Topologieänderungen erfahren.

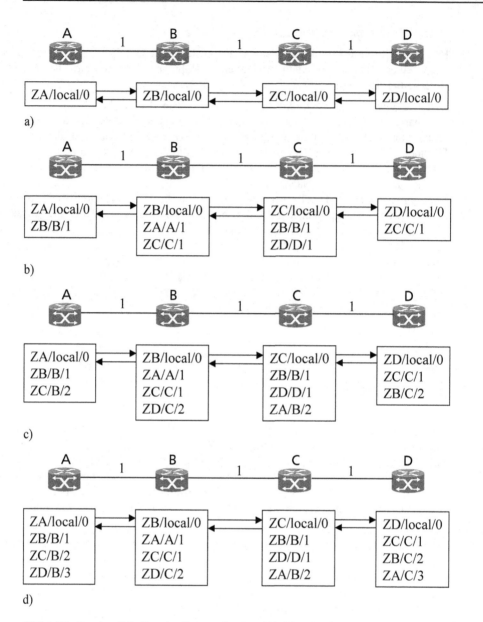

Bild 4-27 Routing-Tabellen der Router des in Bild 4-26 dargestellten IP-Netzes. a) vor dem er
Informationsaustausch, b) nach dem ersten Routing-Update, c) nach dem zweiten Rout
Update und d) nach dem dritten Routing-Update

Besonders problematisch ist die Verbreitung von negativen Nachrichten (z. B. Ausfall ei
Routers). Dieses als „Count-to-Infinity" bekannte Problem soll im Folgenden anhand des A
falls von Router A verdeutlicht werden. Dazu wird von den Routing-Tabellen im Endzustand a
gegangen (d. h. nach dem dritten Routing-Update). Die Ausgangssituation ist in Bild 4-2!
dargestellt.

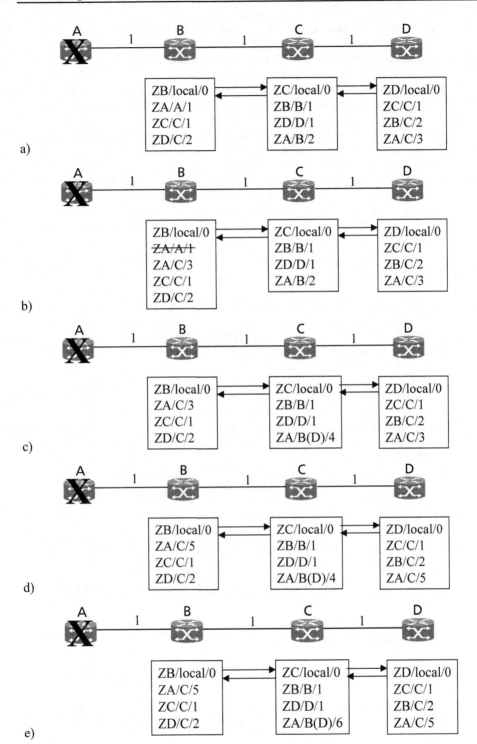

Bild 4-28 Illustration des „Count-to-Infinity"-Problems anhand des Beispielnetzes aus Bild 4-26 bei Ausfall von Router A

Beim ersten Routing-Update nach dem Ausfall von Router A erhält B keine Nachrichten m
von A. Allerdings teilt ihm Router C mit, dass er die Ziele von Router A (ZA) mit einer
fernung von 2 erreichen kann. Router B weiß nicht, dass der Pfad von Router C zu Route
über ihn führt. Es ergeben sich die Routing-Tabellen in Bild 4-28 b). Router B schickt alle
Pakete an die Ziele ZA an Router C, und C schickt sie zu Router B zurück. Es ist eine Rout
Schleife entstanden (engl. Rooting Loop). Beim nächsten Routing-Update teilen Route
sowohl Router B als auch D mit, dass sie die Ziele ZA mit einer Entfernung von 3 erreic
können. Router C entscheidet sich für einen der beiden Routen und ändert seine Routi
Tabelle entsprechend (Annahme: B). Die Routing-Tabellen nach dem zweiten und dri
Routing-Update zeigt Bild 4-28 c) und d). Dieser Prozess setzt sich fort, wobei sich abwe
selnd die Entfernung von Router C und die Entfernungen der Router B und D zu A um z
erhöhen. Daher die Bezeichnung „Count-to-Infinity" Problem. Es ist folglich eine maxi
zulässige Entfernung zu definieren. Übersteigen die ermittelten Entfernungen diesen Wert
gilt das Ziel als nicht mehr erreichbar. Da die maximale Entfernung so klein wie möglich
wählt werden sollte, sollte sie der Entfernung des längsten im Netz vorkommenden Pfa
entsprechen. Bei RIP beträgt die maximale Entfernung beispielsweise 16.

Es wird deutlich, dass die Verbreitung von schlechten Nachrichten recht lange dauern k
und dass in dieser Zeit Routing-Loops auftreten können. Zur Lösung des Count-to-Infi
Problems wurde der Split Horizon und der Poisened Reverse Algorithmus vorgeschla
Beide Algorithmen basieren auf dem Distance Vector Routing mit folgender Modifikati
Beim Split Horizon Algorithmus werden Ziele nicht in die Richtung propagiert, in der
Pakete für diese Ziele übertragen werden. Beim Poisened Revers Algorithmus werden
Ziele in die Richtung, in der die IP-Pakete für diese Ziele übertragen werden, mit einer Ent
nung von Unendlich (d. h. der maximal möglichen Entfernung plus Eins) propagiert. Be
Algorithmen führen zum selben Resultat. Exemplarisch soll die Funktionsweise des Split
rizon Algorithmus anhand des Ausfalls von Router A dargestellt werden. Da Router B
weder von Router A noch von C die Ziele ZA kommuniziert werden, streicht B den entsp
chenden Eintrag in seiner Routing-Tabelle und es ergeben sich die in Bild 4-29 dargestell
Routing-Tabellen.

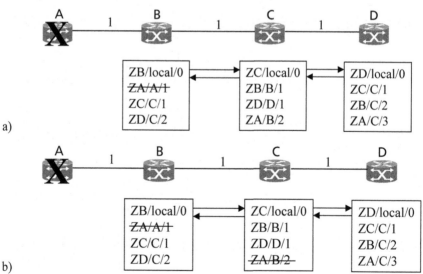

Bild 4-29 Illustration des Split Horizon Algorithmus anhand des Beispielnetzes aus Bild 4-26 bei A
fall von Router A

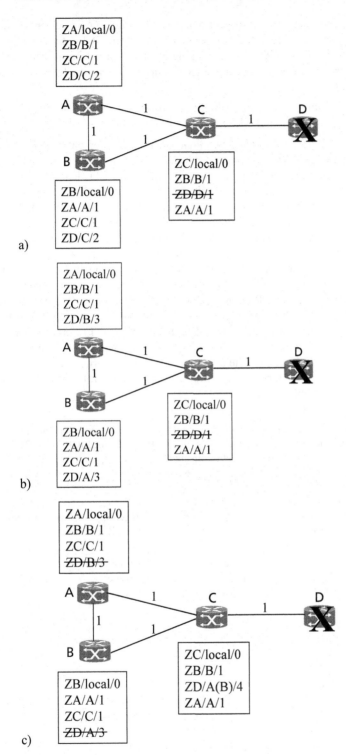

Bild 4-30 Beispiel-Topologie für das Versagen des Split-Horizon Algorithmus. Quelle: [1]

Nach dem nächsten Routing-Update streicht Router C die Ziele ZA in seiner Routing-Tab [siehe Bild 4-29 b)] und nach dem dritten Update streicht ebenfalls Router D die Ziele ZA seiner Routing-Tabelle. Das heißt mit dem Split-Horinzon Algorithmus und der gewäh Netztopologie dauert die Verbreitung schlechter Nachrichten genauso lange wie die Verl tung guter Nachrichten.

Allerdings gibt es Topologien, bei der der Split-Horinzon Algorithmus versagt. Dazu wird Beispiel aus Referenz [1] betrachtet (siehe Bild 4-30).

Wenn Router D ausfällt, löscht Router C beim nächsten Update den entsprechenden Eintra seiner Routing-Tabelle, da A und B Router C die Ziele ZD nicht mitteilen [siehe Bild 4-30 Beim nächsten Update teilt C den Routern A und B mit, dass er ZD nicht mehr erreichen ka Allerdings teilt B Router A und A Router B mit, dass er die Ziele ZD mit einer Entfernung 2 erreichen kann. Die Routing-Tabellen ändern sich daher wie in Bild 4-30 b) dargest Beim nächsten Update teilen A und B Router C mit, dass sie die Ziele ZD mit einer Entfern von 3 erreichen können. C entscheidet sich für einen der beiden Pfade (Annahme: A) und t die Ziele ZD mit einer Entfernung von 4 wieder in seine Routing-Tabelle ein [si Bild 4-30 c)]. A und B löschen die Ziele ZD, da kein Router ihnen diese Ziele mitteilt. nächsten Update teilt C Router B (nicht aber Router A) mit, dass er die Ziele ZD mit e Entfernung von 4 erreichen kann. Router B trägt daraufhin die Ziele ZD mit einer Entfern von 5 über Router C wieder in seine Tabelle ein. Router A und C streichen ihre Einträge ZD. Danach teilt B Router A mit, dass er die Ziele ZD mit einer Entfernung von 5 erreic kann. A trägt die Ziele ZD daher mit einer Entfernung von 6 wieder in seine Routing-Tab ein. Dieser Prozess setzt sich fort, bis die maximal mögliche Entfernung überschritten wird. wird deutlich, dass der Split Horizon Algorithmus das Count-to-Infinity Problem für die trachtete Netztopologie nicht löst.

Tabelle 4.5 Übersicht über Distance Vector Routing Protokolle. RIP: Routing Information Proto IGRP: Interior Gateway Routing Protocol, EIGRP: Enhanced IGRP. EIGRP ist eine K bination aus Distance Vector und Diffusing Update Routing

Routing-Protokoll	RIPv1	RIPv2	IGRP	EIGRP
Metrik	Hop Count (Anzahl der Router)	Hop Count (Anzahl der Router)	Bandbreite, Verzögerung, Auslastung, Zuverlässigkeit	Bandbreite, Verzögerung, Auslastung, Zuverlässigkeit
Austausch der Routing-Informationen	Regelmäßige Updates (Default 30 s)	Regelmäßige Updates (Default 30 s)	Regelmäßige Updates (Default 90 s)	Triggered Updates
Netzmaske	nein	ja	nein	ja
Anzahl Hops	max. 16 Hops	max. 16 Hops	max. 255 Hops	max. 255 Hops
Implementierung	sehr einfach	sehr einfach	sehr einfach	Komplex
Speicherbedarf	gering	gering	gering	groß
Transport	UDP Broadcasts	UDP Multicasts	IP Broadcasts	IP Multicasts
Bemerkungen	Optimierung durch Split Horizon/Poisened Reverse	Optimierung durch Split Horizon/Poisened Reverse	Cisco proprietär equal und unequal load sharing	Cisco proprietä equal und unequal load sharing

Das bekannteste Distance Vector Routing Protokoll ist das Routing Information Protocol (RIP). Es wurde bereits zu Beginn des Internet eingesetzt, aber erst 1988 im RFC 1058 spezifiziert (RIPv1). Später wurde eine zweite Version (RIPv2) erarbeitet (RFC 2453). Tabelle 4.5 gibt eine Übersicht über die verschiedenen Distance Vector Routing Protokolle.

RIP ist ein sehr einfaches Routing-Protokoll, wird aber heute aufgrund der sehr langen Konvergenzzeiten i. d. R. nur noch in kleineren Netzen eingesetzt. Im ARPANET wurde Distance Vector Routing bis 1979 eingesetzt und danach durch Link State Routing ersetzt [1].

4.4.2.2 Link State Routing Protokolle

Link State Routing Protokolle wie OSPF oder IS-IS erlauben die Untergliederung eines Autonomen Systems in mehrere so genannte Areas. Eine Area ist folglich ein Teil IP-Netz innerhalb eines Autonomen Systems (AS). Beim Link State Routing kennt jeder Router die gesamte Netztopologie innerhalb seiner Area bzw. innerhalb des AS und berechnet jeweils die kürzeste Entfernung von sich zu allen anderen Routern (Zielen). Beim Link State Routing muss jeder Router folgende Aufgaben erfüllen:

1. Kennenlernen der Nachbarrouter.

2. Ein Paket zusammenstellen, in dem der Router seine Nachbarrouter inkl. der Entfernung zu ihnen sowie die direkt von ihm erreichbaren Ziele (IP-Netze) angibt. Dieses Paket heißt bei IS-IS Link State Packet (LSP) und bei OSPF Link State Advertisment (LSA). Im Folgenden wird meistens die Bezeichnung Link State Paket verwendet, die Aussagen gelten jedoch analog für Link State Advertisments.

3. Das LSP/den LSA an alle anderen Router innerhalb der eigenen Area bzw. des eigenen AS senden.

4. Die komplette Netztopologie der eigenen Area bzw. des eigenen AS anhand der Pakete, die der Router von den anderen Routern bekommen hat, bestimmen und den kürzesten Pfad zu allen anderen Routern (Zielen) berechnen. Die Berechnung des kürzesten Pfades wird als Shortest Path First (SPF) Calculation bezeichnet.

Ihre Nachbarn (engl. Adjacencies) lernen die Router über *Hello Pakete* kennen, die sie regelmäßig (Default-Wert: alle 10 s) über alle Ausgangsleitungen verschicken. Das Versenden von Hello Paketen ist in Bild 4-31 dargestellt. Zur Identifikation der Router benötigt jeder Router einen innerhalb des AS eindeutigen Namen (Bezeichnung bei IS-IS: System ID), den er im Hello Paket mitschickt. Die Nachbar-Router antworten auf das Hello Paket und teilen dem Router ebenfalls ihren Namen (System ID) mit. Im Anschluss an diese Vorstellungsrunde trägt der Router alle seine Nachbarn in einer so genannten *Adjacency Database* ein. Darüber hinaus dienen Hello Pakete der Überwachung des Betriebszustandes der Nachbarrouter. Erhält ein Router nach mehreren Hello Paketen (Default-Wert: 3) keine Antwort, mutmaßt er das Dahinscheiden des Nachbarn (Status „Neighbour Dead") und entfernt den betreffenden Router wieder aus seiner Adjacency Database.

Das Link State Paket enthält den Namen des Senders (bei IS-IS: die System ID) gefolgt von einer Folgenummer und dem Alter des Pakets. Danach kommen die eigentlichen Informationen: die vom Sender direkt erreichbaren Ziele sowie eine Liste aller Nachbarrouter inkl. der Entfernung zu diesen. Router speichern alle Link State Pakete, die sie erhalten, in der so genannten *Link State Database*. Link State Pakete können periodisch und/oder bei Eintritt bestimmter Ereignisse (z. B. Änderung der Netztoptologie) generiert werden. Der schwierigste Teil des Algorithmus ist die zuverlässige Verteilung der Link State Pakete [1].

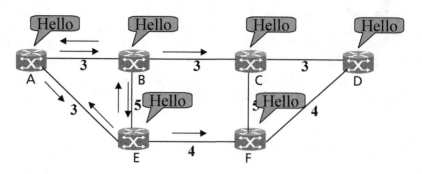

Bild 4-31 Um ihre Nachbarn kennenzulernen und deren Betriebszustand zu überwachen, schi⟨
Router periodisch Hello Pakete zu allen Nachbar-Routern. Die Zahlen bezeichnen die M⟨
des entsprechenden Links.

Innerhalb der Konvergenzzeit haben die Router i. d. R. unterschiedliche Informationen ⟨
die Netztopologie, so dass es zu Rooting Loops kommen kann. Jedes Link State Paket er⟨
eine Folgenummer, die bei den nachfolgenden Paketen vom Sender um jeweils Eins erh⟨
wird. Das Link State Paket wird an alle Router der eigenen Area bzw. des eigenen AS vert⟨
indem der Sender das Paket allen Nachbarroutern schickt. Diese ermitteln anhand ihrer L⟨
State Database und der Folgenummer des Pakets, ob es sich um ein neues Paket handelt⟨
dies der Fall, so speichern sie das Paket in ihrer Link State Database ab und löschen das P⟨
mit der niedrigeren Folgenummer. Des Weiteren schicken sie das Paket an alle Nachbarro⟨
mit Ausnahme des Routers, von dem sie das Paket erhalten haben. Handelt es sich bei ⟨
Link State Paket um ein Duplikat oder um ein Paket mit einer Folgenummer, die niedriger⟨
die bisher höchste erfasste ist, so wird das Paket verworfen. Alle anderen Router verfah⟨
analog. Dies Verfahren wird als *Flooding* bezeichnet. Es kann allerdings zu Problemen k⟨
men wenn [1]:

- Router, die ausgefallen sind und wieder in Betrieb genommen werden, mit der Folgen⟨
  mer wieder bei Null beginnen.

- Folgenummer aufgrund von Übertragungsfehlern verfälscht werden.

In diesen Fällen kann es dazu kommen, dass Link State Pakete verworfen werden, obwohl⟨
aktueller sind als die in der Link State Database gespeicherten Pakete. Die Lösung dieses Pr⟨
lems besteht in der Einbeziehung des Alters eines Link State Pakets und Reduzierung⟨
Alters um jeweils Eins pro Sekunde. Kommt das Alter bei Null an, wird das Paket verwor⟨
Bild 4-32 soll die Verteilung der Link State Pakete mit dem Flooding Verfahren illustrieren.

In Bild 4-32 bezeichnet ZX (X = A,B,C,D,E,F) die Menge aller IP-Netze, die Router X dir⟨
erreichen kann. Die Notation {X,Y} bedeutet: Router X kann mit einer Entfernung vor⟨
erreicht werden. Router A versendet ein Link State Paket mit folgenden Informationen: „⟨
bin Router A (System ID von Router A) und habe die Nachbarrouter B und E. Beide kann⟨
mit einer Entfernung von 3 erreichen. Ferner kann ich die Ziele ZA direkt erreichen" [si⟨
Bild 4-32 a)]. Router B teilt allen anderen Routern mit einem Link State Paket folgendes ⟨
„Ich bin Router B und habe die Nachbarrouter A, C und E. Die Rotuer A und C kann ich⟨
einer Entfernung von 3 und Router E mit einer Entfernung von 5 erreichen" [siehe Bild 4⟨
b)]. Entsprechende Link State Pakete versenden ebenfalls die Router C, D, E und F. N⟨

Erhalt der Link State Pakete aller Router hat jeder Router die vollständigen Informationen über die Toplogie der eigenen Area bzw. des eigenen AS.

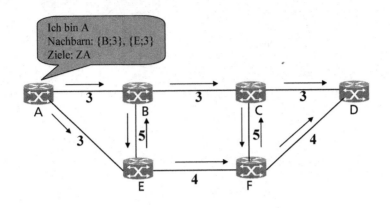

a)

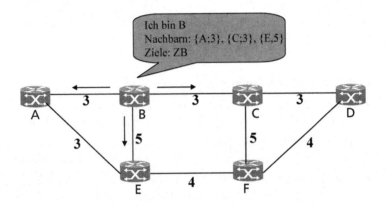

b)

Bild 4-32   Verteilung von Link State Paketen in dem Beispielnetz aus Bild 4-31

Die wichtigsten Link State Routing Protokolle sind Intermediate System-to-Intermediate System (IS-IS) und Open Shortest Path First (OSPF). OSPF und IS-IS sind Interior Routing Protokolle, wobei OSPF eine Weiterentwicklung von IS-IS ist. Beide Protokolle unterstützen ein zweistufiges hierarchisches Routing. Hierarchisches Routing bedeutet, dass das gesamte IP-Netz eines AS in so genannte Areas eingeteilt werden kann. Bild 4-33 zeigt die Unterteilung eines AS in Areas (untere Hierarchieebene) und den Backbone (obere Hierarchieebene).

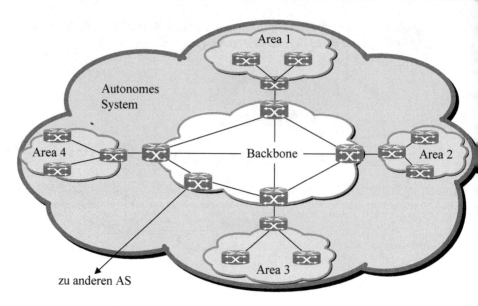

Bild 4-33 IS-IS und OSPF erlauben die Unterteilung eines Autonomen Systems in so genannte A und den Backbone. Quelle: [6]

Beim hierarchischen Routing gibt es folgende Router-Typen:

- Router, die ausschließlich Verbindungen zu anderen Routern innerhalb der eigenen A haben (IS-IS Bezeichnung: Level 1 Router, OSPF Bezeichnung: internal Router).

- Router, die Verbindungen zu den Routern der eigenen Area sowie zum Backbone ha (IS-IS Bezeichnung: Level 1 Level 2 Router, OSPF Bezeichnung: Area Border Router).

- Router, die ausschließlich Verbindungen zu anderen Backbone Routern haben (IS-IS zeichnung: Level 2 Router, OSPF Bezeichnung: Backbone Router).

Durch hierarchisches Routing können zum einen die Routing-Tabellen entlastet werden, z anderen ist eine Änderung der Netztopologie (z. B. durch Ausfall einer Verbindung) nur nerhalb einer Area sichtbar. Topologieänderungen müssen daher nur in der entsprechen Area, nicht aber im gesamten Netz bekannt gegeben werden. Dadurch kann der Verkehr du Routing Updates stark reduziert und damit das Netz stabilisiert werden. Wesentlich wichti noch ist, dass die SPF-Berechnung nur in der betroffenen Area neu durchgeführt werden m Nachteilig am hierarchischen Routing ist jedoch, dass die ermittelten Wege i. d. R. nicht o mal sind.

4.4.2.2.1   Intermediate System-to-Intermediate System (IS-IS)

Im Folgenden sollen die Schritte 1. bis 3. aus Abschnitt 4.4.2.2 exemplarisch für IS-IS schrieben werden. Eine gute Einführung in IS-IS findet sich in [16]. IS-IS war ursprünglich intra-domain Routing-Protokoll für den OSI Connectionless Network Service (CLNS), wu aber im RFC 1195 auf IP erweitert. Diese erweiterte Version von IS-IS wird auch als Integ ted IS-IS bezeichnet. Eine Area wird bei IS-IS als Level 1 bezeichnet, der Backbone als Le 2. IS-IS verwendet folgende Nachrichtentypen [16]:

- Hello Packets. Es gibt folgende Typen von Hello Packets: LAN Level 1, LAN Level 2 und Point-to-Point Hello Packets.

- Link-State Packets (LSP). LSPs bilden den Kern von IS-IS und dienen der Übermittlung von Routing-Informationen (Netztopologie, Metrik, Ziele/IP-Netze) zwischen Routern. Es gibt Level 1 und Level 2 LSPs.

- Sequence-Number Packets (SNP). SNPs kontrollieren die Verteilung der LSPs und dienen der Synchronisation der Link-State Database der verschiedenen Router. SNPs bestehen aus:
  - Complete Sequence Number Packets (CSNP). CSNPs enthalten eine Zusammenfassung der Link State Database eines Routers, um diese mit allen anderen Routern abgleichen zu können. In der Link State Database werden alle LSPs gespeichert, die ein Router empfangen hat. Es gibt Level 1 CSNPs und Level 2 CSNPs.
  - Partial Sequence Number Packets (PSNP). Mit PSNPs wird zum einen der Empfang von LSPs auf Punkt-zu-Punkt-Verbindungen bestätigt, zum anderen können Router mit PSNPs fehlende oder defekte LSPs anfordern. Es gibt Level 1 PSNPs und Level 2 PSNPs.

Im Gegensatz zu RIP, OSPF oder BGP werden IS-IS Pakete direkt über Layer 2 transportiert[39]. Das Protokollfeld des verwendeten Layer 2 Protokolls wird verwendet, um die IS-IS Routing-Pakete von den IP-Nutzpaketen zu unterscheiden. IS-IS Pakete haben folgende Struktur [16]:

- Jedes IS-IS Paket beginnt mit einem 8 Byte langem Header, dem General IS-IS Header. Das erste Feld (0x83) dieses Headers zeigt an, dass es sich um ein IS-IS Paket handelt. Diese Angabe wird benötigt, um in OSI-Netzen verschiedene Layer 3 Protokolle (z. B. CLNP, IS-IS, ES-IS) unterscheiden zu können. Weitere Funktionen des General IS-IS Headers sind: Angabe der Länge des gesamten Headers bestehend aus General und Specific IS-IS Header, Angabe der Länge der System ID sowie Angabe des Paket-Typs (z. B. LAN Level 1 Hello Packet oder Level 2 PSNP).

- Dem General IS-IS Header folgt der Specific Header, der für jeden Pakettyp unterschiedlich ist (siehe unten).

- Im Anschluss an den Specific Header beginnt die eigentliche Nutzinformation (Payload). Die Payload besteht aus Sequenzen von Type-Length-Value (TLV) Feldern (vgl. Abschnitt 4.3.1.1). Ein TLV-Feld besteht immer aus einem 1 Byte langen Type-Feld, einem 1 Byte langen Length-Feld und dem Value-Feld. Das Type-Feld spezifiziert die Art der Information und das Length-Feld die Länge des TLV-Feldes. In dem Value-Feld befindet sich die eigentliche Information.

Bild 4-34 zeigt den allgemeinen Aufbau von IS-IS Paketen.

Im Folgenden werden die verschiedenen IS-IS Nachrichten im Einzelnen beschrieben.

---

[39] OSPF wird über IP und BGP über TCP transportiert.

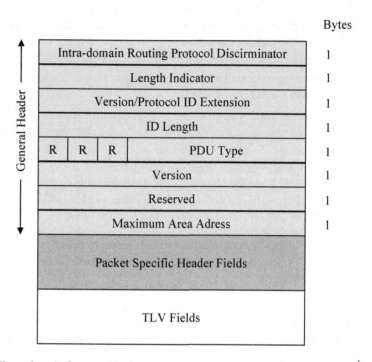

Bytes

Intra-domain Routing Protocol Discirminator	1
Length Indicator	1
Version/Protocol ID Extension	1
ID Length	1
R R R PDU Type	1
Version	1
Reserved	1
Maximum Area Adress	1
Packet Specific Header Fields	
TLV Fields	

General Header

Bild 4-34   Allgemeiner Aufbau von IS-IS Paketen

Hello Packets

Die Darstellung in diesem Abschnitt beschränkt sich auf Point-to-Point IS-IS Hellos (I
Aufgrund des hierarchischen Routings gibt es bei IS-IS zwei verschiedene Arten von Na
barn (engl. Adjacencies): Level 1 und Level 2 Adjacencies. Zum Beispiel haben Level 1 L
2 Router eine Level 1 Adjacency zu Routern aus ihrer eigenen Area und eine Level 2 Adjac
cy zu den Routern der anderen Areas. Bild 4-35 zeigt den Aufbau eines Point-to-Point H
Packets.

Der spezifische Header von Point-to-Point IS-IS Hellos ist 12 Byte lang und spezifiziert
Circuit Type des Links (Level 1, Level 2 oder Level 1-2), die System ID des Routers, der
Paket generiert hat (Source ID), die Holdtime, die Länge des gesamten Hello Pakets (P
Length) sowie die so genannte Local Circuit ID. Die 8 Bit lange Local Circuit ID wird
einem Router vergeben, um eine Verbindung eindeutig identifizieren zu können. Sie ist
dem entsprechenden Router bekannt. Hello Pakete enthalten keine Prüfsumme, so dass feh
hafte Pakete nicht identifiziert werden können.

Dem spezifischen Header folgen die TLV-Felder, welche die folgenden Informationen enthal

- Die Area-Adresse des Routers, der das Hello-Paket generiert hat.

- Ein weiteres TLV-Feld dient der Authentisierung. Damit kann durch Prüfung eines cle
  text Passwortes festgestellt werden, ob der benachbarte Knoten überhaupt zur Formier
  einer Adjacency berechtigt ist.

- Schließlich gibt es noch ein TLV-Feld, welches dazu dient, das Hello-Paket bis zur M
  Size aufzufüllen (Padding). Auf diese Weise wird die MTU Size des entsprechenden Li

ermittelt. Der Default-Wert der MTU Size von PPP ist 1500 Byte, PPP erlaubt jedoch eine MTU Size von bis zu 65536 Byte. Bei Cisco und Juniper beträgt die MTU Size für STM-16 POS 4470 Bytes. Um Bandbreite zu sparen, kann das Padding auch deaktiviert werden.

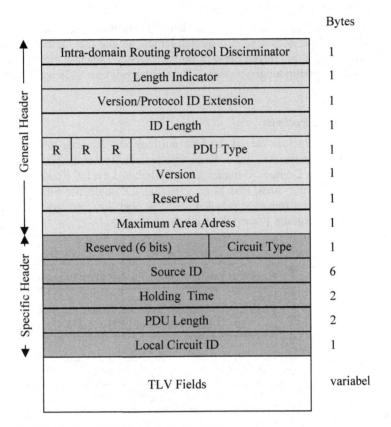

Bytes

Field	Bytes
Intra-domain Routing Protocol Discirminator	1
Length Indicator	1
Version/Protocol ID Extension	1
ID Length	1
R R R PDU Type	1
Version	1
Reserved	1
Maximum Area Adress	1
Reserved (6 bits) Circuit Type	1
Source ID	6
Holding Time	2
PDU Length	2
Local Circuit ID	1
TLV Fields	variabel

Bild 4-35   IS-IS Point-to-Point Hello Packet. Quelle: [16]

Wird eine Punkt-zu-Punkt-Verbindung in Betrieb genommen, so sendet der benachbarte Router zunächst ein IS-Hello (ISH) Paket mit dem ES-IS Protokoll. Der betrachtete Router prüft, ob bereits eine Adjacency zu diesem Router besteht, indem er die System ID des Routers in seiner Adjacency Database sucht. Findet er keinen Eintrag, so wird die Adjacency in der Database eingetragen (Status: „initializing", System Type: „unknown"). Zusätzlich zur System ID des benachbarten Routers wird noch die Local Circuit ID sowie die IP-Adresse des entsprechenden Interfaces in die Adjacency Database eingetragen. Der Router sendet daraufhin ein IIH zu seinem neuen Nachbarn. Empfängt er von diesem ebenfalls ein gültiges IIH, so wird der Status der Adjacency auf „up" und der System Type auf „IS" gesetzt [16].

Im eingeschwungenen Betriebszustand senden Router periodisch Hello Pakete über alle ihre Interfaces. Die Periodendauer kann mit dem Parameter „hello interval" eingestellt werden (Default-Wert: 10 s). Empfängt ein Router innerhalb der so genannten Holdtime kein Hello-Paket von einem benachbarten Router, so geht er davon aus, dass der betreffende Router nicht mehr betriebsbereit ist und löscht den entsprechenden Eintrag in seiner Adjacency Database.

Die Holdtime beträgt 30 s (Default-Wert). Immer dann, wenn sich Änderungen in den T
Feldern ergeben (z. B. ein Router erhält ein neues Passwort, Umbenennung der Area) ser
Router spontane IS-IS Hellos. Kommt es bei einem IIH zu Unstimmigkeiten (z. B. fals
Länge der System ID oder Anzahl der Area Adresses), so wird das IIH-Paket verworfen
die entsprechende Adjancency gelöscht.

Zusammenfassend lässt sich festhalten, dass Router defaultmäßig alle 10 s Hello-Pakete
alle ihre Interfaces senden. Dadurch lernen sie alle unmittelbar benachbarten Router auto
tisch kennen und tragen diese in ihre Adjacency Database ein. Für jede Verbindung (auch
parallele Verbindungen zwischen Routern) erfolgt ein separater Eintrag in der Adjacency
tabase.

Link-State Packets

Link-State Packets dienen der Übermittlung von Routing-Informationen innerhalb der IS
Routing Domain. Auf diese Weise erhalten alle Router die komplette Sicht über die Topol
der Routing Domain. Genauer gesagt erhalten Level 1 Router die komplette Sicht über
Topologie ihrer Area, und Level 2 Router die komplette Sicht über den Backbone. Lev
Level 2-Router hingegen erhalten die Sicht über die Topologie ihrer Area und des Backbo
Bild 4-36 zeigt das Format der Link-State-Packets.

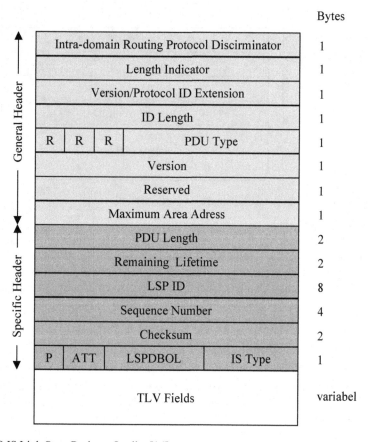

Bild 4-36   IS-IS Link State Packets. Quelle: [16]

Der spezifische Header von LSPs ist 19 Byte lang und enthält die folgenden Informationen:

- Die Gesamtlänge des LSPs (max. 1492 Byte).

- Die Remaining Lifetime. Die Remaining Lifetime bezeichnet die verbleibende Lebensdauer eines LSPs in Sekunden und wird jede Sekunde um eins reduziert. Erreicht die Remaining Lifetime den Wert 0, so wird der entsprechende LSP aus der Link-State Database gelöscht. Auf diese Weise wird verhindert, dass die Link-State Database nicht mehr aktuelle LSPs enthält. Wird ein LSP generiert, so wird die Remaining Lifetime auf den Wert „LSP maxage" gesetzt. „LSP maxage" bestimmt folglich die Lebensdauer eines LSPs. Der Default-Wert für „LSP maxage" beträgt 20 min, der maximale Wert für Cisco-Router 65.535 s (ca. 18,2 h). Damit ein gültiger LSP nicht aus der Link-State Database entfernt wird, müssen LSPs alle „LSP refresh interval" Sekunden neu generiert werden (auch wenn sich keine Änderungen im Netz ergeben), wobei das „LSP refresh interval" kleiner sein muss als der „LSP maxage" Wert.

- Die LSP ID. Die LSP ID dient der eindeutigen Identifizierung eines LSPs und besteht aus der System ID des Routers, der den LSP generiert hat, einer so genannten Pseudonode ID (nur relevant für Broadcast-Links) und einer LSP Nummer. Letztere wird verwendet, falls ein LSP länger als 1492 Bytes ist und daher in mehrere, 1492 Byte lange LSPs unterteilt (fragementiert) werden muss. Ein LSP kann in max. 256 Sub-LSPs der Länge 1492 Byte unterteilt werden, so dass sich für den gesamten LSP eine max. Länge von 373 kByte ergibt.

- Die Sequence Number. Der erste LSP eines Routers beginnt mit einer Sequence Number von eins. Die Sequence Number der folgenden LSPs (periodische LSPs oder LSPs aufgrund von Änderungen im Netz) wird jeweils um eins erhöht. Auf diese Weise können Router die Aktualität eines LSPs feststellen.

- Das Partition-Bit, 4 Attached-Bits (Default, Delay, Expense, Error), das Overload-Bit und 2 IS-Type Bits. Mit dem Default Attached Bit teilen Level 2 Router den Level 1 Routern ihrer Area mit, dass sie an andere Areas angeschlossen sind. Das Overload-Bit signalisiert, dass der entsprechende Router überlastet ist (zu wenig Speicher oder zu geringe Prozessorleistung). Ist dieses Bit gesetzt, so wird der gesamte Transitverkehr von dem betroffenen Router ferngehalten. Die IS-Type Bits schließlich geben an, ob es sich um einen Level 1 oder einen Level 2 Router handelt.

- Eine Prüfsumme. Anhand der Prüfsumme können Router Fehler in LSPs feststellen. Fehlerhafte LSPs werden bei der SPF Calculation nicht berücksichtigt.

Dem spezifischen Header folgen die TLV-Felder, die die eigentlichen Routing-Informationen enthalten. Diese sind für Level 1 und Level 2 LSPs unterschiedlich. Im Folgenden werden die relevanten TLV-Felder von Level 2 LSPs beschrieben:

- Area Address TLV: gibt die Area-Adresse des den LSP generierenden Routers an.

- Intermediate System Neighbor TLV: gibt die System ID aller benachbarten Router inkl. Metrik an.

- IP Internal Reachability Information TLV: gibt alle vom Router direkt erreichbaren Routen (d. h. IP Prefix und Netzmaske) inkl. Metrik an.

- IP External Reachability Information TLV: gibt alle Routen (d. h. IP Prefix und Netz)
  ke) inkl. Metrik an, die der Router selber durch *andere* Routing-Protokolle (z. B. OS
  gelernt hat, und die er anderen Routern via IS-IS mitteilen möchte. Diesen Vorgang
  zeichnet man als Redistribution.

- Protocols Supported TLV: spezifiziert die von IS-IS unterstützten Layer 3 Protokolle (:
  IP, CLNP).

- IP Interface Address TLV: gibt alle IP-Adressen an, die auf dem generierenden Ro
  konfiguriert wurden (Interface- und Loopback-Adressen).

OSPF unterstützt unterschiedliche Metrik-Werte je nach Type of Service (d. h. Kombina
der TOS-Bits). Dies bedeutet, dass OSPF für jeden Type of Service andere Kosten für
Netzkanten berücksichtigen kann und sich daher für verschiedene Qualitätsklassen ur
schiedliche optimale Pfade realisieren lassen. Aus der obigen Beschreibung der TLV-Fe
wird deutlich, dass dies bei IS-IS nicht möglich ist. Die TOS-Bits können bei IS-IS nur
den Routern lokal berücksichtigt werden. Die Wegewahl ist bei IS-IS jedoch einzig und a
von der Destination IP-Adresse bestimmt. Dies stellt eine Limitation von IS-IS gegen
OSPF dar. Beispielsweise kann es sinnvoll sein, Echtzeitverkehr wie VoIP immer über
Pfad mit der geringsten Laufzeit zu routen, auch wenn ein Pfad mit einer höheren Bandbr
existiert.

In der Link-State Database werden die LSPs von allen Routern gespeichert. Wichtig dabei
dass die Link-State Database von allen Routern einer Area bzw. des Backbones exakt die
ben Informationen enthält. Im Wesentlichen enthalten LSPs die durch andere Rout
Protokolle gelernten oder direkt angeschlossenen Ziele (IP Prefix inkl. Netzmaske), die ì
den entsprechenden Router erreicht werden können, sowie eine Liste aller benachbarten R
ter. Einzelne Links bei parallelen Router-Verbindungen werden bei IS-IS anderen Rou
nicht mitgeteilt.

Sequence Number Packets

CSNPs enthalten eine Zusammenfassung aller LSPs, die ein Router empfangen hat (d. h.
Link-State Database des Routers), um diese mit allen anderen Routern abgleichen zu könr
Für jeden LSP wird dabei lediglich die LSP ID, die Sequence Number, die Remaining Lifet
sowie die Prüfsumme des LSPs angegeben. Auf Punkt-zu-Punkt-Verbindungen werden CSI
lediglich einmal, und zwar nach Etablierung der Adjacency und vor dem Austausch von LS
gesendet. Der empfangende Router überprüft die Konsistenz der CSNP Informationen
seiner Link-State Database. Stellt er z. B. fest, dass ihm bestimmte LSPs fehlen oder ein l
nicht mehr aktuell ist, so fordert er die entsprechenden LSPs mit PSNPs an. PSNPs die
weiterhin der Bestätigung des Empfangs von CSNPs auf Punkt-zu-Punkt-Verbindungen.

4.4.2.2.2   Jigsaw Puzzle

Anhand der Link State Database konstruieren sich die Router die Topologie der eigenen A
bzw. des eigenen AS, indem sie die Informationen aller LSPs, die sie erhalten haben, zus
mensetzen. Dieser Vorgang ähnelt einem Puzzle und wird daher auch als *Jigsaw Puzzle*
zeichnet. Das Jigsaw Puzzle soll anhand des in Bild 4-31 dargestellten Beispielnetzes aus S
des Routers A illustriert werden.

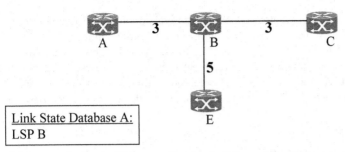

Link State Database A:
LSP B

a) Netztopologie aus Sicht von Router A aufgrund des LSPs von Router B

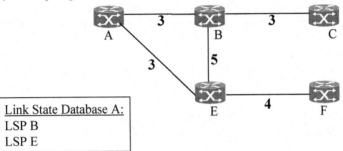

Link State Database A:
LSP B
LSP E

b) Netztopologie aus Sicht von Router A aufgrund der LSPs von Router B und E

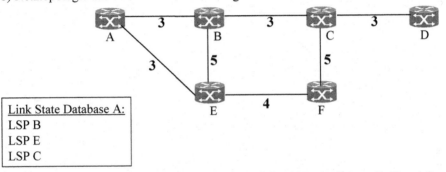

Link State Database A:
LSP B
LSP E
LSP C

c) Netztopologie aus Sicht von Router A aufgrund der LSPs der Router B, E und C

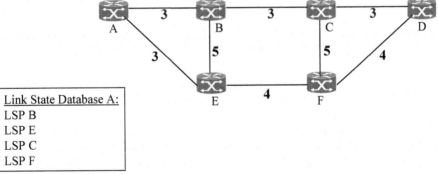

Link State Database A:
LSP B
LSP E
LSP C
LSP F

d) Netztopologie aus Sicht von Router A aufgrund der LSPs der Router B, E, C und D

Bild 4-37   Illustration des Jigsaw-Puzzles für das Beispielnetz aus Bild 4-31 aus Sicht von Router A

Bild 4-37 illustriert, wie Router A die gesamte Netztopologie basierend auf den LSPs, di
von allen anderen Routern empfangen hat, bestimmt. Bei Kenntnis der LSPs der Router A
C, E und F kennt Router A die gesamte Netztopologie. Allerdings kennt Router A noch n
die Ziele, die von Router D direkt erreicht werden können. Diese werden A durch den i
von D mitgeteilt. Alle anderen Router verfahren analog, so dass nach Durchführung des
saw-Puzzles jeder Router die gesamte Netztopologie der eigenen Area bzw. des eigenen
kennt.

4.4.2.2.3   Shortest Path First Calculation

Nachdem allen Routern die gesamte Netztopologie bekannt ist, führt jeder Router unabhän
voneinander die Berechnung des kürzesten Weges von ihm selber als Ursprung (engl. Root
allen anderen Routern durch. Dies wird als Shortest Path First (SPF) Calculation bezeich
Zwar wird dabei der komplette Pfad vom Ursprung zum Ziel berechnet, die SPF Calcula
dient aber lediglich der Ermittlung des Next Hop in Abhängigkeit des Ziels. Der kürzeste V
wird mit dem Dijkstra-Algorithmus bestimmt. Dabei wird das Gesamtnetz als Graph da
stellt. Die SPF Calculation gehört gemäß der Komplexitätstheorie der Klasse P an (vgl.
schnitt 2.1.3). Der Dijkstra-Algorithmus soll anhand des in Bild 4-38 dargestellten Beisp
netzes erläutert werden.

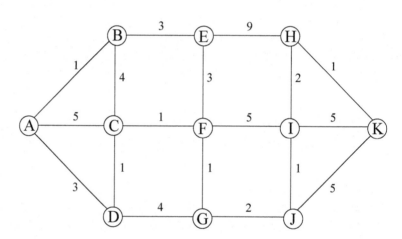

Bild 4-38   Beispielnetz zur Erläuterung des Dikstra-Algorithmus bestehend aus den Netzknoten A –
Die Zahlen bezeichnen die Metrik des entsprechenden Links.

Das in Bild 4-38 dargestellte Beispielnetz besteht aus den Routern A – K. Jedem Link (V
bindung zwischen den Routern) wird eine Metrik zugeordnet. Es soll nun der kürzeste P
von Router A zu Router K ermittelt werden. Zu Beginn wird als Entfernung von allen ande
Routern (B – K) zu Router A „Unendlich" angenommen, da zunächst kein Pfad bekannt
Eine Beschriftung kann provisorisch oder permanent sein. Zunächst sind alle Beschriftung
provisorisch. Wird festgestellt, dass eine Beschriftung den kürzestmöglichen Pfad von
Quelle zu einem Knoten darstellt, wird sie permanent gemacht und danach nicht mehr geänd
[1].

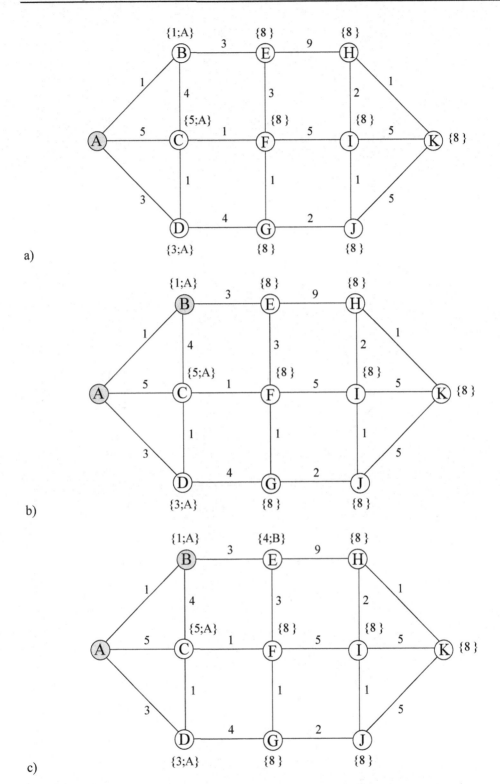

a)

b)

c)

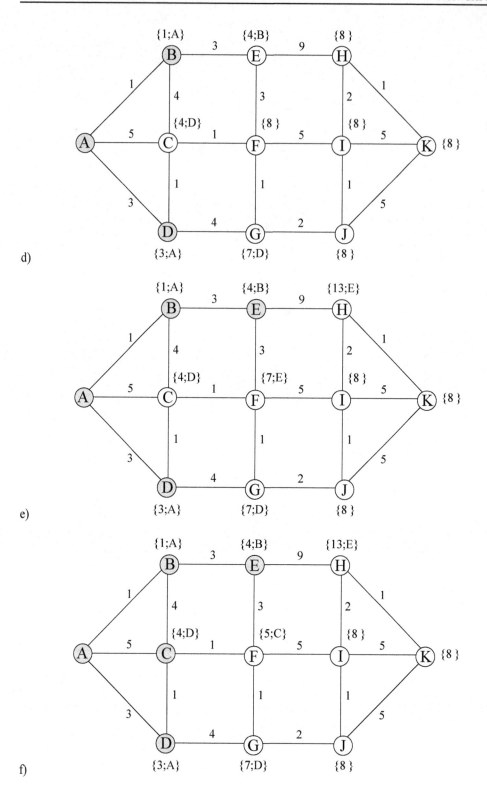

d)

e)

f)

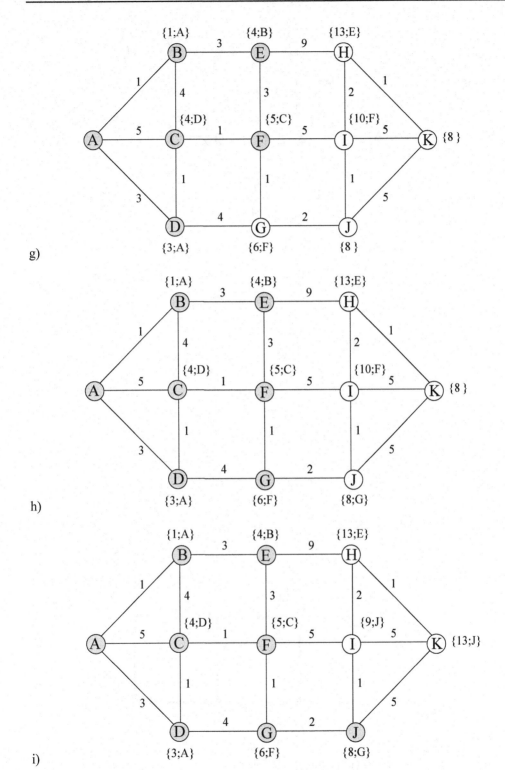

g)

h)

i)

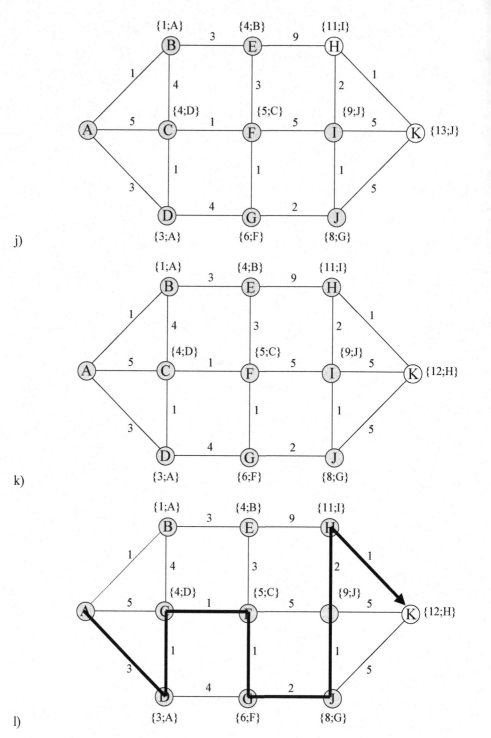

Bild 4-39 Illustration des Dikstra-Algorithmus anhand des Beispielnetzes aus Bild 4-38. Der Ar
ítsknoten ist jeweils grau unterlegt.

Zunächst wird der Ursprungsknoten A als permanent markiert [Arbeitsknoten, dargestellt durch den gefüllten Kreis in Bild 4-39 a)] und alle Nachbarknoten (Router B, C und D) mit der Entfernungen zu A beschriftet. Zusätzlich wird der Router abgespeichert, von dem aus die Entfernung gemessen wurde (hier Router A), so dass später der gesamte Pfad konstruiert werden kann. Die Beschriftung {x,y}eines Knotens in Bild 4-39 bedeutet: x bezeichnet die Entfernung des Knotens zu Router A und y den Router, von dem aus die Entfernung zu A gemessen wurde.

Im nächsten Schritt wird der Knoten mit der geringsten Entfernung zu A als permanent markiert (Router B) und ist der neue Arbeitsknoten [siehe Bild 4-39 b)]. Nun werden die Nachbarknoten von Router B untersucht. Ist der Pfad über Router B kürzer als die aktuelle Entfernung des Nachbarknotens zu Router A, so wird die Beschriftung entsprechend geändert. Dies ist bei Router E, nicht jedoch bei Router C der Fall [siehe Bild 4-39 c)].

Der nächste Arbeitsknoten ist der Knoten mit einer provisorischen Beschriftung und der geringsten Entfernung zu Router A, in diesem Fall Router D [siehe Bild 4-39 d)]. Es werden nun die Nachbarrouter von Router D untersucht. Ist die Entfernung zu A über Router D kleiner als die aktuelle Entfernung der Router zu A, so wird die Beschriftung entsprechend geändert. Dies ist sowohl bei Router G als auch bei Router C der Fall.

Der neue Arbeitsknoten ist wieder der Knoten mit einer provisorischen Beschriftung und der geringsten Entfernung zu Router A. In diesem Fall sind die Router C und E die Router mit einer provisorischen Beschriftung und der geringsten Entfernung zu Router A. Für den Dijkstra-Algorithmus ist es unerheblich, welcher von beiden Routern als neuer Arbeitsknoten gewählt wird. Hier wird angenommen, dass Router E der neue Arbeitsknoten ist, so dass nun die Nachbarn von Router E untersucht werden [siehe Bild 4-39 e)]. Da nun Router C der Knoten mit einer provisorischen Beschriftung und der geringsten Entfernung zu Router A ist, wird Router C permanent markiert und zum nächsten Arbeitsknoten deklariert. Nun werden die Nachbarn von Router C hinsichtlich ihrer Entfernung zu A untersucht und die Beschriftung geändert, falls die Entfernung über Router C geringer als die aktuelle Entfernung ist. Dies ist bei Router F der Fall [siehe Bild 4-39 f)]. Die nächsten Arbeitsknoten sind: Router F [siehe Bild 4-39 g)], Router G [siehe Bild 4-39 h)], Router J [siehe Bild 4-39 i)], Router I [siehe Bild 4-39 j)] und Router H [siehe Bild 4-39 k)]. Nun ist der kürzeste Weg von Router A zu Router K gefunden [siehe Bild 4-39 l)]. Es ist jedoch nicht nur der kürzeste Weg von Router A zu K, sondern von Router A zu allen anderen Routern im Netz gefunden worden. Beispielsweise ist der kürzeste Weg von Router A zu Router E der Weg: A→B→E.

Um zu verstehen, warum der Algorithmus den kürzesten Weg liefert, wird der Schritt betrachtet, als Knoten F permanent beschriftet wurde. Angenommen, es gäbe einen kürzeren Weg als A→D→C→F, beispielsweise A→X→Y→ Z→F. Entweder wurde der Knoten Z bereits permanent markiert oder nicht. Wenn dies der Fall ist, dann wurde die Entfernung A→X→Y→ Z→F bereits ermittelt und der Pfad A→X→Y→ Z→F gespeichert, wenn seine Entfernung geringer ist als die Entfernung A→D→C→F. Sollte der Knoten Z hingegen noch provisorisch beschriftet sein, so ist die Entfernung von Z zu A entweder größer oder gleich der Entfernung von Router F zu A, da ansonsten zuerst Z und nicht F permanent markiert worden wäre. Daher kann der Pfad A→X→Y→ Z→F nicht kürzer sein als der Pfad A→D→C→F.

In der beschriebenen Weise führen alle Router unabhängig voneinander die SPF Calculation durch und ermitteln so den Next Hop für den kürzesten Weg zum Ziel. Dieser wird in der Routing-Tabelle abgespeichert. Für das Beispielnetz aus Bild 4-31 ergeben sich die in Bild 4-40 dargestellten kürzesten Wege und daraus die dargestellte Routing-Tabelle für Router A.

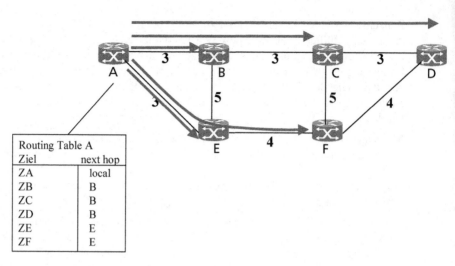

Bild 4-40   Kürzeste Wege von Router A zu allen anderen Routern und Routing-Tabelle von Router A
das Beispielnetz aus Bild 4-31

Sollte sich die Netztopologie ändern (z. B. durch Ausfall eines Links), so wird diese Änder
allen Routern innerhalb der Area/des AS durch Link State Packets mitgeteilt. Dazu wird
Beispielnetz aus Bild 4-31 bei Ausfall des Links zwischen Router B und C betrachtet (si
Bild 4-41).

Es wird wieder das Beispielnetz aus Bild 4-31 betrachtet und angenommen, dass der L
zwischen Router B und C ausfällt. Die Router teilen den Ausfall des Links mit LSPs a
anderen Routern mit. Es ergibt sich die in Bild 4-41 b) dargestellte neue Netztopologie. Ba
rend auf der neuen Topologie führen die Router erneut eine SPF Calculation durch, um
kürzesten Wege zu allen Zielen zu ermitteln und ändern ihre Routing-Tabellen entsprech
[siehe Bild 4-41c)].

4.4.2.2.4   Verkehrsunterbrechung bei Änderung der Netztopologie

In diesem Abschnitt soll die Verkehrsunterbrechung bei Ausfall einer Verbindungsleit
(Link) oder eines Routers untersucht werden. Die Verkehrsunterbrechung wird durch die K
vergenzzeit bestimmt (siehe Abschnitt 3.3.8.2). Daher müssen die verschiedenen Anteile id
tifiziert werden, die zur Konvergenzzeit des IGP in einem Netz beitragen:

1. Fehlererkennung
2. Fehlermeldung an Layer 3
3. LSP-Erzeugung
4. LSP-Verteilung
5. Routing-Neuberechnung (SPF Calculation)
6. Installation der neuen Routen (FIB Updates)[40]

---

[40]   Bei der Verwendung von MPLS müssen zusätzlich die LSPs (LIB Update) neu bestimmt werden.

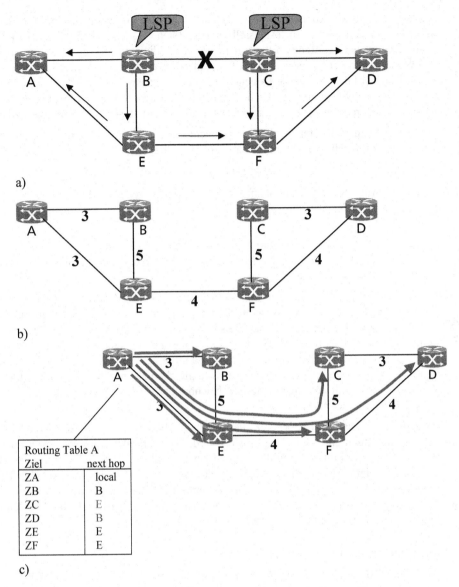

Bild 4-41 Bei Änderung der Netztopologie wird die SPF-Calculation basierend auf der neuen Topologie erneut ausgeführt und die Routing-Tabelle entsprechend geändert.

Fehlererkennung

Zunächst einmal muss erkannt werden, dass ein Fehler oder Ausfall aufgetreten ist, auf den sich das IGP einstellen muss. Dies ist eine essentielle Voraussetzung, um auf Ausfälle schnell reagieren zu können. Die Zeit, die für die Fehlererkennung benötigt wird, wird im Folgenden mit t_{dec} bezeichnet. Grundsätzlich muss zwischen Ausfällen von Links und Routern unterschieden werden.

Ausfälle von Links können durch geeignete Überwachungsmechanismen auf Layer 1 ir halb weniger Millisekunden festgestellt werden (siehe Abschnitt 2.5). Dies erfolgt durch Überwachung der Empfangsleistung. Unterschreitet die empfangene Leistung einen besti ten Wert, so meldet Layer 1 „Loss of Signal (LOS)". Handelt es sich um einen einseit Ausfall, so wird dem Sender in Gegenrichtung durch „Remote Defect Indication (RDI)" m teilt, dass ein Fehler vorliegt. Auch für bestimmte Layer 2 Protokolle werden entsprech Überwachungsmechanismen spezifiziert (z. B. für Ethernet, siehe Abschnitt 3.3.10.5).

Fällt ein gesamter Router aus so ist es wichtig, dass alle Nachbarn den Ausfall mögli schnell erkennen. Hierbei sind zwei Fälle zu unterscheiden:

- Der Router fällt inkl. der Line Interfaces aus (z. B. durch einen Stromausfall)

- Eine zentrale Router-Komponente (z. B. der Route-Prozessor) fällt aus, aber die Line Ir faces sind noch aktiv. Ein solcher Fehler kann beispielsweise bei einem Router-Reboot treten.

Im ersten Fall wird der Fehler analog zu einem Link-Ausfall erkannt. Das heißt die Erkenn des Fehlers benötigt wenige Millisekunden, falls Layer 1 Protokolle mit entsprecher Überwachungsmechanismen verwendet werden.

Im zweiten Fall kann die Erkennung des Fehlers problematisch sein, da hier die schne Layer 1 Überwachungsmechanismen nicht greifen. Layer 1 kann derartige Fehler gar n „sehen", da er von einem Aufall beispielsweise des Route-Prozessors nichts mitbekommt. Fehler kann daher lediglich durch die relativ langsamen Layer 3 Mechanismen (Hellos) folgt erkannt werden. Jeder Router schickt defaultmäßig alle 10 s ein Hello an alle seine N barn. Bekommt er dreimal hintereinander vom gleichen Nachbarn keine Antwort, so nimmt Router einen Ausfall des entsprechenden Nachbarn an. Folglich beträgt die Zeit bis zur Erk nung des Fehlers bereits $t_{dec} = 30$ s.

Moderne Hochleistungsrouter sind allerdings so gebaut, dass immer sichergestellt wird, für alle Leitungen ein Ausfall signalisiert wird, falls zentrale Komponenten im Router so stört sind, dass das Forwarding des Verkehrs nicht mehr sichergestellt ist. In diesem Fall v den die Line Interfaces in einen inaktiven Zustand versetzt, so dass die Nachbar-Router k Signale mehr von dem ausgefallenen Router empfangen. Auf diese Weise kann der Fehler den schnellen Layer 1 Überwachungsmechanismen oder mit BDF (siehe Abschnitt 4.4.2. Fehlererkennung) detektiert werden.

Fehlermeldung an Layer 3

Nach dem Erkennen eines Ausfalls muss entschieden werden, ob und wann der Router Layer 3 auf den Ausfall reagieren soll. Klassischerweise wird auf die Fehlermeldung ei Schnittstelle nicht sofort reagiert, sondern erst nach einer vorgegebenen, üblicherweise dem Interface-down-Timer konfigurierbaren Zeit t_{IF}. Dies dient dazu, kurzzeitige Ausfälle Layer 1 oder 2, die diese möglicherweise selber reparieren können, zu ignorieren. Eine so Wartezeit ist daher sinnvoll, wenn die unteren Layer in der Lage sind, Ausfälle selber zu be ben (z. B. durch SDH Schutzmechanismen). Die Wartezeit sollte nicht unnötig lang sein, a doch mindestens so lang, wie die typische Reparaturzeit der unteren Layer. Dadurch v verhindert, dass das Routing des Network Layer unnötig gestört wird. Insgesamt muss Kompromiss zwischen hoher Stabilität (durch lange Wartezeiten) und schneller Reaktion Fehler (mit kurzen Wartezeiten) getroffen werden. Mit SDH Schutzmechanismen beträgt

Verkehrsunterbrechung im Fehlerfall typischerweise weniger als 50 ms. Ist die Zeit t_{IF} größer als dieser Wert, so bekommt Layer 3 von dem Fehler gar nichts mit.

Falls auf Layer 1 oder 2 keine Schutzmechanismen implementiert sind ist es sinnvoll, die Wartezeit auf ein Minimum zu setzen oder ganz zu deaktivieren (t_{IF} = 0 s). Dies ist zum Beispiel bei ungeschützten WDM Punkt-zu-Punkt-Verbindungen zwischen Routern der Fall.

LSP-Erzeugung

Wenn der Fehler nach Ablauf der Zeit t_{IF} immer noch vorliegt, wird der Router entsprechend seines IGP ein LSP (bei IS-IS) bzw. LSA (bei OSPF) erzeugen und so den anderen Routern mitteilen, dass die ausgefallene Leitung beim Routing nicht mehr zu berücksichtigen ist. Die Erzeugung des LSP erfolgt nicht instantan, sondern nach Ablauf der Zeit t_{LSPgen}, die über den LSP-Generation-Timer konfiguriert werden kann. Der LSP-Generation-Timer wird verwendet, um nicht jedes Mal einen separaten LSP erzeugen zu müssen, wenn mehrere Links ein und desselben Routers kurz nacheinander ausfallen. Des Weiteren kann es vorkommen, dass ein Link ausfällt, aber kurze Zeit später wieder betriebsbereit ist. Auch in diesem Fall soll der LSP-Generation-Timer die Generierung eines LSPs verhindern. Ein lange Zeit verwendeter Standard-Wert für t_{LSPgen} ist 5 Sekunden.

LSP-Verteilung

Die Verteilung der generierten Routing-Informationen (LSP bzw. LSA) durch das Netz hängt sowohl von der Paketlaufzeit auf den Leitungen ab, als auch von der Zeit, die ein Router benötigt, um ein empfangenes Link-State Paket an seine anderen Nachbarn weiterzugeben (Flooding).

Die Laufzeit der Pakete ist in großen Netzen durch die Länge der Lichtwellenleiter sowie der Ausbreitungsgeschwindigkeit der Signale bestimmt und beträgt etwa 5 µs/km. In globalen Netzen lassen sich daher Paketlaufzeiten von über 100 ms zwischen bestimmten Kontinenten nicht vermeiden.

Der Prozess des Flooding innerhalb eines Routers hängt sehr von Implementierungsdetails wie dem Scheduling des Betriebssystems und der Priorisierung der Prozesse der Control Plane ab. Hier haben die Hersteller gängiger Router in den vergangenen Jahren deutliche Fortschritte erzielt und können nun für das Flooding des IGP sehr schnelle Bearbeitungszeiten sicherstellen.

Die Zeit die benötigt wird, um die LSPs an alle Router im Netz zu verteilen, wird im Folgenden mit $t_{LSPflood}$ bezeichnet. Die Zeit $t_{LSPflood}$ kann – je nach Netzgröße und Art der verwendeten Router – im Extremfall bis zu einigen Sekunden betragen. In der Regel ist $t_{LSPflood}$ jedoch heute deutlich kleiner.

Routing-Neuberechnung

Lange Zeit wurde die notwendige Neuberechnung der Routing-Tabelle (SPF Calculation) als erhebliches Problem für die Konvergenzzeit gesehen und es wurden separate Timer (SPF-Timer) eingeführt, die sicherstellen sollen, dass der Router den Dijkstra-Algorithmus nicht zu häufig ausführen muss. Hintergrund ist, dass bei einem Ausfall des Übertragungsmediums (in den meisten Fällen Lichtwellenleiter) i. d. R. mehrere Routerverbindungen von dem Ausfall betroffen sind und daher mehrere LSPs generiert werden. Um nicht nach Erhalt jedes einzelnen LSPs eine separate SPF Calculation durchführen zu müssen, wird zunächst die Zeit des SPF-Timers t_{SPF} abgewartet, bevor die SPF Calculation durchgeführt wird. Der Defaultwert für

t_{SPF} beträgt t_{SPF} = 5,5 s. Wenn die Zeit des SPF-Timers länger ist als $t_{LSP,flood}$ kann man si‹ sein, dass alle LSPs, die aufgrund desselben Ergeignisses generiert wurden, bei den Rou angekommen sind.

Die SPF-Calculation selbst dauert t_{cal} Sekunden. Je nach Netzgröße und Art der verwend‹ Router konnte die Zeit t_{cal} einige Sekunden in Anspruch nehmen[41]. Auf modernen Prozess‹ stellt die Berechnung des Dijkstra-Algorithmus allerdings für gängige Netztopologien ‹ Problem mehr dar und beansprucht nur noch wenige Millisekunden. Die Größe der Topol‹ des IGP muss aber durchaus in Grenzen gehalten werden, wenn man schnelle Konvergenz‹ ten erreichen will. Hauptursache dafür ist aber vor allem der folgende Punkt.

Installation der neuen Routen

Nachdem ein Router seine Routing-Tabelle neu berechnet hat, muss er diese auch für das ‹ warding des Verkehrs nutzen. Bei großen, Hardware-basierten Routern ist es dazu i. d‹ nötig, dass der zentrale Router Prozessor mehreren, parallel arbeitenden Line Interfaces d‹ Informationen übermittelt. Diese müssen ggf. wiederum die neuen Routen in der Forward‹ Hardware installieren. In Abhängigkeit von der Zahl der Routen, die geändert werden müs‹ und der Zahl der Line Interfaces, die aktualisiert werden müssen, können hier erhebliche ‹ tenmengen zusammen kommen, die zwischen verteilten Prozessoren übertragen werden n‹ sen. In der Praxis treten hier oft die größten Schwierigkeiten auf, wenn es darum geht, ‹ Konvergenzzeit eines Netzes auf unter 1 Sekunde zu reduzieren. Eine Beschleunigung ‹ Verfahren zur Installation der neuen Routen ist daher aktueller Entwicklungsgegenstand ‹ Hersteller gängiger IP Router. Die Zeit, die benötigt wird, um die Forwarding-Hardware ‹ Line Interfaces zu aktualisieren, wird im Folgenden mit t_{LC} bezeichnet und kann bis zu ein‹ Sekunden in Anspruch nehmen. t_{LC} ist dabei proportional zu der Anzahl der zu änder‹ Prefixe (Ziele). Eine Optimierung von t_{LC} kann beispielsweise dadurch erfolgen, dass ‹ einen die Anzahl der IGP-Routen klein gehalten wird und zum anderen wichtige Routen (z‹ Loopback-Adressen der BGP-Router, Voice-Gateways) priorisiert werden.

Die Konvergenzzeit ist durch die Summe der oben genannten Zeiten gegeben:

$$t = t_{dec} + t_{IF} + t_{LSPgen} + t_{LSPflood} + t_{SPF} + t_{cal} + t_{LC}$$

Ausfall eines Links

In diesem Abschnitt wird der Ausfall eines Links anhand des Beispiels aus Bild 4-41 a) ‹ trachtet.

Dabei wird angenommen, dass die Line Interfaces der Router B und C den Ausfall des L‹ durch Layer 1 Überwachungsmechanismen (Loss of Signal [LOS]) innerhalb von weni‹ Millisekunden detektieren [siehe Bild 4-42 a)]. Die Line Interfaces warten nun die Zeit ‹ bevor sie den Ausfall Layer 3 melden. Router B und C starten daraufhin ihren L‹ Generation- bzw. SPF-Timer und generieren nach Ablauf der Zeit tLSPgen einen LSP, ‹ allen anderen Routern die neue Netztopologie mitzuteilen [siehe Bild 4-42 b)]. Erhält ‹ Router einen solchen LSP, so leitet er den LSP an alle seine Nachbar-Router mit Ausnah‹ des Routers, von dem er den LSP bekommen hat weiter (flooding) und startet ebenfalls sei‹ SPF-Timer. Auf diese Weise wird der Ausfall der Verbindung allen anderen Routern mit‹ teilt. Nachdem die Router über den Ausfall des Links informiert wurden, starten sie wie‹

---

[41] Die Dauer der SPF-Calculation ist abhängig von der Anzahl der Netzknoten N und Netzkanten‹ wobei der Rechenaufwand proportional zu $L \cdot \log_{10}(N)$ ist.

schrieben zunächst ihre SPF-Timer [siehe Bild 4-42 c)]. Nach Ablauf des SPF-Timers führen die Router die SPF-Calculation durch und aktualisieren anschließend die Forwarding-Hardware ihrer Line Interfaces. Erst danach schicken die Router die IP-Pakete über einen Alternativpfad. Insgesamt kommt es zu einer Unterbrechung des Verkehrs für:

$$t = t_{dec} + t_{IF} + t_{LSPgen} + t_{LSPflood} + t_{SPF} + t_{cal} + t_{LC} \approx 7,5 \text{ bis } 15 \text{ s.}$$

Annahmen: t_{dec} einige ms; t_{IF} = 100 ms; t_{LSPgen} = 2 bis 5 s; $t_{LSPflood}$ = 100 ms bis 1 s; t_{SPF} = 5,5 s; t_{cal} = einige ms bis 1 s; t_{LC} = 100 ms bis 1 s.

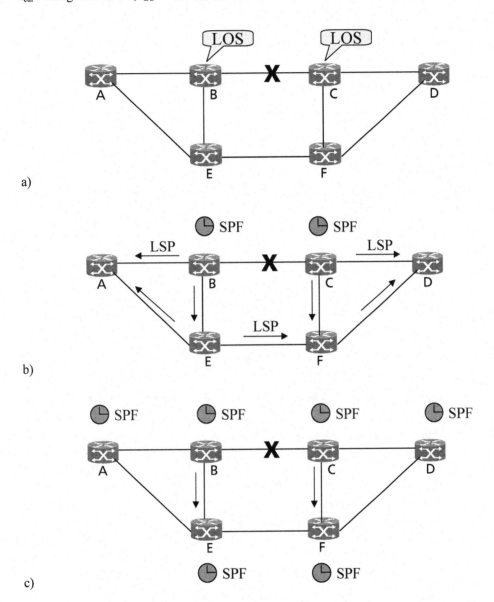

Bild 4-42 Verkehrsunterbrechung bei Ausfällen von Routerverbindungen am Beispiel des Netzes aus Bild 4-41 und Ausfall des Links zwischen Router B und C

Ausfall eines Routers

Fällt ein Router inkl. der Line Interfaces aus, so können die benachbarten Router den Au
anhand geeigneter Layer 1-Überwachungsmechanismen wie bei einem Link-Fehler inner
von wenigen Millisekunden detektieren. Der weitere Ablauf sowie die Unterbrechung
Verkehrs ist analog zu dem Ausfall eines Links (siehe Bild 4-43).

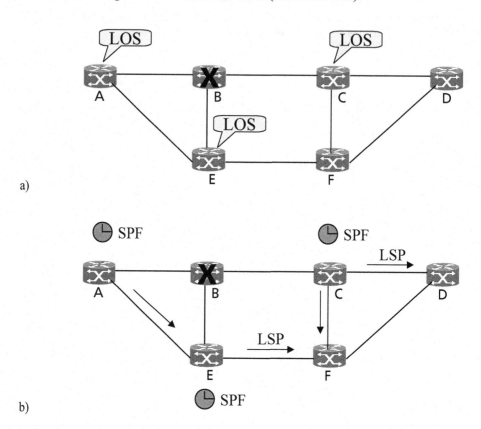

Bild 4-43   Verkehrsunterbrechung bei Ausfall eines Routers (hier Router B) inkl. der Line Interfaces

Fällt jedoch nur der Route-Prozessor eines Routers aus und werden die Line Interfaces nich
einen inaktiven Zustand versetzt, so dauert die Erkennung des Fehlers wie in Absch
4.4.2.2.4, Fehlererkennung beschrieben deutlich länger. Anhand von Hello-Paketen [Bild 4-
a)] wird der Fehler typischerweise erst nach tdec = 30 s festgestellt [Bild 4-44 b)].

Nun starten die Nachbarrouter A, C und E ihre SPF-Timer und Generieren nach Ablauf
Zeit tLSPgen LSPs, um die anderen Router vom Ausfall des Routers B zu informie
[Bild 4-44 c)]. Der weitere Ablauf ist analog zu einem Link-Fehler oder einem Komplettaus
eines Routers. Insgesamt kommt es zu einer Unterbrechung des Verkehrs für:

$$t = t_{dec} + t_{LSPgen} + t_{LSPflood} + t_{SPF} + t_{cal} + t_{LC} \approx 37 \text{ bis } 44 \text{ s.}$$

Annahmen: t_{dec} = 30 s; t_{LSPgen} = 2 bis 5 s; $t_{LSPflood}$ = 0,1 bis 1 s; t_{SPF} = 5,5 s; t_{cal} = einige ms
1 s; t_{LC} = 100 ms bis 1 s.

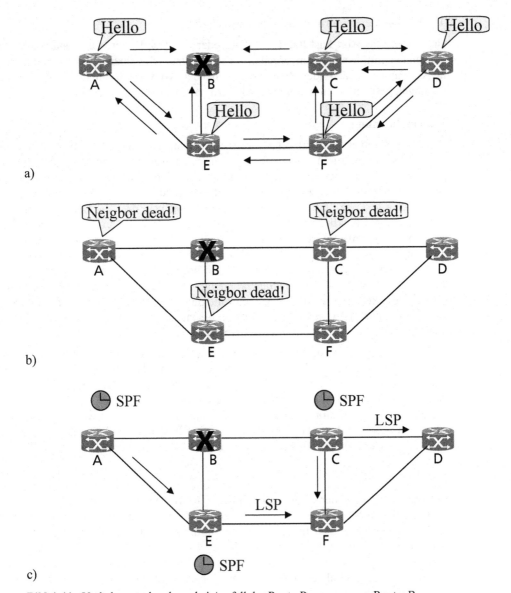

Bild 4-44 Verkehrsunterbrechung bei Ausfall des Route-Prozessors von Router B

In diesem Fall wird die Verkehrsunterbrechung, im Gegensatz zu Link-Fehlern bzw. Komplettausfällen von Routern, im Wesentlichen von der Zeit bestimmt, die benötigt wird, um den Fehler zu erkennen. Die langen Unterbrechungszeiten resultieren aus der Tatsache, dass beim Design von IP-Netzen bisher weniger Wert auf kurze Verkehrsunterbrechungen als auf eine hohe Stabilität des Netzes gelegt wurde. Für zeitunkritische Anwendungen wir z. B. E-Mail spielt die Zeit, in der es zu einer Unterbrechung des Verkehrs kommt, eine untergeordnete Rolle. Für Echtzeitanwendungen wie VoIP oder IPTV, aber auch für das normale Surfen im Internet, stellen Verkehrsunterbrechungen in der Größenordnung von 7,5 s bis 44 s allerdings ein großes Problem dar.

4.4.2.2.5   Verbesserung der Konvergenzzeit

Unter dem Stichwort Fast IGP (Fast IS-IS oder Fast OSPF) wird ein Bündel von Maßnah
verstanden, mit dem die Konvergenzzeit des IGP deutlich reduziert werden kann. Für jeden
in Abschnitt 4.4.2.2.4 identifizierten Anteile der Konvergenzzeit des IGP wird dabei n
Lösungen gesucht, um ihn möglichst klein zu halten.

Fehlererkennung

Werden von Layer 1 oder 2 keine Überwachungsmechanismen für Link-Fehler bereitgest
so kann man sich durch Verfahren wie Bidirectional Forwarding Detection (BFD) behe
[57]. Dabei werden im Network Layer in regelmäßigen, kurzen Abständen aktiv Testpa
zum gegenüberliegenden Router gesendet, die dieser umgehend beantwortet. Bleiben die A
worten eine gewisse Zeit aus, kann man davon ausgehen, dass die Leitung nicht mehr in l
den Richtungen funktioniert und ein Ausfall vorliegt. Bei diesem Verfahren ist allerdings
mer ein Kompromiss zwischen kurzen Intervallen, die eine schnelle Fehlererkennung erlaub
und längeren Intervallen, die den Link und die Router auf beiden Seiten weniger stark
lasten, zu schließen. Allerdings erlauben auch noch so kurze Intervalle von Layer 3 basie
Testpaketen keine so schnelle Fehlererkennung wie ein geeignetes Layer 1 Protokoll. Dahe
eine Fehlererkennung auf Layer 1, wenn möglich, immer zu bevorzugen. BDF ist beispi
weise für Ethernet-Verbindungen sehr interessant, da Ethernet derzeit keine schnellen A
mierungsmechanismen bereitstellt (vgl. Abschnitt 3.3.10).

Zur Erkennung des Ausfalls von zentralen Router-Komponenten kann man sich im Fall
einfacheren Routern, die einen derartigen Ausfall nicht über die Line Interfaces signalisier
mit Fast Hellos behelfen. Dabei wird das Intervall der Hello-Pakete des IGP so weit reduzi
dass z. B. innerhalb von einer Sekunde erkannt werden kann, falls die Gegenstelle nicht m
korrekt antwortet. Damit kann z. B. auch beim Einsatz von Software-basierten Routern,
denen ein zentraler Prozessor sowohl die Routing-Protokolle bedient als auch das Forward
des Verkehrs übernimmt, die Fehlererkennung beschleunigt werden.

LSP-Erzeugung

Bei Fast IGP verwenden alle wichtigen Timer (z. B. SPF-, PRC- und LSP-Generation) ex
nentielle Backoff-Timer, bei dem der Initialwert, das Inkrement, und der Maximalwert ein
stellt werden können. Der Initialwert bestimmt die Zeit von einem einmaligen Ereignis bis
Ausführung. Das Inkrement gibt an, wie der Initialwert bei mehrfachen Ereignissen erh
wird. Der Maximalwert stellt die obere Grenze des Timers bei mehrmaligen Ereignissen c
Beträgt z. B. der Initialwert 1 ms, das Inkrement 50 ms und der Maximalwert 1 s, so betr
der Timerwert bei einem einmaligen Ereignis 1 ms, bei zwei aufeinander folgenden Ereign
sen 50 ms, bei drei Ereignissen 100 ms, bei vier Ereignissen 200 ms etc. Der maximale W
ist jedoch auf 1 s begrenzt. Auf diese Weise kann das Netz sehr schnell auf einmalige Ere
nisse (d. h. Fehler) reagieren, bei vielen Ereignissen wird aber immer noch eine gute Stabil
erreicht.

Routing-Neuberechnung

Zur Beschleunigung der SPF Calculation wurde die „incremental SPF" (iSPF) entwickelt.
wird auch als „incremental Dijkstra" oder „partial route calculation" (PRC) bezeichnet. Da
wird die SPF Calculation nicht mehr für alle, sondern nur noch für die von der Topologieän
rung betroffenen Pfade neu berechnet. Da die SPF Calculation auf modernen Prozesso

jedoch nur noch wenige Millisekunden beansprucht, kann durch die iSPF keine wesentliche Verbesserung der Konvergenzzeit mehr erreicht werden.

Durch die angegebenen Maßnahmen kann die Konvergenzzeit in IP-Netzen – abhängig von der Komplexität des Netzes (Anzahl der Kanten, der Knoten sowie der Routen) – drastisch reduziert werden. Auch in größeren Netzen können beispielsweise mit Fast IGP Konvergenzzeiten von deutlich weniger als 1 bis 2 s erreicht werden. Nachteilig an Fast IGP hingegen ist der größere Control-Traffic durch die Fast Hellos sowie (im Fehlerfall) die LSPs.

4.4.3   Router Architekturen

Moderne Backbone-Router sind in der Regel modular und redundant aufgebaut, um für die kontinuierlich wachsenden Verkehrsmengen skalierbar zu sein und um eine hohe Verfügbarkeit zu erreichen. Zunächst einmal findet sich praktisch immer eine Trennung in zwei Funktionsbereiche, die so genannten Control Plane und die Forwarding Plane, die in der Regel auch in separaten Hardware-Modulen realisiert werden:

- Die *Control Plane* ist verantwortlich für das Aufbauen der Routing-Tabellen und für das Bearbeiten aller Routing- und Steuer-Protokolle. Sie wird in der Regel in einem Modul implementiert, das im Wesentlichen einem Computer entspricht. Die Control Plane besteht aus einer oder einigen wenigen CPUs, Hauptspeicher, Netzschnittstellen und Massenspeicher, z. B. in der Form von Flash-Disks und/oder Festplatten. Dieses Modul wird je nach Hersteller manchmal Route Prozessor oder Routing Engine genannt.

- Die *Forwarding Plane* befasst sich mit dem eigentlichen Datentransport. Pakete werden angenommen und untersucht, der richtige Ausgangsport wird ermittelt, die Pakete werden ggf. bearbeitet und schließlich weitergeleitet (engl. „Forwarding"). Im Falle von IP gehört dazu, die Ziel-Adresse des Pakets in der Routing-Tabelle nachzuschlagen und dabei den Longest Match Algorithmus anzuwenden.

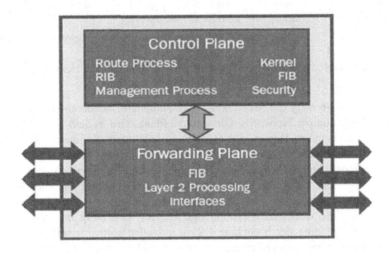

Bild 4-45   Control-Plane/Forwarding-Plane-Funktionen bei Juniper

Bild 4-45 zeigt, wie die Firma Juniper Networks die Unterteilung von Control Plane und
warding Plane für ihre Backbone-Router versteht.

Die Forwarding Plane ist bei großen Routern in der Regel auf den Linecards verteilt, die
weils eine oder mehrere Schnittstellen bedienen. Diese Linecards sind unter einander über
breitbandige Switching Fabric verbunden. Die Switching Fabric sollte so ausgelegt sein,
sie ausreichend Bandbreite von jeder Linecard zu jeder anderen bietet, ohne einen Eng
darzustellen auch wenn sich die Verkehre von beliebigen Linecards untereinander kreuze
diesem Fall bezeichnet man das Switching als non-blocking.

Ein weiteres wichtiges Kriterium für Backbone-Router ist, dass alle Komponenten redun
ausgelegt sind. Wenn ein einzelnes Modul oder eine einzelne Komponente bei ihrem Au
den ganzen Router unbrauchbar machen kann, dann spricht man von einem „Single Poin
Failure". Um eine hohe Verfügbarkeit zu gewährleisten wird ein Single Point of Failure
Backbone-Routern üblicherweise grundsätzlich vermieden. So werden in der Regel zwei
mehr Netzteile für die Stromversorgung sowie zwei Router Prozessoren oder Routing Eng
verwendet. Auch die Switching Fabric ist aus mehreren Modulen aufgebaut, von denen r
destens eines ausfallen kann, ohne das die Funktionalität des Routers oder auch nur seine v
Leistungsfähigkeit darunter leidet.

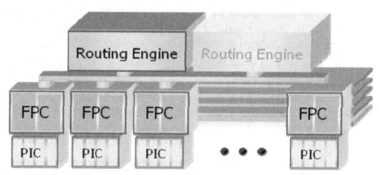

Bild 4-46   Architektur der T-Serie-Router der Firma Juniper Networks

Bild 4-46 zeigt die Architektur eines aktuellen Backbone-Routers am Beispiel der T-Serie
Firma Juniper Networks. Die Control Plane wird in dem „Routing Engine" genannten Mo
implementiert. Davon gibt es zwei. Eine Routing Engine ist immer aktiv und die andere
Standby-Betrieb, um bei einem Ausfall der aktiven Routing Engine deren Funktion zu üt
nehmen. Die Switching Fabric besteht aus fünf Modulen – hier als horizontal liegende Fläc
dargestellt – die alle Linecards verbinden. Vier dieser Module sind im Normalfall aktiv
eines passiv. Fällt eins der aktiven Module aus, so übernimmt das bislang passive des
Funktion, wobei die Leistung des Routers wird nicht beeinträchtigt wird. Wenn zwei o
mehr Module der Switching Fabric ausfallen sollten, dann arbeitet der Router immer nc
aber mit reduzierter Leistung. In diesem Fall kann es zu Engpässen und Paketverlusten in
Switching Fabric kommen. Die hier Flexible PIC Concentrator (FPC) genannten Linceca
können jeweils mehrere Physical Interface Card (PIC) genannte Module aufnehmen, die un
schiedliche physikalische Schnittstellen zur Verfügung stellen (z. B. STM-1, STM-4, STM-
STM-64, Gigabit-Ethernet oder 10 Gigabit-Ethernet). Die Module der Routing Engine ha

in diesem Router-Typ eigene Kontrollverbindungen zu allen Linecards, über die die Routing Engine mit den FPC kommuniziert und beispielsweise die aus der Routing Information Base (RIB) generierte Forwarding Information Base (FIB) überträgt.

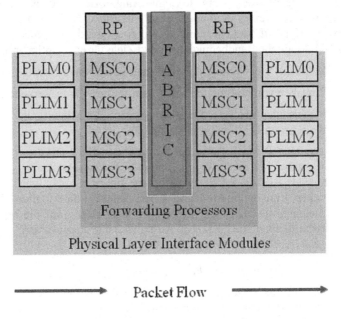

Bild 4-47   Architektur der Carrier Routing System (CRS-1) Router der Firma Cisco Systems. RP: Route Prozessor, MSC: Modular Switching Card, PLIM: Physical Layer Interface Module

In Bild 4-47 ist als ein weiteres Beispiel die Architektur der Router-Familie Carrier Routing System (CRS-1) der Firma Cisco Systems dargestellt. Die Switching Fabric ist hier als zentrale Komponente angeordnet, um die sich sowohl die so genannten Route Prozessoren (RP) gruppieren, die hier die Control Plane implementieren, als auch die Linecards, die jeweils aus einer Modular Switching Card (MSC) und dem Physical Layer Interface Modules (PLIM) bestehen. Die Route Prozessoren sind auch hier redundant ausgelegt mit einem aktiven Modul und einem Modul im Standby-Betrieb. Im Unterschied zu den T-Serie-Routern von Juniper sind die Route Prozessoren in diesem Router-Typ allerdings vollwertig an die Switching Fabric angebunden und kommunizieren im Normalfall auf diesem Weg mit den Linecards. Bei den Linecards findet sich auch hier eine Aufteilung in die Layer-3-Funktionalitäten (die von der MSC bearbeitet werden) und die Anpassung an physikalische Schnittstellen in separaten Modulen. Die Zeichnung der Paketflussrichtung soll verdeutlichen, dass ein Paket erst über ein PLIM in den Router gelangt, von der zugehörigen ingress-MSC bearbeitet wird und dann von der Switching Fabric zur egress-MSC weitergeleitet wird. Auch wenn es sich bei ingress-MSC und egress-MSC um dasselbe Modul handelt, wird ein Paket über die Switching Fabric weitergeleitet. Die Switching Fabric ist in Bild 4-47 nur abstrakt dargestellt. In der Praxis handelt es sich hier um ein komplexes Gebilde, das je nach Routertyp 4 bis 1152 Linecards miteinander verbinden kann.

4.4.4   Internes Traffic Engineering

Traffic Engineering beschreibt den Prozess, mit dem ein Netzbetreiber die Verkehrsbedar seinem Netz erfasst und dann das Routing in seinem Netz optimiert, d. h. so steuert, dass stimmte Randbedingungen eingehalten werden und/oder bestimmte Ziele möglichst gut reicht werden. Internes Traffic Engineering bezieht sich dabei auf die Verkehre und das F ting innerhalb eines Autonomen Systems. Im Gegensatz dazu bezieht sich externes Tra Engineering auf Verkehre und das Routing zwischen Autonomen Systemen (siehe Absch 4.5.2). Mögliche Randbedingungen und Ziele für eine Optimierung können sein:

- Möglichst viel Verkehr mit einer gegebenen Netzinfrastruktur transportieren zu können

- Einhalten von bestimmten Laufzeiten für bestimmte Verkehre.

- Sicherstellen niedriger Paketverlustraten oder Minimierung von Paketverlusten durch Begrenzung der Leitungsauslastungen.

Ein separater Prozess, der in der Praxis aber oft viel mit dieser Optimierung des vorhande Netzes zu tun hat, ist die Optimierung der Netzausbauplanung. Wenn das Wachstum des V kehrs einen Ausbau des Netzes erfordert, gibt es in vermaschten Topologien oft mehrere M lichkeiten. Eine optimierte Planung berücksichtigt die Möglichkeiten des Routings und Tra Engineerings im Netz, um beispielsweise in Bezug auf die Netzqualität oder in Bezug Wirtschaftlichkeit die günstigste Ausbauvariante auszuwählen.

4.4.4.1   Erfassung der Verkehrsmatrix

Sowohl für die Netzoptimierung als auch für die Optimierung der Netzausbauplanung is notwendig, zunächst die Verkehrsmatrix der vorhandenen oder erwarteten Verkehre zu er teln und dann das Routing in der vorhandenen oder beabsichtigten Topologie zu simulie Die Verkehrsmatrix beschreibt für jeden Knoten in einem Netz, wie viel Verkehr von ihn jedem anderen Knoten übertragen wird. Es handelt sich dabei um eine asymmetrische Mat weil der Verkehr in Hin- und Rückrichtung i.a. unterschiedlich sein kann.

Aus der Simulation des Routings einer Verkehrsmatrix für eine gegebene Topologie erg sich, welche Verkehre auf welchen Pfaden durch das Netz geführt werden und welche l tungsauslastungen sich dadurch einstellen.

Die Ermittlung der Verkehrsmatrix ist in der Praxis ein oft unterschätztes Problem. Da IP verbindungsloses Netzprotokoll ist, gibt es grundsätzlich keine Erfassung der Verkehre der Quelle zum Ziel. Um dennoch eine Verkehrsmatrix gewinnen zu können, werden u folgende Methoden verwendet:

- Man versucht, mit Hilfe von Modellen der Geschäftsbeziehungen abzuleiten, welche K den welchen Verkehr von wo nach wo verursachen und wie sich die Verkehre aller Kun addieren. Diese Methode ist in der Praxis sehr ungenau, weil es eine wesentliche Eig schaft des Internets ist, dass der Netzbetreiber gerade nicht die Anwendungen seiner K den kontrolliert, sondern dass die Kunden Beziehungen zu beliebigen Diensteanbietern gendwo im Internet aufbauen.

- Basierend auf den leicht messbaren Leitungsauslastungen im Netz und auf allgemei Modellen für die Verkehrsverteilung kann man mit verschiedenen Schätzverfahren V kehrsmatrizen erzeugen, die auf die gegebene Topologie angewendet die tatsächlichen L tungsauslastungen ergeben. Diese Methoden haben grundsätzlich das Problem, dass es s um ein stark unterbestimmtes mathematisches Problem handelt. Es gibt beliebig viele denkbare Verkehrsmatrizen, die alle die gleichen Leitungsauslastungen zur Folge hätten, aber keine sichere Möglichkeit zu entscheiden, welches die tatsächlich richtige Verkehrsmatrix ist. Trotzdem lassen sich in der Praxis mit dieser Methode u.U. schon brauchbare Verkehrsmatrizen gewinnen [60].

- Eine Methode, sehr umfangreiche und genaue Informationen über den Verkehr im eigenen Netz zu erhalten, ist das so genannte Netflow-Accounting [59]. Dabei legt ein Router für jeden Flow des transportierten Verkehrs dynamisch Statistiken an und exportiert diese Flow-basierten Statistiken an eine separate Sammelstation. Diese kann die Daten dann in unterschiedlichster Weise auswerten. Wenn die Daten von allen Routern eines Netzes erzeugt werden, lässt sich damit die genaue Verkehrsmatrix ermitteln. Zum einen ist diese Methode in der Regel jedoch zu aufwendig, als dass ein Core-Router die Flow-Statistiken für jedes Paket pflegen könnte. Stattdessen behilft man sich in der Praxis mit Sampling, d. h. von beispielsweise 100 oder 10.000 Paketen wird nur eines betrachtet und in die Pflege der Flow-Statistiken einbezogen. Bei großen Paketraten entstehen so immer noch aussagekräftige Statistiken. Die Genauigkeit ist jedoch prinzipiell eingeschränkt. Zum anderen sind die exportierten Flow-Daten so umfangreich und detailliert, dass ihre Auswertung einen erheblichen Aufwand verursachen würde. In aktuellen Netzen würde u.U. jeder einzelne Core-Router trotz Sampling genug Netflow-Daten erzeugen, um einen eigenen Server mit dem Empfang und der Aufbereitung der Daten vollständig auszulasten.

Die Möglichkeiten zur Gewinnung der Verkehrsmatrix verbessern sich, wenn z. B. mit Hilfe von MPLS ein verbindungsorientierter Charakter in das interne Routing eingebracht wird:

- Bei MPLS-TE wird klassischerweise für jeden Verkehrsbedarf ein eigener so genannter Traffic Engineering-Tunnel aufgebaut, der den Pfad genau festlegt, auf dem dieser Verkehrsbedarf durch das Netz fließt (siehe Abschnitt 5.3). Dieser Verkehr lässt sich am Tunnel-Startpunkt, der häufig im Router als ein virtuelles Interface dargestellt wird, leicht ermitteln. Hat man diese Tunnel für alle Bedarfe, so fällt damit automatisch die genau gemessene Verkehrsmatrix an.

- Aber auch MPLS ohne explizites Routing (siehe Abschnitt 5.2) kann bei der Ermittlung der Verkehrsmatrix helfen. In der Regel kann dabei auf jedem Router der Verkehr pro FEC (Forwarding Equivalence Class, siehe Abschnitt 5.1) gezählt werden. Dies gestattet bei einer netzweiten Messung und geeigneter Verrechnung der Zähler aller FEC-Router auch eine exakte Berechnung der Verkehrsmatrix [58].

4.4.4.2 Optimierung des Routings

Für die Optimierung des Routings gibt es mehrere Möglichkeiten, je nachdem ob MPLS-TE eingesetzt wird oder nicht.

Bei MPLS-TE kann man die Pfade der Tunnel so wählen, dass man den gewählten Optimierungszielen möglichst nahe kommt. Die optimale Auswahl der Pfade ist dabei typischerweise nicht unbedingt exakt bestimmbar[42]. Es gibt jedoch viele Algorithmen, die mit heuristischen Verfahren eine relativ gute Optimierung erlauben.

---

[42] Gemäß der Komplexitätstheorie handelt es sich hierbei um ein NP-vollständiges Problem (siehe Abschnitt 2.1.3).

Bei reinem IP-Routing ohne besondere Erweiterungen werden die Pfade der Verkehrsbed
allein durch das IGP und die Auswahl der kürzesten Wege gesteuert. Da die Länge der W
durch konfigurierbare Link-Metriken gegeben ist, besteht eine Möglichkeit zur Optimier
des Routings im Anpassen dieser Metriken. Auch dieses Optimierung-Problem ist in der R
nicht vollständig zu lösen, sondern kann nur mit heuristischen Methoden angenähert wer
Grundsätzlich lassen sich mit der Anpassung der Link-Metriken – je nach Topologie – wen
gute Optimierungen finden als beim Vorgeben expliziter Pfade mit MPLS-TE. In der Pr
werden für übliche Topologien großer Netze aber auch hiermit gute Ergebnisse erzielt [60]

4.5 Routing zwischen Autonomen Systemen

Die bisher behandelten Routing-Protokolle waren Interior Routing Protokolle. Abschließ
soll das Routing zwischen Autonomen Systemen betrachtet werden. Da nicht davon au
gangen werden kann, dass unterschiedliche IP-Netze gleiche Kriterien bzw. Metriken verv
den, müssen zwischen Autonomen Systemen andere Routing Protokolle verwendet wen
Autonome Systeme werden über so genannte Gateway-Router (werden auch als BGP-Ro
bezeichnet) miteinander gekoppelt. Aus Sicht eines Gateway-Routers besteht die Welt s
schließlich aus Gateway-Routern.

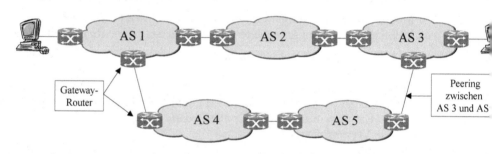

Bild 4-48   Routing zwischen Autonomen Systemen

Für das Routing zwischen Autonomen Systemen wird heute praktisch ausschließlich das F
Vector-Protokoll BGP-4 eingesetzt. Bei Path Vector-Protokollen wird jedes einzelne AS
ein einziger Knoten betrachtet, der durch den Gateway-Router repräsentiert wird.

Path Vector Routing basiert auf dem folgenden Prinzip. Jeder Router teilt seinen Nachb
mit, welche Ziele er über welche AS erreichen kann. Dabei wird der komplette AS-Pfad an
geben[43], so dass Schleifen vermieden werden können. Zusätzlich zu den Zielen und dem A
Pfad werden weitere Kriterien übermittelt. Damit lässt sich das so genannte *Policy Rou*
anwenden. Dabei können bestimmte Wege z. B. aus Datenschutzgründen ausgeschlossen v
den [6]. Der Netzadministrator wählt einen bestimmten Pfad aus oder bestimmt ihn du
Setzen bestimmter Attribute. Der Next Hop des ausgewählten Pfades wird in die Routi
Tabelle eingetragen. Oft können alle Ziele eines AS durch wenige Einträge zusammengef

---

[43]   Dies ist der Grund dafür, dass Autonome Systeme eine Nummer haben müssen.

werden. Ein BGP Router mit allen Internet-Routen hat zurzeit etwa 414.000 Ziele (Routen, IP-Netze) in seiner Routing-Tabelle[44] [78].

4.5.1 Beziehungen zwischen Autonomen Systemen

Bei Zusammenschaltungen von Autonomen Systemen muss zwischen Peering- und Transit-Beziehungen unterschieden werden.

Peering-Verbindungen zeichnen sich dadurch aus, dass die beiden beteiligten Autonomen Systeme eine gleichrangige Stellung haben. Jeder der beiden Peering-Partner teilt dem jeweils anderen die Routen seines eigenen Netzes und die seiner Kunden mit und transportiert den Verkehr des Partners zu diesen Zielen. Die Kosten für die Verbindungsleitung werden oft gemeinsam getragen. Es werden dann keine gegenseitigen Rechnungen für den übermittelten Verkehr gestellt. In einzelnen Fällen können die wirtschaftlichen Interessen jedoch auch so liegen, dass nur das eine Autonome System Interesse an einem Peering mit dem anderen hat und dann auch bereit ist, für die Netzkopplung zu bezahlen.

In den meisten Fällen wird dann aber eher ein Vertrag über *Transit*-Verbindungen abgeschlossen. In diesem Fall stellt der Anbieter (auch Upstream genannt) dem Kunden (auch Downstream genannt) nicht nur Konnektivität zu seinem eigenen Netz zur Verfügung, sondern zum globalen Internet. Dazu überträgt er entweder die ganze globale Internet-Routing-Tabelle, oder er bietet eine Default-Route an, an die der Kunde den gesamten Internet-Verkehr schicken kann.

In der Vergangenheit hat man ein Modell gepflegt, nach dem die Beziehungen zwischen Autonomen Systemen streng hierarchisch gegliedert waren. An der Spitze stehen danach die so genannten Tier-1 Provider – Autonome Systeme, die Peering-Beziehungen zu anderen Tier-1 Providern pflegen sowie Transit-Beziehungen zu eigenen Kunden, die aber selber von niemandem Transit einkaufen müssen, um eine vollständige Konnektivität zum gesamten Internet zu haben. Ihre Kunden wurden Tier-2 Provider genannt. Sie unterhalten Peering-Beziehungen zu anderen Tier-2-Providern, kaufen Transit bei einem oder mehreren Tier-1 Providern ein und verkaufen Transit weiter an Tier-3-Provider. Diese Pyramiden-artige Struktur läßt sich über mehrere Ebenen fortsetzen.

In der Praxis lässt sich dieses Modell heute nicht mehr vollständig umsetzen. Die wirtschaftlichen Interessen und die geographischen bzw. topologischen Gegebenheiten sind so vielfältig, dass die Grenzen zwischen den verschiedenen Tier-Ebenen stark verwischt sind. Je nach Interessenslage finden sich quer über alle bisherigen Ebenen Peering-Verbindungen. Die Frage, wer mit wem kostenpflichtige Transit-Beziehungen pflegt, hängt von vielen sehr individuellen Randbedingungen ab. Ein Begriff wird aber auch heute noch verwendet und lässt sich klar definieren. Ein *Tier-1 Provider* ist ein Autonomes System, das nur Transit-Kunden hat, aber selber kein Transit einkauft und dennoch vollständige globale Internet-Konnektivität bietet. Oder anders gesagt: Ein Tier-1 Provider hat nur Peering- und Downstream-, aber keine Upstream-Beziehungen zu anderen Autonomen Systemen. Die Zahl der weltweiten Tier-1 Provider verändert sich nur langsam und liegt bei etwa einem halben Dutzend.

---

[44] Im Frühjahr 2009 waren es noch 280.000 Routen.

4.5.2   Externes Traffic-Engineering

Global gesehen ist das Internet ein vermaschtes Netz, das aus Autonomen Systemen (AS`
Knoten und Transit- bzw. Peering-Verbindungen als Kanten besteht. Große Netze ke»
aufgrund ihrer Peering- und Transit-Beziehungen durchschnittlich etwa 10 bis 20 untersch»
liche Pfade zu jedem Ziel im globalen Internet. Dabei ist es durchaus üblich, dass große N
betreiber zwischen ihren Autonomen Systemen mehr als eine Verbindungsleitung unterhal
Aus Redundanz- und Last-Gründen werden oft mehrere Verbindungen verwendet, die hä
auch geographisch verteilt sind (z. B. über verschiedene Kontinente).

BGP verwendet ein „Path Selection Algorithm" genanntes Verfahren, das aus vielen ang«
tenen Pfaden jeweils einen eindeutig auswählt [62]. Nur dieser Pfad wird anschließend
wendet. Oft ist es aber wünschenswert, genauer in die Auswahl der Pfade einzugreifen,
spielsweise um die Last besser auf die vorhandene Infrastruktur zu verteilen oder um r
Qualitäts- oder wirtschaftlichen Kriterien eine Optimierung zu erreichen. Auch dabei spr
man von Traffic Engineering. Im Gegensatz zum internen Traffic Engineering (siehe Absc»
4.4.4) handelt es sich hier aber um externes Traffic Engineering.

BGP-4 bietet viele Möglichkeiten zum Traffic Engineering und/oder um weitere Policies b
Routing zu berücksichtigen. Unter Policies versteht man Randbedingungen, die beim Rou
berücksichtigt werden sollen. Im Folgenden werden verschiedene Policies beschrieben.
einfachsten Fall wählt ein Autonomes System für ein Ziel den Pfad mit einem möglichst »
zen AS-Pfad aus und versucht, die Pakete für dieses Ziel am nächstgelegenen Übergabepu
zum nächsten AS zu übertragen. Das heißt das Paket wird „so schnell wie möglich" zum .
transportiert. Dieses Verfahren wird daher auch „Hot Potato Routing" genannt. Es ist gru
sätzlich sehr sinnvoll, weil ein AS, das näher am Ziel ist, mit größerer Wahrscheinlich»
weiß, wo das Ziel tatsächlich liegt und wie es am besten zu erreichen ist, als ein vom Ziel »
ter entferntes AS.

Je nach wirtschaftlichen Randbedingungen oder einfach, um Verkehr zwischen mehreren »
bindungen zum gleichen Nachbar-AS gleichmäßig zu verteilen, kann man in den Path Sele
on Algorithmus an verschiedenen Stellen eingreifen. Beispielsweise kann ein Netzbetre
definieren, dass er bei mehreren Möglichkeiten seinen Verkehr zu einem bestimmen Ziel
vorzugt über Kundenanschlüsse weiterleitet. Falls er für ein Ziel keinen Weg über einen K
den kennt, wird er ein Peering bevorzugen und nur falls das auch nicht geht, wird er den »
kehr zu seinem (kostenpflichtigen) Upstream-Provider schicken.

Andere Möglichkeiten für externes Traffic Engineering bestehen darin, Routen mit so gena
ten Communities zu markieren. Das BGP Community Attribut wird im RFC 1997 definiert.
ist optional und kann an jede BGP Route angehängt werden. Es besteht aus einer Menge
einer oder mehreren Markierungen, die jeweils einen Umfang von 32 Bit haben. Diese Mar»
rungen werden als Communities bezeichnet und lassen sich z. B. in Abhängigkeit von
geographischen Lage des Übergabepunktes setzen, an dem das AS diese Route gelernt »
Dann kann anschließend bei der Verwendung dieser Route nach den Communities gefil
werden, beispielsweise um regionalen Verkehr auf eine Weiterleitung innerhalb der gleic»
Region zu beschränken.

Die bislang genannten Möglichkeiten für externes Traffic Engineering beziehen sich alle
die Auswahl der *empfangenen Routen* und beeinflussen damit den Verkehr, den ein AS»
anderen AS *sendet*.

Auch für die andere Datenrichtung, den *Empfang von Verkehr* aus anderen AS, gibt es Möglichkeiten der Beeinflussung. Diese basieren darauf, dass ein AS beim Mitteilen seiner Routen an seine Nachbarn bestimmte Informationen hinzufügt, die die Nachbar-AS anweisen, diese Routen in bestimmter Weise zu behandeln. Wenn ein AS beispielsweise zu einem anderen AS mehrere Übergänge unterhält, kann es durch Setzen des BGP-Attributs Multi Exit Discriminator (MED) festlegen, welcher Übergang bevorzugt und welcher nachrangig verwendet werden soll. Dazu wird das AS einer Route an dem bevorzugten Übergang zum Nachbar-AS einen niedrigeren Wert geben als an einem anderen, nachrangig zu behandelnden Übergang. In Bezug auf den MED wird das Nachbar-AS dann den Pfad mit dem niedrigsten Wert bevorzugen. Falls der bevorzugten Pfad aber ausfällt, stehen die anderen Pfade immer noch zu Verfügung. Da dieses Verfahren für jede annoncierte Route einzeln angewendet werden kann, kann ein AS mitunter recht genau steuern, wie viel Verkehr es von einem bestimmten Nachbarn über den einen oder den anderen Netzübergang erhält und wie das Verhalten im Fehlerfall ist.

Eine andere Möglichkeit zur Steuerung des empfangenen Verkehrs besteht oft wieder in der Verwendung von Communities. Im Rahmen bilateraler Vereinbarungen kann ein AS seinem Nachbarn anbieten, in Abhängigkeit von bestimmten Community-Werten die Route in bestimmter Weise zu beeinflussen. Die Möglichkeiten dafür sind vielfältig und enthalten beispielsweise häufig die Option, eine Route nur in einem bestimmten geographischen Bereich an andere AS weiter zu verteilen, oder sie nur bestimmten anderen AS zur Verfügung zu stellen.

Des Weiteren kann der AS-Pfad in einer Routen-Mitteilung künstlich verlängert werden, in dem das eigene AS mehrmals eingetragen wird. Die kann ein AS entweder selber machen, oder es kann beispielsweise seinen Nachbarn über Communities anweisen, dies nur in bestimmten Fällen zu tun. Im Gegensatz zur Community-basierten Steuerung ist die AS-Pfad-Verlängerung eine Maßnahme, die nicht nur bezüglich des Nachbar-AS sondern auch bezüglich dahinter liegenden AS greift. Allerdings ist sie auch eine Maßnahme mit unscharfer Wirkung. Da die genaue Topologie des globalen Internet auf AS-Ebene selten genau bekannt ist, ist schwer vorherzusehen, welche Auswirkungen die Verlängerung eines AS-Pfades hat. Ferner ist die Wirkung auch nicht stabil – durch Änderungen in der globalen Topologie oder durch Policy-Änderung anderer AS können sich Auswirkungen jederzeit ohne eigenes Zutun ändern.

Für die meisten Methoden des externen Traffic Engineerings in Empfangs-Richtung gilt, dass sie eine Mitwirkung der AS-Nachbarn erfordern. Gesetzte MED-Werte müssen vom Nachbarn akzeptiert und ausgewertet werden und Communities bedürfen gegenseitiger Vereinbarungen, wenn sie etwas bewirken sollen. Ihre Auswertung ist optional und nicht zwingend vorgeschrieben. Die einzige Maßnahme, die auch ohne ausdrückliche Mitwirkung des Nachbarn wirkt, ist das künstliche Verlängern des AS-Pfades. Aber diese Maßnahme hat, wie schon gesagt, nur eine sehr unscharfe Wirkung. Wie sehr ein Nachbar-AS beim externen Traffic Engineering mithilft, ist im Wesentlichen eine Frage der wirtschaftlichen Beziehungen zwischen den Autonomen Systemen. Es handelt sich um Zusatzdienste, die angeboten werden können, aber nicht müssen. Anders gesagt: wer mehr bezahlt, darf in dieser Hinsicht auch mehr erwarten. Große Transit-Provider bieten heute in der Regel ihren Transit-Kunden eine mehr oder weniger umfangreiche Community-Steuerung an. Zwischen Peering-Partnern sind Community-Steuerungen hingegen nicht üblich.

4.6   Quality of Service und DiffServ

Die einfachste Möglichkeit, eine hohe Qualität (engl. Quality-of-Service [QoS]) in IP-Ne
anzubieten besteht darin, das IP-Netz so zu dimensionieren, dass es selten oder im Idealfal
nicht zu Paketverlusten kommt. Ein solcher Ansatz wird auch als *Overprovisioning* bezeicl
impliziert aber vergleichsweise hohe Investitionskosten bezogen auf die zu transportiere
Verkehrsmenge. Da aber nicht alle Verkehre die gleichen QoS-Anforderungen haben, k
man die Effizienz des Netzes steigern, indem man die Pakete mit unterschiedlichen QoS-
forderungen differenziert behandelt. Dieser Ansatz wird im Folgenden beschrieben.

Wie in Abschnitt 4.4.1 bereits erwähnt, können mit dem TOS-Feld IP-Pakete priorisiert un
Qualitätsklassen definiert werden. Bild 4-49 zeigt die ursprüngliche Struktur des TOS-Fe
gemäß RFC 791.

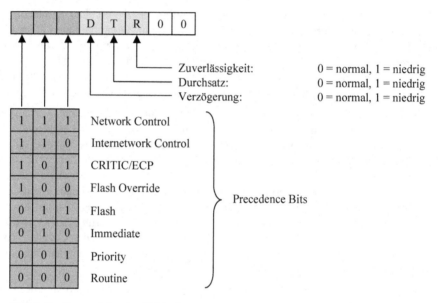

Bild 4-49   Type-of-Service (TOS) Feld gemäß RFC 791

Die Precedence Bits bezeichnen die acht möglichen Qualitätsstufen. Je höher der Wert, d
wichtiger das Paket. Die folgenden Bits spezifizieren die Verzögerung (engl. Delay),
Durchsatz (engl. Throughput) und die Zuverlässigkeit (engl. Reliability). Sie sind abstrakt
relativ zu sehen. Konkrete Regeln, wie diese Werte in einem Netz genau zu behandeln si
werden im RFC 791 nicht genannt.

Im Rahmen der Definition der *Differentiated Services* (oft kurz „DiffServ" genannt) gal
eine Reihe von RFCs, z. B. RFC 2474 „Definition of the Differentiated Services Field (
Field)", RFC 2475 „An Architecture for Differentiated Services", RFC 2638 „A Two-bit I
ferentiated Services Architecture for the Internet", RFC 3168 „The Addition of Explicit C
gestion Notification (ECN) to IP" und RFC 3260 „New Terminology and Clarifications
Diffserv", in denen versucht wurde, das TOS-Feld umzudefinieren und seine Bedeutung
konkretisieren. Eine allgemeingültige Interpretation des TOS-Feldes hat sich bislang jed
nicht durchgesetzt.

Gebräuchlich ist seitdem aber der Begriff des Differentiated Services Codepoint (DSCP) aus RFC 2474. Dieses Feld umfasst die sechs ersten Bits des TOS-Byte. Die unteren 2 Bits werden in RFC 2474 als „currently unused" bezeichnet und werden z. B. in RFC 3168 definiert.

Zusammengefasst sind folgende Bezeichnung und Felder für die QoS-Markierung von IP-Pakete gebräuchlich:

- *TOS* (IPv4) oder *Traffic Class* (IPv6) bezeichnet das gesamte, 8 Bit lange Feld.

- *Differentiated Services Field* (DSCP) bezeichnet die ersten 6 Bit dieses Feldes.

- *Precedence* bezeichnet die ersten 3 Bit des TOS-Feldes.

Da sich in der Praxis keine einheitliche Interpretation des TOS-Feldes durchgesetzt hat, kommt es ganz auf den jeweiligen Netzbetreiber an, ob nur das Precedence-Feld oder das ganze DSCP-Feld genutzt wird. In Analyse-Tools und Router-Konfigurationen können sich alle drei Bezeichnungen wiederfinden. Dabei ist wichtig zu wissen, dass die ersten Bits die höchstwertigen sind. Daher entspricht ein TOS-Wert von 4 beispielsweise einem DSCP-Wert von 1. Ein TOS-Wert von 32 entspricht einem DSCP-Wert von 8 und einem Precedence-Wert von 1.

Auch wenn die konkrete Interpretation dieser Felder Sache jedes einzelnen Netzbetreibers ist, haben sich einige Vorstellungen aus RFC 791 gehalten. Ein Wert von 0 im Precedence-Feld wird typischerweise als „Best-Effort" bezeichnet und für den normalen Internet-Verkehr ohne spezielle QoS-Behandlung verwendet. Er ist damit der am häufigsten verwendete Wert. Ein Wert von 7 im Precedence-Feld wird für Kontroll-Verkehr verwendet, z. B. für das interne Netzmanagement und für Routing-Protokolle.

Ein IP-Netz, das QoS nach dem DiffServ-Modell anbietet, muss folgende Grundfunktionen unterstützen. An dem Punkt, an dem ein Paket in das Netz gelangt muss das Paket zunächst soweit analysiert werden, dass es einer Verkehrsklasse zugeordnet werden kann. Dies nennt man *Klassifizierung* (engl. Classification). Die Klassifizierung kann auf unterschiedlichen Kriterien beruhen. Zum Beispiel kann ein Netzbetreiber alle Pakete von einem bestimmten Kunden einer bestimmten Klasse zuordnen. Das wäre eine Schnittstellen-basierte Klassifizierung (engl. port based classification). Eine andere Möglichkeit ist die Betrachtung einer ggf. schon vorhandenen Precedence-, DSCP- oder TOS-Markierung, wobei hier typischerweise auch eine kundenspezifische Vereinbarung getroffen werden muss, welche Werte zulässig sind und für welche konkreten Klassen diese stehen. Des Weiteren kann die Klassifizierung aber auch auf einer Analyse beliebiger anderer Felder des IP-Headers beruhen. Dies erfordert dann eine besonders genaue und spezifische Abstimmung zwischen Kunden und Netzbetreiber.

Anschließend werden die Pakete markiert, damit sie bei der weiteren Bearbeitung im Netz eindeutig einer bekannten Klasse zugeordnet werden können. Dazu werden je nach Netzbetreiber das Precedence-Feld, der DSCP oder das ganze TOS-Byte verwendet. Im Falle von MPLS-Netzen können auch die Exp-Bits aus dem MPLS-Header verwendet werden (siehe Kapitel 5). Diesen Vorgang nennt man *Markierung* (engl. Marking). Einige Netzbetreiber markieren grundsätzlich alle IP-Pakete des öffentlichen Internet, für die nicht anderes vereinbart wurde, als Best-Effort und überschreiben z. B. das Precedence-Feld mit dem Wert 0.

Die eigentlichen Qualitätsunterschiede entstehen, wenn die Pakete im Netz anschließend beim Weiterleiten durch Router unterschiedlich behandelt werden. Die Art der Behandlung aller Pakete einer Klasse durch einen Router nennt man *Per-Hop-Behaviour* (PHB). Das Per-Hop-Behaviour unterscheidet sich üblicherweise genau dann zwischen den einzelnen Klassen, wenn die Ausgangsschnittstelle zumindest kurzzeitig belegt ist und Pakete gepuffert werden müssen. Ein bekanntes PHB für eine sehr hochwertige Klasse, die vor allem die Paketlaufzeit (engl.

Delay) und die Variation der Paketlaufzeit (engl. Jitter) optimiert, ist das *Expedited For* *ding* (EF), das in RFC 3246 definiert wird. EF wird oft durch eine strikte Priorisierung reicht. Pakete dieses Klasse haben immer Vorrang vor anderen Klassen, egal wie viele Pa der anderen Klassen gerade im Pufferspeicher warten. Eine ganze Gruppe bekannter PHE das *Assured Forwarding* (AF). Es wird in RFC 2597 definiert und sieht eine ganze Reihe terschiedlicher Klassen vor. Praktische Implementierungen weichen allerdings häufig davo und sehen nur einen Teil dieser Klassen vor.

Zwischen Kunden und Netzbetreiber gibt es für QoS-Verkehre üblicherweise Klassen-spe sche Vereinbarungen über die Dienstgüte, die in *Service Level Agreement* (SLA) geregelt den. Darin wird beispielsweise festgelegt, dass die Pakete einer bestimmten Klasse eine stimmte Verzögerung nicht überschreiten, dass die Variation der Paketlaufzeiten (Jitter) stimmte Werte nicht übersteigt und dass die Paketverlustrate unter einem bestimmten V liegt.

Für einfache Kunden-Netzbetreiber Beziehungen bei hohen Qualitätsanforderungen ist Einsatz von QoS nach dem DiffServ-Modell schon seit längerem gebräuchlich. Die gilt allem für VPN-Dienste, bei denen sowohl am sendenden als auch am empfangenden schluss der gleiche Kunde an den Netzbetreiber angebunden ist. Sind einmal QoS-Ver barungen zwischen dem Netzbetreiber und dem Kunden abgeschlossen, so kann eine Ende Ende-Garantie hergestellt werden. Es lässt sich garantieren, mit welchen Qualitätsmerkm ein vom Sender in einer bestimmten Klasse gesendetes Paket beim Empfänger ankom Ebenso kommen DiffServ-Mechanismen heute schon zum Einsatz, wenn ein Netzbetre selber Dienste anbietet, die er seinen eigenen Kunden mit garantierter Qualität zu Verfüg stellen möchte (z. B. Internet-Fernsehen [IPTV] oder Video-on-Demand [VoD]).

Für den sonstigen öffentlichen Internet-Verkehr ist der Einsatz von QoS heute allerdings n kaum üblich. Dies liegt zum einen daran, dass der sendende Host in aller Regel zu einem an ren Kunden gehört als der empfangene und somit keine einheitliche Vereinbarung zum Beh deln und Tarifieren von QoS-Verkehr vorliegt. Zum anderen ist der empfangende Host a meistens bei einem anderen Netzbetreiber (AS) Kunde als der sendende Host. Da die meis Netzbetreiber unterschiedliche QoS-Modelle verwenden, ist hier nur schwer eine vorhers bare Ende-zu-Ende-Qualität zu erreichen.

Besonders schwierig ist es aber, für diesen Fall funktionierende Geschäftsmodelle zu gestal Nur der sendende Host kann die QoS-Klasse für jedes Paket auswählen. Deswegen kann r auch nur ihm die erhöhten Kosten für die bessere Behandlung der Pakete höherwertiger K sen in Rechnung stellen. Nutznießer der erhöhten Qualität ist aber in vielen Fällen der E fänger des Pakets. Tragfähige Geschäftsmodelle müssten in diesem Fall also Vereinbarun; zwischen mehrere Parteien vorsehen und werden damit kompliziert. In Einzelfällen sind sol Geschäftsmodelle denkbar und werden derzeit auch immer wieder diskutiert – in der Pra sind sie allerdings noch nicht üblich. Da für jeden Pfad von einem Sender zu einem Empfän alle beteiligten Autonomen Systeme zusammenarbeiten müssen und an jedem AS-Überg sowohl technische als auch betriebliche Vereinbarungen getroffen werden müssen, ist nicht erwarten, dass sich irgendein QoS-Modell in absehbarer Zukunft vollständig für das glob Internet durchsetzen wird. Allenfalls ist damit zu rechnen, dass es spezielle Inseln (z. B. L der) geben wird, in denen sich jeweils einige Netzbetreiber zusammenschließen und Verein rungen treffen, um zwischen ihren Autonomen Systemen QoS-Verkehr auszutauschen v abzurechnen.

5 Shim Layer

Multiprotocol Label Switching (MPLS) erlaubt es, in einem verbindungslosen Netz Datenpakete verbindungsorientiert zu übertragen. Dazu werden spezielle Pfade, so genannte Label Switched Paths (LSP), aufgebaut. Sie geben an, auf welchem Weg die Datenpakete durch das Netz geleitet werden.

Mit der Einführung von MPLS versuchte man, einige Vorteile von verbindungsorientierten Netzen mit denen des verbindungslosen IP zu kombinieren, unter anderem:

- Steigerung des Durchsatzes (engl. throughput) von IP-Routern. Dies war zunächst die Hauptmotivation für die Entwicklung von MPLS. Router waren traditionell rein Software basiert. IP-Pakete wurden von der Router-Software analysiert und über einen gemeinsamen Bus entsprechend ihrer Adresse zu einem Ausgangs-Port weitergeleitet. Der Durchsatz (Anzahl der Pakete pro Sekunde) eines solchen Routers war begrenzt, was aufgrund des rapiden Wachstums der Internets zu Problemen führte. Mit MPLS kann der Durchsatz von Software basierten Routern gesteigert werden, da das aufwendige Routing mit einem Lookup der IP-Ziel-Adresse in der mitunter sehr großen Routing-Tabelle durch ein schnelleres Switching ersetzt wird, bei dem nur genau ein Tabellenzugriff notwendig ist, um die Informationen für die weitere Behandlung eines Pakets nachzuschlagen. Grundsätzlich kann festgestellt werden, dass die Routingfunktion auf Schicht 3 einen wesentlich prozessorintensiveren und zeitaufwendigeren Prozess darstellt als das Switching auf Schicht 2 [6]. Zusätzlich zum Weiterleiten von IP-Paketen übernehmen Router weitere Aufgaben, z. B. das Filtern von IP-Verkehren. Ein Router wird daher sowohl durch den Durchsatz als auch durch die weiteren von ihm bereitgestellten Funktionalitäten charakterisiert. Allerdings wurden die Router-Architekturen zwischenzeitlich stark verbessert (z. B. Verwendung von Koppelnetzen, Trennung von Routing und Forwarding, Hardware basiertes Forwarding, vgl. Abschnitt 4.4.3), so dass die Verwendung von MPLS mittlerweile keine Vorteile in Bezug auf den Router-Durchsatz mehr bringt.

- Einer der wichtigsten Gründe, warum die meisten großen Netzbetreiber heute MPLS in ihren IP-Netzen verwenden, ist, dass mit MPLS sehr leicht verschiedenste Dienste von einem IP-Netz erbracht werden können (z. B. Layer 3 und Layer 2 VPNs, siehe Abschnitt 5.4.2 und 5.4.3). Die Hauptmotivation für die Einführung von MPLS war zunächst in den meisten Fällen die Realisierung von IP-VPNs. Ist ein LSP einmal aufgebaut, können darüber beliebige Datenpakete transportiert werden. Nur die Edge-Router (i. d. R. DL-Router) am Anfang und am Ende des LSP müssen wissen, wie mit diesen Paketen umzugehen ist. Die CL-Router müssen nicht wissen, was es mit den Datenpaketen auf sich hat. Sie müssen die Pakete nur anhand ihres „Labels" auf dem LSP weiterleiten. In diesem Sinne ist MPLS ein weiteres Tunnel-Protokoll. Es hat aber den Vorteil eines sehr kleinen, universellen Headers, der nur wenig Overhead erzeugt und durch die Möglichkeit, rekursiv mehrfach angewendet werden zu können (Label stacking), sehr viel Flexibilität eröffnet.

- Mit MPLS müssen nur noch die DL- und GW-Router externe (BGP) Ziele kennen, so dass der BGP-Routingprozess auf den CL-Routern abgeschaltet werden kann. Dadurch kann zum einen der BGP Control Traffic reduziert und zum anderen die CL-Router bezüglich Speicher und CPU entlastet werden. Weiterhin können die Routing-Tabellen der CL-

Router klein gehalten werden, was u. a. die Konvergenzzeit des Netzes deutlich verbes
kann (siehe Abschnitt 4.4.2.2.5).

- Schnelle Schutzmechanismen mit MPLS Fast Reroute. Mit Fast Reroute kann der Verl
  eines LSP vor dem Ausfall einzelner Links bzw. Router geschützt werden, indem vorab
  entsprechender Ersatz-LSP eingerichtet wird.

- MPLS bietet durch das explizite Vorgeben von Pfaden erweiterte Möglichkeiten zum T
  fic Engineering (TE). Dies ist mit IP nicht immer möglich, da das Routing nur die Z
  Adresse eines Pakets betrachtet. IP sucht Ersatzwege erst dann, wenn ein Link aus
  nicht jedoch bei Überlast.

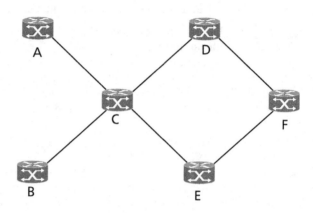

Bild 5-1   Beispielnetz zur Illustration des Traffic Engineerings („the fish picture"). Quelle: [47]

Zur Illustration des letzten Punktes soll das Beispielnetz in Bild 5-1 betrachtet werden
Routing wählt immer den Weg mit der geringsten Metrik und schickt den gesamten Verk
entlang dieses Wegs. Ist beispielsweise der Weg C → D → F kürzer als der Weg C → E –
so wird der gesamte IP-Verkehr von A zu F und von B zu F über Router D geschickt.
MPLS-TE kann man die Verkehre in IP-Netzen auch in Abhängigkeit des Startpunkts ei
LSP lenken, und damit unter Umständen einen bessere Netzauslastung erreichen. Beispi
weise könnte man den Verkehr von Router A zu F über Router D und den Verkehr von B z
über Router E führen.

MPLS wird oft mit erweiterten QoS-Mechanismen in Verbindung gebracht. Tatsächlich bi
MPLS jedoch lediglich die QoS-Funktionalitäten von IP ab und bietet in der Praxis keine
weiterten Funktionalitäten [47].

Erste Ansätze in Richtung MPLS gab es bereits 1994. Der Durchbruch der Technologie k
1996 mit der Gründung einer entsprechenden Gruppe in der IETF. Das Basisdokum
„MPLS-Architecture" (RFC3031) sollte ursprünglich 1997 verabschiedet sein, wurde jed
erst nach über drei Jahren fertig. MPLS, wie es heute standardisiert ist, hat seine Wurzeln
Tag-Switching von Cisco und dem Aggregate Route IP Switching (ARIS) von IBM [6]. W
tere MPLS Vorläufer waren IP Switching der Start-up Firma Ipsilon sowie Cell Switching
Toshiba [47].

5.1 Grundlagen

Wie bei modernen IP-Routern (vgl. Abschnitt 4.4.3) trennt MPLS strikt zwischen Routing und Forwarding[45] [6,47]. Auf diese Weise kann die Routing-Funktionalität erweitert werden, ohne dass der Forwarding Algorithmus geändert werden muss. Das Forwarding bei MPLS ist gegenüber IP deutlich vereinfacht. Es muss lediglich das Label des Eingangspakets ausgewertet werden, um den richtigen Ausgangsport zu finden. Ein Label ist eine ganze Zahl mit einem Wertebereich von 0 bis $2^{20} - 1 = 1.048.575$. Label sind unstrukturiert.

Ein Router, der MPLS Pakete verarbeiten kann, wird als Label Switched Router (LSR) bezeichnet. Ein LSR kann ein MPLS fähiger ATM/Frame Relay Switch oder ein MPLS fähiger IP Router sein. Jeder LSR hat eine so genannte Label Forwarding Information Base (LFIB), in der für alle Eingangslabel der entsprechende Ausgangsport sowie das Ausgangslabel gespeichert sind. Bild 5-2 zeigt den Aufbau einer LFIB.

Bild 5-2   Aufbau einer Label Forwarding Information Base (LFIB)

Die LFIB weist jedem möglichen ankommenden Label (Eingangslabel, engl. Incoming Label) ein oder mehrere Einträge zu, die jeweils ein zu sendendes Label (Ausgangslabel, engl. Outgoing Label) enthalten sowie die Schnittstelle, an die das Paket weitergeleitet werden soll. Im einfachsten Fall, Unicast-Verkehr der den Router über genau eine Schnittstelle verlassen soll, ist nur ein Eintrag vorhanden. Für Multicast-Verkehr oder im Falle von ECMP Routing (siehe auch Abschnitt 4.4.1) werden mehrere Einträge benötigt. Multicast-Pakete werden repliziert und einmal an die entsprechenden Ausgangsschnittstellen gesendet. Im Falle von ECMP Routing werden die Pakete auf alle verfügbaren Ausgangsschnittstellen verteilt. Der LSR sucht in seiner LFIB den Eintrag für das empfangene MPLS-Paket, leitet das Paket zu der entsprechenden Ausgangsschnittstelle und tauscht das Eingangslabel durch das in der LFIB angegebene Ausgangslabel. Da das Label des MPLS-Pakets mit dem Label in der LFIB exakt übereinstimmen muss, wird der Forwarding-Algorithmus „exact match algorithm" genannt [47]. Das Tauschen der Label wird als Label Swapping bezeichnet. Das Tauschen des Labels ist notwendig, weil der Wertebereich der Label nicht für eine weltweite Adressierung ausreicht. Damit besteht bei MPLS das gleiche Problem wie bei ATM und Frame Relay, und es wurde auch die gleiche Lösung verwendet (ATM und Frame Relay verwenden ebenfalls das Label Swapping) [6]. Ein Label hat nur eine lokale Bedeutung für den entsprechenden Link. Die unteren Label-Werte (0 bis 15) sind wie bei ATM für spezielle Aufgaben reserviert (z. B.

---

[45] Ein großes Problem bei der Weiterentwicklung von IP (auch bei IPv6) war die enge Kopplung von Routing und Forwarding. Beispielsweise mussten bei der Einführung von CIDR nicht nur die Routingprotokolle, sondern auch das Forwarding modifiziert werden. Modifikationen des Forwardings sind i. d. R. aufwendig und daher kostenintensiv [47].

Operation, Administration& Maintenance [OAM][46], Label entfernen). Alle anderen La
Werte sind entweder für den gesamten LSR (MPLS Global Label Allocation) oder nur für
einzelnen Interfaces gültig. Letzteres ist i. d. R. nur bei ATM basierten LSR der Fall und
im Folgenden nicht weiter betrachtet.

Im Gegensatz zu IP ist MPLS keine Ende-zu-Ende-Technologie. ISPs verkaufen IP Servi
keine MPLS Services. Daher ist ein Übergang zwischen IP und MPLS erforderlich. Di
wird durch so gennante Label Edge Router (LER) realisiert. Ein LER ist sozusagen das
ganstor zur MPLS-Welt. Ein LER verarbeitet eingangsseitig IP-Pakete und konvertiert dies
MPLS-Pakete, indem er den IP-Paketen ein Label voranstellt. Dieses Label bestimmt den
ständigen Pfad des Pakets innerhalb der MPLS Domäne. Der Pfad wird als Label Swit
Path (LSP) bezeichnet. Die MPLS-Pakete nehmen dabei wie auf Schienen immer dense
Weg. In diesem Bild sind die Weichen die LSR, und die Stellung der Weichen ist durch
LFIB vorgegeben. MPLS ist daher (wie ATM) im Gegensatz zu IP ein verbindungsorientie
Protokoll. Ein LSP wird charakterisiert durch eine Sequenz von Labeln. Der LER am Eing
der MPLS Domäne routet das IP-Paket zum Zielknoten, indem er dem Paket das richtige L
voranstellt. Innerhalb der MPLS-Domäne wird das MPLS Paket durch Auswerten des La
geswitched und nicht mehr geroutet. Daher hat man für MPLS auch das Motto „Route
Edge, Switche im Core" erfunden [6]. Der Ausgangs-LER entfernt das Label wieder.

Anmerkung: Zum Teil übernimmt diese Aufgabe bereits der letzte LSR vor dem Ausga
LER, der auch als Penultimate-Hop bezeichnet wird. Bild 5-3 zeigt ein einfaches MP
Beispielnetz. Die Router A und D sind LER und die Router B, C, E und F LSR. Betrac
wird der LSP von A zu D bestehend aus den Labeln 16 (Link A-B), 17 (Link B-C) und
(Link C-D).

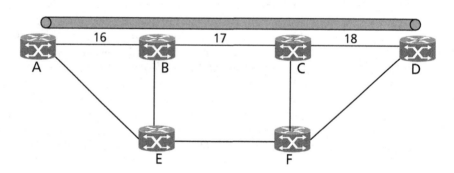

Bild 5-3   MPLS-Beispielnetz

LSPs sind stets undirektional. Für die Rückrichtung (von LER D zu A) wird daher ein weit
LSP benötigt.

Bild 5-4 zeigt die Übertragung von IP-Paketen von LER A zu D. LER A routet das IP-Pake
den LSP von A zu D, indem er dem Paket das Label 16 voranstellt. LSR B schaut in sei
LFIB nach und findet für das Eingangslabel 16 einen Eintrag mit dem Ausgangsport zu LS

---

[46] MPLS OAM-Mechanismen werden in der ITU-T-Empfehlung Y.1711 „Operation & Maintena
mechanism for MPLS networks" beschrieben.

und dem Ausgangslabel 17. Er tauscht das Eingangslabel durch das Ausgangslabel und leitet das Paket zu LSR C. LSR C findet in seiner LFIB einen Eintrag für das Eingangslabel 17, tauscht das Label durch das Ausgangslabel 18 und leitet das Paket zu LER D. D schließlich entfernt das Label 18 wieder. *Anmerkung:* Beim Penultimate Hop Popping (PHP) würde bereits LSR C das Label wieder entfernen.

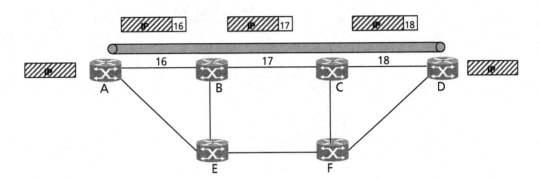

Bild 5-4   Übertragung von IP-Paketen von LER A zu D

In realen Netzen sind i. d. R. die DL-/GW-Router LER und die CL-Router LSR (siehe Bild 4-24). Um jeden DL-/GW-Router erreichen zu können, ist eine Vollvermaschung mit LSPs erforderlich. Das heißt, für N DL- und GW-Router werden N/2 x (N–1) × 2 (beide Übertragungsrichtungen) LSPs benötigt. Jeder DL-/GW-Router hat dann (N–1) Einträge in seiner LFIB, wobei jedes Eingangslabel den gesamten Pfad zu einem bestimmten DL-/GW-Router repräsentiert.

In ATM oder Frame Relay Netzen wird das MPLS Label im VPI/VCI-Feld (ATM) bzw. im DLCI-Feld (Frame Relay) übertragen und lediglich das MPLS Verfahren verwendet. Dies ist nicht möglich bei Layer 2 Protokollen, die keine entsprechenden Felder bereitstellen (z. B. PPP, Ethernet). In diesem Fall wird ein eigener, 4 Byte langer MPLS-Header (MPLS Protokoll) verwendet, der zwischen Layer 2 und Layer 3 eingefügt wird. Daher wird der MPLS-Header auch als Shim-Header und der MPLS-Layer als Shim-Layer bezeichnet. Der MPLS-Header kann als vereinfachter IP-Header angesehen werden. Bild 5-5 zeigt den MPLS-Header.

Bit |0 |20 |24   31|

Label	Exp	S	TTL

Bild 5-5   MPLS-Header

Der MPLS-Header beginnt mit dem 20 Bit langem Label. Folglich können die Label Werte von 0 bis $2^{20}-1 = 1.048.575$ annehmen. Es folgen drei Exp-Bits, die i. d. R. zur Priorisierung von MPLS-Paketen benutzt werden. Mit den Exp-Bits können die Priorisierungen gemäß dem TOS-Byte oder dem DSCP auf MPLS-Pakete abgebildet werden, wobei maximal $2^3 = 8$ unterschiedliche Prioritäten unterschieden werden können. Das 8 bit lange TTL (Time to Live) Feld kennzeichnet wie bei IP die Lebensdauer eines MPLS-Pakets. Beim Eintritt in eine MPLS

Domäne wird der Inhalt des TTL-Feldes des IP-Pakets in das TTL-Feld des MPLS-Hea
kopiert. Der Wert dieses Feldes wird an jedem LSP um eins dekrementiert. Am Ausgang
MPLS Domäne wird dann umgekehrt der TTL-Wert des IP-Paktes mit dem TTL-Wert
MPLS-Headers überschrieben (siehe Bild 5-6).

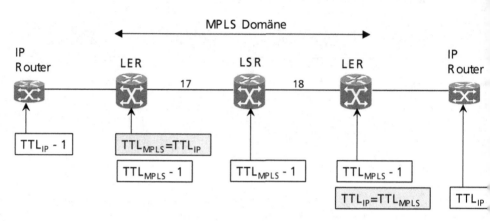

Bild 5-6   Am Eingang der MPLS-Domäne wird der Wert des TTL-Feldes in den MPLS-Header ko
und dann an jedem LSR um Eins reduziert. Am Ausgang der MPLS-Domäne wird der
des TTL-Feldes vom MPLS-Header wieder in den IP-Header kopiert.

Damit werden die LSRs genau wie IP-Router in die Zählung der Hops einbezogen. Pakete
einem TTL-Wert von Null werden verworfen. Dieses Verfahren gilt in gleicher Form a
beim Eintritt von einer MPLS Domäne in eine andere (Label Stacking). Hier wird beim Ein
in die neue Domäne der TTL-Wert der äußeren Domäne in die innere übernommen (R
3443). Um schon beim Aufbau eines LSPs die Schleifenfreiheit zu prüfen, wurden ents
chende Protokollerweiterungen und Prozeduren festgelegt (RFC 3063). *Bemerkung:*
ATM/Frame Relay Netzen kann das TTL-Feld nicht verwendet werden, da diese Protok
keine entsprechenden Felder zur Verfügung stellen.

Optional lässt sich das Kopieren des IP TTL-Werts in das MPLS TTL-Feld auch deaktivier
Betreiber größer öffentlicher Netze nutzen diese Option häufig, um zu verhindern, dass
interne Struktur ihres Netzes leicht von außen erkannt werden kann. Auf IP-Ebene ersch
das ganze MPLS Netz dann wie ein einziger IP-Hop, in dem nur der Eingangs-LER sicht
wird.

Zusammenfassend lassen sich die wesentlichen MPLS-Operationen der Forwarding-Pl
folgendermaßen darstellen:

- *Label Push*: Einem Datenpaket, sei es IP oder MPLS oder ein beliebiges anderes, wird
  MPLS-Header vorangestellt. Der Label-Stack wird um eins erhöht. Dies ist die typis
  Aufgabe des LER am Eingang einer MPLS-Domäne.

- *Label Swap*: Aus einem MPLS-Paket wird das oberste Label gegen ein anderes aus
  tauscht. Der Label-Stack behält seine Höhe, aber das oberste Label wird verändert. Dies
  die typische Aufgabe eines LSR.

- *Label Pop*: Aus einem MPLS-Paket wird das oberste Label entfernt und nur das verbleibende Datenpaket weitergeleitet. Je nachdem, ob Ultimate Hop Popping (UHP) oder Penultimate Hop Popping (PHP) verwendet wird, ist das die typische Operation des Ausgangs-LER einer MPLS-Domäne (UHP), oder bereits die des vorletzten LSR (PHP). Normalerweise wird PHP bevorzugt, weil es mit einem Minimum an MPLS-Operationen und möglichen IP-Lookups auskommt und so die Router-Hardware entlastet.

MPLS gestattet eine Schachtelung von Labels (wird als Label Stacking bezeichnet). Damit ist es möglich, MPLS-Domänen zu verschachteln. Das Stack-Bit (S-Bit) kennzeichnet das unterste Label (engl. Bottom of Stack). Label Stacking wird u. a. bei MPLS-VPNs oder bei MPLS Fast Reroute verwendet.

Es stellen sich folgende Fragen:

- Welche Verbindung besteht zwischen IP Routen (Zielnetzen) und Labeln?
- Wie erfolgt die Zuweisung und Verteilung der Label?
- Wie wird die Label Forwarding Information Base (LFIB) generiert?

Zur Beantwortung der ersten Frage muss zunächst der Begriff Forwarding Equivalence Class (FEC) eingeführt werden. Darunter versteht man *die Menge aller Pakete, die von IP-Routern in Bezug auf das Forwarding gleich behandelt werden*. Das einfachste Beispiel für eine FEC ist ein IP-Prefix. Eine FEC kann aber auch z. B. eine Menge von IP-Prefixen, eine IP-Adresse oder die Menge aller Pakete mit derselben Source- und Destination-Adresse sowie demselben Source- und Destination-Port sein. Es wird deutlich, dass die Granularität einer FEC einen weiten Bereich umfasst. IP-Pakete desselben Zielnetzes aber unterschiedlicher Priorisierungsstufen gehören einer anderen FEC an, wenn diese Pakete von den Routern bezüglich Forwarding unterschiedlich behandelt werden.

Die Zuweisung der Label kann durch den Datenverkehr selber ausgelöst werden (engl. Data, Traffic oder Flow driven), durch die Topologie bestimmt werden (engl. Topology driven) oder durch ein spezielles Protokoll angefordert werden (engl. Request driven) [47]. Bei MPLS erfolgt die Label Zuweisung entweder durch die Topologie bestimmt oder angefordert durch ein spezielles Protokoll (z. B. RSVP-TE, CR-LDP).

Wird die Label Zuweisung durch die Topologie bestimmt, so wird jeder FEC ein Label zugeordnet. Die Zuordnung einer FEC zu einem Label wird als *Label Binding* bezeichnet. In einem IP-Netz ohne Priorisierung kann allen Zielen eines Routers ein einziges Label zugeordnet werden. Das heißt die Anzahl der Label entspricht der Anzahl der IP-Router, an die Zielnetze direkt angeschlossen sind. Sollen Priorisierungen berücksichtigt werden so besteht die Möglichkeit, für jede Priorisierungsstufe einen eigenen LSP einzurichten (Bezeichnung L-LSP), oder nur einen einzigen LSP zu verwenden und die Priorisierungsstufen über die Exp-Bits voneinander zu unterscheiden (Bezeichnung E-LSP).

Alle Knoten (LER und LSR) ordnen jeder FEC lokal ein Label zu (local binding). Diese Zuordnung muss dem nächsten bzw. dem vorhergehenden LSR entlang des LSPs bekannt gemacht werden, damit diese die Label entsprechend tauschen können. Dabei muss zwischen upstream und downstream Label Binding unterschieden werden. Upstream bezeichnet die Übertragungsrichtung vom Quell- zum Zielknoten und downstream die Übertragungsrichtung vom Ziel- zum Quellknoten. Beim upstream Label Binding entspricht das Ausgangslabel dem local binding und das Eingangslabel dem remote Binding. Beim downstream Label binding entspricht das Ausgangslabel dem remote Binding und das Eingangslabel dem local Binding. MPLS verwendet downstream Label Binding, da in diesem Fall (beim so genannten conservative label retention mode) weniger Label gespeichert werden müssen.

Für die Verteilung der Label gibt es folgende Möglichkeiten:

- Verwenden eines eigenen Protokolls
- Verteilung der Label mit Hilfe eines bereits vorhandenen Protokolls (engl. piggybacked

Die local bindings und die remote bindings (d. h. die Label, die die anderen LSR einer I
zugeordnet haben) speichert ein LSR in der Label Information Base (LIB). Dabei ist zwisc
liberal und conservative label retention mode zu unterscheiden. Beim liberal label reten
mode werden alle Label (remote bindings) abgespeichert, die ein LSR von anderen LSR er
ten hat, wohingegen beim conservative label retention mode nur die remote bindings des
weils nächsten LSR entlang des LSPs (d. h. des Next Hops) abgespeichert werden. Die Ver
lung der Label kann entweder geordnet (engl. ordered control mode) oder unabhängig von
ander erfolgen (engl. independent control mode). Independent control mode bedeutet, dass
LSRs die Zuordnung Label – FEC unabhängig voneinander durchführen. Im Gegensatz d
ordnen LSRs im ordered control mode Label nur dann einer FEC zu, wenn sie entweder
der FEC entsprechende Ziel direkt erreichen können (d. h. sie sind der Ausgangs-LER
diese FEC), oder aber wenn sie von ihrem Next-Hop bereits ein Label für diese FEC erha
haben.

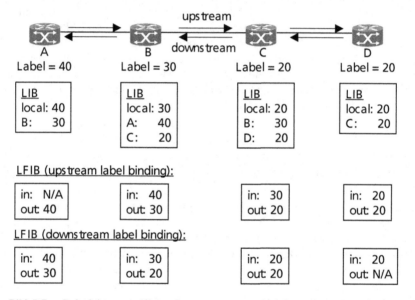

Bild 5-7   Beispielnetz zur Illustration von upstream und downstream label binding

Zur Illustration der eingeführten Begriffe soll Bild 5-7 betrachtet werden. Betrachtet wird
Beispielnetz bestehend aus den LSR A bis D. An LSR D ist ein IP-Netz direkt angeschlos
(z. B. das Netz 30.40/16). Dieses IP-Netz ist allen LSR bekannt und entspricht einer FEC.
independent control mode ordnet jeder LSR unabhängig von allen anderen LSR dieser F
ein lokales Label zu (local binding). LSR A verwendet z. B. als lokales Label 40, LSR B
LSR C 20 und LSR D ebenfalls 20. Im ordered control mode würden die LSR der FEC
dann ein lokales Label zuordnen, wenn sie das Ziel direkt erreichen können oder von ihn
Next-Hop bereits ein Label für dieses Ziel erhalten haben. Das heißt zunächst würde LSF
der FEC ein Label zuordnen. LSR C würde der FEC erst dann ein Label zuordnen, wenn

ihm das entsprechende Label mitgeteilt hätte. Entsprechendes gilt für die LSR B und A. Auf diese Weise wird ein (geordneter) LSP von LSR D beginnend bis zu LSR A aufgebaut.

Die local und die remote bindings werden dann in der LIB abgespeichert. Bild 5-7 zeigt die LIB für den liberal retention mode. Beim conservative retention mode würde LSR B nur das remote binding von LSR C, LSR C nur das remote binding von LSR D und LSR nur das local binding abspeichern. Zusätzlich ist in Bild 5-7 die LFIB für das upstream und das downstream label binding dargestellt.

MPLS kann rein als alternativer Forwarding-Mechanismus eingesetzt werden, der sich ansonsten vollständig an das IP-Routing hält, oder es kann auf unterschiedlicher Weise auch in das Routing eingreifen, also die Pfade verändern, auf denen Pakete durch ein Netz laufen. Ersteres wird im Folgenden als MPLS-Forwarding mit IP-Routing bezeichnet und letzteres als MPLS mit explizitem Routing. Es bestehen folgende Unterschiede zwischen MPLS-Forwarding mit IP-Routing und MPLS mit explizitem Routing:

- MPLS-Forwarding mit IP-Routing verwendet ein eigenes Protokoll (LDP) zur Verteilung der remote bindings. MPLS mit explizitem Routing verwendet RSVP-TE (oder CR-LDP) zur Verteilung der remote bindings.

- MPLS-Forwarding mit IP-Routing wird im Topology driven, independent control und liberal retention mode betrieben. MPLS mit explizitem Routing wird im Request driven, ordered control und conservative label retention mode betrieben.

- MPLS-Forwarding mit IP-Routing verwendet dieselben Routing-Verfahren und daher exakt dieselben Pfade wie IP. Vom IP Routing abweichende Pfade können nur mit MPLS mit explizitem Routing realisiert werden[47].

- Mit MPLS mit explizitem Routing können schnelle Schutzmechanismen bereitgestellt werden (MPLS Fast Reroute). Bei MPLS-Forwarding mit IP-Routing kann mittlerweile auch IP Fast Reroute als schneller Schutzmechanismus verwendet werden. IP Fast Reroute hat aber gegenüber MPLS Fast Reroute einige Einschränkungen. Beispielsweise funktioniert er nicht für alle Topologien.

- Mit MPLS mit explizitem Routing können die Verkehrsbeziehungen der Knoten untereinander erfasst werden. Dies ist bei MPLS-Forwarding mit IP-Routing komplexer (siehe Abschnitt 4.4.4).

- MPLS-Forwarding mit IP-Routing unterstützt im Gegensatz zu MPLS mit explizitem Routing das *Label Merging*. Darunter versteht man die Verwendung desselben Labels auf einem Link für eine bestimmte FEC unabhängig vom Quellknoten.

MPLS mit explizitem Routing ist zwar deutlich komplexer als MPLS-Forwarding mit IP-Routing, stellt aber auch wesentlich mehr Funktionalitäten bereit. MPLS-Forwarding mit IP-Routing wird in Abschnitt 5.2 und MPLS mit explizitem Routing in Abschnitt 5.3 beschrieben.

---

[47] Auch IP unterstützt das so genannte Source Routing, bei dem der Pfad vom Quellknoten vollständig oder auch nur teilweise vorgegeben werden kann. Das Source Routing ist jedoch nicht sehr verbreitet und hat einen entscheidenden Nachteil: da IP verbindungslos arbeitet muss jedes Paket die Liste der zu durchlaufenden Router mitführen. Damit wird der Overhead des Pakets groß und das Auswerten aufwendig. Demgegenüber wird bei MPLS ein einziges Label verwendet, nur der Aufbau des Pfads ist unterschiedlich [6].

5.2   MPLS-Forwarding mit IP-Routing

In vielen Fällen wird in großen Netzen MPLS verwendet, ohne dass das Routing sich von
Routing reiner IP-Netze mit SPF-Routing unterscheidet. In der Regel wird dann zur Vertei
der remote label bindings und damit zum Aufbau der LSPs das Label Distribution Prot
(LDP) verwendet. LDP arbeitet im Topology driven, independent control und liberal reter
mode.

Die LSRs ordnen dabei den von ihnen direkt erreichbaren Zielen (FECs) Label zu (local
ding) und teilen ihre Label Bindings allen ihren LDP-Peers (d. h. ihren Nachbar-LSR/L
mit. Mit LDP Discovery Nachrichten (LDP Hellos) lernen LSR/LER ihre Nachbarn ken
Die LDP-Peers werden in der LDP Adjacency Database abgespeichert. Es ist ein eigenes H
Protokoll erforderlich, da die Nachbarknoten nicht zwingend ein LSR/LER sein müssen.
nach wird eine LDP-Session zwischen den LDP-Peers etabliert. Zur Etablierung, Unterhal
und zum Beenden von LDP-Sessions werden Session-Nachrichten verwendet. Mit Adver
ments-Nachrichten werden neue, geänderte oder zu löschende Label Bindings verteilt. Sch
lich gibt es noch Notification-Nachrichten, die Fehlermeldungen oder sonstige Informatic
übertragen [6].

Die LSR/LER speichern ihre eigenen Label Binding (local bindings) sowie die Label Bind
aller ihrer Nachbarn in der LIB (liberal retention mode). Aus der IP Routing-Tabelle und
LIB kann die Label Forwarding Information Base (LFIB) konstruiert werden. Hierzu sc
der LSR für jede FEC in der IP Routing-Tabelle nach, welcher LSR der Next-Hop für d
FEC ist. In die LFIB trägt er dann die FEC, das Ausgangs-Interface, als Eingangslabel das
ihm für diese FEC lokal vergebenen Label, und als Ausgangslabel das von seinem Next-
für diese FEC vergebene Label ein.

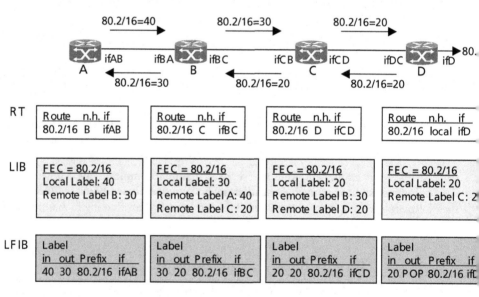

Bild 5-8   Generierung der Label Forwarding Information Base (LFIB) aus der Label Information I
                (LIB) und der IP Routing-Tabelle (RT). Die Abkürzungen bedeuten: n.h. = Next Hop, if =
                terface.

Die Verteilung der Label und die Generierung der LFIB aus der LIB und der Routing-Tabelle soll anhand eines einfachen Beispiels illustriert werden (siehe Bild 5-8). Die LSR A, B, C und D befinden sich in einer Area. Die FEC entspricht dabei dem IP-Prefix 80.2/16, welche vom LSR D direkt erreicht werden kann (d. h. LSR D ist Ausgangs-LER für 80.2/16). Durch IGP wird den Routern dieses Ziel inkl. des Next-Hops für dieses Ziel mitgeteilt. Diese Informationen speichern die Router in ihrer IP Routing-Tabelle (RT). Im unsolicited distribution mode vergibt nun jeder Router automatisch ein Label (local label) für IP-Prefixes (FECs) in seiner Routing-Tabelle und teilt dieses Label Binding via LDP seinen Nachbarn mit. Im independent control mode erfolgt dies in einer beliebigen Reihenfolge. Die LSRs speichern alle Label Bindings, die sie von ihren Nachbarn erhalten haben, in der LIB ab (liberal retention mode). Aus der Routing-Tabelle und der LIB wird nun die LFIB auf folgende Weise generiert. Jeder LSR schaut in seiner Routing-Tabelle nach, welcher LSR der Next-Hop für 80.2/16 ist. Die FEC 80.2/16 wird zusammen mit dem entsprechenden Ausgangs-Interface in die LFIB eingetragen. Als Eingangslabel wird das local Label, und als Ausgangslabel das vom Next-Hop für diese FEC vergebenen Label eingetragen (siehe Bild 5-8). Für die Rückrichtung von LSR D zu A ist ein weiterer LSP erforderlich.

Bei der reinen Verwendung von LDP hat ein MPLS-Netz die gleichen Routing-Eigenschaften wie ein IP-Netz. Dazu gehört unter anderem, dass die folgenden Situationen auftreten:

- ECMP-Routing. Wenn ein LSR für eine FEC zwei oder mehr gleich gute Pfade zum Ziel kennt, werden alle diese Pfade in die LFIB eingetragen und die Pakete für diese FEC werden möglichst gleichmäßig auf die Pfade aufgeteilt. Es findet automatisch eine Lastverteilung statt.

- LSP-Merging. Wenn von zwei verschiedenen LSR im Netz Pakete zum gleichen Ziel gesendet werden, können die entsprechenden LSP irgendwann auf einem LSR vor dem Ziel-Router zusammentreffen. Ab diesem LSR werden dann beide LSPs zu einem zusammengefasst und fortan in derselben FEC geführt.

Insgesamt eignet sich LDP sehr gut für große IP-Netze, die beispielsweise um die Multi-Service Eigenschaften von MPLS erweitert werden sollen, weil es sehr gut skaliert, vollautomatisch arbeitet und damit einfach zu betreiben ist.

5.3 MPLS mit explizitem Routing

Mit MPLS ist es möglich, das Routing innerhalb eines Netzes gegenüber dem rein SPF-basierten IP-Routing zu erweitern. Anwendungen hierfür sind Traffic Engineering und schnelle Schutzmechanismen (siehe Abschnitt 5.5).

Das erweiterte Routing wird möglich, indem die MPLS-LSPs nicht mehr einfach dem IP-Routing folgen, sondern indem diese Pfade auf irgendeine Weise *explizit* angelegt werden. Man spricht dann oft von MPLS Traffic Engineering (MPLS-TE). Die so aufgebauten LSPs werden auch als Traffic Engineering-Tunnel, TE-LSP oder TE-Tunnel bezeichnet. Heutzutage wird hierbei in der Regel das Protokoll RSVP-TE zur Verteilung der remote bindings verwendet, alternativ kann aber auch CR-LDP verwendet werden. RSVP-TE wird in den RFCs 2205 (RSVP) und 3209 (RSVP-TE) spezifiziert. Im Gegensatz zu dem in Abschnitt 5.2 beschriebenen Betriebsmodus wird MPLS-TE im request driven, ordered control und conservative label retention mode betrieben. Das Routing (oder genauer: die Pfadwahl) für TE-Tunnel kann grundsätzlich auf zwei Wegen erfolgen:

- Die Pfade werden statisch vorgegeben. Für den LSR ist es dabei unerheblich, ob die P manuell ermittelt werden oder von einem Offline-System – beispielsweise einem Opti rungs-Tool – berechnet und dann auf dem LSR konfiguriert. Entscheidend ist, dass LSR genau gesagt wird, auf welchem Pfad ein TE-LSP geführt werden soll, und zwar für Hop. Nur wenn genau dieser Pfad im Netz auch existiert und alle beteiligten LSR Aufbau des TE-LSPs unterstützen, wird er am Ende auch aktiv.

- Der LSR ermittelt einen geeigneten Pfad ganz oder teilweise automatisch. Dabei kan sich auf Informationen aus dem internen Routing-Protokoll stützen und ggf. zusätzl Anforderungen berücksichtigen (siehe Abschnitt 5.3.1 und 5.3.2). Am Ende signalisie den TE-LSP auf einen Pfad, denn er sich anhand dieser Informationen und Anforderun automatisch ausgesucht hat.

Indem der LSR den Pfad für einen TE-LSP nur teilweise automatisch ermittelt, sind belieb Zwischenformen zwischen dem statischen und dem automatischen Routing möglich. In ein Eigenschaften sind aber beide Varianten gleich und unterscheiden sich vom (LDP-basier MPLS mit IP-Routing:

- Ein Pfad ist immer eindeutig. Er wird nicht aufgespalten, es gibt also keine ECMP-bas Lastverteilung bei gleich guten Wegen zum Ziel. Des Weiteren gibt es i. d. R. kein auto tisches Zusammenführen von LSP (Label Merge), wenn in der Nähe des gemeinsa Ziels mehrere LSPs zusammen treffen.

- Dadurch, dass sich das Routing (die Pfadwahl) von dem des zugrunde liegenden Routings unterscheidet, wird praktisch eine weitere, wenn auch nur virtuelle Topol über die IP-Topologie gelegt. Dies erzeugt eine zusätzliche Komplexität, die in größe Netzen die Fehlersuche erheblich erschweren und ihrerseits zusätzliche Fehlerquellen führen kann. Auch kann es grundsätzlich die Berechenbarkeit des Netzes erschweren damit unter Umständen dem Ziel eines verbesserten Traffic Engineerings wieder en genwirken.

Die Funktionsweise von MPLS-TE soll anhand des Beispielnetzes aus Bild 5-9 illustriert v den.

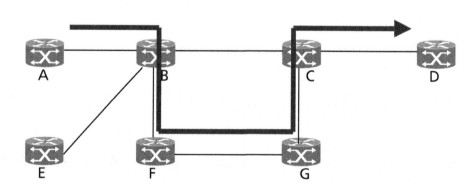

Bild 5-9   Beispielnetz zur Illustration von MPLS-TE

Ohne MPLS-TE fließt der gesamte Verkehr von Router A zu Router D und Router E zu Rou D über den Pfad A → B → C → D bzw. E → B → C → D (gleiche Metrik für alle Links v ausgesetzt). Mit MPLS-TE kann man einen Teil des Gesamtverkehrs über den Link von B nach C, z. B. den Teil von Router A zu Router D, über einen Alternativpfad (hier: B → F → G → C) lenken. Dazu muss zunächst ein TE-Tunnel von A nach D über die Router B, F, G und C aufgebaut werden. Hierfür wird häufig das Signalisierungsprotokoll RSVP-TE verwendet. Der für den TE-Tunnel zu verwendende Pfad (in diesem Beispiel: A → B → F → G → C → D) wird in der RSVP Path Message mit dem Explicite Route Object (ERO) vorgegeben. Den Ausgangspunkt des TE-Tunnels (Router A) bezeichnet man als Head-End oder Ingress-LSR, den Endpunkt (Router D) als Tail oder Egress-LSR und die Router dazwischen (B, F, G, C) als Midpoints. Die RSVP Path Message enthält das Label Request Object, welches die downstream Router (B, F, G, C, D) dazu auffordert, ein Label für den TE-Tunnel zu vergeben. Zusätzlich enthält sie eine Tunnel ID, um verschiedene TE-Tunnel voneinander unterscheiden zu können. Die RSVP Path Message wird entlang des vorgegebenen Pfades weitergegeben. Der Tail (D) empfängt schließlich die RSVP Path Message vom Head-End (A), weist dem TE-Tunnel ein Label zu und teilt dem nächsten Router (C) auf dem Weg zurück zu A dieses Label in einer RSVP RESV Message mit. Alle anderen Router (C, G, F, B) verfahren analog, so dass A schließlich von B ein Label für den TE-Tunnel zugewiesen bekommt. Damit ist der TE-Tunnel vom Head-End (A) über die Midpoints (B, F, G, C) zum Tail (D) aufgebaut. Folglich ist ein TE-Tunnel nichts anderes als eine Sequenz von Labeln für einen bestimmten Pfad (d. h. ein LSP). Der TE-Tunnel wirkt für den Head-End im Grunde wie ein physikalischer Link zwischen Head-End und Tail. Dem TE-Tunnel wird ein logisches Interface inkl. IP-Adresse (entspricht der Router ID des Tail-Routers) und Metrik zugeordnet, über das Verkehr in den Tunnel gelenkt werden kann. Es bestehen jedoch folgende Unterschiede zwischen einem physikalischen Link und einem TE-Tunnel (eine Art logischer Link): alle anderen Router im Netz sehen den TE-Tunnel nicht, und es wird auch kein IGP Control Traffic (IS-IS Hellos, LSPs oder SNPs) über den TE-Tunnel geführt. Folglich haben die Router A und D in Bild 5-9 keine IGP Adjacency miteinander. Lediglich der Router A „sieht" den TE-Tunnel von A nach D und daher kann auch nur Router A den TE-Tunnel in seiner SPF-Calculation berücksichtigen.

Da TE-Tunnel unidirektional sind, kann Router D den von A aufgebauten TE-Tunnel nicht verwenden, um Verkehr von D zu A zu schicken. Folglich würde der Verkehr von Router A zu D in diesem Beispiel über den TE-Tunnel geführt, der Verkehr von D zu A jedoch über den normalen SPF-Pfad (D → C → B → A). Wollte D seinen Verkehr zu A ebenfalls über den Alternativpfad D → C → G → F → B → A schicken, so müsste D ebenfalls einen entsprechenden TE-Tunnel zu A aufbauen.

Ist der TE-Tunnel aufgebaut, so muss noch Verkehr in den Tunnel gelenkt werden. Dabei ist es wichtig zu beachten, dass dies einzig und allein eine lokale Angelegenheit des Head-Ends (A) ist. Beispielsweise kann dem TE-Tunnel eine geringere Metrik als dem kürzesten IGP Pfad zugeordnet und somit der gesamte Verkehr von Router A zu Router D (und allen Zielen, die über D erreichbar sind) in den TE-Tunnel gelenkt werden. Das Lenken des Verkehrs in den TE-Tunnel erfolgt, indem Router A den entsprechenden IP-Pakete einen MPLS-Header mit dem Label, welches er von B für den TE-Tunnel bekommen hat, voranstellt. Dies ist jedoch nur eine Möglichkeit der Verkehrslenkung. Die Entscheidung, welcher Verkehr in den Tunnel gelenkt wird, obliegt wie gesagt alleine Router A. Hierfür sind im Grunde beliebige Varianten vorstellbar. Zum Beispiel könnte Router A auch nur den Verkehr eines Flows oder nur Verkehr mit einem bestimmten Wert des TOS-Bytes/DSCP (z. B. VoIP) in den TE-Tunnel lenken. Der übrige Verkehr von A zu D wird dann über den SPF-Pfad geführt.

Wie bereits beschrieben erfolgt kein Label Merging zwischen zwei unterschiedlichen
Tunneln. Baut beispielsweise Router E einen TE-Tunnel zu D auf, so benutzt D für die
Tunnel ein anderes Label als für den Tunnel von A. Dies bringt Nachteile bezüglich der S
lierbarkeit von MPLS-TE im Vergleich zu MPLS mit IP-Routing mit sich.

Grundsätzlich muss man unterscheiden zwischen MPLS-TE mit und ohne Bandbreitenma
gement. MPLS-TE mit Bandbreitenmanagement stellt ATM ähnliche Funktionalitäten be
ist jedoch wesentlich komplexer als MPLS-TE ohne Bandbreitenmanagement. Absolute Ba
breitengarantien können allerdings auch mit MPLS-TE mit Bandbreitenmanagement n
gegeben werden, da MPLS-TE keinen Einfluss auf die Forwarding Plane hat. Es handelt
daher eher um eine Art Buchhaltungssystem, mit dem die Netz-Ressourcen verwaltet wer
können.

RSVP und RSVP-TE ist (im Gegensatz zu CR-LDP) ein Soft-State Protokoll. Dies bedeu
dass für jeden TE-Tunnel periodisch RSVP (PATH und RESV) Nachrichten gesendet were
um den Status der Verbindung abzufragen bzw. zu überwachen (typisch alle 30 s). Dies im
ziert einen zusätzlichen (insbesondere bei Links über die viele TE-Tunnel geführt werden n
unerheblichen) Control Traffic. Hinzu kommt die Belastung der Router-Ressourcen aufgr
der Verwaltung der RSVP-States. In Produktionsnetzen gibt es Implementierungen mit e
Vollvermaschung von bis zu 100 Routern mit TE-Tunneln (entspricht ca. 10.000 TE-Tunne
Ein leistungsfähiger IP-Router kann zurzeit bis zu 300 (Head-End) bzw. 10.000 (Midpo
TE-Tunnel verwalten. Wird MPLS Fast Reroute genutzt, so kommen die RSVP Hellos hin
Allerdings wird jeweils nur eine Hello Nachricht pro Link gesendet. Die Überwachungsm
lichkeiten von MPLS-TE sind aus betrieblicher Sicht sehr interessant, da Fehler in den L
(z. B. fehlende Label auf einem Link) durch RSVP erkannt und gemeldet werden. Zusätz
sind mit dem Explicit Route Object (ERO) und dem Label Record Object (LRO) der gesa
Pfad sowie alle auf dem Pfad verwendeten Label bekannt, was die Fehlersuche vereinfa
Bezüglich der Überwachung sind daher MPLS-TE Tunnel der in Abschnitt 5.2 beschriebe
Vollvermaschung im unsolicited distribution, independent control und liberal retention m
vorzuziehen.

Andererseits ist MPLS-TE sehr aufwendig, da es sich um eine komplexe Technologie
entsprechendem Schulungsaufwand handelt, die eine saubere Dokumentation aller eingericl
ten TE-Tunnel erfordert. Der Migrationsaufwand zur Einführung von MPLS-TE ist daher n
unerheblich.

5.3.1   IS-IS TE

Unabhängig davon, ob MPLS-TE mit oder ohne Bandbreitenmanagement implementiert v
den soll, ist die Voraussetzung für MPLS-TE die Verwendung von IS-IS TE oder OSPF
TE Extensions. IS-IS TE ist eine Erweiterung von IS-IS und wird im RFC 5305 „IS-IS Ext
sions for Traffic Engineering" beschrieben. In den „normalen" IS-IS LSPs (d. h. ohne
Erweiterungen) teilt jeder Router allen anderen Routern seine Nachbarrouter mit dem Intern
diate System Neighbors TLV (Type 2) mit. Dieser TLV enthält lediglich die auf dem entsp
chenden Interface konfigurierte Metrik für den Link zum Nachbarrouter. IS-IS TE verwen
statt dessen den Extended IS Reachability TLV (Type 22), welcher *zusätzlich* zur Metrik 1
gende Informationen über den Link enthält:

- TE-Metrik.

- Link Identification (IP-Adresse des Interfaces und des Nachbarrouters).

- Bandbreiten Informationen (maximale physikalische Bandbreite, maximal reservierbare Bandbreite, noch verfügbare Bandbreite pro Prioritätenklasse).

- Administrative Gruppen.

Diese Informationen sind – wie die normalen LSPs – nur innerhalb einer Area bekannt. Sollen TE-Tunnel über Area-Grenzen hinweg eingerichtet werden, so stellt sich das Problem, dass der Head-End die Netztopologie jenseits seiner Area nicht kennt und daher nur eingeschränkte Möglichkeiten des Tunnel-Aufbaus bzw. der Tunnel-Optimierung hat. Bei der Realisierung von Inter-Area TE-Tunnel ist daher mit Einschränkungen zu rechnen.

IS-IS LSPs werden periodisch (LSP refresh interval) oder aufgrund von Änderungen der Metrik bzw. der Adjacencies generiert. Idealerweise sollten auch IS-IS TE LSPs immer dann generiert werden, wenn sich irgendeine Information geändert hat. Dies kann jedoch einen nicht unerheblichen Control Traffic und aus IP-Sicht ein sehr dynamisches Netz zur Folge haben, da sich z. B. die noch verfügbare Bandbreite des Links aufgrund von RSVP Reservierungsanfragen relativ häufig ändern kann. Um dies zu vermeiden, bieten sich u. a. folgende Möglichkeiten:

- Periodische Generierung im Minuten- bis Stundenbereich.

- Generierung nur bei signifikanter Änderung der noch verfügbaren Bandbreite (Treshold-Scheme). Dabei wird ein LSP nur dann generiert, wenn ein vorher definierter Schwellwert über- bzw. unterschritten wurde. In der Praxis werden diese Schwellwerte enger gelegt, wenn die reservierbare Bandbreite schon weitgehend belegt ist. Solange nur wenig Bandbreite reserviert ist werden die Schwellwerte entsprechend weiter auseinander gelegt.

- Generierung bei Änderungen der Konfiguration des Links.

- Generierung wenn ein Aufbau eines LSPs fehlschlägt.

Die verschiedenen Möglichkeiten können zum Teil auch miteinander kombiniert werden.

5.3.2   Path Calculation and Setup

Bei der SPF-Calculation wird von jedem Router der kürzeste Pfad (der Pfad mit der geringsten Gesamtmetrik) zu allen anderen Routern innerhalb der entsprechenden Area berechnet. Dabei wird die Gesamtmetrik aller möglichen Pfade berechnet und jeweils der Pfad mit der geringsten Metrik abgespeichert. Mit MPLS-TE können Pfade gefunden werden, die die geringste Metrik aller möglichen Pfade haben *und die bestimmte, vorher definierte Anforderungen erfüllen*. Dies wird durch Contrained Based Routing (CBR) realisiert, welches auf Constrained Shortest Path First (CSPF) beruht und eine Modifikation des SPF-Algorithmus ist. Dabei werden von vornherein nur die Pfade berücksichtigt, die die geforderten Anforderungen (z. B. Bandbreite, Verzögerungszeit) auch erfüllen. Von den verbleibenden Pfaden wird dann – wie bei der SPF-Calculation – der Pfad mit der geringsten Gesamtmetrik gewählt. Dieser Pfad liegt als Sequenz der IDs der entsprechenden Router vor und wird von RSVP im Explicit Route Objcet (ERO) beim Path-Setup verwendet. Existieren zwei oder mehr gleichberechtigte Pfade, so muss einer willkürlich ausgewählt werden. Oder es wird für jeden Pfad ein eigener TE-Tunnel aufgebaut. Die TE-Tunnel werden dann im equal-cost load sharing Verfahren betrieben, d. h. der Gesamtverkehr wird zu möglichst gleichen Teilen auf die TE-Tunnel verteilt.

Eine SPF-Calculation wird immer dann durchgeführt, wenn sich die Netztopologie ändert. Eine Pfadberechnung mit CSPF hingegen wird in folgenden Fällen durchgeführt:

- Der LSR wird mittels Konfiguration angewiesen, einen neuen TE Tunnel einzurichten.

- RSVP Fehlermeldung eines bereits existierenden TE-LSPs.

- Re-Optimization eines existierenden TE-Tunnels. Beispiele: Ausfall eines Links (wie der SPF), Aufbau eines TE-Tunnels mit höherer Setup-Priority, Aufbau eines TE-Tun mit höherer Bandbreiten-Prioritätenklasse etc.

5.3.3 Lenken von Verkehr in einen TE Tunnel

Ist der TE-Tunnel aufgebaut, so muss noch Verkehr in den Tunnel gelenkt werden. Hie gibt es beispielsweise folgende Möglichkeiten:

- Automatisches Lenken der Verkehre in den TE-Tunnel durch explizite Berücksichtig im IGP. Dabei werden TE-Tunnel bei der SPF-Calculation auf dem entsprechenden I (lokal) wie ein physikalischer Link behandelt. Der LSR ist zusätzlich zu den physik schen Links über TE-Tunneln mit anderen LSR verbunden, und die TE-Tunnel sind SPF-Graphen nicht von den physikalischen Links zu unterscheiden. Wenn ein TE-Tu zu einem LSR eine geringere Metrik als der kürzeste aller anderen Pfade hat, wird der samte Verkehr zu diesem LSR (und dem Verkehr zu den dahinter liegenden LSR/Rout in den TE-Tunnel gelenkt. Als Ausgangs-Interface steht in der Routing-Tabelle dann logische Interface des TE-Tunnels.

- Automatisches Lenken der Verkehre in den TE-Tunnel durch implizite Berücksichtig Viele LSR unterstützen auch die Möglichkeit, selber für jeden TE-Tunnel die äquival Metrik zu bestimmen. Ohne, dass der TE-Tunnel explizit in der Routing-Tabelle ersche wird er bevorzugt verwendet, wenn das Ziel ohne Umwege hinter dem Tunnel-Ende li Dieses, bei Cisco z. B. „autoroute-announce" genannte Feature erlaubt ein automatisc Routing von TE-Tunneln, das dem ursprünglichen IP-Routing noch etwas näher kom Die unter Abschnitt 5.3 genannten Unterschiede zu LDP-basiertem MPLS bleiben a grundsätzlich bestehen

- Statische Routen. Manuelles Konfigurieren von Zielen, die über den TE-Tunnel erre werden können.

- Policy Routing. Dabei können IP-Pakete nicht nur anhand ihrer Destination-Adresse, s dern anhand von vielen weiteren Kriterien (Source-Adresse, TOS-Bits, Source- und/o Destination-Port etc.) in den TE-Tunnel gelenkt werden. Policy Based Routing ist jed sehr aufwendig und wird nicht von allen Routern unterstützt.

Mit dem automatischen Lenken der Verkehr in den TE-Tunnel oder statischen Routen ist a ein unequal-cost load balancing möglich, welches mit normalen IP-Routingprotokollen n möglich ist (Ausnahme: EIGRP). Damit können beispielsweise 25% des Verkehrs von ein Quell- zu einem Zielknoten über den TE-Tunnel 1, 50% über den TE-Tunnel 2 und 25% ü den TE-Tunnel 3 geführt werden.

5.4 MPLS-Services

MPLS wird in der Praxis vor allem wegen seiner Multi-Service Eigenschaften eingesetzt. MPLS lassen sich leicht und effizient Daten verschiedenster Dienste über ein einziges Ba bone übertragen. Dabei macht man sich die Möglichkeit zunutze, mehrere MPLS-Header verwenden, also „Label zu stapeln" (engl. „Label Stacking"). Hierbei übernehmen die unterschiedlichen Label verschiedene Funktionen. Bild 5-10 zeigt den allgemeinen Fall des Transports eines beliebigen Services über MPLS an einem abstrakten Beispiel.

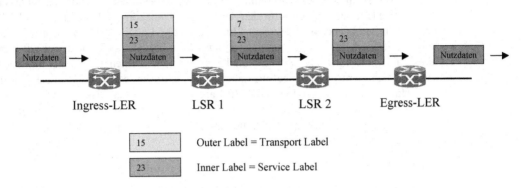

Bild 5-10   Allgemeiner Transport eines beliebigen Services über MPLS

Dargestellt sind hier zwei LER, die über zwei LSR miteinander verbunden sind. Die Datenflussrichtung wird hier von links nach rechts angenommen. Dann bildet der LER auf der linken Seite den Eingang des MPLS-Netzes für die Nutzdaten (Ingress-LER). Auf der anderen Seite befindet sich enstprechend der Egress-LER. Das ist der LER, an dem die Daten das Netz verlassen.

Es kommen zwei MPLS-Header, also zwei „Label" zum Einsatz. Der Ingress-LER stellt den Nutzdaten zunächst ein Label voran, das den Service selber identifiziert. Es wird vom Egress-LER vergeben und über ein geeignetes, Service-spezifisches Protokoll dem Ingress-LER mitgeteilt. Es zeigt dem Egress-LER, zu welchem Service das ankommende Daten-Paket gehört und wie es weiter behandelt werden soll. Deswegen wird es als *Service Label* bezeichnet. Eine andere, ebenso gebräuchliche Bezeichnung für dieses Label ist *Inner Label*, weil es sich im Inneren des Pakets, unmittelbar vor den Nutzdaten befindet. Damit das Paket nun auch den Weg vom Ingress-LER zum Egress-LER findet, wird ein weiterer MPLS-Header vorangestellt. Es kennzeichnet den Pfad, auf dem ein Paket zum richtigen Egress-LER transportiert wird und heißt daher auch *Transport-Label*. Alternativ wird es auch als *Outer Label* bezeichnet. Im gezeigten Beispiel verwendet der Egress-LER den Wert 23 für das Service-Label. Das Transport-Label hat den Wert 15 für LSR 1 und 7 für LSR 2. Für den Egress-LER selber wird im Falle von Penultimate Hop Popping (PHP) kein Transport-Label benötigt. Wenn keine speziellen Anforderungen dagegen sprechen, wird bei MPLS grundsätzlich PHP verwendet, weil damit ein unnötiger Header eingespart wird. Das Transport-Label ist auf dem Weg von LSR 2 zum Egress-LER deshalb unnötig, weil durch die richtige Wahl des Ausgangs-Interfaces auf LSR 2 bereits festgelegt ist, dass das Paket am Egress-LER ankommt. Ein solches, nicht vorhandenes Label wird auch als „Implicit Null Label" bezeichnet. „Null" deshalb, weil es keine Funktion mehr hat, und „Implicit", weil es implizit ist und im konkret übertragenen Paket gar nicht tatsächlich auftritt. Für das Implicit Null Label wird in RFC 3032 der Wert 3 festgelegt. Er kommt nur in Signalisierungs-Protokollen vor, nicht aber in Nutzpaketen.

Das Transport-Label wird, wie in den Abschnitten 5.2 und 5.3 beschrieben, üblicherweise durch die Protokolle LDP oder RSVP signalisiert. Für das Service-Label kommen je nach

Service unterschiedliche Protokolle zum Einsatz. Einige Beispiel dafür werden im Folger beschrieben.

Je nach Situation können außer dem Service- und dem Transport-Label noch weitere Labe einem MPLS-Label-Stack vorkommen, die jeweils bestimmte Funktionen übernehmen. spielsweise kann es sein, dass für den Aufbau der Transport-LSP das Protokoll LDP einges wird. Dann ist das normale Transport-Label ein LDP-Label. Zusätzlich kann aber z. B. in len des Netzes MPLS-TE eingesetzt werden. Dann befindet sich vor dem LDP-Label ein teres Label, das mittels RSVP-TE signalisiert wurde und einen TE-Tunnel implementiert. ses wird dann Traffic Engineering Label genannt. Im Falle von MPLS Fast Reroute kann Fehlerfall noch ein zusätzliches RSVP-Label hinzukommen (das Fast Reroute-Label). MPLS in der Größe des Label-Stack grundsätzlich nicht beschränkt ist, können zwecks I lementierung neuer Funktionalitäten noch weitere Label ineinander verschachtelt werden.

5.4.1   Public IP

Öffentlicher IP-Verkehr ist auch bei MPLS der Standard-Service. Er ist dadurch gekennze net, dass kein zusätzliches Service-Label benötigt wird. Diese Annahme gilt derzeit allerd zunächst nur für IPv4, das auch als Standard für die MPLS-Signalisierung selber angenom wird. IPv6-Pakete müssen als spezieller Service gekennzeichnet werden (siehe Absch 5.4.5).

Welches MPLS-Label einem öffentlich gerouteten IP-Paket zugewiesen wird ergibt sich dem Zusammenspiel von IGP und EGP. Das Label Distribution Protokoll erzeugt norma weise nur für IGP-Routen Label. Idealerweise gibt es für jeden LER genau eine FEC. D wird üblicherweise durch die Loopback-Adresse des LER gekennzeichnet. Die Loopba Adresse hat den Vorteil, dass sie einen LER eindeutig kennzeichnet aber unabhängig von p sikalischen Links ist. Auch wenn ein Link zu einem LER ausfällt, er aber über andere Li noch erreichbar ist, kann IGP den LER über die Loopback-Adresse noch erreichen.

Die Zieladresse eines öffentlich gerouteten IP-Pakets lässt sich normalerweise nur über B auflösen. Wichtig für ein MPLS-Netz ist daher, dass BGP als Next-Hop für diesen Ro Lookup die Loopback-Adresse des Egress-LER liefert. Dies muss in der BGP-Konfigura des LER berücksichtigt werden[48]. In der Praxis sieht der Weg eines öffentlichen IP-Pa durch ein MPLS-Netz also wie folgt aus:

- Das IP-Paket gelangt am Ingress-LER in das Netz, beispielsweise von einem benachba GW-Router über ein Peering, oder von einem Kunden über einen Kundenanschluss.

- Der LER schlägt die Ziel-IP-Adresse des IP-Pakets in seiner Routing-Tabelle nach. findet dort eine BGP-Route, die als Next-Hop die Adresse des Egress-LER liefert.

- Diese Next-Hop-Adresse schlägt der Ingress-LER nun wieder in seiner Routing-Tab nach und findet eine IGP-Route, die den eigentlichen Weg zum Egress-LER weist. Bei sem Route-Lookup ermittelt der LER, auf welchem Interface er das Paket weiterle muss.

---

[48] Andernfalls würde der LER auch die Link-Adresse des benachbarten Gateway-Routers eintra Das wäre zwar denkbar, würde aber erfordern, dass die Link-Adressen ins IGP importiert wer Ferner würde es den MPLS-Transport komplizierter machen. Ein LER müsste dann nicht nur für selber, sondern auch für jeden benachbarten GW-Router eine FEC erzeugen. Die Folge wäre ein facher Bedarf an MPLS Transport-Labeln.

- Die gefundene IGP-Route schlägt der LER zusätzlich als FEC in seiner LIB nach und findet dabei das entsprechende MPLS-Label. Er stellt dem IP-Paket einen MPLS-Header mit diesem Label voran (MPLS Push) und sendet es dann an das zuvor ermittelten Interface weiter.

- Das so erzeugte MPLS-Paket wird nun auf dem Transport-LSP durch das ganze Netz bis hin zum Egress-LER weitergeleitet. Üblicherweise kommt PHP zum Einsatz, so dass der letzte LSR vor dem Egress-LER den MPLS-Header entfernt (MPLS Pop) und das Paket ohne MPLS-Header zum Egress-LER sendet. Auf diesem letzten Link des LSP ist das ursprüngliche MPLS-Paket nicht mehr von einem normalen IP-Paket zu unterscheiden.

Der Egress-LER bekommt schließlich das IP-Paket, schlägt dessen Ziel-IP-Adresse in seiner Routing-Tabelle nach und ermittelt so das Interface, an das er das Paket weiterleitet (beispielsweise zum Anschluss eines Kunden).

5.4.2   Layer 3 VPN

Die Möglichkeit mit MPLS Layer 3 (IP) VPNs (Virtual Private Networks) zu implementieren, ist für viele Netzbetreiber eine wichtige – wenn nicht sogar die wichtigste – Motivation für die Einführung von MPLS. RFC 2547 beschreibt, wie man mit Hilfe von MPLS sehr effizient und flexibel VPNs implementieren kann, die für die Kunden völlig transparent sind und für den Service-Provider gute Skalierbarkeitseigenschaften aufweisen.

Ziel von VPNs ist zum einen, dass die Adressräume der einzelnen VPNs unabhängig voneinander und unabhängig vom öffentlichen IP-Netz sind. Die gleichen IP-Adressen können dadurch mehrfach verwendet werden. Solange sie nicht in einem gemeinsamen VPN sind, können völlig unterschiedliche Endsysteme dieselbe IP-Adresse verwenden, ohne dass es Konflikte oder Mehrdeutigkeiten gibt. Zum anderen dienen VPNs dazu, verschiedene VPNs strikt voneinander sowie vom öffentlichen Internet zu trennen, so dass kein Unberechtigter Zugriff auf Systeme innerhalb eines VPNs erlangen kann. Trotzdem erlauben die Mechanismen nach RFC 2547 die Flexibilität, auch mehrere VPNs ganz oder teilweise miteinander zu verbinden, wo dies entsprechend gewünscht ist. Damit lassen sich sowohl Intranets aufbauen, in denen nur Anschlüsse ein und derselben Firma untereinander erreichbar sind, als auch Extranets, bei denen gezielt und kontrolliert auch Anschlüsse unterschiedlicher Firmen gegenseitig erreichbar gemacht werden können.

Für die Implementierung von VPNs ist es zunächst wichtig, dass der Router des Service Providers für die Anschlüsse von VPN-Kunden separate Routing- und Forwarding-Tabellen unterstützt. Diese werden auch Virtual Routing and Forwarding (VRF) genannt. Der Router leitet IP-Pakete grundsätzlich nur zwischen Anschlüssen weiter, die demselben VRF angehören. Um gezielt zwischen verschiedenen VRFs Daten austauschen und Anschlüsse desselben VPNs an verschiedenen Routern effizient zu VPNs zusammenschalten zu können, beschreibt RFC 2547 eine Reihe von Mechanismen. Diese beruhen im Wesentlichem auf der Adress-Familie „VPN-IPv4 with MPLS Label" im Routing-Protokoll BGP. Sie weist folgende Besonderheiten auf:

- Die normale IPv4-Route wird um ein *Route Distinguisher* genanntes Feld erweitert. Damit wird es BGP möglich, die gleiche IPv4-Route mehrmals zu übertragen und diese Routen zu unterscheiden.

- Mit dem Attribut *Target VPN* (auch *Route Target* genannt) kann gesteuert werden, wohin erzeugte VPN-Routen verteilt werden.

- Für jede Route vergibt der LER, der diese Route BGP bekannt gemacht hat, ein MF Label, das im BGP mit verteilt wird.

Der Route Distinguisher (RD) ist 8 Byte lang und wird seinerseits strukturiert durch die teilung in die Felder: „Type", „Administrator" und „Assigned Number". Das Type-Feld Byte lang und gibt den Strukturierungstyp der folgenden beiden Felder an. Ihre Länge ha von diesem Typ ab. Das Administrator-Feld ist dabei immer eine eindeutige Kennzeichn einer organisatorischen Instanz, die RD-Werte vergibt, während die Assigned Number von dieser Instanz nach einem von ihr gewählten Verfahren eindeutig vergebene Nummer Ist beispielsweise der Typ 0, so ist das Administrator-Feld zwei Byte lang und gibt die N mer eines Autonomen Systems an. Dieses Autonome System hat dann noch vier Bytes für Assigned Number Feld, um einen eindeutigen RD zu erzeugen. Diese Strukturierung d allein zur Erleichterung der Erzeugung von eindeutigen Werten. Für den BGP-Prozess ist d Strukturierung vollkommen irrelevant. Zwei VPN-Routen werden von BGP nur dann gleich betrachtet, wenn alle 8 Byte des RD identisch sind (und selbstverständlich auch eigentliche IPv4-Route). Das kann dazu genutzt werden, um die gleichen IP-Adressen ur hängig voneinander in verschiedenen VPNs zu benutzen.

Das Attribut Route Target wird durch das im RFC 4360 definierte Extended Community A but implementiert. Dies ist eine Erweiterung des Community-Atttributs (siehe Abschnitt 4.5 Wie bei den einfachen BGP Communities kann damit ein Satz von Markierungen an eine E Route angehängt werden. Im Unterschied zu den einfachen Communities ist eine exten Community nicht 4, sondern 8 Byte lang und weist eine gewisse Strukturierung auf, mit sicher gestellt wird, dass die Werte dafür immer eindeutig vergeben werden. Ein Router, eine VPN-Route im BGP bekannt macht, hängt ein oder mehrere Route Targets an die Ro an. Des Weiteren werden den VRFs in den LER auch ein oder mehrere Route Targets zu wiesen. Nur wenn eine Route und ein VRF mindestens ein Route Target gemeinsam hal wird diese Route in das VRF eingespeist. Und nur wenn ein LER mindestens ein VRF hat, sich mindestens ein Route Target mit einer Route teilt, muss der LER diese Route überha annehmen. Dadurch wird gefiltert, welche Routen in welches VRF gelangen. Diese Filter ist insofern sehr effizient und erlaubt eine gute Skalierbarkeit, da ein LER nur solche VI Routen annehmen muss, die er auch in irgendeinem seiner VRFs benötigt. Sie ist gleichze flexibel, weil sie mehr als nur einfache Intranets erlaubt. Es können sehr gezielt Teile des N zes eines Kunden mit denen eines anderen verbunden werden (oder auch nicht).

Das mit BGP signalisierte Label fungiert als Service Label und wird in diesem Fall auch V Label genannt. Es zeigt dem Egress-LER, zu welchem VRF das entsprechende IP-Paket hört. Typischerweise wird der Egress-LER das VPN-Label auch gleich so vergeben, dass aus dem einfachen Label-Lookup schon darauf schließen kann, an welchen Anschluss er Paket weiter leiten muss. Alternativ kann es im Label auch einfach nur die VRF-Instanz ko ren und muss beim Erhalt eines MPLS-Pakets mit diesem Label dann noch ein IP-Lookup diesem VRF durchführen, um das Ausgangs-Interface zu ermitteln. Mit der Bedeutung Service-Labels als VPN-Label entspricht der Label-Stack dann genau dem aus Bild 5-10.

Bild 5-11 zeigt ein Beispiel für ein MPLS-Netz mit zwei einfachen Layer 3 VPNs. Sow VPN 1 als auch VPN 2 verwenden in diesem Beispiel den Prefix 10.1.2.0/24 für die Hosts ihrem Anschluss an LER A. LER A erzeugt für jeden dieser Anschlüsse ein eigenes VRF. verteilt beide Routen über iBGP an alle anderen LER. Dabei verwendet er für die Route VPN 1 den Route Distinguisher 100:1 und für Routen aus VPN 2 den Route Distinguis 100:2. Dadurch handelt es sich für BGP um zwei verschiedene Routen, die beide an die an ren LER weitergegeben werden. Des Weiteren erzeugt BGP für die Route von VPN 1

Label 17 und für die Route aus VPN 2 das Label 23. Das Netz in diesem Beispiel verwendet einfach die Nummer des VPN als Route Target. Jeder LER darf und muss für jedes VRF genau die Routen zulassen, die ein Route-Target mit der Nummer des jeweiligen VPNs haben. Für LER A bedeutet das, dass er an die erste Route das Route-Target 1 anhängt und an die Route 2 das Route-Target 2.

In VPN 1 wird jetzt am Anschluss an LER C ein IP-Paket mit einer Ziel-Adresse in 10.1.2.0/24 erzeugt. LER C kennt in dem VRF dieses Anschlusses die Route, die LER A mit dem Route-Target 1 erzeugt hat, fügt zunächst das VPN-Label mit dem Wert 17 hinzu und anschließend noch das Transport-Label für den Transport zu LER A (hier mit dem Wert 7 angenommen). Der LSR entfernt als vorletzter Hop gemäß PHP das Transport-Label und schickt das Paket zu LER A. Dieser erkennt das Label 17 und weiß nun, dass er dieses Label entfernen und die verbleibenden Nutzdaten direkt an den Anschluss von VPN 1 weiterleiten muss.

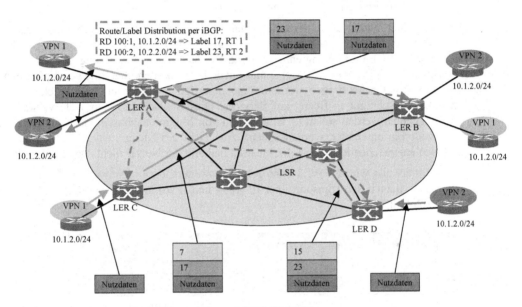

Bild 5-11   Einfaches Beispiel mit zwei Layer 3 VPN (IP-VPN)

5.4.3   Layer 2 und Layer 1 VPN

5.4.3.1   *Pseudo Wire Emulation Edge-to-Edge*

Trotz der Bezeichnung Multiprotocol Label Switching wurde MPLS zunächst ausschließlich für den Transport von IP-Paketen eingesetzt. Mit MPLS können jedoch prinzipiell beliebige Datenpakete oder –Rahmen, ja sogar TDM-Signale (z. B. SDH/SONET) transportiert werden.

Das Ziel der Pseudo Wire Emulation Edge-to-Edge (PWE3[49]) ist der transparente Transport von verschiedenen Layer 2 und Layer 1 Protokollen über MPLS. Ein Pseudo Wire („Pseudo-

---

[49]   Die Abkürzung PWE3 ergibt sich aus <u>P</u>seudo <u>W</u>ire <u>E</u>mulation <u>E</u>dge-to-<u>E</u>dge, wobei E3 die dritte Potenz von E bezeichnet.

Draht") emuliert eine physikalische Verbindung und ist daher eine Punkt-zu-Pu
Verbindung. Die Bezeichnung „Edge-to-Edge" weist darauf hin, dass zwei PE-Router mit
ander verbunden werden. PWE3 wird im RFC 3916 spezifiziert. Derzeit werden folge
Protokolle unterstützt [6]:

- Frame Relay (RFC 4619)

- PPP/HDLC (RFC 4618)

- PPP (RFC 1661)

- ATM (ATM-Zellen und AAL5-Rahmen; RFC 4717)

- Ethernet (RFC 4448)

- TDM-Signale. Hierbei wird unterschieden zwischen:
  o Unstrukturierten Bitströmen (z. B. PDH; RFC 4553)
  o Strukturierten Bitströmen (SDH/SONET; draft-ietf-pwe3-cesopsn-07.txt)

Die Übertragung der unterschiedlichen Nutzsignale wird jeweils in einem eigenen RFC
schrieben. Im Falle von Layer 1 TDM-Signalen spricht man von Circuit Emulation, da
eine Layer 1 Verbindung emuliert wird. Der Vorteil von PWE3 liegt auf der Hand. Mit PW
kann eine Vielzahl von Layer 2 und Layer 1 Protokollen über eine gemeinsame, paketbasi
Infrastruktur übertragen werden. Eine derartige Infrastruktur ist folglich sehr flexibel
skaliert sehr gut in Bezug auf Services. Dies ist wichtig, wenn viele verschiedene Die
angeboten werden sollen (z. B. aufgrund von Migrationsphasen oder weil bestehende Die
weiterhin unterstützt werden sollen). Aus Sicht des Nutzers emuliert die PWE3-Verbind
den entsprechenden Dienst. Im Idealfall bemerkt der Nutzer nichts von der Emulation.

Mittlerweile wurde PWE3 dahingehend erweitert, dass nicht nur der Transport über MP
sondern auch der Transport über IP (IPv4 und IPv6) möglich ist. Bild 5-12 zeigt den PW
Protokollstack.

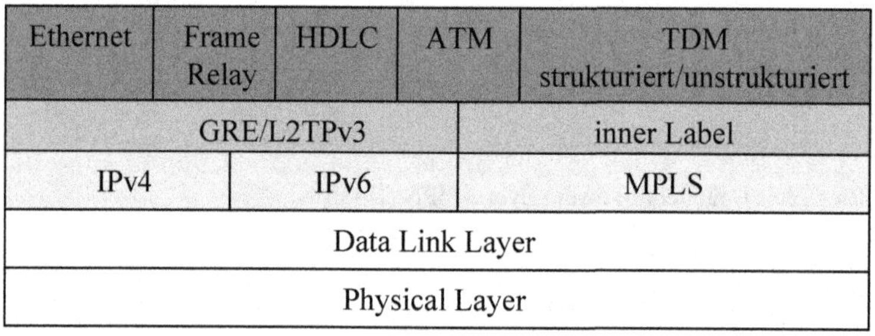

Ethernet	Frame Relay	HDLC	ATM	TDM strukturiert/unstrukturiert	
GRE/L2TPv3				inner Label	
IPv4		IPv6		MPLS	
Data Link Layer					
Physical Layer					

Bild 5-12 PWE3-Protokollstack

Es wird deutlich, dass Layer 1 und Layer 2 Protokolle über den Shim Layer bzw. über Laye
transportiert werden. Man spricht daher von Tunneling. Die Tunnel können entweder du
MPLS LSPs oder GRE (Generic Routing Encapsulation; RFC 2784) bzw. L2TPv3 (Laye
Tunneling Protocol Version 3, RFC 3931, siehe Abschnitt 3.2.2.2) Tunnel über IP realis
werden. Die Verwendung von Tunneln bringt zwei Vorteile. Zum einen kann auf diese We
eine Vielzahl von Protokollen unterstützt werden, da nur die Provider Edge Router diese F
tokolle kennen müssen. Für die Core Router sind PWE3-Pakete ganz normale MPLS-Pak
Zum anderen werden die Adressbereiche der Kunden und der Netzbetreiber voneinander

trennt, was insbesondere bei Ethernet-Diensten von großem Vorteil ist (vgl. Abschnitt 3.3.10.2). Der Data Link Layer und der Physical Layer werden von PWE3 nicht spezifiziert. Hierfür könnte beispielsweise Ethernet oder GFP/SDH verwendet werden.

Im Folgenden wird angenommen, dass die Tunnel mit MPLS LSPs realisiert werden und alle PE-Router (LER) über LSPs miteinander vollvermascht sind. Um Nutzsignale mit PWE3 übertragen zu können:

- muss die PWE3-Verbindung aufgebaut und aufrecht erhalten werden.

- müssen die Nutzsignale vom LER am Anfang der PWE3-Verbindung enkapsuliert und in MPLS-Pakete verpackt werden. Die MPLS-Pakete müssen zum gewünschten Ausgangs-LER übertragen werden und der Ausgangs-LER muss das Nutzsignal wieder aus den empfangenen MPLS-Paketen rekonstruieren.

PWE3-Verbindungen nutzen die bereits bestehenden LSPs zwischen den LER. Zur Kennzeichnung der PWE3-Verbindung wird ein weiteres Label verwendet. Dieses Service-Label wird auch als MPLS Interworking-Label bezeichnet („inner Label" in Bild 5-12). Dieses Label muss sowohl dem Eingangs- als auch dem Ausgangs-LER bekannt sein, damit sie verschiedene PWE3-Verbindungen voneinander unterscheiden können. Die Signalisierung des Interworking-Labels zwischen den LER kann mit LDP erfolgen, wobei hierfür spezielle Erweiterungen erforderlich sind [6]. Alternativ kann die Signalisierung auch mit RSVP-TE oder L2TPv3 erfolgen [48]. Die PWE3-Verbindung ist nun aufgebaut. Mit LSP ping, LSP traceroute und mit Virtual Circuit Connection Verification (VCCV) kann die Verbindung überprüft werden. Mit LSP ping und LSP traceroute können Fehler beim MPLS-Forwarding erkannt werden. Mit VCCV hingegen können Fehler bei den Verschaltungen der PWE3-Verbindungen zwischen den PWE3 Endpunkten (Eingangs- und Ausgangs-LER) festgestellt werden [49].

Bei der Enkapsulierung der Nutzsignale muss dafür Sorge getragen werden, dass alle charakteristischen Eigenschaften des zu emulierenden Services berücksichtigt werden. I.a. sind hierfür folgende Funktionalitäten erforderlich [6]:

- Anpassen der Nutzsignale an das darunter liegende Paketnetz. Zum Beispiel werden Idle-Zellen oder -Rahmen verworfen und bei TDM-Signalen aus dem Bitstrom geeignete Einheiten (Fragmente) gebildet.

- Zeitbeziehung (engl. Timing). Hierbei wird die Taktinformation aus dem Eingangssignal extrahiert und zusammen mit den Nutzsignalen übertragen, so dass der Takt am Ausgang der PWE3-Verbindung wieder rekonstruiert werden kann. Die Übertragung der Taktinformationen kann beispielsweise mit Time Stamps erfolgen.

- Reihenfolgesicherung (engl. Sequencing). Hierdurch wird sichergestellt, dass die PWE3-Pakete in der richtigen Reihenfolge beim Empfänger ankommen.

- Multiplexing. Beim Multiplexing werden verschiedene PWE3-Verbindungen über einen gemeinsamen Tunnel geführt. Die Unterscheidung der einzelnen Verbindungen erfolgt durch das MPLS Interworking-Label.

- Anpassen des PWE3-Pakets an das darunter liegende Paketnetz. Falls die Größe der zu übertragenden Pakete kleiner als die minimale Rahmengröße der verwendeten Schicht 2 ist, müssen die Pakete durch Padding vergrößert werden. Umgekehrt müssen die Pakete fragmentiert werden, wenn die Paketlänge größer als die maximale Rahmengröße der Schicht 2 ist.

Nicht alle dieser Funktionalitäten sind für alle Dienste erforderlich. Bild 5-13 zeigt exemrisch die Protokollelemente, die für den Transport von Ethernet [Bild 5-13 a)] und SDH-
nalen [Bild 5-13 b)] mit PWE3 erforderlich sind. Das MPLS Interworking-Label in Bild
entspricht dem „inner Label" aus Bild 5-12.

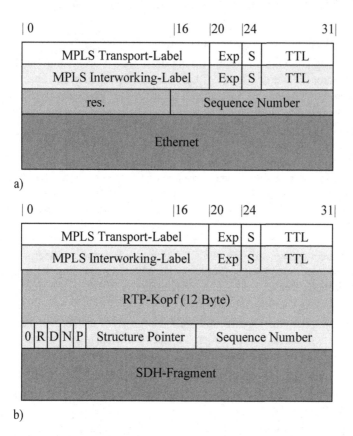

a)

b)

Bild 5-13   Protokollelemente für den Transport von a) Ethernet-Rahmen und b) SDH-Signalen
PWE3. Quelle: [6]

Für den Transport von Ethernet-Rahmen muss lediglich sichergestellt werden, dass die R
men in der richtigen Reihenfolge am Empfänger ankommen. Dies wird mit der Seque
Number im PWE3-Header realisiert [siehe Bild 5-13 a)]. Demgegenüber ist der Transport
SDH-Signalen deutlich komplizierter. Zunächst müssen aus dem SDH-Signal geeignete E
heiten (Fragmente) gebildet werden. Mit der Sequence Number wird sichergestellt, dass
einzelnen Fragmente wieder in der richtigen Reihenfolge zusammengesetzt werden.
Übertragung der Taktinformation erfolgt mit RTP. Darüber hinaus werden weitere SDH sp
fische Informationen wie Pointer-Operationen oder Alarmierungen (z. B. Loss of Pac
[LOP], Alarm Indication Signal [AIS]) übertragen [Bild 5-13 b)].

Bild 5-14 soll die Übertragung von Ethernet-Rahmen mit PWE3 anhand eines einfachen
spielnetzes illustrieren. Das Beispielnetz besteht aus vier LSR, an die sieben LER angesch
sen sind. Die LER sind über MPLS LSPs miteinander vollvermascht.

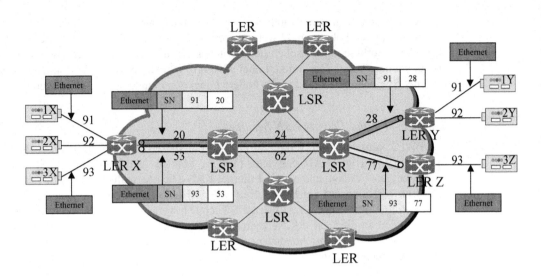

Bild 5-14 Übertragung von Ethernet-Rahmen mit PWE3. SN: Sequence Number

Hierfür sind insgesamt N (N–1) = 42 LSPs erforderlich. Zwei LSPs, der LSP von LER X zu LER Y bestehend aus der Labelsequenz {20;24;28} und der LSP von LER X zu LER Z bestehend aus der Labelsequenz {53;62;77} sind in Bild 5-14 exemplarisch dargestellt. Zur Vollvermaschung aller LER sind noch 40 weitere LSPs erforderlich. In Bild 5-14 sind drei PWE3-Verbindungen dargestellt. Es sollen die Ethernet-Switche 1X – 1Y, 2X – 2Y und 3X – 3Z über PWE3 miteinander verbunden werden. Hierfür müssen drei PWE3-Verbindungen eingerichtet werden: eine Verbindung zwischen LER X und LER Y für die Verbindung der Ethernet-Switche 1X – 1Y (MPLS Interworking-Label: 91), eine Verbindung zwischen LER X und LER Y für die Verbindung der Ethernet-Switche 2X – 2Y (MPLS Interworking-Label: 92) und eine Verbindung zwischen LER X und LER Z für die Verbindung der Ethernet-Switche 3X – 3Z (MPLS Interworking-Label: 93). Die einzelnen PWE3-Verbindungen werden durch das MPLS Interworking-Label voneinander unterschieden. Dieses Label muss dem Ausgangs-LER (hier LER Y bzw. Z) bekannt gemacht werden, damit er die PWE3-Pakete der richtigen Verbindung zuordnen kann. Sollen Ethernet-Rahmen vom Ethernet-Switch 1X zum Ethernet-Switch 1Y übertragen werden, so fügt LER X dem Ethernet-Rahmen zunächst den PWE3-Overhead (d. h. die Sequence Number und das MPLS Interworking-Label) hinzu und stellt dem PWE3-Paket anschließend das MPLS Transport-Label (hier 20) voran. Das MPLS Transport-Label kennzeichnet den Pfad zum LER Y. Für den folgenden LSR ist das Paket ein ganz normales MPLS-Paket. Daher schaut er in seiner LFIB, tauscht das Eingangslabel (20) durch das Ausgangslabel (24) und leitet das Paket zum nächsten LSR. Dieser verfährt genauso, so dass das MPLS-Paket schließlich an den Ausgangs-LER Y weitergeleitet wird. LER Y entfernt das äußere Label (28). Durch Auswerten des inneren Labels (91) stellt LER Y fest, dass das Paket der PWE3-Verbindung zwischen den Ethernet-Switchen 1X und 1Y zuzuordnen ist. Er entfernt dann das innere Label sowie die Sequence Number wieder und leitet den Ethernet-Rahmen an den Switch 1Y weiter. Die PWE3-Verbindung zwischen den Ethernet-Switchen 2 verwendet dasselbe äußere Label, da die Ethernet-Switche 1X, 2X und 1Y, 2Y jeweils an denselben LER angeschlossen sind. Die PWE3-Verbindungen werden durch das innere Label (91 für die PWE3-Verbindung zwischen den Switchen 1X – 1Y und 92 für die PWE3-

Verbindung zwischen den Switchen 2X – 2Y) voneinander unterschieden. Ethernet-Rah:
mit einem inneren Label von 92 werden von LER Y an den Ethernet-Switch 2Y weitergele:
Die PWE3-Verbindung zwischen den Switchen 3X und 3Z verwendet sowohl andere äu:
als auch innere Label. Das innere Label 93 kennzeichnet die PWE3-Verbindung zwischen
Ethernet-Switchen 3X – 3Z und das äußere Label den Pfad zwischen LER X und LER Z.

5.4.3.2   Virtual Private LAN Services

Mit PWE3 können Layer 1 und 2 Punkt-zu-Punkt-Verbindungen (VPNs) realisiert werd:
Mit Virtual Private LAN Services (VPLS) können Multipunkt-zu-Multipunkt Ether:
Verbindungen (VPNs) und somit Ethernet-LAN-Dienste realisiert werden (siehe Absch
3.3.10.1). VPLS basiert auf PWE3 über MPLS. Hierbei wird das Customer Equipment (C
z. B. ein IP-Router oder ein Ethernet-Switch, an verschiedenen Standorten über Ether:
Schnittstellen an die LER des Netzbetreibers angebunden. Aus Kundensicht ist das Custo:
Equipment an ein großes, kundenspezifisches LAN angeschlossen. Dieses LAN ist von
LANs der anderen Kunden vollständig getrennt.

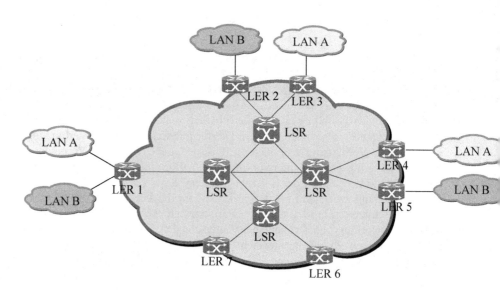

Bild 5-15   Virtual Private LAN Service (VPLS). Aus Kundensicht verhält sich der MPLS-Backb:
bestehend aus LER und LSR wie ein kundenspezifisches LAN.

Wie bei PWE3, so wird auch bei VPLS vorausgesetzt, dass die LER miteinander über MP
LSPs vollvermascht sind. Die Label kennzeichnen dabei die Pfade zu den entsprechen:
LER. Verschiedene VPLS werden über Service-Identifier voneinander unterschieden [50].
Bild 5-15 sind zwei VPLS dargestellt (Kunden-LANs A und B). Alle LER, die zu einem
stimmten VPLS gehören, müssen über PWE3-Verbindungen miteinander vollvermascht se:
Für VPLS A in Bild 5-15 müssen die LER 1, 3 und 4 über PWE3-Verbindungen vollv:
mascht sein. Für VPLS B müssen die LER 1, 2 und 5 vollvermascht sein. Ferner wird auf :
LERs eine VPLS-spezifische Bridge implementiert. Diese Bridge wird auch als virtue:

Bridge (engl. virtual bridge) bezeichnet. In Bild 5-15 werden auf dem LER 1 zwei virtuelle Bridges implementiert, eine für VPLS A und eine weitere für VPLS B. Auf LER 2 und 5 ist jeweils eine virtuelle Bridge für VPLS B und auf LER 3 und 4 eine virtuelle Bridge für VPLS A implementiert. Die virtuelle Bridge muss, wie jeder Ethernet-Switch, Ethernet-Rahmen mit unbekanntem Ziel fluten und MAC-Adressen lernen. Die Zuordnung MAC-Adresse – Interface wird in der VPLS-spezifischen Forwarding Information Base (FIB) abgespeichert. Im Unterschied zu einem Ethernet-Switch kann die virtuelle Bridge nur die MAC-Adressen der LANs *eines* Kunden lernen. Dadurch werden die VPNs der unterschiedlichen Kunden voneinander getrennt. Um Schleifen zu verhindern, wird der Split-Horizon Algorithmus angewendet. Im Zusammenhang mit VPLS bedeutet dies, dass Pakete niemals an eine PWE3-Verbindung weitergeleitet werden, wenn das Paket von einer PWE3-Verbindung empfangen wurde. Aufgrund der Vollvermaschung der LER eines VPLS ist sichergestellt, dass Ethernet-Rahmen mit unbekanntem Ziel an alle virtuellen Bridges des entsprechenden VPLS weitergeleitet werden.

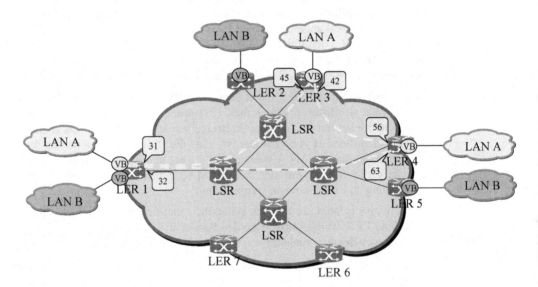

Bild 5-16 Beispielnetz zur Veranschaulichung von VPLS. VB: Virtual Bridge. Service-Identifier für VPLS A: 301, Service-Identifier für VPLS B: 302.

VPLS soll anhand der Beispielnetzes aus Bild 5-16 veranschaulicht werden. Dargestellt ist der MPLS-Backbone sowie die LANs der Kunden A und B. Die Kunden-LANs sollen über VPLS miteinander verbunden werden. Für VPLS A wird der Service-Identifier 301 und für VPLS B der Service-Identifier 302 verwendet. Bild 5-16 zeigt die virtuellen Bridges (VB) sowie die für VPLS A erforderliche Vollvermaschung der LER 1, 3 und 4 über PWE3 (gestrichelte Verbindungen). Die PWE3-Verbindungen für VPLS A werden folgendermaßen aufgebaut. Über LDP teilt LER 1 LER 3 mit: „Sende Verkehr für den Service Identifier 301 (VPLS A) mit dem Interworking-Label 31". LER 3 teilt LER 1 mit: „Sende Verkehr für den Service Identifier 301 mit dem Interworking-Label 45". Die PWE3-Verbindung zwischen LER 1 und 3 für VPLS A ist nun aufgebaut. Analog werden die PWE3-Verbindungen zwischen LER 1 und 4 sowie LER 3 und 4 aufgebaut. Die für VPLS A relevanten LER 1, 3 und 4 sind nun über PWE3-Verbindungen vollvermascht.

Exemplarisch soll die Übertragung eines Ethernet-Rahmens aus LAN A an LER 3 an das L
A an LER 1 betrachtet werden. Dazu wird der Rahmen zunächst von LAN A an LER 3
sendet.

- Anhand des Eingangsports erkennt LER 3, dass der Rahmen dem Service-Identifier
  (VPLS A) zuzuordnen ist. Der Rahmen wird daher an die virtuelle Bridge für den Serv
  Identifier 301 weitergeleitet. Zu Beginn ist die FIB für den Service-Identifier 301 leer
  dass LER 3 den Ethernet-Rahmen über die PWE3-Verbindungen mit dem Interwork
  Label 31 an LER 1 und dem Interworking-Label 56 an LER 4 flutet. Des Weiteren träg
  in der FIB für den Service-Identifier 301 ein, dass die Station mit der Source M/
  Address des Rahmens lokal über das Interface zu erreichen ist, an das LAN A an LE
  angeschlossen ist (backward learning).

- LER 4 empfängt das MPLS-Paket und stellt anhand des Interworking-Labels (56) fest, «
  der Ethernet-Rahmen den Service-Identifier 301 zuzuordnen ist. Er schaut daher in der
  für den Service-Identifier 301 nach, findet aber keinen Eintrag. Daher leitet er den Rah
  an das an ihn lokal angeschlossenen LAN A weiter. Aufgrund des Split-Horizon Algo
  mus sendet LER 4 den Rahmen nicht über die PWE3-Verbindung an LER 1. LER 4 träg
  der FIB für den Service-Identifier 301 ein, dass die Station mit der Source MAC-Add
  des Rahmens remote über die PWE3-Verbindung zu LER 3 erreicht werden kann.

- LER 1 empfängt das MPLS-Paket über die PWE3-Verbindung zwischen LER 3 und L
  1. Aufgrund des Interworking Labels (31) ordnet er den Rahmen dem Service-Identi
  301 zu und leitet ihn an die virtuelle Bridge von VPLS A weiter. Da auch die FIB für
  Service-Identifier 301 zunächst leer ist, leitet die Bridge den Rahmen an das an LER 1
  kal angeschlossenen LAN A weiter. LER 1 trägt in der FIB für den Service-Identifier .
  ein, dass die Station mit der Source MAC-Address des Rahmens über die PW
  Verbindung zu LER 3 erreicht werden kann.

Auf diese Weise gelangt der Rahmen schließlich zum Empfänger. Schickt nun der Empfän
in LAN A an LER 1 eine Antwort an den Sender in LAN A an LER 3, so wird der ents
chende Ethernet-Rahmen zunächst von LAN A an LER 1 weitergeleitet.

- Aufgrund des Eingangsports ordnet LER 1 den Rahmen dem Service-Identifier 301 zu »
  findet in der FIB für den Service-Identifier 301 den Eintrag für die entsprechende Dest
  tion MAC-Adresse. Daher flutet er den Rahmen nicht, sondern schickt den Rahmen
  LER 3, indem er dem Rahmen das Interworking-Label 45 voranstellt und das MPLS-Pa
  an die PWE3-Verbindung zu LER 3 weiterleitet. Ferner trägt LER 1 in der FIB für «
  Service-Identifier 301 ein, dass sich die Station mit der Source MAC-Address des R
  mens lokal über das Interface zwischen LER 1 und LAN A erreichen lässt.

- LER 3 ordnet das Paket aufgrund des Interworking-Labels 45 dem Service-Identifier :
  zu und leitet es an die virtuelle Bridge des VPLS A weiter. Die virtuelle Bridge finde
  der FIB einen Eintrag für die Destination MAC-Adresse und leitet den Rahmen an das
  terface zwischen LER 3 und LAN A weiter, so dass der Rahmen schließlich zum Empf
  ger gelangt.

Auf die beschriebene Weise lernen die virtuellen Bridges eines VPLS die MAC-Adressen
Kunden-LANs und können die Ethernet-Rahmen in Abhängigkeit der Destination M/
Adresse an den richtigen LER weiterleiten. Broadcast-Rahmen werden an alle PW
Verbindungen weitergeleitet. Die virtuellen Bridges verschiedener Kunden sind dabei v
ständig getrennt.

Um die Skalierbarkeit bezüglich der Anzahl der Provider Edge Router (LER) zu verbessern, kann hierarchisches VPLS (engl. Hierarchical VPLS [H-VPLS]) verwendet werden. Dabei werden die Provider Edge Router in zwei Hierarchieebenen eingeteilt:

- Provider Edge Router der oberen Hierarchieebne werden wie bei VPLS über PWE3-Verbindungen miteinander vollvermascht. Die PWE3-Verbindungen werden als Hub-Pseudowires bezeichnet [50].

- Provider Edge Router der unteren Hierarchieebene werden über PWE3-Verbindungen sternförmig an Provider Edge Router der oberen Hierarchiebene angebunden. Provider Edge Router der unteren Hierarchieebene können auch so genannte Multi-Tenant Units (MTU) sein. Die PWE3-Verbindungen werden als Spoke-Pseudowires bezeichnet [50].

Kunden-LANs werden an Provider Edge Router der unteren Hierarchieebene angeschlossen. Durch die Einführung der Hierarchieebenen wird die Skalierbarkeit verbessert, da weitere Provider Edge Router der unteren Hierarchieebene auf einfache Weise angeschlossen werden können. Hierfür muss nur eine PWE3 Punkt-zu-Punkt-Verbindung zu dem entsprechendem Provider Edge Router der oberen Hierarchieebene und nicht, wie bei Provider Edge Routern der oberen Hierarchieebene, eine Vollvermaschung zwischen allen Provider Edge Routern über PWE3-Verbindungen, aufgebaut werden [50].

5.4.4 MPLS als Service von MPLS

Mit Hilfe von MPLS können VPNs nicht nur für private Layer 3-Dienste (Abschnitt 5.4.2) und für Layer 1- bzw. Layer 2-Dienste (Abschnitt 5.4.3) erbracht werden, sondern auch für MPLS selber. Im Wesentlichen sind die Mechanismen dafür mit denen von Layer 3 VPNs identisch. Die Nutzdaten des VPN-Kunden sind dann allerdings nicht IP- sondern MPLS-Pakete. Auf dieser Basis kann der VPN-Kunde seinerseits MPLS-basierte Dienste anbieten (z. B. Layer 3 VPNs). Er ist dann selber ein Netzbetreiber und Service-Anbieter, wenngleich er statt einer eigenen Netzinfrastruktur den vom MPLS-VPN-Provider angebotenen Service nutzt. Man nennt diese Technik auch *Carrier supporting Carrier* (CsC) weil ein Netzbetreiber einen Dienst anbietet, die einem anderen Netzbetreiber erst das Erbringen seiner Dienste ermöglicht. Den Netzbetreiber, der den MPLS-VPN-Dienst anbietet, nennt man dann den *Backbone Carrier*, seinen Kunden den *Customer Carrier*.

Da der MPLS Label-Stack grundsätzlich unbegrenzt ist, und da auch der Customer Carrier seinerseits wieder MPLS-VPNs anbieten könnte, kann dieses Verfahren durchaus mehrfach geschachtelt rekursiv angewendet werden. In der Praxis bleibt es aber meist bei zwei Carrier-Ebenen. Dass die CsC-Technik überhaupt praktisch interessant ist, kann beispielsweise folgenden Grund haben. Wenn ein VPN-Kunde sehr viele Routen in seinem Netz hat, oder wenn er beispielsweise gar die globale Internet-Routing-Tabelle in seinem Netz vorhalten möchte, kann er damit unter Umständen die Skalierbarkeitsgrenzen der Router des VPN-Providers überschreiten. Der VPN-Provider müsste nämlich alle diese Routen als IPv4-VPN-Routen mit Route Distinguisher, Route Target etc. pflegen. Diese Routen haben pro Prefix einen deutlich größeren Speicherbedarf als einfache IPv4-Routen. Darüber hinaus müssen die Router des VPN-Providers die globale Routing-Tabelle mehrfach vorhalten: sowohl für das eigene Netz als auch in den VRFs der entsprechenden Kunden.

Lösen lässt sich dieses Skalierbarkeits-Problem, indem der Backbone Carrier im VRF für
Kunden nur die internen Routen pflegt, typischerweise also die IGP-Routen des Custo
Carriers. Die Kundenrouten des Customer Carriers pflegt dieser in seinem iBGP, das di
zwischen den Routern des Customer Carriers ausgetauscht wird, aber nicht mit dem Backt
Carrier. Weil zwischen Backbone Carrier und Customer Carrier MPLS- und keine IP-Pa
übertragen werden, muss der Backbone Carrier die Kundenrouten des Customer Carriers n
kennen.

Bild 5-17 zeigt die Struktur der Carrier supporting Carrier Technik an einem abstrakten I
spiel. Carrier A ist dabei der Customer Carrier. Er hat hier zwei Lokationen, die nicht di
sondern mit Hilfe der CsC-Technik miteinander verbunden sind. Dazu unterhält jede Loka
eine Verbindung zu Carrier B, der hier als Backbone Carrier auftritt. Auf dieser Verbindun;
MPLS aktiviert und Carrier A tauscht hier seine Infrastruktur-Routen aus – im Zweifelsfall
die Loopback-Adressen seiner Router. Für den Austausch dieser Routen mit Carrier B kör
nahezu beliebige Verfahren zum Einsatz kommen – statisches Routing, ein beliebiges
oder BGP. Wichtig ist nur, dass dazu auch Label ausgetauscht werden, so dass ein durcl
hender MPLS-LSP entsteht.

Die Routen seiner Kunden tauscht Carrier A zwischen seinen Routern mit Hilfe von iBGP
Das funktioniert auch zwischen den Lokationen, weil ja die Erreichbarkeit der Router se
über Carrier B sicher gestellt ist.

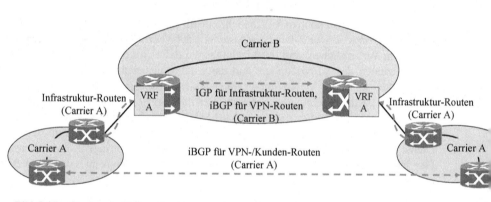

Bild 5-17   Carrier supporting Carrier

Von Carrier B werden zwei LER dargestellt. Sie haben jeweils ein VRF A, in dem der jewe
ge Anschluss für den Kunden Carrier A liegt. Die Routen, die sie dort empfangen, sind
Carrier B nur noch Kunden-Routen, die er als VPN-Routen über iBGP zwischen seinen R
tern austauscht. Für seine eigene Infrastruktur benutzt er natürlich auch ein IGP.

So entstehen durchgehende MPLS-Pfade, mit denen Carrier A beliebige IP- oder MP!
Dienste zwischen all seinen Lokationen anbieten kann. Weiterhin kann Carrier B die Tra
port-Leistung für Carrier A anbieten, ohne jedoch alle Kunden-Routen von Carrier A in sei
eigenen Routern vorhalten zu müssen.

5.4.5   IPv6 über MPLS

Mit der Einführung von IPv6 müsste ein Netzbetreiber eigentlich alle seine Router IPv6-tauglich machen, um im Dual-Stack-Betrieb sowohl für IPv4 als auch für IPv6 eine Routing- und eine Forwarding-Tabelle zu pflegen. Damit das in großen Netzen funktioniert, müssten auch alle Routing-Protokolle beide IP-Versionen unterstützen und für jede Version die Netztopologie abspeichern. In einem MPLS-Netz müssten dann auch die MPLS-Protokolle wie zum Beispiel LDP explizit IPv6 unterstützen.

Durch den Einsatz eines MPLS Service-Labels für IPv6 kann dieser Aufwand allerdings drastisch reduziert werden. IPv6 wird einfach als ein weiterer von vielen MPLS-Diensten verstanden, der über ein MPLS/IPv4-Backbone erbracht wird. Nur die LER, die diesen Dienst anbieten sollen, müssen IPv6 fähig sein und IPv6 zusätzlich zu IPv4 unterstützen. RFC 4798, „Connecting IPv6 Islands over IPv4 MPLS Using IPv6 Provider Edge Routers (6PE)", beschreibt das dazu notwendige Verfahren, das oft kurz „6PE" genannt wird.

Wie bei anderen MPLS-Diensten wird dabei vom Ingress-LER ein Service-Label erzeugt, das noch vor das Transport-Label und vor die Nutzdaten – hier ein IPv6-Paket – gehängt wird. In diesem Fall nennt man das Service-Label auch „6PE-Label". Das 6PE-Label wird vom Egress-LER vergeben. Es sagt ihm in allen ankommenden Paketen, dass es sich bei den Nutzdaten um ein IPv6-Paket handelt, dass er ggf. gemäß seiner IPv6-Routing-Tabelle weiterleiten muss. Optional kann der Egress-LER das 6PE-Label auch so vergeben, dass er bereits aus dem einfachen Label-Lookup ermitteln kann, an welches Ausgangs-Interface er das enthaltene IPv6-Paket weiterleiten muss.

Für die Signalisierung des 6PE-Labels wird iBGP verwendet, wie es auch sonst für öffentliches IP-Routing verwendet werden würde, allerdings mit der Option, zusätzlich ein MPLS-Label zu übermitteln. Das per BGP für jeden IPv6-Prefix übermittelte MPLS-Label ist dann das vom Egress-LER gewählte 6PE-Label. Die Frage, wie im iBGP der Next-Hop des Egress-LER übertragen wird, ist allerdings zunächst noch offen. Für IPv6-Routen sieht BGP nämlich auch eine IPv6-Adresse als BGP Next Hop vor. Und auch wenn der Egress-LER eine IPv6-Adresse hat, ist diese nicht über das IPv4-Netz dazwischen erreichbar. Das 6PE-Verfahren sieht daher vor, dass die IPv4-Adresse des Egress-LER als Next-Hop für die IPv6-Route übertragen wird. Dies ist möglich durch die Verwendung der „IPv4-mapped IPv6 Address", die im RFC 4038 beschrieben wird. Die ersten 80 Bit der IPv6-Adresse sind 0, dann folgen 16 Bit mit dem Wert 1 und die letzten 32 Bit entsprechen der IPv4-Adresse, die hier als IPv6-Adresse angegeben werden soll. Dafür wird auch folgende Schreibweise verwendet:

::FFFF:a.b.c.d

wobei a.b.c.d die IPv4-Adresse in der für IPv4 üblichen Dezimalschreibweise bezeichnet. Das 6PE-Verfahren ist vor allem für Netzbetreiber interessant, die bereits flächendeckend MPLS verwenden und daher keinen größeren Aufwand durch die Einführung eines weiteren MPLS-Dienstes haben. Wird in einem Netz bislang kein MPLS verwendet, ist IPv6 allein nicht unbedingt ein ausreichender Grund zur Einführung von MPLS. Die Verwendung von Dual-Stack in allen Routern und die Erweiterung des IGP auf IPv6-Fähigkeit sind dann in den meisten Fällen der günstigere Weg.

5.5   MPLS-FRR

Wenn in einem IP/MPLS-Netz ein Fehler auftritt, wenn z. B. ein Link oder ein ganzer Kn
ausfällt, werden diese üblicherweise automatisch umgangen. Man spricht dabei von der *K*
vergenz des Netzes. In reinen IP-Netzen sowie in MPLS-Netzen mit IP-Routing hängt
Konvergenzzeit vom verwendeten internen Routing-Protokoll ab. Sie kann viele Sekun
betragen (siehe Abschnitt 4.4.2.2.4) oder – unter Anwendung der als Fast IGP bezeichn
Maßnahmen – auf unter ein bis zwei Sekunden reduziert werden (siehe Abschnitt 4.4.2.2.5)
der Praxis sind hier MPLS-Netze mit IP-Routing gegenüber reinen IP-Netzen etwas benach
ligt, weil die Installation der neuen Routen in der FIB nicht nur für die IP-Routen, son
zusätzlich auch in der LIB für die MPLS-LSPs erfolgen muss. In MPLS-Netzen mit expli
Routing, wenn etwa Contrained Based Routing zum Einsatz kommt, müssen u.U. sehr v
LSPs explizit neu berechnet, signalisiert und ggf. ausgehandelt werden. Dies kann in gro
Netzen noch viel länger dauern als die Konvergenz eines normalen Routing-Protokolls.

Um die Ausfallzeiten von bestimmten Verkehren dennoch sehr kurz zu halten, können zus
lich Mechanismen für eine schnelle, lokale Verkehrsumleitung eingesetzt werden, die als *F*
Reroute (FRR) bezeichnet werden. MPLS Fast Reroute unterscheidet sich in folgenden Pu
ten von Fast IGP:

- Fast Reroute handelt nur lokal, am Punkt des Ausfalls. Dadurch entfallen die in Absch
  4.4.2.2.5 genannten Punkte zur LSP-Erzeugung und –Verteilung.

- Die Verkehre, die normalerweise über den ausgefallenen Link weitergeleitet werden v
  den, werden auf vorberechnete Ersatzwege umgeleitet. Dadurch entfällt der in Absch
  4.4.2.2.5 genannte Punkt der Routing-Neuberechnung. Die Installation der neuen Rou
  wird ersetzt durch ein einfaches Umschalten von den alten auf neuen LSPs, die auf den
  necards bereits vorgehalten werden.

- Die Wahl der Ersatzwege ist bei FRR allerdings deutlich eingeschränkt, weil nur lc
  agiert werden und zunächst kein anderer Router mithelfen kann. Deswegen erfordert F
  entweder das Vorhalten einer relativ großen Reservekapazität bzw. erlaubt nur geri
  mittlere Auslastungen der Links, oder es wird QoS nach dem DiffServ-Modell einges
  (siehe Abschnitt 4.6) und man plant nur für bestimmte QoS-Klassen einen wirksar
  Schutz. Für das Zeitintervall, in dem FRR greift, aber die Konvergenz noch nicht ab
  schlossen ist, akzeptiert man dann für die weniger hoch priorisierten Verkehrsklassen
  höhte Paketverluste.

Grundsätzlich sind Fast IGP und MPLS Fast Reroute unabhängig voneinander. In einem N
können also durchaus beide Mechanismen gleichzeitig eingesetzt werden.

Mit MPLS Fast Reroute (FRR) kann der Verkehr in den TE-Tunneln sowohl vor Link-
auch vor Knoten-Fehlern geschützt werden. Beide Schutzmechanismen werden im Folgen
beschrieben. Voraussetzung für MPLS FRR ist MPLS Global Label Allocation. Wird ein se
rater Label Space pro Interface verwendet, so kann MPLS FRR in der hier beschriebenen W
se nicht implementiert werden. MPLS-FRR wird im RFC 4090, „Fast Reroute Extensions
RSVP-TE for LSP Tunnels“, spezifiziert.

5.5.1 Link Protection

Bild 5-18 soll die Link Protection mit MPLS-FRR verdeutlichen. Das Beispielnetz besteht aus den Routern A bis F, wobei die Router A und D durch einen TE-Tunnel verbunden sind. Der Link zwischen Router B und C soll mit MPLS-FRR geschützt werden. Dazu muss auf Router B mit RSVP ein zusätzlicher Tunnel eingerichtet werden, der auf dem Next Hop Router (in diesem Fall Router C) endet und nicht über den Link B-C geführt wird. Ein solcher Tunnel wird auch als Next-Hop (Nhop) Backup Tunnel bezeichnet. Schließlich muss Router B so konfiguriert werden, dass er den Verkehr des TE-Tunnels von A nach D (primary Tunnel) bei Ausfall des Links zwischen B und C in den Backup-Tunnel umroutet. Bild 5-19 zeigt den Fluss des Verkehrs, der im Normalfall über den TE-Tunnel von A nach D geführt wird.

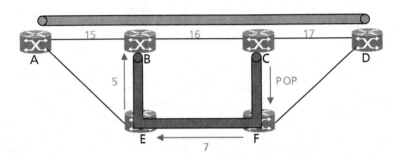

Bild 5-18   Beispielnetz zur Illustration der Link Protection mit MPLS-FRR

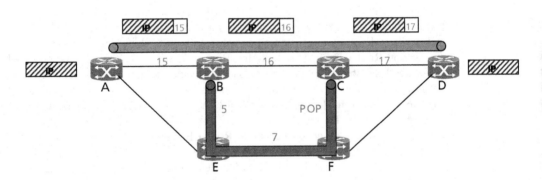

Bild 5-19   Verkehrsfluss im Normalfall

Router A stellt den entsprechenden IP-Paketen einen MPLS Shim-Header mit dem Label (hier 15) voran, welches er von Router B erhalten hat. Router B tauscht das incoming Label gegen das Label (hier 16), welches er von seinem downstream Nachbarn (Router C) erhalten hat. C tauscht analog das Label 16 gegen das Label 17, und Router D entfernt das Label schließlich wieder. Bemerkung: wird „Penultimate Hop Popping" verwendet, so entfernt bereits Router C das Label). Bild 5-20 zeigt den Verkehrsfluss im Fehlerfall (Ausfall des Links B-C).

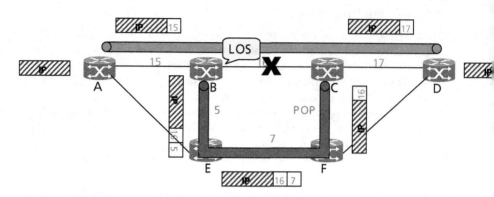

Bild 5-20   Verkehrsfluss im Fehlerfall (Ausfall des Links B-C)

Innerhalb von Millisekunden kann das Line-Interface des Routers B den Fehler beispielsw
mit SDH-/OTH-Alarmierungsmechanismen feststellen und meldet den Ausfall dem Ro
Prozessor (RP). Der Route-Prozessor aktualisiert daraufhin die Master LFIB. Die hierfür
wendige Zeit hängt von der Anzahl der zu schützenden primary TE-Tunnel, der Position
entsprechenden Eintrages in der LFIB sowie der CPU-Last ab. *Bemerkung:* mit einem einzi
Next-Hop-Backup Tunnel können alle TE-Tunnel, die über den entsprechenden Link lau
geschützt werden. Danach wird die Master LFIB innerhalb von wenigen ms auf die Lineca
geladen. Insgesamt lässt sich auch für 1000 primary Tunnel eine Umschaltzeit von weniger
10 ms realisieren.

Wenn die akutalisierte LFIB auf die Linecards geladen wurde, tauscht Router B nach wie
das incoming Label (15) gegen das outgoing Label (16), welches er von C erhalten hat.
nach stellt er dem Eingangspaket einen weiteren MPLS Shim-Header mit dem Label (5), v
ches er von Router E für den Next-Hop-Backup Tunnel erhalten hat, voran (Label Stacki
und routet das Paket in den Next-Hop-Backup Tunnel (in diesem Beispiel zu Router E). Ro
E tauscht das äußere incoming Label gegen das Label (7), welches er von Router F bekom
hat. Router F entfernt den äußeren MPLS-Header wieder (Label popping) und gibt das P
an Router C weiter. Da alle Router Global Label Allocation verwenden kann Router C n
mehr unterscheiden, ob er das Paket von Router B (Normalfall) oder von Router F (Fehlerf
bekommen hat, da es in beiden Fällen dasselbe Label (16) aufweist und sich nur durch
Eingangs-Interface unterscheidet. Dies hat den entscheidenden Vorteil, dass Router C se
LFIB nicht ändern muss. Router C leitet das MPLS Paket daher wie gehabt an D weiter, in
es das incoming Label (16) durch das outgoing Label (17) ersetzt. Router D schließlich
fernt den MPLS-Header wieder. Der Verkehr von A nach D wird solange über den Next-H
Backup Tunnel geführt, bis der Link B-C wieder betriebsbereit ist oder ein alternativer prim
Tunnel von A nach D aufgebaut worden ist.

5.5.2   Node Protecion

Zur Verdeutlichung der MPLS-FRR Node Protection wird wieder das bereits bei der L
Protection betrachtete Beispielnetz zugrunde gelegt (siehe Bild 5-21). Der Verkehr des
Tunnels von Router A zu Router D soll vor dem Ausfall des Routers C mit MPLS-FRR
schützt werden. Dazu muss auf Router B mit RSVP ein zusätzlicher Tunnel eingerichtet w

den, der diesmal auf dem Next-Next-Hop Router (Router D) endet und nicht über den Router C geführt wird. Ein solcher Tunnel wird auch als NNhop-Backup Tunnel bezeichnet. Wie bei der Node Protection muss Router B so konfiguriert werden, dass er den Verkehr des TE-Tunnels von A nach D (primary Tunnel) bei Ausfall des Routers C in den Backup-Tunnel umroutet. Zusätzlich routet B den Verkehr auch dann um, wenn der Link B-C ausfällt. Die Node Protection schützt folglich sowohl den Router C als auch den Link B-C. Fällt der Link B-C oder der Router C inkl. seiner Interfaces aus, so bekommt Router B diesen Ausfall – wie bei der Link Protection – beispielsweise über SDH-/OTH-Alarmierungsmechanismen innerhalb weniger ms mit und routet den Verkehr des primary Tunnels über den NNhop Backup Tunnel. Die Umschaltzeit beträgt auch in diesem Fall je nach Anzahl der zu schützenden primary Tunnel typischerweise 10 ms.

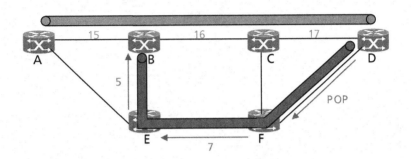

Bild 5-21   Beispielnetz zur Illustration der Node Protection mit MPLS-FRR

Fällt hingegen nur der Route-Prozessor des Routers C aus, die Interfaces sind jedoch noch betriebsbereit, so kann die Erkennung dieses Fehlers erhebliche Probleme bereiten wenn der Fehler nicht auf Layer 1 oder 2 innerhalb von Millisekunden erkannt werden kann. Ohne zusätzliche Maßnahmen würde die Erkennung dieses Fehlers mit IS-IS Hellos und den IGP Default-Einstellungen der Timer 30 s in Anspruch nehmen (siehe Abschnitt 4.4.2.2.4). Abhilfe könnten IS-IS Fast Hellos schaffen. MPLS-FRR hingegen verwendet zur Erkennung eines Route-Prozessor Fehlers eigens hierfür definierte RSVP Hellos. Defaultmäßig werden RSVP Hellos alle 200 ms gesendet. Nach vier nicht beantworteten Hellos wird der Nachbar für tot erklärt, d. h. die Erkennung eines Ausfalls des Route-Prozessors dauert 800 ms. Erst nach der Erkennung des Fehlers kann Router B den betroffenen Verkehr über den NNhop Backup Tunnel zu Router D umrouten. Nachteilig an dem Verfahren ist, dass durch die RSVP Hellos zusätzlicher Overhead entsteht und die Router Ressourcen hierdurch belastet werden. Pro Link existiert dabei lediglich eine einzige RSVP Hello Session. MPLS FRR Node Protection kann alle primary Tunnel, die über den zu schützenden Router geführt werden, mit einem einzigen NNhop Backup-Tunnel schützen. Bild 5-22 zeigt den Verkehrsfluss bei Ausfall des Links B-C (a) und bei Ausfall des Routers C (b).

Der Verkehrsfluss ist in beiden Fehlerfällen gleich. Router B tauscht das incoming Label (15) gegen das Label (17), welches C von D erhalten hat. Dazu muss er dieses Label natürlich kennen. Hierfür wurde für die RSVP RESV Message das Record Label Object definiert, welches in Analogie zum Record Route Object die für den TE-Tunnel verwendeten Label auf allen Links speichert. Die Kenntnis aller Label entlang des TE-Tunnels kann bei der Fehlersuche vorteilhaft sein, erfordert aber zusätzlichen Speicherplatz. Nachdem B das incoming Label getauscht hat, fügt er (wie bei der Link Protection) einen weiteren MPLS-Header mit dem

Label hinzu, welches er von E für den NNhop Backup Tunnel bekommen hat und routet Paket in den NNhop Backup Tunnel. Router E tauscht das äußere Label und schickt e Router F. Dieser ist der vorletzte Router (Penultimate Hop) des NNhop Backup Tunnels entfernt daher das äußere Label, bevor er das MPLS-Paket an Router D schickt. Da alle Ro Global Label Allocation verwenden kann Router D anhand des incoming Labels nicht un scheiden, ob das Paket von Router C oder von Router F kommt. Router D braucht daher s LFIB nicht zu ändern und entfernt den MPLS-Header wieder.

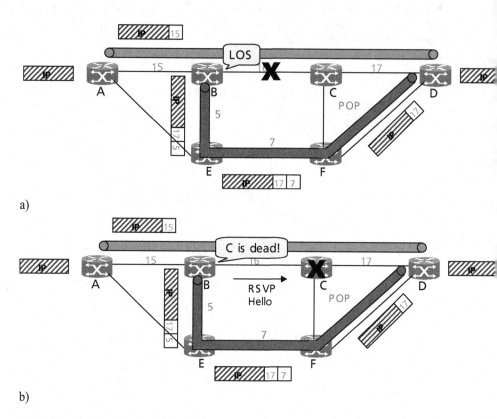

a)

b)

Bild 5-22   Verkehrsfluss im Fehlerfall a) bei Ausfall des Links B-C und b) bei Ausfall des Routers C

Abschließend soll noch der Fall betrachtet werden, dass in dem in Bild 5-21 betrachteten B spielnetz der Link C-D ausfällt. Den Aufall bekommt Router B entweder durch IS-IS L! oder durch RSVP (Nachricht „PathError") mit. Da es in beiden Fällen einige Sekunden dau kann bis B von dem Ausfall des Links erfährt, muss der Link C-D mit einem eigenen N Backup Tunnel geschützt werden (siehe Bild 5-23). Fällt der Link C-D aus, so routet C Verkehr in den entsprechenden Nhop Backup Tunnel.

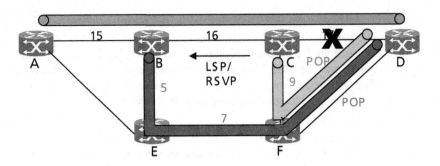

Bild 5-23 Ausfall des Links C-D

In dem in Bild 5-23 dargestellten Szenario ist der Verkehr in dem TE-Tunnel von A nach D vor Ausfällen des Links B-C und des Routers C durch den NNhop Backup Tunnel von B nach D geschützt. Der Link C-D ist durch den Nhop Backup Tunnel von C nach D geschützt. Wollte man zusätzlich noch den Link A-B und den Router B schützen, so müsste noch ein weiterer NNhop Backup Tunnel von A zu Router C konfiguriert werden. Als Single-Point of Failure verblieben dann nur noch LER A und D. Die LER können durch MPLS-FRR nicht geschützt werden.

5.6 Optische Control Plane

Herkömmliche Transportnetze gemäß Abschnitt 2.5 bestehen aus einer Data- und einer Management Plane [siehe Bild 5-24 a)]. Die Data Plane ist verantwortlich für die Übertragung der Nutzdaten (Bits). Transportnetze werden i. d. R. von einem zentralen Netzmanagementsystem (NMS) aus betrieben. Für jeden administrativen Bereich (z. B. Subnetz eines Netzbetreibers oder eines Herstellers) ist dabei ein separates Managementsystem erforderlich. Besteht das Transportnetz eines Netzbetreibers beispielsweise aus zwei Subnetzen verschiedener Hersteller, so sind i. d. R. auch zwei separate Netzmanagementsysteme erforderlich. Die Aufgaben eines Netzmanagementsystems (Management Plane) umfassen:

- das Fehlermangement (engl. Fault-Management),
- die Konfiguration des Netzes (engl. Configuration Management)
- die Vergebührung der bereitgestellten Dienste (engl. Accouting Management)
- die Überwachung der Netzperformance (engl. Performance Management) sowie
- das Sicherheitsmanagment (engl. Security Management)

und werden daher auch mit der Abkürzung FCAPS zusammengefasst. In der Praxis werden nicht immer alle FCAPS-Funktionalitäten von einem einzigen Netzmanagementsystemen bereitgestellt. Mittels Configuration Management können beispielsweise Transportnetzverbindungen eingerichtet werden. Dies erfordert eine manuelle Eingabe über das Netzmanagementsystem, wobei das Routing meistens automatisch und zentral erfolgt. Je nachdem, wie viele administrative Bereiche (Subnetze) für eine Ende-zu-Ende-Verbindung erforderlich sind, dauert die Bereitstellung von Transportnetzverbindungen typischerweise einige Wochen bis Monate [64,66].

Bemerkungen:

- Die Kommunikation zwischen der Data Plane und der Management Plane erfolgt über
  so genannte Data Communication Network (DCN). Das DCN kann als separates Netz
  gelegt werden (Bezeichnung: out-of-band) oder Overhead-Kanäle der zugrundelieger
  Transportnetztechnologie verwenden (Bezeichnung: in-band). Sowohl SDH als auch C
  stellen entsprechende Overhead-Kanäle zur Verfügung, die in der Praxis häufig verwe
  werden [8].

- Eine Signalisierung ist bei traditionellen Transportnetzen nicht erforderlich, da diese
  Gegensatz beispielsweise zu Telefonnetzverbindungen nicht dynamisch, sondern semi
  manent verschaltet sind. Die Verschaltung erfolgt dabei über das Netzmanagementsys
  Dies wird als Switching on Command (SoC) bezeichnet, die dynamische Bereitstell
  von Telefonnetzverbindungen als Switching on Demand (SoD).

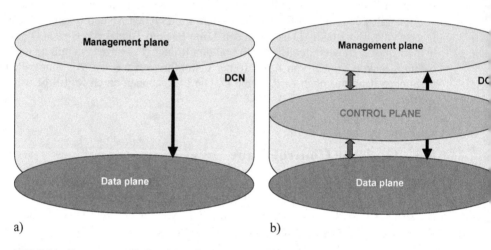

a)   b)

Bild 5-24   Transportnetze ohne (a) und mit Control Plane (b). Quelle: [63]

Seit einigen Jahren wird an einer Control Plane für Transportnetze gearbeitet [siehe Bild 5
b)]. Die Aufgaben einer Control Plane sind:

- Automatischer Auf- und Abbau von Verbindungen inkl. Signalisierung.

- Automatisches Routing von Primär- und Ersatzpfaden.

- Automatische Erkennung der Netztopologie und -ressourcen (engl. Auto-Discovery).

Nicht alle Funktionalitäten werden im jedem Netz benötigt. In reinen IP-Netzen entfällt
spielsweise der Auf- und Abbau von Verbindungen, da IP verbindungslos arbeitet.
IP/MPLS-Netzen hingegen müssen die LSPs zunächst durch geeignete Signalisierungspr
kolle (z. B. LDP, RSVP-TE) aufgebaut werden. In Telefonnetzen erfolgt das Routing m
manuell, so dass hier das Automatische Routing entfällt.

Die Aufgaben der Dataplane, der Control Plane und der Management Plane sollen anhand
folgenden Analogie veranschaulicht werden. Dazu wird eine Speditionsfirma bestehend
einer LKW-Flotte und einer Zentrale betrachtet. In diesem Bild stellen die LKWs die D
Plane dar, mit denen die Nutzlast transportiert wird. Die LKW-Fahrer inkl. Navigationsg

stellen die Control Plane dar, die geeignete Wege vom Startpunkt zum Ziel auswählen und dabei die aktuelle Verkehrsituation (z. B. Staus, Streckensperrungen) berücksichtigen. Die Zentrale stellt die Management Plane dar. Von hier aus wird die erforderliche Logistik bereitgestellt und das gesamte Unternehmen betrieben.

Transportnetze mit einer Control Plane können Transportnetzverbindungen analog zu Telefonverbindungen – allerdings mit deutlich höheren Datenraten – dynamisch bereitstellen. Das heißt das Prinzip des „Switching on Command" wird ersetzt durch „Switching on Demand". Da die meisten heute eingesetzten Transportnetztechnologien (SDH, WDM, OTH) auf optischen Übertragungen basieren, wird die Control Plane für Transportnetze auch als optische Control Plane bezeichnet. Eine optische Control Plane bietet folgende Vorteile [63,66]:

- Automatische Bereitstellung von Ende-zu-Ende Transportnetzverbindungen innerhalb sehr kurzer Zeit (typischerweise einige Sekunden bis Minuten [64,66]).

- Automatische und Layer-übergreifende Bereitstellung von Ersatzwegen im Fehlerfall (Protection und Restoration) sowohl für einfache als auch für mehrfache Fehler. Die Ausfallzeiten liegen im Bereich von weniger als 50 ms bis zu einigen 100 Millisekunden [64].

- Verbessertes Interworking zwischen administrativen Bereichen (Subnetz eines Netzbetreibers oder eines Herstellers).

- Innovative Dienste wie z. B. Bandwidth on Demand (BoD) oder Scheduled Bandwidth on Demand. Unter Scheduled Bandwidth on Demand wird ein Dienst verstanden, bei dem eine Transportnetzverbindung für eine vordefinierte Zeit (z. B. jeden Werktag von 20 – 21 Uhr) bereitgestellt wird.

- Dynamische Bereitstellung von Transportnetzverbindungen für den Client-Layer (i. d. R. IP-Layer). Die vom Transportnetz bereitgestellte Kapazität kann dadurch optimal an die aktuellen Verkehrsbeziehungen im Client-Layers angepasst werden. Sogar asymmetrische Verkehrsbeziehungen werden unterstützt.

- Automatische Erkennung der Netztopologie und –ressourcen sowie automatische Inventarisierung des Netzes (engl. Inventory Management).

- Bandbreiten-Defragmentierung. Zum Beispiel können die Timeslots in SDH-Netzen periodisch neu allokiert werden, so dass noch freie Timeslots einen zusammenhängenden Bereich belegen.

- Einfacheres, automatisiertes Netzmanagement und damit geringere Betriebskosten (OPEX).

Die für die optische Control Plane relevanten Standardisierungsgremien sind: IETF, ITU-T und OIF (siehe Abschnitt 2.6). Für die Realisierung einer optischen Control Plane gibt es zwei Ansätze: GMPLS und ASON. Beide Ansätze werden in den folgenden Abschnitten beschrieben.

5.6.1 GMPLS

Generalized MPLS (GMPLS) ist eine Weiterentwicklung von MPLS-TE. Die Standardisierung von GMPLS erfolgt bei der IETF von der „Common Control And Measurement Protocol Working Group (CCAMP)". Zunächst wurde Ende der 90er Jahre des letzten Jahrhunderts das MPLS-TE Konzept auf optische Transportnetze erweitert, indem die Wellenlängen der WDM-Übertragungssysteme als Label interpretiert wurden. Dieser Ansatz wird als MPλS bezeichnet. Wenig später wurde MPλS verallgemeinert, indem neben Wellenlängen auch Layer 2 Adres-

sen, Zeitschlitze (engl. Timeslots), Gruppen von Wellenlängen (engl. Wavebands) und Li
wellenleiter als generische Label interpretiert werden. Dieses Konzept wird als GMPLS
zeichnet. GMPLS wird normalerweise im Request driven, ordered control und liberal la
retention mode betrieben (siehe Abschnitt 5.1). Netzelemente mit einer GMPLS Control Pl
die entsprechende Einheiten verschalten können, werden wie IP/MPLS-Router Label Sw
Router (LSR) genannt. Je nachdem, welche Einheiten von einem derartigen LSR verscha
werden können, unterscheidet GMPLS zwischen [65]:

- Packet-Switch Capable (PSC) LSR. PSC-LSR verschalten Pakete und entsprechen de
  Abschnitt 5.1 eingeführten LSR.

- Layer-2 Switch Capable (L2SC) LSR. L2SC-LSR verschalten Rahmen oder Zellen. I
  spiele sind Ethernet- oder ATM-Switche.

- Time-Division Multiplex Capable (TDM) LSR. TDM-LSR verschalten Timeslots. Beis
  le sind SDH Add/Drop-Multiplexer (ADM) oder Crossconnects (DXC). Auch (opa
  OXC, die OTH-ODUs verschalten, zählen zu TDM-LSR (siehe Abschnitt 2.5.4).

- Lambda-Switch Capable (LSC) LSR. LSC-LSR verschalten Wellenlängen (OTH Beze
  nung: Optical Channel). Beispiele hierfür sind optische Crossconnects (OXC).

- Fiber-Switch Capable (FSC) LSR. FSC-LSR verschalten ganze Ports/Lichtwellenle
  Beispiele hierfür sind ebenfalls optische Crossconnects (OXC).

Zwischen diesen LSR können mit RSVP-TE LSPs aufgebaut werden, wobei der den LSP in
ierende LSR und der den LSP terminierende LSR vom gleichen Typ sein müssen. Zusätz
ist zu beachten, dass im Gegensatz zu paketbasierten Netzen die Bandbreite in Transportne
garantiert ist und in Abhängigkeit von der verwendeten Transportnetztechnologie nur
stimmte Werte annehmen kann (vgl. Abschnitt 2.5). GMPLS verwendet wie IP IPv4- c
IPv6-Adressen zur Adressierung von Interfaces. Wie bei IP, so besteht auch bei GMPLS
Möglichkeit unnumbered Links zu verwenden (vgl. Abschnitt 4.4.1).

Das GMPLS-Konezpt soll anhand des Beispielnetzes aus Bild 5-25 illustriert werden. Da
stellt sind zwei IP/MPLS LSR (PSC-LSR A und B), die über zwei SDH-Ringe und ein O1
Netz miteinander verbunden sind. Die SDH-Ringe haben eine Kapazität von STM-64.
optischen Crossconnects (OXC) sind jeweils über WDM Punkt-zu-Punkt-Verbindungen
32 Wellenlängen (Optical Channel [OCh]) und einer Kanaldatenrate von 10 Gbit/s miteinan
verbunden. Durch Erweiterung um eine Control Plane wird ein SDH-ADM zu einem TD
LSR. Entsprechend bezeichnet man einen OTH-OXC mit Control Plane als LSC-LSR. Ni
alle der in Bild 5-25 dargestellten SDH-ADM A bis H und OTH-OXC A bis D müssen a
ein TDM-LSR bzw. LSC-LSR sein. Durch IGP lernen alle GMPLS Netzelemente die gesa
Netztopologie kennen, und können mit Contraint Based Routing (CBR) die optimalen W
zu den jeweiligen Zielen berechnen.

Zur Illustration von GMPLS wird angenommen, dass PSC-LSR A einen MPLS-TE Tunnel
einer Bandbreite von 100 Mbit/s zu PSC-LSR B mit dem Signalisierungsprotokoll RSVP-
aufbauen möchte. Er schickt daher eine RSVP Path Nachricht an TDM-LSR A (Interwork
zwischen IP/MPLS und SDH). Da TDM-LSR A kein PSC-LSR ist, schickt er die RSVP P
Nachricht zunächst nicht weiter, sondern versucht den TE-Tunnel innerhalb eines bereits v
handenen TDM-LSPs von TDM-LSR A zu TDM-LSR G aufzubauen. Ist ein solcher LSP ni
oder nicht mit ausreichend Bandbreite vorhanden, so baut TDM-LSR A seinerseits ei
TDM-LSP (VC-4) zu TDM-LSR G auf. Er schickt hierfür eine RSVP Path Nachricht an (
von ihm berechneten Next Hop (Annahme: TDM-LSR D).

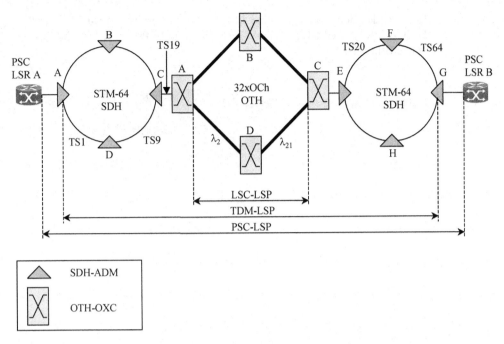

Bild 5-25 Beispielnetz zur Illustration von GMPLS. TS: Timeslot, OCh: Optical Channel

TDM-LSR D schickt die RSVP Path Nachricht weiter an TDM-LSR C, und dieser schickt sie an LSC-LSR A (Interworking zwischen SDH und OTH). Da LSC-LSR A kein TDM-LSR ist, sendet er die RSVP Path Nachricht zunächst nicht weiter, sondern versucht den TDM-LSP innerhalb eines bereits vorhandenen LSC-LSPs aufzubauen. Ist ein solcher nicht existent oder hierfür keine ausreichende Bandbreite vorhanden, so baut LSC-LSR A seinerseits einen LSC-LSP zu LSC-LSR C auf, indem er eine entsprechende RSVP Path Nachricht an dem von ihm bestimmten Next Hop (Annahme: LSC-LSR D) schickt. LSC-LSR D schickt die RSVP Path Nachricht von LSC-LSR A an LSC-LSR C. Dieser allokiert eine Wellenlänge für den LSC-LSP (Annahme: λ_{21}) und teilt diese LSC-LSR D mit einer RSVP RESV Nachricht mit. LSC-LSR D allokiert nun seinerseits eine Wellenlänge für den LSC-LSP (Annahme: λ_2) und schickt eine entsprechende RSVP RESV Nachricht an LSC-LSR A. Der LSC-LSP zwischen LSC-LSR A und C ist nun aufgebaut und besteht aus der Wellenlängen-Sequenz: $\{\lambda_2, \lambda_{21}\}$.

Jetzt leitet TDM-LSR C die RSVP Path Nachricht für den TDM-LSP zwischen TDM-LSR A und G an TDM-LSR E weiter. Dieser schickt die Nachricht an den von ihm berechneten Next Hop (Annahme: TDM-LSR F), und TDM-LSR F leitet die RSVP Path Nachricht schließlich an TDM-LSR G weiter. TDM-LSR G allokiert einen VC-4 in einem freien Timeslot (Annahme: Timeslot 64) und teilt diesen mit der RSVP RESV Nachricht TDM-LSR F mit. Die TDM-LSR F, E, C und D verfahren analog, so dass schließlich der TDM-LSP zwischen TDM-LSR A und G aufgebaut ist (Timeslot-Sequenz {TS1,TS9,TS19,TS20,TS64}).

Nun schickt PSC-LSR A die RSVP Path Nachricht an PSC-LSR B, um den TE-Tunnel zwischen PSC-LSR A und B aufzubauen. PSC-LSR B allokiert ein normales MPLS-Label und teilt PSC-LSR A dieses Label in der RSVP RESV Nachricht mit. Der TE-Tunnel zwischen PSC-LSR A und B ist nun aufgebaut.

Es wird deutlich, dass sich eine LSP-Hierarchie ergibt: PSC-LSPs werden in L2SC-L
L2SC-LSPs in TDM-LSPs, TDM-LSPs in LSC-LSPs und LSC-LSPs in FSC-LSPs ge
(siehe Bild 5-26).

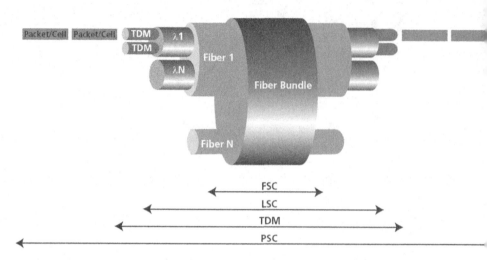

Bild 5-26   LSP Hierarchie bei GMPLS. Nicht dargestellt sind L2SC LSPs. Quelle: [68]

GMPLS bezeichnet eine Protokoll-Suite. Um die GMPLS-Funktionalitäten bereitzustel
sind folgende Erweiterungen von MPLS-TE erforderlich [67]:

- *Link Management Protokoll* (LMP). Mit LMP wird der Link zwischen zwei GMPLS-I
  überwacht. Aus Skalierbarkeitsgründen werden parallele Lichtwellenleiterverbindur
  dabei zu einem so genannten TE-Link zusammengefasst. Nur der TE-Link wird via
  den anderen GMPLS-Knoten mitgeteilt. Darüber hinaus werden mit LMP die IDs des l
  len und des benachbarten Interfaces ermittelt. Diese Information wird benötigt, um die
  terfaces bei der Signalisierung eines LSPs adressieren zu können. LMP wird in den R
  4202 und 4209 beschrieben.

- Erweiterung der Routing-Protokolle (OSPF-TE und IS-IS TE). Zunächst müssen zw
  Erkundung der Netztopologie benachbarte GMPLS-LSR mit entsprechenden He
  Nachrichten erkannt werden. Durch IGP ist allen GMPLS-LSR die gesamte Netztopolo
  bekannt[50]. Die LSR können dann mit Constraint Based Routing (CBR) die optimalen W
  zu den entsprechenden Zielen berechnen. Die Routing-Protokolle müssen dabei um die
  genden Informationen eines TE-Links erweitert werden:

  o *Switching Capabilities*. Hiermit werden die Einheiten (PSC, L2SC, TDM, LSC, F
    und die Granularität (z. B. VC-4, VC-3, VC-12, ODU1, ODU2, ODU3) angegeben,
    die Netzelemente, die durch den TE-Link verbunden werden, verschalten können.

---

[50] Die Topologie der PSC-LSR und der nicht-PSC-LSR wird von PSC-LSR in separaten Datenbar
      gespeichert.

o *Interface Adjustment Capability.* Hiermit werden die Einheiten und Granularitäten angegeben, die die Netzelemente, die durch den TE-Link verbunden sind, terminieren können (RFC 6001).

o *Link Encoding.* Hierdurch wird das Protokoll angegeben, über das die Netzelemente, die durch den TE-Link verbunden sind, miteinander kommunizieren (z. B. SDH, SONET, OTH, Ethernet, Transparent).

o *Maximal reservierbare Bandbreite pro QoS-Klasse.*

o *Shared Risk Link Group* (SRLG). Mit SRLG kann beispielsweise angegeben werden, ob sich Lichtwellenleiter innerhalb desselben Kabels befinden. Sie werden dann derselben SRLG zugeordnet. Auf diese Weise ist es möglich, beim Routing von Ersatzpfaden kantendiskunkte Wege zu finden.

o *Protection Capabilites.* Hiermit werden die Protection Eigenschaften eines TE-Links spezifiziert (z. B. unprotected, 1+1 protected, 1:1 protected).

- Erweiterung des Signalisierungs-Protokolls RSVP-TE

o *Generalized Label.* GMPLS Label werden als Generalized Label bezeichnet. Mit einem Generalized Label wird angezeigt, dass kein normales MPLS-Label angefordert wird. Das Generalized Label ist abhängig von der verwendeten Übertragungsnetztechnologie und wird mit dem RSVP Generalized Label Request Object angefordert. Da Netzelemente im Transportnetze i. d. R. mehrere Multiplexverfahren unterstützen, enthält der Generalized Label Request ein Feld „LSP encoding type", durch welches der upstream-LSR die Art des Generalized Labels spezifiziert. Derzeit werden folgende Generalized Label unterstützt: ANSI PDH, ETSI PDH, SDH, SONET, OTH, Optical Channel, Fiber [67]. Bei einem SONET/SDH-Label muss ferner die Anzahl der Timeslots (Feld: „Requested Number of Components") und deren Verknüpfung[51] (Feld: „Requested Grouping Type") angegeben werden. Der Generalized Label Request von TDM-LSR D in Bild 5-25 spezifiziert beispielsweise den LSP encoding type als SDH und die Anzahl der Timeslots als einen VC-4.

o *Label Set.* MPLS Label sind ganze Zahlen mit einem Wertebereich von 0 bis $2^{20} - 1 = 1.048.575$. Demgegenüber ist der Wertebereich eines Generalized Labels abhängig von dem verwendeten Übertragungssystem. Beispielsweise ist für ein STM-64 Übertragungssystem ein Wertebereich von 0 bis 63 ausreichend, um einen VC-4 zu adressieren. Für ein WDM-System mit max. 128 Wellenlängen ist ein Wertebereich von 1 bis 128 ausreichend. Andere Label-Werte können nicht verwendet werden. Aus diesem Grund verwendet GMPLS das Konzept des Label Sets. Dabei schickt der upstream-LSR eine Menge von akzeptierten Labeln (Label Set) an seinen downstream-Nachbarn. Dieser muss ein Label aus dem Label Set verwenden, ansonsten kann der LSP nicht aufgebaut werden. Das Label Set kann auch nur aus einem einzigen Label bestehen. Dies ist beispielsweise sinnvoll für rein Photonische Crossconnects, die keine Möglichkeit der Wellenlängenkonversion haben. In diesem Fall muss nämlich die Ausgangswellenlänge gleich der Eingangswellenlänge sein.

---

[51] Dies wird als concatenation bezeichnet. In SDH- und OTH-Netzen gibt es hierfür zwei Möglichkeiten: contiguous concatenation und virtual concatenation [8].

o *Bidirektionale LSPs.* Transportnetzverbindungen sind stets bidirektional. Um den /
bau von LSPs zu beschleunigen und den Overhead durch Signalisierungs-Protokoll
minimieren, unterstützt GMPLS sowohl unidirektionale als auch bidirektionale L
Bei bidirektionalen LSPs erfolgt die Label-Vergabe mit RSVP-TE für die Gegenr
tung bereits mit der RSVP Path Nachricht (Bezeichnung: upstream Label), so dass
bidirektionale LSP aufgebaut ist, wenn der Ingress-LSR die RSVP RESV Nachr
von seinem downstream-Nachbarn erhalten hat. Bei bidirektionalen LSPs verwen
beide Übertragungsrichtungen denselben Pfad. Sind für den LSP in Gegenricht
nicht genügend Ressourcen vorhanden, so kann dieser LSP auch einen abweichen
Pfad nehmen. Ein solcher LSP wird als asymmetrischer bidirektionaler LSP bezeic
[67].

o *Suggested Label.* Einige Netzelemente im Transportnetz benötigen eine gewisse
für die Verschaltung. Um den Aufbau von LSPs zu beschleunigen, kann ein GMP
LSR seinem downstream-Nachbarn einen Label-Wert vorschlagen (suggested Lab
Die Verschaltung kann dann bereits auf Basis des vorgeschlagenen Label-Werts be
nen. Nur wenn der downstream-Nachbar das vorgeschlagene Label nicht akzept
muss die Verschaltung erneut durchgeführt werden. Ferner kann beispielsweise
upstream-LSC-LSR zwecks homogener Allokierung von Wellenlängen für die Geg
richtung dieselbe Wellenlänge wie für die Hinrichtung vorschlagen, wie dies üblic
weise bei WDM-Verbindungen der Fall ist.

o *Explicit Label.* Mit dem Explicit Label ist es möglich, nicht nur den Pfad, sondern a
alle Label entlang des Pfades vorzugeben. Dies kann beispielsweise in einem rein o
schen Netz erforderlich sein, um Wellenlängenkonversionen zu vermeiden oder zu
duzieren[52].

o *Notify Message.* Bei MPLS-TE wird ein Fehler im TE-Tunnel mit der Path Error M
sage (RSVP-TE) den LSR in upstream-Richtung mitgeteilt. Auf diese Weise erre
die Fehlermeldung schließlich den Ingress-LSR (Head-End). Bei GMPLS wird die I
tify Message verwendet (nur bei RSVP-TE). LSP Fehler werden dabei direkt an
Ingress-LSR, bei bidirektionalen LSPs auch an den Egress-LSR gemeldet. Hierfür w
das normale IP-Routing verwendet. Auf diese Weise kann der Ingress-LSR schne
auf LSP Fehler reagieren. Die Fehler aller LSPs mit demselben Fehlercode und dem
ben Ingress-LSR können mit einer einzigen Notify Message zusammengefasst werd
Anstatt des Ingress-LSR kann auch ein beliebiger anderer LSR als Empfänger für
Notify Message konfiguriert werden, von dem aus der Verkehr im Fehlerfall auf ei
Ersatzpfad gelenkt wird. Weiterhin kann die Notify Message bereits eine State Rem
Meldung enthalten. Diese Meldung informiert den upstream-LSR, das der fehlerh
LSP bereits abgebaut wurde.

Durch den dynamischen Auf- und Abbau von Transportnetzverbindungen kann wie
MPLS-TE ein nicht unerheblicher Control Traffic entstehen. Ferner ist dies aus Sicht des
Layers mit Änderungen der Netztopologie oder – ressourcen verbunden. Dieses Problem k
analog zu MPLS-TE gelöst werden (z. B. periodische LSP/LSA Generierung, Treshh
Scheme, vgl. Abschnitt 5.3.1).

---

[52] Unter einem rein optischen Netz wird ein Netz verstanden, bei dem die Signale stets in optisc
Form vorliegen. Wellenlängenkonversionen sind dabei oft mit einer Degradation der Signalqual
verbunden.

Für die Implementierung von GMPLS-Netzen gibt es folgende Möglichkeiten:

- *Peer-Model*. Das Peer-Model (wird auch als integrated Model bezeichnet) verwendet eine einheitliche Control Plane für den IP/MPLS-Layer und das Transportnetz. Alle GMPLS-Netzelemente haben daher die vollständige Sicht auf die Netztopologie und verwenden dieselbe Adressierung. Das heißt, den Interfaces von SDH- oder OTH-Netzelementen werden IP-Adressen zugeordnet. Die Topologie des IP/MPLS-Layers und des Transportnetzes wird aber wie oben beschrieben in separaten Datenbanken abgelegt. Die Signalisierung erfolgt mittels RSVP-TE Ende-zu-Ende. Das Peer-Model ist für Netzbetreiber geeignet, die sowohl ein IP/MPLS-Netz als auch ein Transportnetz betreiben. Das Peer-Model erlaubt eine Ende-zu-Ende Restoration und erfordert keine Synchronisation zwischen IP/MPLS- und Transportlayer. In gewisser Weise läuft das Peer-Model aber dem Grundgedanken des OSI-Referenzmodells konträr, da hier die Grenzen von Layer 1 und Layer 3 verwischen.

- *Overlay-Model*. Das Overlay-Model verwendet getrennte Control Planes für den IP/MPLS-Layer und das Transportnetz. Dies wird durch ein User Network Interface (UNI) erreicht, welches sich zwischen dem IP/MPLS-Netz und dem Transportnetz befindet (in Bild 5-25 zwischen PSC-LSR A und TDM-LSR A sowie zwischen TDM-LSR G und PSC-LSR B). Der IP/MPLS-Layer hat dabei keine Topologiesicht auf das Transportnetz und umgekehrt. In beiden Netzen können unterschiedliche Adressierungen verwendet werden. Die Signalisierung zwecks Aufbau einer Transportnetzverbindung erfolgt nicht mehr Ende-zu-Ende, sondern nur innerhalb des Transportnetzes. Das Transportnetz stellt sich nach außen als ein geschlossenes System dar. Folgende Punkte sind dabei zu beachten:

  o Für die Signalisierung zwischen IP/MPLS- und Transportnetz am UNI ist ein separates Protokoll erforderlich. Mit diesem Protokoll muss die für die Verbindung geforderte Bandbreite, die Service-Klasse (z. B. protected/unprotected), die Diversity (z. B. Knoten/Kanten-disjunkt) sowie weitere, von der Transportnetztechnologie abhängige Parameter (z. B. contiguous/virtual concatenation) spezifiziert werden. Da der IP/MPLS-Layer keine Topologiesicht auf den Transportlayer hat, kann ein expliziter Pfad nicht vorgegeben werden.

  o Um Client-Netzelemente (z. B. IP/MPLS-LSR) über UNIs miteinander verbinden zu können, ist eine Adressierung der Client-Netzelemente erforderlich. Eine nahe liegende Realisierung ist die Verwendung der bereits existierenden Client-Adressen (i. d. R. IP-Adressen). Diese Lösung hat jedoch folgende Nachteile: es können nur IP-Netzelemente Verbindungen anfordern, es kann zu Adress-Überschneidungen kommen (z. B. im Falle von VPNs) und das Transportnetz kann die Adressen nicht optimal organisieren (z. B. Bildung von Hierarchien, Zusammenfassung von Adressen). Daher wird jedem Client-Netzelement beim Overlay-Model eine global eindeutige Adresse zugeordnet. Diese Adressen werden als Transport Network Assigned Addresses (TNA) bezeichnet [67]. Dies impliziert, dass Client-Netzelemente sich zwecks Erhalt einer TNA-Adresse beim Transportnetz registrieren müssen. Das Transportnetz muss eine Zuordnung von Client- und TNA-Adressen vornehmen und dafür Sorge tragen, dass die entsprechenden TNA-Adressen über das UNI oder bei Kopplungen von Transportnetzen unterschiedlicher Netzbetreiber auch erreicht werden können. Weiterhin wird ein Mechanismus benötigt, der es den angeschlossenen Netzelementen erlaubt zu erkennen, welche anderen Netzelemente über das UNI erreicht werden können.

Tabelle 5.1 Übersicht über die für GMPLS relevanten RFCs [63,69]

RFC	Status
Anforderungen und Architektur	
RFC 3945 (GMPLS Architecture), updated by RFC 6002	PROPOSED STANDARD
RFC 6002	PROPOSED STANDARD
RFC 6003 (Ethernet Traffic Parameters)	PROPOSED STANDARD
Auto-Discovery	
RFC 4201 (Link Bundling in MPLS-TE)	PROPOSED STANDARD
RFC 4204 (LMP) [1]	PROPOSED STANDARD
RFC 6001	PROPOSED STANDARD
RFC 4207 (LMP-SDH/SONET)	PROPOSED STANDARD
Routing	
RFC 4202 (GMPLS Routing) [1]	PROPOSED STANDARD
RFC 4203 (OSPF-GMPLS) [1]	PROPOSED STANDARD
RFC 5307 (IS-IS-GMPLS) [1]	PROPOSED STANDARD
Signalisierung	
RFC 3471 (GMPLS Signaling) [2]	PROPOSED STANDARD
RFC 3472 (GMPLS CR-LDP) [3]	PROPOSED STANDARD
RFC 3473 (GMPLS RSVP-TE) [4]	PROPOSED STANDARD
RFC 3474 (GMPLS RSVP-TE)	INFORMATIONAL
RFC 3475 (GMPLS CR-LDP), updated by RFC 3468	INFORMATIONAL
RFC 3476 (GMPLS UNI), updated by RFC 3468	INFORMATIONAL
RFC 3468 (MPLS Signaling Protocols)	INFORMATIONAL
RFC 4003 (GMPLS Egress Control)	PROPOSED STANDARD
RFC 4606 (GMPLS SDH/SONET), updated by RFC 6344	PROPOSED STANDARD
RFC 4208 (GMPLS RSVP-TE UNI)	PROPOSED STANDARD
RFC 4328 (GMPLS Extensions for G.709)	PROPOSED STANDARD
RFC 4783 (GMPLS Alarm Information)	PROPOSED STANDARD
RFC 4872 (RSVP-TE Extensions), updated by RFC 4873	PROPOSED STANDARD
RFC 4873 (GSMPLS Segment Recovery)	PROPOSED STANDARD
RFC 4874 (GMPLS RSVP-TE), updated by RFC 6001	PROPOSED STANDARD
RFC 4974 (GMPLS RSVP-TE), updated by RFC 6001	PROPOSED STANDARD
RFC 5063 (GMPLS RSVP Graceful Restart)	PROPOSED STANDARD
RFC 5420 (GMPLS RSVP-TE), updated by RFC 6510	PROPOSED STANDARD
RFC 5151 (GMPLS RSVP-TE)	PROPOSED STANDARD
RFC 6205 (GMPLS for LSC-LSR)	PROPOSED STANDARD
RFC 6344 (GMPLS VCAT+LCAS)	PROPOSED STANDARD
RFC 6510 (GMPLS RSVP)	PROPOSED STANDARD
Management	
RFC 4801 (GMPLS Management)	PROPOSED STANDARD
RFC 4802 (GMPLS MIB)	PROPOSED STANDARD
RFC 4803 (GMPLS LSR MIB)	PROPOSED STANDARD
[1] updated by RFC 6001, 6002 [2] updated by RFC 4201, 4328, 4872, 6002, 6003, 6205 [3] updated by RFC 3468, 4201 [4] updated by RFC 4003, 4201, 4783, 4873, 4874, 4974, 5063, 5151, 5420, 6002, 6003	

- *Augmented-Model.* Das Augmented-Model ist ein hybrides Model zwischen Peer- und Overlay-Model. Die Control Planes des IP/MPLS-Layers und des Transportnetzes sind über ein UNI voneinander getrennt. Im Gegensatz zum Overlay-Model werden dem IP/MPLS-Layer eingeschränkte Routing-Informationen bereitgestellt. Zum Beispiel können dem IP/MPLS-Layer alle erreichbaren TNA-Adressen (engl. Reachability) ähnlich wie bei BGP mitgeteilt werden.

Tabelle 5.1 gibt eine Übersicht über die wichtigsten für GMPLS relevanten RFCs sowie deren Status. Es wird deutlich, dass die Standardisierung von GMPLS eine bereits eine gewisse Reife erreicht hat.

5.6.2   ASON

Im Gegensatz zu GMPLS bezeichnet Automatic Switched Optical Network (ASON) keine Protokoll-Suite, sondern eine Reihe von ITU-T-Empfehlungen, die die Anforderungen an und die Architektur von Transportnetzen mit Control Plane spezifizieren. Bezüglich der Protokolle wird auf bereits vorhandene, in den meisten Fällen von der IETF entwickelte Protokolle zurück gegriffen (z. B. LMP, GMPLS RSVP-TE, GMPLS CR-LDP). ASON ist jedoch nicht vollständig kompatibel zu GMPLS. Ein zentraler ASON-Standard ist die ITU-T-Empfehlung G.8080 „Architecture for the automatically switched optical network (ASON)".

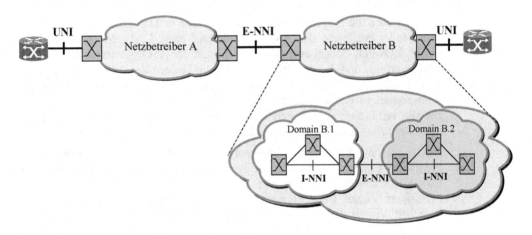

Bild 5-27   Schnittstellen in ASON-Transportnetzen

In der G.8080 werden u. a. verschiedene Schnittstellen definiert (siehe Bild 5-27):

- User Network Interface (UNI): Interface zwischen Client-Netzelement und Transportnetz (wie beim GMPLS Overlay-Model). Über das UNI können Client-Netzelemente Transportnetzverbindungen dynamisch anfragen. Es werden verschiedene Client-Netzelemente (z. B. Ethernet-Switch, IP-Router) und Transportnetzverbindungen (z. B. SDH, OTH, Ethernet) unterstützt. Über das UNI werden keine Routing-Informationen ausgetauscht.

- External Network Network Interface (E-NNI): Interface zwischen administrativen Bereichen (Netzen verschiedener Netzbetreiber oder Hersteller). Über das E-NNI werden Trans-

portnetzverbindungen zwischen administrativen Bereichen aufgebaut und eingeschrä
Routing-Informationen (z. B. Reachability) ausgetauscht.

- Internal Network Network Interface (I-NNI): Interface zwischen Netzelementen inner
von administrativen Bereichen. Über das I-NNI werden Transportnetzverbindungen in
halb von administrativen Bereichen aufgebaut und uneingeschränkt Routing-Informatic
ausgetauscht.

Es wird deutlich, dass ASON im Gegensatz zu GMPLS ein modulares Konzept verfolgt, w
administrative Bereiche (engl. Domain) durch das E-NNI, und der Client-Bereich durch
UNI voneinander getrennt werden. Die Signalisierung erfolgt in den administrativen Bereic
separat. Zwischen administrativen Bereichen (E-NNI) und zwischen dem Client-Bereich
dem Transportnetz (UNI) sind spezielle Signalisierungsprotokolle erforderlich. In jeder
main gibt es für die Control Plane folgende Möglichkeiten [63]:

- Die Control Plane ist vollständig verteilt (Bezeichnung 1:1). Das heißt jedes Netzelem
des Transportnetzes wird um die Control Plane erweitert.

- Die Control Plane ist zentralisiert (Bezeichnung 1:n). Das heißt nur ein Netzelement
Transportnetzes (oder ein Proxy) wird um die Control Plane erweitert.

- Die Control Plane ist teilweise verteilt (Bezeichnung m:n). Das heißt nur eine bestim
Anzahl m von n Netzelementen des Transportnetzes werden um die Control Plane erwei
(m < n).

Dadurch wird die Einführung einer Control Plane in Transportnetze vereinfacht. Das GMI
Peer-Model entspricht der ASON-Architektur ohne UNI und ohne E-NNI Interface.
GMPLS Overlay-Model entspricht am ehesten der ASON-Architektur mit UNI aber ohne
NNI Interface, und das Augmented-Model am ehesten der ASON-Architektur mit E-NNI
terface [63]. Wie beim GMPLS Overlay-Model werden bei ASON die Adressbereiche
Transportnetzes und der Clients vollständig voneinander isoliert. Die ASON-Architektur
auf alle verbindungsorientierten Transportnetztechnologien anwendbar unabhängig davon,
diese Leitungs- oder Paket-basiert sind.

ASON unterstützt permanente Transportnetzverbindungen (engl. Permanent Connection), §
Permanent Connections (SPC) und dynamisch geschaltete Transportnetzverbindungen (e
Switched Connections [SC]). Die Bezeichnungen und Funktionalitäten entsprechen A
Permanent Virtual Connections (PVC), Soft Permanent Virtual Connections (SPVC)
Switched Virtual Connections (SVC). Die verschiedenen Möglichkeiten sind in Bild 5
dargestellt. Bei Permanent Connections werden die Transportnetzverbindungen wie bei Tra
portnetzen ohne Control Plane innerhalb und zwischen administrativen Bereichen über
Netzmanagementsystem konfiguriert. Bei Soft Permanent Connections werden die Verbind
gen vom Client bis zum Transportnetz durch das Netzmanagementsystem bereitgestellt.
Managementsystem des Transportnetzbetreibers (in Bild 5-28 b) Transportnetzbetreiber T
initiiert die dynamische Verbindung innerhalb des Transportnetzes. Mit Soft Permanent C
nections können geschützte Verbindungen bereitgestellt werden, indem im Fehlerfall auto
tisch ein Ersatzweg geschaltet wird. Bei Switched Connections initiiert das Managements
tem des Client-Netzes (in Bild 5-28 c) Client C1) den dynamischen Aufbau einer Ende-
Ende Transportnetzverbindung. Nur mit Switched Connections lassen sich Dienste wie Ba
width on Demand realisieren.

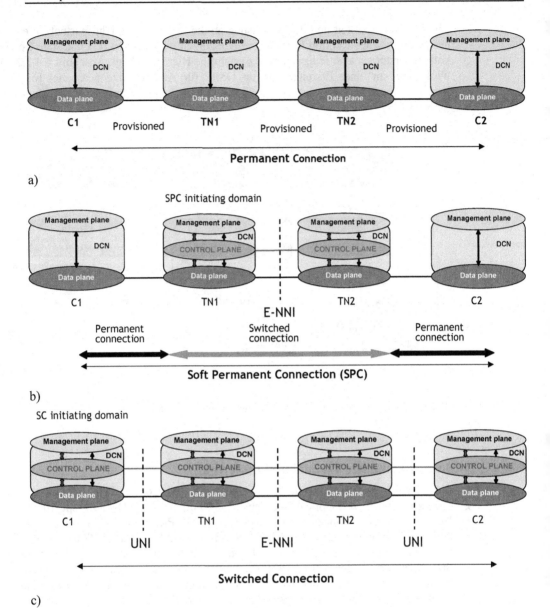

Bild 5-28 Permanent Connection (a), Soft Permanent Connection (b) und Switched Connection (c). C: Client Network Domain, TN: Transport Network Domain, SC: Switched Connection, DCN: Data Communication Network. Quelle: [63]

Bild 5-29 zeigt eine Übersicht über die wichtigsten für ASON relevanten ITU-T-Empfehlungen. Für die Signallisierung kann PNNI (G.7713.1) oder die vom IETF entwickelten Protokolle GMPLS RSVP-TE (G.7713.2) bzw. GMPLS CR-LDP (G.7713.3) verwendet werden. Die Anforderungen und Funktionalitäten an Routing-Protokolle für ASON werden in den Protokoll-neutralen Empfehlungen G.7715, G.7715.1 und G.7715.2 spezifiziert. Dabei ist aus Grün-

den der Skalierbarkeit und der Anpassung an die Struktur von Transportnetzen ein mehrs
ges hierarchisches Routing vorgesehen. Die zurzeit eingesetzten IP Link State Routing Pr
kolle unterstützen aber lediglich eine zweistufige Hierarchie (vgl. Abschnitt 4.4.2.2). Vom
wird daher an einer Erweiterung von OSPF für ASON-Netze gearbeitet [63]. Die A
Discovery in SDH/OTN-Netzen gemäß der G.7714.1 basiert auf dem Link Management
tokoll (LMP).

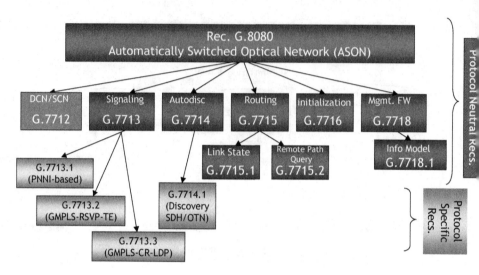

Bild 5-29   Übersicht über die für ASON relevanten ITU-T-Empfehlungen. Quelle [63]

5.6.3   Stand der Technik und Bewertung

Ein weiteres, im Zusammenhang mit einer optischen Control Plane wichtiges Standardi
rungsgremium ist das Optical Internetworking Forum (OIF). Das OIF spezifiziert die gen
Verwendung von Optionen in Protokollen (z. B. GMPLS RSVP-TE, GMPLS CR-LDP, LM
und hat Standards für die UNI- (UNI1.0, UNI1.0R2 und UNI2.0) sowie die E-N
Signalisierung (E-NNI1.0, E-NNI-2.0 und OIF-E-NNI routing 1.0) erarbeitet. Details di
Spezifikationen finden sich in [63]. Das Ziel ist, die Implementierung von optischen Con
Planes zu beschleunigen und dabei die Technologien GMPLS und ASON zu harmonisie
Weiterhin führt das OIF Interoperabilitätstest durch [70].

Transport-Netzelemente mit Control Plane werden schon seit einiger Zeit von verschiede
Herstellern angeboten [74,76]. Router-Hersteller favorisieren dabei tendenziell eher
GMPLS UNI und Transportnetz-Hersteller das OIF UNI1.0R2 oder UNI2.0 [74]. Das Zus
menspiel von Transportnetzen mit Control Plane wurde weltweit bereits mehrfach in F
schungsprojekten und Testnetzen demonstriert [71,72,74]. Es gibt allerdings bisher nur wer
Implementierungen in Produktionsnetzen [73,77]. Im Transportnetz von Telecom Italia w
ASON mit verteilter Signalisierung und zentralisiertem Routing zur Bereitstellung von
schützten Transportnetzverbindungen eingesetzt. Die Verkehrsunterbrechung bei einem E
fachfehler liegt dabei im Bereich von 200 bis 300 ms und bei Folgefehlern im Bereich von
bis 50 s [75].

Den eingangs genannten Vorteilen einer optischen Control Plane stehen folgende Nachteile gegenüber:

- Netzbetreiber verlieren ein Stück weit die Kontrolle über das Transportnetz, wenn das Transportnetz automatisch über die Control Plane und nicht mehr manuell über das Netzmanagementsystem konfiguriert wird.

- Um eine Control Plane zu implementieren sind zwingend Netzelemente erforderlich, die die entsprechenden Transportnetzeinheiten verschalten können. Diese Netzelemente sind aber in heutigen Transportnetzen nicht immer vorhanden und müssen dann zunächst angeschafft werden.

- Die Standardisierung ist noch nicht vollständig abgeschlossen [77].

- Die Verkehrsbeziehungen sind im Backbone relativ statisch. Eine dynamische Bereitstellung von Transportnetzkapazitäten für den Client-Layer (i. d. R. IP/MPLS) ist daher vor allem im Access, nicht aber im Backbone sinnvoll.

- Bei Bandwidth-on-Demand-Diensten gibt es im Vergleich zu Teilnehmern im öffentlichen Telefonnetz deutlich weniger Nutzer. Da dadurch einerseits der statistische Multiplexgewinn kleiner ist und andererseits die nachgefragten Bandbreiten sehr viel höher sind, muss eine entsprechend große Reservekapazität vorgehalten werden.

- Durch die Integration des IP/MPLS-Layers und des Transport-Layers beim GMPLS Peer-Model kann die Komplexität des Netzes ansteigen.

Diese Nachteile erklären die Zurückhaltung vieler Netzbetreiber bezüglich der Einführung einer Control Plane in das Transportnetz. Für einige Netzbetreiber war die Hauptmotivation für die Einführung einer optischen Control Plane die Möglichkeit, Transportnetzverbindung durch Restoration schützen zu können.

Trotz der zum Teil kritischen Töne hinsichtlich einer optischen Contol Plane wird zunehmend stärker über eine engere Verknüpfung von IP und dem optischen Layer diskutiert. Man versucht über den Hebel, Transportnetzverbindungen zwischen den IP-Routern durch Restoration zu schützen, was höhere Investitionen auf der optischen Ebene nach sich zieht, das IP-Netz deutlich höher auszulasten und damit in Summe (IP und optischer Layer) Investitionen einsparen zu können. Hinsichtlich des Zusammenspiels zwischen IP und optischem Layer wird man sich u. a. der Frage zuwenden, ob die Router und optischen Übertragungssysteme (inkl. Control Plane) von unterschiedlichen Herstellern sein können.

6 Anhang

6.1 Literaturverzeichnis

[1]   Andrew W. Tannenbaum, „Computernetzwerke", Prentice Hall, München, 1998.

[2]   Virtuelle Hochschule Bayern (VHB), Kurs „Wired and Wireless Networking", Ho schule Regensburg, 2008.

[3]   Mertz A. und Pollakowski M., „xDSL & Access Networks – Grundlagen, Tech und Einsatzaspekte von HDSL, ADSL und VDSL", Prentice Hall, München, 2000.

[4]   Frohberg, W. „Access-Technologien", Hüthig Verlag Heidelberg, 2001.

[5]   Obermann, K. „DSL Übertragungssysteme – Stand und Perspektiven", im *Handb der Telekommunikation*, Deutscher Wirtschaftsdienst, Köln, 2007.

[6]   Harald Orlamünder, „Paket-basierte Kommunikationsprotokolle", Hüthig, Bc 2005.

[7]   Roland Kiefer, „Messtechnik in digitalen Netzen", Hüthig Verlag Heidelberg, 1997

[8]   Obermann, K. „SDH und optische Netze", im *Handbuch der Telekommunikat.* Deutscher Wirtschaftsdienst, Köln, 2006.

[9]   Mike Sexton und Andy Reid, „Broadband Networking", Artech House, Norwc 1997.

[10]   ITG Fachgruppe 5.3.3 Photonische Netze, „Optical Transport Networks – Techn Trends and Assessment", www.vde.com, 03/2006.

[11]   http://ieee802.org/

[12]   K. Thompson et al., „Wide-Area Internet Traffic Patterns and Characteristics", IE Network, 12/97.

[13]   IEEE Std. 802.3-2005

[14]   ITG-Positionspapier „Optical Transport Networks (OTN)", www.vde.com, M 2006.

[15]   ITU-T Recommendation G.7041/Y.1303, „Generic Framing Proceedure (GFI 08/2005.

[16]   Abe Martey „IS-IS Network Design Solutions", Cisco Press, Indianapolis, 2002.

[17]   Jan Späth „Aktuelle Trends bei Optical Transport Networks", ntz Heft 3-4/2007.

[18]   ITU-T „Draft new Supplement G.Sup43: Transport of IEEE 10 G BASE-R in Opti Transport Networks (OTN)", Februar 2007.

[19]   A. Leon-Garcia, I. Widjaja: „Communication Networks, Fundamental Concepts Key Architectures", McGraw Hill 2004.

[20]   ITG Positionspapier „100 Gbit/s Ethernet", EIBONE Working Group Transmiss Technologies, www.vde.com, April 2008.

[21]   Ralf-Peter Braun, „Higher Speed Ethernet Developments", ITG-Fachtagung „Phc nische Netze", Leipzig, April 2008.

[22]   http://www.ieee802.org/3/

[23]   ITG Fachgruppe Photonische Netze, „Carrier Grade Metro Ethernet Networks", ITG-Fachtagung „Photonische Netze", Leipzig, Mai 2007.

[24]   Andreas Gladisch, „Netztransformationsprojekte internationals Carrier", ITG-Fachtagung „Photonische Netze", Leipzig, April 2008.

[25]   http://www.btglobalservices.com/business/global/en/news/index.htm

[26]   ITU-T-Empfehlung Y.2011 „General principles and general reference model for Next Generation Networks"

[27]   White Paper Ericsson, „Introduction to IMS", März 2007.

[28]   ITU-T-Empfehlung Y.2011 „IMS for Next Generation Networks"

[29]   IEEE Std. 802.1D-2004

[30]   Whitepaper TPACK „PBB-TE, PBT: Carrier Grade Ethernet Transport", Version 2, June 2007, www.tpack.com

[31]   http://metroethernetforum.org

[32]   ITU-T-Empfehlung G.8011.1/Y.1307.1 „Ethernet private line service"

[33]   ITU-T-Empfehlung G.8011.2/Y.1307.2 „Ethernet virtual private line service"

[34]   Whitepaper Metro Ethernet Forum „Metro Ethernet Services – A Technical Overview", v2.6, www.metroethernetforum.org

[35]   IEEE Std 802.1Q -2005

[36]   http://www.compactpci-systems.com/articles/id/?203

[37]   Whitepaper Nortel Networks „Provider Backbone Transport", 2007, www.nortel.com

[38]   Whitepaper TPACK „T-MPLS: A New Route to Carrier Ethernet", Version 2, June 2007, www.tpack.com

[39]   Ralf Hülsermann et al., „Cost modeling and evaluation of capital expenditures in optical multilayer networks", Journal Of Optical Networking, Vol. 7, No. 9, September 2008.

[40]   Whitepaper ECI Telecom „Ethernet Services and Service Delivery Technologies in the Metro", February 2007, www.lightreading.com

[41]   Andreas Gladisch et al., „Access 2.0 – das Zugangsnetz für das Internet des Wissens und der Dinge", ntz Heft 6/2008.

[42]   Norman Finn, „Connectivity Fault Management Ethernet OAM", Joint ITU-T/IEEE Workshop on Carrier-class Ethernet, 31.5.-1.6.2007, Genf.

[43]   Dr. Stephen J. Trowbridge, „Standards Overview ITU-T Activities on Ethernet Networking", Joint ITU-T/IEEE Workshop on Carrier-class Ethernet, 31.5.-1.6.2007, Genf.

[44]   Bob Grow, „IEEE 802 Standards Overview", Joint ITU-T/IEEE Workshop on Carrier-class Ethernet, 31.5.-1.6.2007, Genf.

[45]   Whitepaper Resilient Packet Ring Alliance „An Introduction to Resilient Packet Ring Technology", Juli 2003, www.rpralliance.org

[46]   John Lemon, „IEEE 802.17 The Resilient Packet Ring Protocol", Joint ITU-T/I
         Workshop on Carrier-class Ethernet, 31.5.-1.6.2007, Genf.

[47]   Bruce Davie and Yakov Rekhter, „MPLS – Technology and Applications", Acade
         Press, San Diego, 2000.

[48]   Whitepaper Huawei Technologies „Technical White Paper for PWE3", 2
         http://datacomm.huawei.com

[49]   Whitepaper Ciena „Optimizing Networks in Transition with Multiservice P
         dowires", 2006, www.ciena.com

[50]   Alcatel Telecommunications Review „VPLS Technical Tutorial", 4th Quarter 200

[51]   www.alcatel-lucent.com

[52]   www.infinera.com

[53]   W. Richard Stevens, „TCP/IP", Hüthig Verlag Heidelberg, 2008. (Englischsprach
         Original: W. Richard Stevens, „TCP/IP Illustrated, Volume I: The Protocols", A
         son Wesely 1994)

[54]   G. Huston, „The IPv4 Internet Report". http://ipv4.potaroo.net

[55]   Internet Assigned Numbers Authority, http://www.iana.org

[56]   Internet Protocol Version 6 Address Space, http://www.iana.org/assignments/i
         address-space

[57]   IETF WG Bidirectional Forwarding Detection (bfd), http://www.ietf.
         html.charters/bfd-charter.html

[58]   S. Schnitter, M. Horneffer: Traffic Matrices for MPLS Networks with LDP Tra
         Statistics. Proc. Networks 2004, VDE-Verlag 2004.

[59]   Cisco Systems, „Introduction to Cisco IOS NetFlow – A Technical Overvie
         http://www.cisco.com/en/US/prod/collateral/iosswrel/ps6537/ps6555/ps6601/prod_
         white_paper0900aecd80406232.html

[60]   T. Telkamp, A. Gous, A. Afrakhteh, „Traffic Engineering through Automated Opt
         zation of Routing Metrics", Terena Networking Conference, June 2004, Rho
         http://www.cariden.com/technologies/papers/terena-telkamp-v1.pdf

[61]   M. Horneffer, „IGP tuning in an MPLS network", NANOG 33, Las Vegas, 2005.

[62]   BGP Best Path Selection Algorithm, http://www.cisco.com/en/US/tech/tk365/ te
         nologies_tech_note09186a0080094431.shtml

[63]   Hans-Martin Foisel, „ASON/GMPLS Optical Control Plane Tutorial" MUPP
         Workshop at TNC2007, Copenhagen, www.oiforum.com

[64]   Whitepaper Alcatel „Generalized Multi-Protocol Label Switching – The telecomm
         cations holy grail or a pragmatic means of raising carrier profitability?", 12/2003.

[65]   RFC 3945 „Generalized Multi-Protocol Label Switching (GMPLS) Architectu
         www.ietf.org

[66]   Andrzej Jajszczyk, „Automatically Switched Optical Networks: Benefits and
         quirements", IEEE Optical Communications, February 2005.

[67]   Whitepaper Data Connection, „MPLS in Optical Networks – An analysis of the fea
         tures of MPLS and Generalized MPLS and their application to Optical Networks, w
         reference to the Link Management Protocol and Optical UNI",
         www.dataconnection.com

[68]   Whitepaper Polaris Networks, „GMPLS – The New Big Deal in Intelligent Metro Optical Networking", www.polarisnetworks.com

[69]   Wes Doonan, „Control Plane Overview", Joint Techs Workshops, Albuquerque, February 5, 2006.

[70]   Whitepaper Optical Interworking Forum, „2007 Worldwide Interoperability Demonstration: On-Demand Ethernet Services across Global Optical Networks", www.oiforum.com

[71]   OIF's 3rd Optical Internetworking Workshop ASON/GMPLS Test Beds in Europe, Monday, May 8th, 2006.

[72]   OIF's 4th Optical Internetworking Workshop ASON/GMPLS Test Beds in Asia and North America, Monday, July 31st, 2006

[73]   OIF's 5th Optical Internetworking Workshop ASON/GMPLS Implementations in Carrier Networks Monday, October 16th, 2006.

[74]   Whitepaper Huawei Technologies, „Development trends of GMPLS control plane", July 2008, www.huawei.com

[75]   A. D'Alessandro, „ASON implementation in Telecom Italia backbone network", OIF's 5th Optical Internetworking Workshop ASON/GMPLS Implementations in Carrier Networks Monday, October 16th, 2006.

[76]   Vishnu S. Shukla, „Optical Control Plane Deployment Optical Control Plane Deployment – Lessons Lessons Learned", OIF's 5th Optical Internetworking Workshop ASON/GMPLS Implementations in Carrier Networks Monday, October 16th, 2006.

[77]   Whitepaper ADVA, „GMPLS – Automating Reconfigurable Optical Networks", February 2007, www.adva.com.

[78]   http://www.cidr-report.org/as2.0/

[79]   http://www.zdnet.de/news/41559492/studie-weltweit-nutzen-2-1-milliarden-menschen-das-internet.htm

[80]   http://www.cisco.com/web/DE/presse/meld_2010/03-06-2010-globaler.html

[81]   Ralf Peter Braun, „100GET/OCTET Success Stories – Results of 100 Gbit/s Field Experiments in the Deutsche Telekom Network Infrastructure", ITG-Fachtagung „Photonische Netze", Leipzig, Mai 2012.

[82]   IEEE Std 802.ba-2010 (Amendment to IEEE Std 802.3-2008)

[83]   Alcatel-Lucent, „MPLS Transport Profile – Standard update and TP support on 1850-TSS", 6.2.2012

[84]   http://www.heise.de/newsticker/meldung/IPv6-im-Backbone-nimmt-weiter-Fahrt-auf-1469088.html

[85]   http://www.heise.de/newsticker/meldung/ICANN-schlaegt-Verteilverfahren-fuer-ungenutzte-IPv4-Adressen-vor-1472509.html

[86]   http://www.heise.de/newsticker/meldung/Am-6-Juni-ist-World-IPv6-Launch-Day-1415071.html

[87]   http://www.heise.de/newsticker/meldung/2015-naehert-sich-der-jaehrliche-Internetverkehr-dem-Zettabyte-Schwellenwert-1589635.html

6.2 Abkürzungen

6PE	IPv6 Islands over IPv4 MPLS Using IPv6 Provider Edge Routers
ADM	Add/Drop Multiplexer
ADSL	Asymmetrical Digital Subscriber Line
AF	Assured Forwarding
AIS	Alarm Indication Signal
AL	Access Layer
ALG	Application Level Gateway
ANSI	American National Standards Institute
APE	abgesetzte periphere Einheit
APNIC	Asia Pacific Network Information Centre
APS	Automatic Protection Switching
ARIN	American Registry for Internet Numbers
ARIS	Aggregate Route IP Switching
ARP	Address Resolution Protocol
ARPA	Advanced Research Projects Agency
AS	Autonomes System
ASCII	American Standard Code for Information Interchange
ASON	Automatic Switched Optical Network
ATM	Asynchronous Transfer Mode
AU	Administrative Unit
AUI	Attachment Unit Interface
BACP	Bandwidth Allocation Control Protocol
BAP	Bandwidth Allocation Protocol
B-DA	Backbone-Destination Address
BFD	Bidirectional Forwarding Detection
BGP	Border Gateway Protocol
BID	Bridge Identifier
BIP	Bit Interleaved Parity
BNetzA	Bundesnetzagentur
BoD	Bandwidth on Demand
BPDU	Bridge Protocol Data Units
BRAS	Broadband Remote Access Server
B-SA	Backbone-Source Address
B-VID	Backbone VLAN Identifier
CAPEX	Capital Expenditure
CBS	Committed Burst Size
CCAMP	Common Control And Measurement Protocol Working Group
CCIR	Comité Consultatif International des Radiocommunications
CCITT	Comité Consultatif International Télégraphique et Téléphonique

CE	Customer Equipment
CFI	Canonical Format Identifier
cHEC	Core-Header Error Control
CID	Channel Identifier
CIDR	Classless Inter-Domain Routing
CIR	Committed Information Rate
CL	Core Layer
CLNS	Connectionless Network Service
CLPS	Connectionless Packet-Switched
CO-CS	Connection-Oriented Circuit-Switched
CO-PS	Connection-Oriented Packet-Switched
CPE	Customer Premises Equipment
CRC	Cyclic Redundancy Check
CR-LDP	Constrained-based Label Distribution Protocol
CsC	Carrier supporting Carrier
CSMA/CD	Carrier Sense Multiple Access/Collision Detection
CSNP	Complete Sequence Number Packet
CSPF	Contrained Based Routing
CuDA	Kupferdoppelader
CWDM	Coarse Wavelength Division Multiplexing
DARPA	Defence Advanced Research Project Agency
DCN	Data Communication Network
DECT	Digital Enhanced Cordless Telecommunications
DEI	Drop Eligible Indicator
DHCP	Dynamic Host Configuration Protocol
DiffServ	Differentiated Services
DIN	Deutsches Institut für Normung
DL	Distribution Layer
DLCI	Data-Link Connection Identifier
DMT	Discrete Multitone
DNS	Domain Name System
DOS	Denial of Service
DQDB	Distributed Queue Dual Bus
DSAP	Destination Service Access Point
DSCP	Differentiated Services Codepoint
DSL	Digital Subscriber Line
DSLAM	DSL Access Multiplexer
DTE	Data Terminal Equipment
DVB	Digital Video Broadcasting
DXC	Digitaler Crossconnect
EBS	Excess Burst Size

ECMP	Equal Cost Multi Path
ECN	Explicit Congestion Notification
EF	Expedited Forwarding
EFM	Ethernet in the First Mile
EGP	Exterior Routing Protocol
EIGRP	Enhanced Interior Gateway Routing Protocol
EIR	Excess Information Rate
E-LSP	Exp-inferred LSP
E-NNI	External Network Network Interface
ENUM	E.164 Number Mapping
EPL	Ethernet Private Line Service
EPLAN	Ethernet Private LAN Service
EPON	Ethernet Passive Optical Network
EPW	Ethernet Private Wire
ERO	Explicite Route Object
ESCON	Enterprise Systems Connection
ESHDSL	Enhanced Single-Pair High-Speed Digital Subscriber Line
ES-IS	End System-to-Intermediate System
ETSI	European Telecommunications Standards Institute
EVC	Ethernet Virtual Connection
EVLL	Ethernet Virtual Leased Line
EVPL	Ethernet Virtual Private Line Service
EVPLAN	Ethernet Virtual Private LAN Service
EVPN	Ethernet Virtual Private Network
EVz	Endverzweiger
EXI	Extension Header Identifier
FCAPS	Fault, Configuration, Accouting, Performance & Security Management
FCS	Frame Check Sequence
FDDI	Fiber Distributed Data Interface
FDM	Frequency Division Multiplexing
FEC	Forwarding Equivalence Class / Forward Error Correction
FIB	Forwarding Information Base
FICON	Fibre Connection
FLSM	Fixed Length Subnet Mask
FPC	Flexible PIC Concentrator
FR	Frame Relay
FSC	Fiber-Switch Capable
FTP	File Transfer Protocol
FTTx	Fiber to the Building (x=B), Fiber to the Home (x=H)
GAN	Global Area Network
GARP	Generic Attribute Registration Protocol
GbE	Gigabit Ethernet

GELS	GMPLS Ethernet Label Switching
GFP	Generic Framing Procedure
GFP-F	Frame-mapped GFP
GFP-T	Transparent-mapped GFP
GGP	Gateway-to-Gateway Protocol
GMPLS	Generalized MPLS
GRE	Generic Routing Encapsulation
GSM	Global System for Mobile Communications
GW	Gateway
HDLC	High-Level Data Link Control
HDSL	High Bitrate Digital Subscriber Line
HTTP	Hypertext Transfer Protocol
H-VPLS	Hierarchical VPLS
HVt	Hauptverteiler
IAB	Internet Architecture Board
IANA	Internet Assigned Number Authority
iBGP	internal BGP
ICANN	Internet Corporation for Assigned Names and Numbers
ICMP	Internet Control Message Protocol
IDPR	Inter-Domain Policy Routing
IDRP	Inter-Domain Routing Protocol
IEEE	Institute of Electrical and Electronics Engineers
IETF	Internet Engineering Task Force
IGP	Interior Gateway Protocol
IGRP	Interior Gateway Routing Protocol
IHL	IP Header Length
IIH	Point-to-Point IS-IS Hello
IMS	IP Multimedia Subsystems
I-NNI	Internal Network Network Interface
IP	Internet Protokoll
IPCP	Internet Protocol Control Protocol
IPsec	Security Architecture for IP
IPTV	IP Television
ISDN	Integrated Services Digital Network
ISH	IS-Hello
I-SID	Service Instance Identifier
IS-IS	Intermediate System-to-Intermediate System
ISO	International Organization for Standardization
ISOC	Internet Society
ISP	Internet Service Provider
IT	Informationstechnik

ITU   International Telecommunication Union
ITU-D   ITU Development Sector
ITU-R   ITU Radio Sector
ITU-T   ITU Telecommunication Sector
IVL   Independent VLAN Learning
KVz   Kabelverzweiger
L2F   Layer 2 Forwarding
L2SC   Layer-2 Switch Capable
L2TP   Layer-2-Tunneling Protocol
LACP   Link Control Protocol
LAN   Local Area Network
LAP   Link Access Procedure
LAPS   Link Access Procedure SDH
LCAS   Link Capacity Adjustment Scheme
LCP   Link Control Protocol
LDP   Label Distribution Protocol
LER   Label Edge Router
LFIB   Label Forwarding Information Base
LIB   Label Information Base
LIR   Lokale Internet-Registries
LLC   Logical Link Control
L-LSP   Label-only-inferred LSP
LOP   Loss of Packet
LOS   Loss of Signal
LRO   Label Record Object
LSA   Linke State Advertisment
LSB   Least Significant Bit
LSC   Lambda-Switch Capable
LSP   Link State Packet / Label Switched Path
LSR   Label Switched Router
LWL   Lichtwellenleiter
MAC   Media Access Control
MAN   Metropolitan Area Network
MAPOS   Multiple Access Protocol over SDH
MAU   Medium Attachment Unit
MDF   Main Distribution Frame
MDI   Medium Dependent Interface
MED   Multi Exit Discriminator
MEF   Metro Ethernet Forum
MFA   MPLS and Frame Relay Alliance
MII   Medium Independent Interfache

MM	Multimode Glasfaser
MP	PPP Multilink Protocol
MPLS	Multiprotocol Label Switching
MPLS-TP	MPLS Transport Profile
MRU	Maximum Receive Unit
MSB	Most Significant Bit
MSTP	Multiple Spanning Tree Protocol
MTU	Maximum Transmission Unit
NAPT	Network and Port Address Translation
NAS	Network Access Server
NAT	Network Address Translation
NCP	Network Control Protocol
NGN	Next Generation Network
Nhop	Next-Hop
NMS	Netzmanagementsystem
NNhop	Next-Next-Hop
NSF	National Science Foundation
NT	Network Termination
OA	Optical Amplifier
OADM	Optischer Add/Drop Multiplexer
OAM	Operation Administration and Maintenance
OCh	Optical Channel
ODU	Optical Data Unit
OFDM	Orthogonal Frequency Division Multiplexing
OIF	Optical Internetworking Forum
OLT	Optical Line Termination
ONT	Optical Network Termination
OPAL	Optische Anschlussleitung
OPEX	Operational Expenditure
OSI	Open Systems Interconnection
OSPF	Open Shortest Path First
OTH	Optical Transport Hierarchy
OTN	Optical Transport Network
OXC	Optischer Crossconnect
P	Provider Core
PAM	Pulse Amplitude Modulation
PAT	Port Address Translation
PBB	Provider Backbone Bridging
PBB-TE	Provider Backbone Bridging – Traffic Engineering
PBT	Provider Backbone Transport
PCM	Pulse Code Modulation

PCS	Physical Coding Sublayer
PDH	Plesiochronous Digital Hierarchy
PDU	Protocol Data Unit
PE	Provider Edge
PHB	Per-Hop-Behaviour
PHP	Penultimate Hop Popping
PHY	Physical Layer Device
PI	Provider Independend
PIC	Physical Interface Card
PLC	Powerline Communication
PLI	Payload Length Indicator
PLS	Physical Layer Siganling
PLSB	Provider Link State Bridging
PMA	Physical Medium Attachment
PMD	Physical Medium Dependent
PMP	Point-to-Multipoint
PNNI	Private Network-to-Network Interface
PoE	Power over Ethernet
POH	Path Overhead
PON	Passive Optical Networks
POS	Packet over Sonet
POTS	Plain Old Telephony Service
PPP	Point-to-Point Protocol
PPPoE	PPP over Ethernet
PPTP	Point-to-Point Tunneling Protocol
PRC	Partial Route Calculation
PSC	Packet-Switch Capable
PSK	Phase Shift Keying
PSNP	Partial Sequence Number Packet
PT	Payload Type
PTI	Payload Type Indicator
pt-pt	Point-to-Point
PVC	Permanent Virtual Connection
PWE3	Pseudowire Emulation Edge-to-Edge
QAM	Quadratur Amplituden Modulation
QoS	Quality-of-Service
RARP	Reverse Address Resolution Protocol
RAS	Remote Access Server
RD	Route Distinguisher
RDI	Remote Defect Indication
ResE	Residential Ethernet

RFC	Request for Comment
RIB	Routing Information Base
RIP	Routing Information Protocol
RIPE NCC	Réseau IP Européens Network Coordination
RIR	Regionale Internet Registries
ROADM	Rekonfigurierbarer Optischer Add/Drop Multiplexer
RPR	Resilient Packet Ring
RSTP	Rapid Spanning Tree Protocol
RSVP	Resource Reservation Protocol
RT	Routing-Tabelle
RTP	Real-Time Transport Protocol
SAN	Storage Area Networks
SC	Switched Connection
SDH	Synchrounous Digital Hierarchy
SDLC	Synchronous Data Link Control
SDM	Space Division Multiplexing
SFD	Start Frame Delimiter
SG	Study Group
SHDSL	Single-Pair High-Speed Digital Subscriber Line
SLA	Service Level Agreement
SLIP	Serial Line Interface Protocols
SM	Singlemode Glasfaser
SMTP	Simple Mail Transfer Protocol
SNA	Systems Network Architecture
SNAP	Sub-Network Access Protocol
SNMP	Simple Network Management Protocols
SoC	Switching on Command
SoD	Switching on Demand
SOH	Section Overhead
SONET	Synchronous Optical Network
SPC	Soft Permanent Connection
SPF	Shortest Path First
SPIT	SPAM over Internet Telephony
SPVC	Soft Permanent Virtual Connection
SRLG	Shared Risk Link Group
SSAP	Source Service Access Point
STM	Synchronous Transport Module
STP	Spanning Tree Protocol / Shielded Twisted Pair
SVC	Switched Virtual Connection
TAL	Teilnehmeranschlussleitung
TCI	Tac Control Information

TCP	Transmission Control Protocol
TDM	Time Division Multiplexing
TE	Traffic Engineering
TK	Telekommunikation
TLS	Transparent LAN Service
TLV	Type-Length-Value
T-MPLS	Transport-MPLS
TNA	Transport Network Assigned Address
TOS	Type of Service
TPID	EtherType Identifier
TS	Timeslot
TTL	Time to live
UA	Unnumbered Acknowledgement
UDP	User Datagram Protocol
UHP	Ultimate Hop Popping
UMTS	Universal Mobile Telecommunications System
UNI	User Network Interface
UPI	User Payload Identifier
URL	Uniform Resource Locator
UTP	Unshielded Twisted Pair
VC	Virtual Container
VCAT	Virtual Concatenation
VCCV	Virtual Circuit Connection Verification
VCI	Virtual Channel Identifier
VDE	Verein Deutscher Elektrotechniker
VDSL	Very High Speed Digital Subscriber Line
VLAN	Virtuelles LAN
VLSM	Variable Length Subnet Mask
VoD	Video on Demand
VoIP	Voice-over-IP
VPI	Virtual Path Identifier
VPLS	Virtual Private LAN Service
VPN	Virtual Private Network
VRF	Virtual Routing and Forwarding
VTP	VLAN Trunking Protokol
WAN	Wide Area Network
WDM	Wavelength Division Multiplexing
WIMAX	Worldwide Interoperability for Microwave Access
WIS	WAN Interface Sublayer
WLAN	Wireless LAN
WWW	World Wide Web

Sachwortverzeichnis

Printed in the United States
By Bookmasters